Hans-Joachim Uth (Hrsg.)

Krisenmanagement bei Störfällen

Vorsorge und Abwehr der Gefahren
durch chemische Stoffe

Mit 83 Abbildungen und 21 Tabellen

Springer-Verlag
Berlin Heidelberg New York
London Paris Tokyo
Hong Kong Barcelona Budapest

Dr. Hans-Joachim Uth
Umweltbundesamt
Postfach 33 00 22
14191 Berlin

ISBN-13: 978-3-642-79020-1   e-ISBN-13: 978-3-642-79019-5
DOI: 10.1007/978-3-642-79019-5

Die Deutsche Bibliothek – CIP-Einheitsaufnahme

Krisenmanagement bei Störfällen : Vorsorge und Abwehr der
Gefahren durch chemische Stoffe ; mit 21 Tabellen / Hans-
Joachim Uth (Hrsg.). – Berlin ; Heidelberg ; New York ;
London ; Paris ; Tokyo ; Hong Kong ; Barcelona ; Budapest :
Springer, 1994
  ISBN 3-540-58023-9 (Berlin ...)
  ISBN 0-387-58023-9 (New York ...)
NE: Uth, Hans-Joachim [Hrsg.]

Dieses Werk ist urheberrechtlich geschützt. Die dadurch begründeten Rechte, insbesondere die der Über-
setzung, des Nachdrucks, des Vortrags, der Entnahme von Abbildungen und Tabellen, der Funksendung,
der Mikroverfilmung oder der Vervielfältigung auf anderen Wegen und der Speicherung in Datenverarbei-
tungsanlagen, bleiben, auch bei nur auszugsweiser Verwertung, vorbehalten. Eine Vervielfältigung dieses
Werkes oder von Teilen dieses Werkes ist auch im Einzelfall nur in den Grenzen der gesetzlichen Bestimmungen des Urheberrechtsgesetzes der Bundesrepublik Deutschland vom 9. September 1965 in der
Fassung von 24. Juni 1985 zulässig. Sie ist grundsätzlich vergütungspflichtig. Zuwiderhandlungen unterliegen den Strafbestimmungen des Urheberrechtsgesetzes.

© Springer-Verlag Berlin Heidelberg 1994
Softcover reprint of the hardcover 1st edition 1994

Die Wiedergabe von Gebrauchsnamen, Handelsnamen, Warenbezeichnungen usw. in diesem Buch be-
rechtigt auch ohne besondere Kennzeichnung nicht zu der Annahme, daß solche Namen im Sinne der
Warenzeichen- und Markenschutz-Gesetzgebung als frei zu betrachten wären und daher von jedermann
benutzt werden dürften.

Für die Richtigkeit und Unbedenklichkeit der Angaben über den Umgang mit Chemikalien in Versuchs-
beschreibungen und Synthesevorschriften übernimmt der Verlag keine Haftung. Derartige Informationen
sind den Laboratoriumsvorschriften und den Hinweisen der Chemikalien- und Laborgerätehersteller
und -Vertreiber zu entnehmen.

Herstellung: PRODUserv Springer Produktions-Gesellschaft, Berlin
Innengestaltung: Hans Schönefeldt, Berlin
Satz: Fotosatz-Service Köhler OHG, Würzburg
Einbandgestaltung: Struve & Partner, Heidelberg
SPIN 10427589   02/3020 – 5 4 3 2 1 0 Gedruckt auf säurefreiem Papier

Vorwort

Der Schutz der Umwelt hat in unserer Industriegesellschaft eine zentrale Bedeutung erlangt. Das Betreiben von Industrieanlagen kann nur im komplexen Zusammenhang mit den Bedürfnissen der Gesellschaft und der Umwelt betrachtet werden.

Im Laufe der industriellen Entwicklung sind wir auf einem hohen Niveau der Sicherheitskultur angelangt. Denn die immer größeren und komplexeren Prozeßanlagen und Läger, die sich zudem oft in dichtbesiedelten Gebieten befinden, erfordern umfassende Sicherheitskonzepte.

Umweltschutz und Sicherheit wurden unter dem Aspekt einer glaubwürdigen „Corporate Identity" zu herausragenden Aufgaben des Managements.

Eine zuverlässige, kompetente und effektive Sicherheitsorganisation muß mittels modernen Krisenmanagements in der Lage sein, bei Störfällen den Erfordernissen des Moments Rechnung zu tragen – mit schnellen Entscheidungen und einem optimalen Informationsfluß. Um dies zu erreichen, sind vorbereitende, umfassende organisatorische und technische Maßnahmen erforderlich.

Eine wesentliche Rolle spielt dabei eine offene Informationspolitik nach Störfällen. Aber auch bereits im Vorfeld von Störfällen sind die Nachbarn über Störfallgefahren und das richtige Verhalten im Störfall zu informieren. Das heißt: Dialog mit der Bevölkerung und Kooperation mit Behörden. Das heißt aber auch, gezielt auf Informationsbedürfnisse eingehen.

Ein modernes Krisenmanagementsystem muß sich einer ständigen Überprüfung und Weiterentwicklung – vor allem durch eine kritische Analyse von Schadensereignissen – unterziehen.

Die große Chance und der Nutzen bestehen einerseits darin, Vertrauen zur Öffentlichkeit aufzubauen, das eigene Image zu pflegen und andererseits Umweltbelastungen und damit wirtschaftliche Folgekosten zu vermeiden.

Die Veröffentlichung der vorliegenden Sammlung von Fachbeiträgen muß unter dem Aspekt begrüßt werden, daß ein modernes Störfallmanagement der Weg zur Weiterentwicklung einer zeitgemäßen Sicherheitskultur ist.

Professor Dr. Klaus Töpfer
Bundesminister für Umwelt, Naturschutz und Reaktorsicherheit

Inhaltsverzeichnis

Einleitung *H. J. Uth*

Mensch und Umwelt in der Krise

1	Erfahrungen aus Störfallabläufen *D. Hesel*	7
1.1	Einleitung	7
1.2	Die Charakteristik des Chemieunfalls	7
1.3	Das Eisenbahnunglück von Mississauga, Kanada	13
1.3.1	Unfallhergang	13
1.3.2	Evakuierung	13
1.3.3	Wertung des Ereignisses	18
1.4	Explosion in der Ethylenanlage der Rheinischen Olefin Werke, Wesseling	20
1.4.1	Charakteristik des Schadens	20
1.4.2	Die betroffene Anlage und ihre Umgebung	20
1.4.3	Die Meldewege	21
1.4.4	Die Einsatzphasen	21
1.4.5	Wertung des Ereignisses	23
1.5	Freisetzung eines potentiell krebserzeugenden Stoffes im Werk Griesheim der Hoechst AG, 1993	25
1.5.1	Charakteristik des Schadens	25
1.5.2	Die bestroffene Anlage und ihre Umgebung	25
1.5.3	Wertung des Ereignises	26
1.6	Schlußfolgerungen	27
2	Krisenmanagement und Krisenkommunikation *P. M. Wiedemann*	29
2.1	Einleitung	29
2.2	Krisen, Krisenauslöser und Krisenkosten	30
2.3	Krisenentwicklungen	31
2.4	Produkte als Krisenanlaß	33
2.5	Technische Anlagen und Vorhaben als Krisenanlaß	36
2.6	Veränderungen im Umfeld von Unternehmen	37

2.7	Krisenanfälligkeit von Unternehmen	39
2.8	Krisensensibilität von Unternehmen	40
2.9	Unterschiede zwischen krisenanfälligen und krisenvorbereiteten Unternehmen	41
2.10	Krisenabwehr	43
Literatur		49

3	Kann durch ergonomische Gestaltung des Arbeitsplatzes die menschliche Zuverlässigkeit beeinflußt werden? *H. Bubb*	51
3.1	Einleitung	51
3.2	Menschlicher Fehler und Technik	52
3.2.1	Menschliche Leistung	52
3.2.2	Menschlicher Fehler und menschliche Zuverlässigkeit	55
3.3	Klassifikation menschlicher Fehler	56
3.3.1	Auftretensorientierte Klassifikation	58
3.3.2	Ursachenorientierte Klassifikation	59
3.4	Ergonomische Maßnahmen als Mittel zur Erhöhung der menschlichen Zuverlässigkeit	63
3.4.1	Systemergonomische Maßnahmen	65
3.4.1.1	Funktion	65
3.4.1.2	Rückmeldung	69
3.4.1.3	Kompatibilität	69
3.4.2	Anwendungsbeispiel für systemergonomische Maßnahmen	70
3.4.2.1	Analysemittel der Methode THERP	72
3.4.2.2	Systemergonomischer Ansatz	75
3.4.3	Fehlertolerante Technik	77
Literatur		80

4	Elemente des Risikomanagements bei gefährlichen Industrieanlagen *H. J. Uth*	81
4.1	Einleitung	81
4.2	Standortbezogene Anforderungen	85
4.2.1	Bauleitplanung (Sicherheitsabstände)	85
4.2.2	Umweltverträglichkeitsprüfung	86
4.2.3	Gefahrenabwehrplanung	86
4.2.4	Bevölkerungsinformation	89
4.3	Stoffbezogene Anforderungen	90
4.4	Anlagenbezogene technische Anforderungen bei Planung, Bau, Betrieb und Änderung	91
4.4.1	Technische Regeln, Vorschriften, Normen	91
4.4.2	Sicherheitskonzepte, Erfahrungen	92
4.4.3	Alternative Produktionen, wirtschaftliche Erwägungen	93
4.5	Anforderungen an die Sicherheitsorganisation (Sicherheitsmanagement)	93
4.5.1	Erfüllung von externen Anforderungen	94

4.5.2	Qualitätssicherung	95
4.5.3	Erfahrungsaustausch, Zusammenarbeit, Weiterbildung	98
4.5.3.1	Informationsfluß	98
4.5.3.2	Unfallanalyse und Unfallvermeidung	98
4.5.3.3	Menschlicher Fehler	101
4.5.4	Organisation von Änderungen an der Anlage/Betriebsweise	105
4.5.5	Management Dritter	106
4.6	Erfüllung der Anforderungen an eine Sicherheitsorganisation	106
4.7	Regionalbezogenes Risikomanagement – Störfallinienmanagement	109
Literatur		111

Störfällen vorbeugen – Sicherheitsmanagement

5	Grundsätze	115
5.1	Arbeitssicherheits-Management – Mit Organisation und Delegation Risiken einschränken *J. Schliephacke*	115
5.1.1	Sicherheit – im Zusammenhang gesehen	115
5.1.2	Arbeitssicherheit – Organisation und Aufgaben auf gesetzlicher Grundlage	117
5.1.3	Arbeitssicherheitsorganisation als Fundament für „gerichtsfeste" Sicherheitsorganisation	120
5.1.3.1	Grundlagen der Unternehmensorganisation	120
5.1.3.2	Regelungen beim Fremdfirmeneinsatz	125
5.1.3.3	Spezielle Arbeitssicherheitsorganisation	126
5.1.4	Führungspflichten für Arbeitssicherheit	128
5.1.4.1	Abgrenzung nach Führungsebenen	129
5.1.4.2	Zuweisung von öffentlich-rechtlichen Arbeitsschutzpflichten	130
5.1.4.3	Grenzen der Delegation	133
5.1.4.4	Garantenstellung der Führungskraft	134
5.1.5	Unterstützung durch Spezialisten und sonstige Personen	136
5.1.5.1	Sicherheitsfachkraft	136
5.1.5.2	Betriebsarzt	136
5.1.5.3	Sicherheitsbeauftragter	137
5.1.5.4	Betriebsrat	139
5.1.5.5	Führungs- und Unterstützungsaufgaben im Überblick	139
5.1.5.6	Arbeitsschutzausschuß	139
5.1.6	Betriebsbeauftragte in der Unternehmensorganisation	140
5.1.6.1	Stellung und Aufgaben	141
5.1.6.2	Betriebsbeauftragter und Sicherheitsfachkraft im Vergleich	142
5.1.7	Gelebte Sicherheitsorganisation durch Strategie	142
5.1.7.1	Leitlinie Arbeitssicherheit	144
5.1.7.2	Sicherheitsbewußtsein von Führungskräften abfordern	145
5.1.7.3	Sicherheitsbewußtsein bei Mitarbeitern stärken	146

5.1.8	Rechtliche Konsequenzen	147
5.1.9	Resumé	149
Literatur		150
5.2	Sicherheitsmanagement zur Störfallvorsorge *M. Nitsche*	150
5.2.1	Einführung	150
5.2.2	Schnittstellen Mensch/Technik	152
5.2.3	Aufbau- und Ablauforganisation	154
5.2.3.1	Qualitätssicherungsnormen	156
5.2.3.2	Betriebliche Sicherheitsorganisation in operationalen und technikorientierten Geschäftsbereichen	157
5.2.3.3	Organisationsverantwortung der Unternehmensleitung	159
5.2.4	Kontroll- oder Beauftragtenorganisation	160
5.2.4.1	Störfallbeauftragter	161
5.2.4.2	Sachverständigenprüfungen	162
5.2.4.3	Sicherheitsaudits	164
5.2.5	Notfall- oder Gefahrenabwehrorganisation	165
5.2.6	Dokumentation des Sicherheitsmanagements	165
5.2.7	Ausblick	167
Literatur		167
6	Rechtlicher Rahmen	169
6.1	Störfallvermeidung und -begrenzung im Immissionsschutzrecht *P. Reichhelm*	169
6.1.1	Einleitung	169
6.1.2	Rechtlicher Rahmen und Anwendungsbereich der Störfallverordnung	171
6.1.3	Sicherheitspflichten zur Störfallvorsorge und Störfallabwehr	172
6.1.3.1	Störfallabwehr	173
6.1.3.2	Störfallvorsorge	174
6.1.3.3	Stand der Sicherheitstechnik	175
6.1.4	Einzelpflichten zur Verhinderung von Störfällen (§§ 4 und 6)	175
6.1.4.1	Auslegungsbeanspruchungen (§ 4 Nr. 1)	176
6.1.4.2	Maßnahmen des Brand- und Explosionsschutzes (§ 4 Nr. 2)	176
6.1.4.3	Warn-, Alarm- und Sicherheitseinrichtungen (§ 4 Nr. 3)	177
6.1.4.4	Meß-, Steuer- und Regeleinrichtungen (MSR) (§ 4 Nr. 4)	177
6.1.4.5	Schutzmaßnahmen gegen Eingriffe Unbefugter (§ 4 Nr. 5)	177
6.1.4.6	Überwachung und Wartung sowie deren Ausführung (§ 6 Nr. 1 und 2)	177
6.1.4.7	Vorkehrungen gegen Fehlbedienungen und Vorbeugung gegen Fehlverhalten (§ 6 Abs. 1 Nr. 3 und 4)	178
6.1.4.8	Schriftliche Unterlagen über Kontrollen, Wartungs- und Reparaturarbeiten (§ 6 Abs. 2)	178
6.1.5	Einzelpflichten zur Begrenzung von Störfallauswirkungen (§§ 5 und 6)	179

6.1.5.1	Bautechnische und andere technische Schutzmaßnahmen (§ 5 Abs. 1 Nr. 1 und 2)	179
6.1.5.2	Pflichten bzgl. der betrieblichen Alarm- und Gefahrenabwehrpläne (§ 5 Abs. 1 Nr. 3 und § 6 Abs. 1 Nr. 5)	180
6.1.5.3	Beauftragte Person oder Stelle und Beratungspflicht (§ 5 Abs. 2 und 3)	181
6.1.5.4	Lagerlisten, Erstellung und Fortschreibung (§ 6 Abs. 3)	182
6.1.6	Die Sicherheitsanalyse (§§ 7, 8 und 9)	182
6.1.6.1	Beschreibender Teil der Sicherheitsanalyse	184
6.1.6.2	Darlegung der Erfüllung der Anforderungen aus den Sicherheitspflichten	185
6.1.6.3	Auswirkungsbetrachtung	185
6.1.6.4	Fortschreiben und Bereithalten der Sicherheitsanalyse	186
6.1.7	Melde- und Informationspflichten (§§ 11 und 11 a)	186
6.1.8	Prüfung der Sicherheitspflichten im Rahmen des Genehmigungsverfahrens, der behördlichen und betreibereigenen Überwachung	188
6.1.8.1	Genehmigungsverfahren	188
6.1.8.2	Behördliche Überwachung	189
6.1.8.3	Betreibereigene Überwachung durch Sachverständige und Störfallbeauftragte	189
6.1.9	Ausblick	190
Literatur		191
6.2	Gefahrenabwehrplanung und Stabsarbeit zur Gefahrenabwehr in Betrieben und Behörden *G. A. Müller*	191
6.2.1	Störfallvorsorge und Katastrophenschutz – zwei Aufgabengebiete mit unterschiedlichen Zielen und unterschiedlichen Anforderungen	191
6.2.1.1	Die Unterschiede	191
6.2.1.2	Beispiele	193
6.2.1.3	Folgerungen	194
6.2.2	Anforderungen an den betrieblichen Alarm- und Gefahrenabwehrplan und an die betriebliche Stabsarbeit zur Gefahrenabwehr	194
6.2.2.1	Anforderungen an den betrieblichen Alarm- und Gefahrenabwehrplan	194
6.2.2.2	Anforderungen an die betriebliche Stabsarbeit zur Gefahrenabwehr	200
6.2.3	Anforderungen an die behördlichen Alarm- und Gefahrenabwehrpläne und an die behördliche Stabsarbeit zur Gefahrenabwehr	201
6.2.3.1	Besondere Gefahrenabwehrplanungen des Katastrophenschutzes	201
6.2.3.2	Anforderungen an die behördliche Stabsarbeit zur Gefahrenabwehr	203
Literatur		205

7	Praxiserfahrungen	207
7.1	Sicherheitsorganisation in einem Chemiebetrieb *J. Steinbach*	207
7.1.1	Einleitung	207
7.1.2	Grundbegriffe betrieblicher Anlagensicherheit	208
7.1.3	Zuordnung der Organisationskomponenten zu Bilanzkreisen	209
7.1.4	Allgemeine Wirkmechanismen von Aufbau- und Ablauforganisationen	212
7.1.5	Die betriebliche Gefahrenabwehrorganisation und ihre Besonderheiten	214
7.1.6	Einführung in die Ablauforganisationsthemen der betrieblichen Sicherheitsorganisation	217
7.1.7	Freigaben, ein ablauforganisatorisches Spezialthema der betrieblichen Sicherheitsorganisation	218
7.1.7.1	Freigaben von Anlagen bzw. Anlagenteilen bei Planung, Errichtung, Modifizierung und Instandhaltung	219
7.1.7.2	Freigaben von Verfahren und Verfahrensmodifizierungen	221
7.1.8	Instandhaltung	223
7.1.9	Zusammenfassung	224
Literatur		225
7.2	Bausteine betrieblicher Sicherheitsorganisation für ein flexibles Krisenmanagement *J. Steinmetz*	226
7.2.1	Moderne Instrumentarien für Gefahrenreaktionskonzepte	226
7.2.1.1	Ressourcenplattform des betrieblichen Risikomanagements	226
7.2.1.2	Betriebliche Katastrophenschutzorganisation (BKO)/ Katastrophenschutz als staatliche Ordnungsaufgabe	232
7.2.1.3	Gefahrenmanagement im Rahmen der Störfallverordnung	234
7.2.2	Flexibles Krisenmanagement als Instrument der Zukunft	237
7.2.2.1	Anpassung an Organisationsstrukturen der Unternehmen	238
7.2.2.2	Risikobewußtseinsbildung im Rahmen der Personalentwicklung	240
7.2.2.3	Projekt: Sicherheitsorganisation	244
7.2.3	Anhang	250
Literatur		250
Abkürzungen		250
7.3	Sicherheitszirkel: Betroffene zu Beteiligten machen – Erfahrungen mit Arbeitsschutzzirkeln bei der Henkel KGaA *P. Müller-Demary, M. Przygodda*	251
7.3.1	Ausgangssituation	251
7.3.2	Sicherheitszirkel	253
7.3.3	Durchführung der Sicherheitszirkel	253
7.3.4	Erfahrungen bei der Durchführung der Sicherheitszirkel	255
7.3.5	Sicherheitsmotivation	257
Literatur		259

7.4	Vorbereitung der Öffentlichkeit und Nachbarschaft auf Störfälle *F. Claus*	260
7.4.1	Warum sollte die Öffentlichkeit auf Störfälle vorbereitet werden?	260
7.4.2	Wer ist „die Öffentlichkeit"? Wer sind „Betroffene"?	261
7.4.3	Welche Informationen sollen Öffentlichkeit, Betroffene und Interessierte erhalten?	263
7.4.4	Welche Elemente sind zentral für Inhalt, Formulierung und Gestaltung?	265
7.4.5	Wie soll die Vorsorge-Information verbreitet werden?	268
7.4.6	Wie wirkt die Information auf die Empfänger?	270
7.4.7	Wie kann aus Information auch Kommunikation werden?	272
Literatur		273

Störfälle begrenzen – Krisenmanagement

8	Grundlagen	277
8.1	Krisenmanagement in Unternehmen *W. R. Dombrowsky*	277
8.1.1	Problem voraus	277
8.1.2	Krisenkosten	279
8.1.3	Kommunikation im Krisenfall	281
8.1.4	Gutes Krisenmanagement	282
8.1.5	Total Crisis Management	287
8.1.6	Die richtigen Schritte beim taktischen Krisenmanagement	291
Literatur		294
9	Praxisbeispiele	295
9.1	Aktive Öffentlichkeitsarbeit in der Krise: Erfahrungen und Konsequenzen bei der Hoechst AG *L. Schönefeld*	295
9.1.1	Einleitung	295
9.1.2	Unternehmen und Öffentlichkeit	295
9.1.3	Wertewandel und Generationswechsel	296
9.1.3.1	Natur als moralische Instanz	297
9.1.3.2	Der Wertewandel in den Medien	298
9.1.4	Zum Symbolwert der Hoechst AG	300
9.1.5	Zur Rolle Frankfurts als Medienstat	301
9.1.6	Krisenkommunikation im Wandel	304
9.1.7	Krisenkommunikation auf dem Prüfstand	307
9.1.7.1	Die Störfälle in den Medien	307
9.1.7.2	Hat Hoechst richtig und ausreichend kommuniziert?	308
9.1.7.3	Vertuschung oder Verharmlosung?	309
9.1.7.4	Störfälle in Serie?	309

9.1.8	Konsequenzen für das Krisenmanagement	310
9.1.8.1	Klare Einstufung von Schadensereignissen	310
9.1.8.2	Eingespielte Abläufe	311
9.1.9	Folgen für die Krisenkommunikation	313
9.1.9.1	Klare Organisationsstrukturen und schnelle Informationswege	314
9.1.9.2	Pressezentrum	316
9.1.9.3	Dokumentation	317
9.1.10	Krisenkommunikation geht über den Tag hinaus	317
9.1.10.1	Vertrauen wiedergewinnen	317
9.1.10.2	Gesprächskreis Hoechster Nachbarn	318
9.1.10.3	Information nach § 11a der Störfallverordnung	318
9.1.10.4	Schriftenreihe „Hoechst im Dialog"	319
9.1.10.5	Tag der offenen Tür	319
9.1.11	Perspektiven der Krisenkommunikation	319
Literatur		320
9.2	Krisenmanagementsystem bei Boehringer Mannheim W. Wäßle	322
9.2.1	Unternehmensleitlinien Öffentlichkeitsarbeit	322
9.2.1.1	Information der Nachbarschaft über eine thermische Abluftreinigungsanlage	322
9.2.1.2	Salpetersäure-Ausbruch in einem Chemiebetrieb	323
9.2.2	Vorabinformation der Öffentlichkeit und der Nachbarschaft über Störfallrisiken (§ 11a der Störfallverordnung)	324
9.2.2.1	Gesetzlicher Rahmen	324
9.2.2.2	Forschungsvorhaben des Umweltbundesamtes zu § 11a Störfallverordnung	324
9.2.2.3	Einbindung der Behörden	325
9.2.2.4	Störfallinformation Boehringer Mannheim/Gemeinschaftsbroschüre	325
9.2.3	Systematische Bewertung der betrieblichen Risiken	326
9.2.4	Betrieblicher Alarm- und Gefahrenabwehrplan	329
9.2.4.1	Katastropheneinsatzplan KEP	330
9.2.4.2	Alarm- und Gefahrenabwehrplan AGAP	330
9.2.4.3	Feuerwehreinsatzpläne FEP	337
9.2.4.4	Gefahrstoffdatei GEFA	339
9.2.5	Betriebliche Gefahrenabwehr-Organisation (BGO)	339
9.2.5.1	Zusammensetzung des BGO-Stabs	339
9.2.5.2	Aufgaben des BGO-Stabs	339
9.2.5.3	Alarmierung des BGO-Stabs	341
9.2.6	Warnung und Information	341
9.2.6.1	Warnung der Bevölkerung	342
9.2.6.2	Information der Öffentlichkeit	342
9.2.6.3	Information der Behörden	342
9.2.7	Erprobung des Krisenmanagementsystems	343
9.2.8	Zusammenfassung	344

9.2.9	Anhang 1: Überprüfung der betroffenen Reaktionen/Anlagen	345
9.2.10	Anhang 2: Auszug aus dem BGO-Handbuch	346
Literatur		344
9.3	Krisenmanagement der Stadt Mannheim *H. Feickert*	350
9.3.1	Allgemeines	350
9.3.2	Entwicklung	351
9.3.3	Erfahrungen aus der Sicht der Stadt Mannheim	352
9.3.4	Entwicklung eines Ereignisses	353
9.3.5	Neue Stabsorganisation	354
9.3.6	Einsatzleitung	360
9.3.7	Zusammenfassung	360
Literatur		361
Sachverzeichnis		363

Verzeichnis der Autoren

H. Bubb
TU München
Barbarastr. 16
80797 München

Dr. Frank Claus
Institut Kommunikation &
Umweltplanung GmbH
Atfriedstr. 16
44369 Dortmund

W. D. Dombrowsky
Christian Albrechts Universität
Katastrophenforschungsstelle KFS
Olshauserstr. 40
24118 Kiel

Horst Feickert
Stadt Mannheim
Amt für Katastrophenschutz
Postfach 10 30 51
68030 Mannheim

Dr.-Ing. Dieter Hesel
TÜV Rheinland
Am Grauen Stein
51105 Köln

Dr. Petra Müller-Demary
Henkel KGaA
Postfach 10 11 00
40002 Düsseldorf

Dr. Gerhard A. Müller
Innenministerium
Baden-Württemberg
Postfach 10 24 43
70020 Stuttgart

Dipl.-Ing. Michael Nitsche
Umweltbundesamt
Postfach 33 00 22
14191 Berlin

Dr. Martina Przygodda
Peter Reichhelm
Hessisches Umweltministerium
Mainzerstr. 80
65169 Wiesbaden

Dr. jur. Jürgen Schliephacke
Blankeneser Bahnhofsplatz 11
22587 Hamburg

Ludwig Schönefeld
c/o Hoechst Aktiengesellschaft
zentralabteilung Öffentlichkeitsarbeit
65926 Frankfurt am Main

Dr.-Ing. habil. Jörg Steinbach
Schering AG
ZESI-ANSI
13342 Berlin

Dipl.-Ing. Jürgen Steinmetz
c/o Unternehmensgruppe Freudenberg
T1-WB/NW
69465 Weinheim

Hans-Joachim Uth
c/o Umweltbundesamt
Bismarckplatz 1
Postfach 33 00 22
14191 Berlin

W. Wäßle
Boehringer Mannheim GmbH
68298 Mannheim

Peter M. Wiedemann
Programmgruppe Mensch Umwelt Technik
Forschungszentrum Jülich GmbH
Postfach 1913
52405 Jülich

Einleitung

Dr. Hans-Joachim Uth

Nach einer Veröffentlichung der OECD wurden im Zeitraum 1970–1989 174 Industriestörfälle[1] mit katastrophalem Ausmaß registriert. Über 8400 Tote und knapp 80 000 Verletzte waren zu beklagen. Die Schäden an der Umwelt konnten nicht quantifiziert werden, wurden aber als erheblich eingestuft [1]. Weltweit kann nach der gleichen Quelle eine steigende Tendenz bei derartigen Industriestörfällen verzeichnet werden, wenn auch die Beiträge der einzelnen Staatengruppen unterschiedlich sind. Im Bereich der OECD-Staaten sinkt die Tendenz, bei den Entwicklungsländern ist ein starker Anstieg zu beobachten.

Nicht erst nach der „Globalen Bestandsaufnahme der anthropogenen Umweltbelastung" in Rio de Janeiro (1992) wurde das Problem der Störfälle erkannt. Marksteine waren vielmehr die spektakulären Ereignisse in Bhopal und Mexico-City 1986, Basel 1987, die die internationale Staatengemeinschaft veranlaßte, weitreichende Grundsätze zur „Vermeidung und Begrenzung von Industrieunfällen" (vgl. [2]) zu verabschieden und in internationalen Konventionen verbindlich festzulegen. Bei der Erarbeitung konnte auf schon reichhaltige Erfahrungen in Teilbereichen zurückgegriffen werden. Doch setzte sich auch die Erkenntnis durch, daß die Summe der gelösten Probleme in den einzelnen Teilbereichen („Inseln") nicht automatisch eine optimale Lösung des Gesamtbereiches ergibt. Vielmehr zeigte sich, daß die Prinzipien und Verfahren, die in den „Inseln" erfolgreich sind, auf das Gesamtsystem abgestimmt werden müssen, um insgesamt zu einem Optimum an Sicherheit und Umweltschutz zu kommen. Betroffen sind alle Ebenen: Die Verbindungen zwischen Arbeitsplatz, dem Betrieb und seiner Umgebung, sowie regionale und überregionale Zusammenhänge müssen beachtet werden. Diese Ebenen sind in einem organisatorischen Gefüge zu verbinden. In der wissenschaftlich-technischen Debatte haben sich dabei verschiedene sog. Managementsysteme herausgebildet, die für bestimmte Bereiche zuständig sind, aber auch unterschiedliche Blickrichtungen auf das „integrierte Sicherheitssystem" repräsentieren. *Sicherheitsmanagement, Risikomanagement, Störfallmanagement, Krisenmanagement* sind Schlagworte in dem verwirrenden „Organisationsdschungel", es erscheint notwendig – zumindest für den Zweck dieser Monographie – sie zu definieren. Orientierungspunkt soll dabei die Begrifflichkeit der DIN 31 000

---

[1] In der Statistik wurden nur Ereignisse berücksichtigt mit mehr als 25 Toten, 125 Verletzten oder 10 000 Evakuierten.

Teil 2 sein [3]. Nach dieser Norm ist das *Risiko* als eine Wahrscheinlichkeitsaussage aufzufassen, die durch die zu erwartende Häufigkeit des Ereignisses, verbunden mit einem Schadensbild, gekennzeichnet ist. Risiken gelten als vertretbar bis zu einem *Grenzrisiko*. *Sicherheit* ist eine Sachlage, bei der das Risiko nicht größer ist als das Grenzrisiko. *Gefahr* ist eine Sachlage, bei der das Risiko größer ist als das Grenzrisiko.

Die einzelnen Managementbereiche können grob wie folgt umrissen werden, wobei aber zu beachten ist, daß die Grenzen fließend sind:

Sicherheitsmanagement kann demnach durch die organisatorischen Vorkehrungen zur Gewährleistung der Arbeits- und Anlagensicherheit gekennzeichnet werden, die jede Gefahrenlage ausschließen, d. h. Störfälle verhindern sollen. Sicherheitsmanagement ist vorwiegend betriebsbezogen.

Störfallmanagement baut auf das Sicherheitsmanagement auf. Es charakterisiert den Anteil der organisatorischen Vorkehrungen, die mit dem Auftreten der Gefahrenlage wirksam werden. Es hat den Blickwinkel vom Betrieb, schaut aber über die Anlagengrenzen hinweg zu den kommunalen Vorkehrungen zur Begrenzung der Störfallauswirkungen.

Risiken sind durch mögliche Schäden an Mensch und Umwelt charakterisiert. *Risikomanagement* ist deshalb mit der Bewertung von Risiken (Festlegung des Grenzrisikos) und deren Kontrolle befaßt. Risikomanagement ist Sache des Staates als Sachwalter der Allgemeinheit. Dabei sind Sicherheitsmanagement und Störfallmanagement wichtige Objekte des Risikomanagements. Sie müssen mit anderen Bereichen, z. B. Chemikalienbewertung, Bauleitplanung, verknüpft werden.

Krisenmanagement ist schließlich die horizontale Verbreiterung von Elementen des Risiko- und Störfallmanagements. Krisenmanagement geht vom Betrieb aus, umfaßt aber auch Vorkehrungen des behördlichen Risikomanagements. Krisen stellen komplexe Abläufe dar, die zeitlich gesehen schon lange vor dem auslösenden Ereignis ihre Wurzeln haben. Aus diesem Grund ist das Krisenmanagement eher als eine Gemeinschaftsaufgabe aller regional (national) beteiligten Partner aufzufassen.

Bei der Zusammenfassung der Beiträge wurde ausgegangen von der grundlegenden Charakteristik des Problembereichs industrieller Störfälle, ihrer Wirkung und Konsequenzen, der Umreißung von typischen Krisenverläufen einschließlich deren Kommunikation, sowie der Darstellung der Schlüsselelemente des Risikomanagements vor dem Hintergrund eines integrierten Systems für Sicherheit und Umweltschutz. Der zweite Abschnitt widmet sich ganz den verschiedenen Vorkehrungen technischer, organisatorischer, rechtlicher und kommunikativer Art, d. h. aller Elemente der Störfallvorsorge, einschließlich der Vorkehrungen für den Ereignisfall. Der dritte Abschnitt schließlich vermittelt Erfahrungen mit zeitgemäßen Umsetzungen in der betrieblichen und behördlichen Praxis.

Anliegen der vorliegenden Monographie ist die Zusammenführung der für ein wirksames Krisenmanagement zu betrachtenden Bereiche, die Darstellung der „Inseln", die durch Brückenschlag zu einem einheitlichen integrierten

System für Sicherheit und Umweltschutz bei gefährlichen Industrieanlagen zusammengefügt werden müssen.

1. OECD Jahrbuch 1991, OECD Paris 1992
2. OECD Guiding Principals for Accident Prevention, Preparedness and Response Environment Monograph Nr. 51, OECD Paris, 1992
3. DIN 31 000 Teil 2, Deutsches Institut für Normung, Beuth, Berlin

Mensch und Umwelt in der Krise

1 Erfahrungen aus Störfallabläufen

D. Hesel

1.1 Einleitung

Der Autor beschäftigt sich seit 1980 mit der Untersuchung chemiespezifischer bzw. chemieverwandter Unfälle. In diesem Beitrag wird der Versuch unternommen, durch die Schilderung tatsächlicher Unfallhergänge und ihrer Auswertung praxisnahe Schlußfolgerungen zu ziehen, die zu einer verbesserten Gefahrenabwehr führen.

Für ein wirksames Krisenmanagement ist es zunächst einmal unabdingbar, sich Vorstellungen über den möglichen Ablauf einer Krise zu machen. Im allgemeinen geschieht dies in Form von Plänen oder auch Planspielen. Wichtig ist dabei, daß wir uns immer vor Augen halten: „Der Störfall hält sich nicht an unsere Vorgaben". Das vorgedachte Unfallzenario wir sicher nicht so ausschauen, wie der tatsächliche Störfall. Die im folgenden beschriebenen Beispiele belegen dies. Für Krisenmanagement bedeutet das, es muß flexibel sein und es darf auf gar keinen Fall auf einzelne konkret vorgedachte Situationen fixiert sein.

1.2 Die Charakteristik des Chemieunfalls

Den Chemieunfall schlechthin gibt es nicht. Seine Palette ist groß, sie reicht von der Freisetzung eines toxischen Stoffes in die Luft über Brand und Explosion bis hin zur Gewässer- oder Bodenverunreinigung. Dies alles ist stoffspezifisch und im Umfang des potentiellen Schadensausmaßes stark von den Ausgangsbedingungen am Unfallort selbst, aber auch von Umgebungseinflüssen abhängig. Abbildung 1.1 zeigt diese Zusammenhänge schematisch auf.

In Abhängigkeit von den Stoffeigenschaften, ggf. in Verbindung mit äußeren Einflüssen, läßt sich voraussagen, welches Ereignis grundsätzlich möglich ist. So läßt sich die Stoffeigenschaft „brennbar" mit einer Brand- und Explosionsgefahr in Verbindung bringen. Ob eine Gefährdung der Luft, etwa durch toxische Verbrennungsprodukte, oder des Wassers durch kontaminiertes Löschwasser besteht, bedarf einer genaueren Analyse.

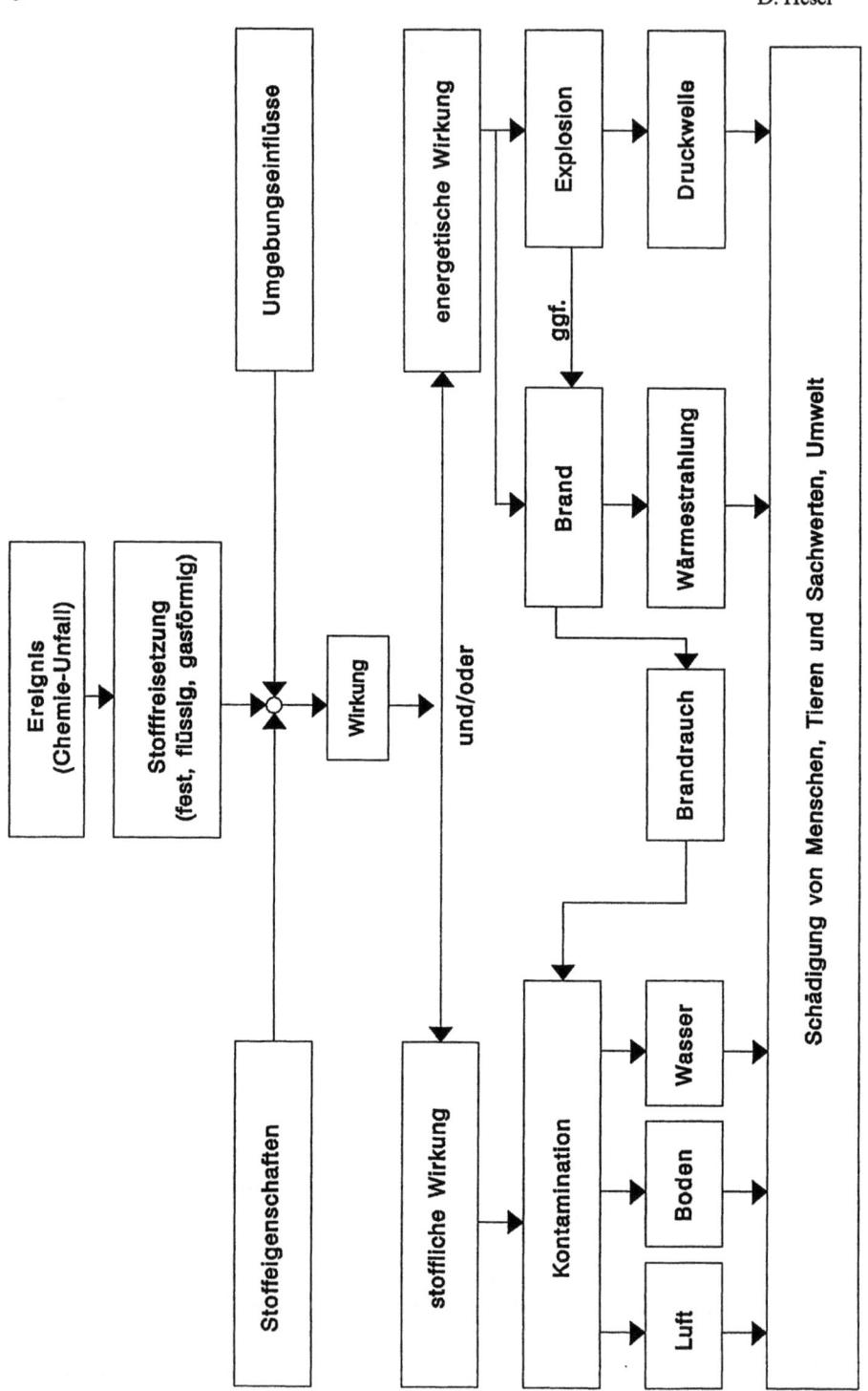

Abb. 1.1. Konsequenzen eines Chemieunfalls

1 Erfahrungen aus Störfallabläufen

Tabelle 1.1. Luft-, Wasser- und Bodengefährdung durch die Freisetzung toxischer Stoffe.
++ Bedeutung hoch, + Bedeutung mittel, o Bedeutung gering, − irrelevant

Schadensereignis	Ausbreitungspfad								
	Luft			Wasser			Boden		
	Art der Freisetzung								
	gasf.	flüssig	fest	gasf.	flüssig	fest	gasf.	flüssig	fest
Leck in der Anlage	+	o	+	+	+	+	−	+	o
Ansprechen von Druckentlastungsvorrichtungen	+	o	+	−	o	o	−	+	o
Explosion/ Behälterzerknall	+	o	+	−	+	+	−	+	+
Verdampfung (aus Lache od. offenem System)	+	−	−	−	−	−	−	−	−
Transportunfall	+	+	o	+	+	+	−	+	+
Brand in Chemikalienlager	+	−	+	+	+	+	−	+	o
Brand in VbF-Lager	+	−	−	−	+	−	−	+	−
Brand in LPG-Lager	−	−	−	−	−	−	−	−	−
Brand in Hochregallager	+	−	+	+	+	+	−	+	o
Anlagenbrand	+	−	+	+	+	+	−	+	o
Staubexplosion	−	−	+	−	−	o	−	−	+

Gleiches gilt bei toxischen Eigenschaften. Auch hier lassen sich aus der Kenntnis des Stoffes bereits die Grundsätze der denkbaren Wirkungen aufzeigen.

Geht man etwas tiefer ins Detail, so lassen sich die Schadensereignisse, wie in Tabelle 1.1 für toxische Stoffe, Tabelle 1.2 für Energiefreisetzungen, also Brand und Explosion, und Tabelle 1.3 für die Zündung freigesetzter Stoff-/Luftgemische gezeigt, analysieren.

In den Tabellen ist jeweils nach Art der Stofffreisetzung als Gas, Flüssigkeit oder Feststoff unterschieden. Die Bedeutung der jeweiligen Ereignisse ist durch ++ (hohe Bedeutung) bis − (irrelevant) beschrieben und schließlich sind die Ereignisarten, die erfahrungsgemäß besonders häufig sind, grau unterlegt.

Tabelle 1.1 zeigt für den Fall der Freisetzung von toxischen Stoffen – sowohl akut toxischer Stoffe, wie Chlor oder Ammoniak als auch Stoffe mit Langzeitwirkung, also kanzerogene, teratogene oder mutagene Stoffe – welche Abläufe vorkommen können.

Tabelle 1.2. Energiefreisetzung in Abhängigkeit von der vorausgehenden Stofffreisetzung.
++ Bedeutung hoch, + Bedeutung mittel, o Bedeutung gering, − irrelevant

Schadensereignis	Art der Energiefreisetzung					
	Wärmestrahlung			Druckwelle		
	Art der Stofffreisetzung					
	gasf.	flüssig	fest	gasf.	flüssig	fest
Leck in der Anlage	+	+	−	+	−	++*
Ansprechen von Druckentlastungsvorrichtungen	+	o	−	+	−	−
Explosion/Behälterzerknall	o	o	o	+	−	++*
Verdampfung (aus Lache od. offenem System)	+	−	−	+	−	−
Transportunfall	+	+	o	+	−	++*
Brand in Chemikalienlager	+	+	+	+	−	++*
Brand in VbF-Lager	−	+	−	−	o	−
Brand in LPG-Lager	+	−	−	+	−	−
Brand in Hochregallager	+	+	+	+	−	−
Anlagenbrand	+	+	−	+	−	++*
Staubexplosion	−	−	+	−	−	+

* = nur bei Sprengstoffen.

Der Luftpfad, die Ausbreitung eines Stoffes in der Atmosphäre ist naturgemäß insbesondere für Stoffe von Bedeutung, die bereits gasförmig freigesetzt werden. Wichtige Ereignisse sind

- Leck in der Anlage,
- Explosion/Behälterzerknall und
- Transportunfälle.

Das Ansprechen von Druckentlastungseinrichtungen, wie es beim Unfall im Werk Griesheim der Hoechst AG im Februar 1993 stattfand, ist als Ursache eines größeren Schadens eher selten. Gleiches gilt für Brände, bei denen toxische Gase entstehen können. Die Erfahrung zeigt, daß die entstehenden Konzentrationen in der Umgebungsluft selten bedrohlich sind.

Flüssig oder fest freigesetzte Stoffe sind für den Luftpfad von geringerer Bedeutung. Dennoch sind Fälle denkbar in denen z. B. ein Feststoff als feiner Staub freigesetzt wird und sich atmosphärisch ausbreitet.

Tabelle 1.3. Explosionsgfahr nach Bildung einer zündfähigen Wolke. + + Bedeutung hoch, + Bedeutung mittel, o Bedeutung gering, − irrelevant

Schadensereignis	Ausbreitungspfad Luft		
	Art der Stofffreisetzung		
	gasf.	flüssig	fest
Leck in der Anlage	+	−	+
Ansprechen von Druckentlastungsvorrichtungen	+	−	+
Explosion/Behälterzerknall	o	−	−
Verdampfung (aus Lache od. offenem System)	+	−	−
Transportunfall	+	−	o
Brand in Chemikalienlager	o	−	−
Brand in VbF-Lager	o	−	−
Brand in LPG-Lager	o	−	−
Brand in Hochregallager	o	−	−
Anlagenbrand	o	−	−
Staubexplosion	−	−	+

Eine Wassergefährdung durch toxische Stoffe ist in erster Linie durch die Freisetzung flüssiger Stoffe möglich, kann aber auch bei Bränden durch das Auswaschen fester Stoffe mit dem Löschwasser erfolgen.

Während es für ortsfeste Anlagen leicht möglich ist, durch Auffang- und/ oder Rückhaltesysteme hierfür Vorsorge zu treffen, stellt sich das Problem bei Transportunfällen massiv.

Für eine Brandgefährdung durch toxische Stoffe gilt das Gleiche, wie für eine Wassergefährdung. Allerdings ist es hier durch die Art des Schadens, der ja auf den einmal betroffenen Ort konzentriert bleibt einfacher, Gegenmaßnahmen einzuleiten und durchzuführen. Alle Maßnahmen, sowohl eine Nutzungseinschränkung als auch das Abtragen von kontaminiertem Erdreich sind langfristige Maßnahmen und stellen somit im Rahmen der Gefahrenabwehrplanung eine Sondersituation dar.

Schadensbilder, die sich aufgrund einer Energiefreisetzung, d.h. bedingt durch die Stoffeigenschaften „brennbar" und „explosionsfähig" ergeben, lassen sich immer auf

- Wärmestrahlung oder
- Druckwelle

zurückführen, siehe Tabelle 1.2.

Für den Wirkungsbereich Wärmestrahlung infolge eines Brandes sind insbesondere flüssig vorliegende Stoffe in Anlagen und Lagern zu betrachten, wie auch der Transportausfall. Gasförmig vorliegende Stoffe sind nur dann von besonderem Interesse, wenn sie unter Druck vorliegen. Es sind daher für den Brandfall in erster Linie große Tanklager mit brennbaren Flüssigkeiten, wie auch Raffinerieanlagen mit hohem Inventar an brennbaren Stoffen von Bedeutung.

Eine Verknüpfung eines Brandes mit der in Tabelle 1.1 dargestellten atmosphärischen Ausbreitung toxischer Stoffe ist nur bei Chemikalien- oder Pflanzenschutzmittellagern in Betracht zu ziehen, nicht jedoch im Bereich der Mineralölindustrie.

Transportunfälle nehmen auch hier wieder eine Sondersituation ein. Die brennbaren Stoffe sind systembedingt nicht ortsfest. Damit kann sich im Unfall durchaus eine unmittelbare Nähe zwischen Gefahrstoff und potentiell Betroffenen ergeben. Das Gefahrenbild ist ein grundsätzlich anderes, als bei ortsfesten Anlagen.

Die Gefahr durch eine Explosion mit anschließender Druckwellenausbreitung zu Schaden zu kommen, besteht insbesondere da, wo Stoffe mit hohem Dampfdruck vorliegen. Durch den vorhandenen hohen Innendruck oder durch Aufheizen der Behältnisse von außen, z. B. durch Abbrennen ausgetretener Stoffe, kann es zum plötzlichen explosionsartigen Behälterversagen kommen. Letzteres ist in der englischsprachigen Literatur als BLEVE (Boiling Liquid Expanding Vapour Explosion) bekannt.

Die Auswirkung ergibt sich aus einer Druckwelle, insbesondere aber durch raketenartig beschleunigte Teile von Tanks oder Behältern.

Bei den als Folge einer Feststofffreisetzung gekennzeichneten Ereignissen handelt es sich um Sprengstoffexplosionen, die überall dort denkbar sind, wo mit diesen Stoffen umgegangen wird. Bedingt durch die Abstandsregelungen des Sprengstoffgesetzes stellen Sprengstoffe im friedensmäßigen Umgang kein Problem für die öffentliche Gefahrenabwehr dar. Schließlich sind Staubexplosionen mit eventuellen Folgebränden von Bedeutung. Diese Art der Feststoffexplosion, bedingt durch zündfähige Staub-Luft-Gemische kann aber in einer Vielzahl von organischen Stäuben vorkommen. Ihre Wirkung ist meist auf die Anlagen und deren unmittelbare Umgebung beschränkt.

In Tabelle 1.3 ist schließlich ein weiterer Mechanismus dargestellt, der bei Chemieunfällen bzw. chemieverwandten Unfällen zu massiven Schäden geführt hat (Feyzin, Flixborough, Rheinische Olefinwerke [ROW] u.a.m.). Zunächst bildet sich durch die Freisetzung eines brennbaren Stoffes – im allgemeinen ein Gas – ein zündfähiges Gemisch mit Luft, das bis zur Verdünnung unter die Untere Explosionsgrenze (UEG) gezündet werden kann.

Als Folge entsteht eine – möglicherweise großräumige – Gaswolkenexplosion, die in ihrer Wirkungsweise von einer Feststoffexplosion grundlegend verschieden ist. Entgegen dem üblichen Namen handelt es sich eigentlich um eine Deflagration, ein schnelles Abbrennen der Wolke.

Tabelle 1.3 zeigt, daß auslösende Ereignisse meist Leckagen oder Transportunfälle sind, bei denen es nicht brennt. Vorzeitiges Abbrennen des freigesetzten zündfähigen Stoffes würde die Bildung einer Wolke verhindern.

Es zeigte sich also, daß Brände, Anlagenleckagen und Transportunfälle die häufigsten und für die Vorsorge interessantesten Ereignisse sind. Dementsprechend habe ich die Auswahl der Ereignisse, über die ich berichten möchte, getroffen:

1. Mississauga 1979 – Ein Transportunfall mit einem chlorgefüllten Eisenbahnkesselwagen und gleichzeitigem Großbrand.
2. Rheinische Olefinwerke in Wesseling bei Köln 1985 – Explosion einer Gaswolke nach Freisetzung eines brennbaren Gases aus einer Anlagenleckage.
3. Hoechst AG – Werk Griesheim 1993 – Stofffreisetzung nach dem Ansprechen einer Druckentlastungseinrichtung (ein eher seltenes Ereignis).

1.3 Das Eisenbahnunglück von Mississauga, Kanada

1.3.1 Unfallhergang

In der Nacht des 10.11.1979 entgleiste um 23.55 Uhr an einem ebenerdigen Bahnübergang ein Güterzug der Canadian Pacific Railway mit 106 Waggons, Abb. 1.2. 24 Waggons sprangen aus den Schienen, von denen 11 Wagen Propan, 4 Natronlauge, 3 Styrol, 3 Toluol, 2 Isolationsmaterial und 1 Wagen 90 t Chlor enthielten.

Der Unfall führte sofort zum Aufreißen eines oder mehrerer Propankesselwagen und zu einer Entzündung des ausströmenden Propans an heißen Teilen. Eine zündfähige Wolke konnte sich dadurch nicht bilden. Das so entstandene Feuer konnte bis in Entfernungen von ca. 100 km beobachtet werden. Polizei und Feuerwehr waren umgehend am Ort des Geschehens, der Brand konnte dennoch erst nach ca. 48 Stunden gelöscht werden. Die eigentliche Gefahr, die im Verlauf der folgenden 24 Stunden zur Evakuierung von ca. 220 000 Menschen einschließlich dreier großer Krankenhäuser und mehrerer Alters- und Pflegeheime führte, ging von dem Chlorkesselwagen aus, der sich mitten im Feuer befand und dessen plötzliche Zerstörung (BLEVE) befürchtet wurde.

1.3.2 Evakuierung

Etwa zwei Stunden nach dem Unfallereignis wurde vom Polizeichef in Absprache mit dem Feuerwehrchef die erste von 13 Evakuierungsentscheidungen getroffen, die 3500 Menschen in unmittelbarer Nähe des Unfallortes betraf (Abb. 1.3). Etwa 7 Stunden nach dem Unfallereignis trat ein Stab (Emergency Operations Control Group, EOCG) unter Leitung des Justizministers zusammen, der dann die Entscheidungen traf. Weitere Entscheidungen zur Evakuierung wurden aufgrund von vorliegenden meteorologischen Informationen und besserer Kenntnis der Gefahr getroffen (Abb. 1.4). Während zunächst die Gebiete innerhalb der Windfahne, etwa in einem 60°-Sektor, evakuiert wurden, wurden später wegen drehenden Windes auch weitere Gebiete östlich und westlich der Unfallstelle evakuiert. Im Norden lag die Grenze des Evakuie-

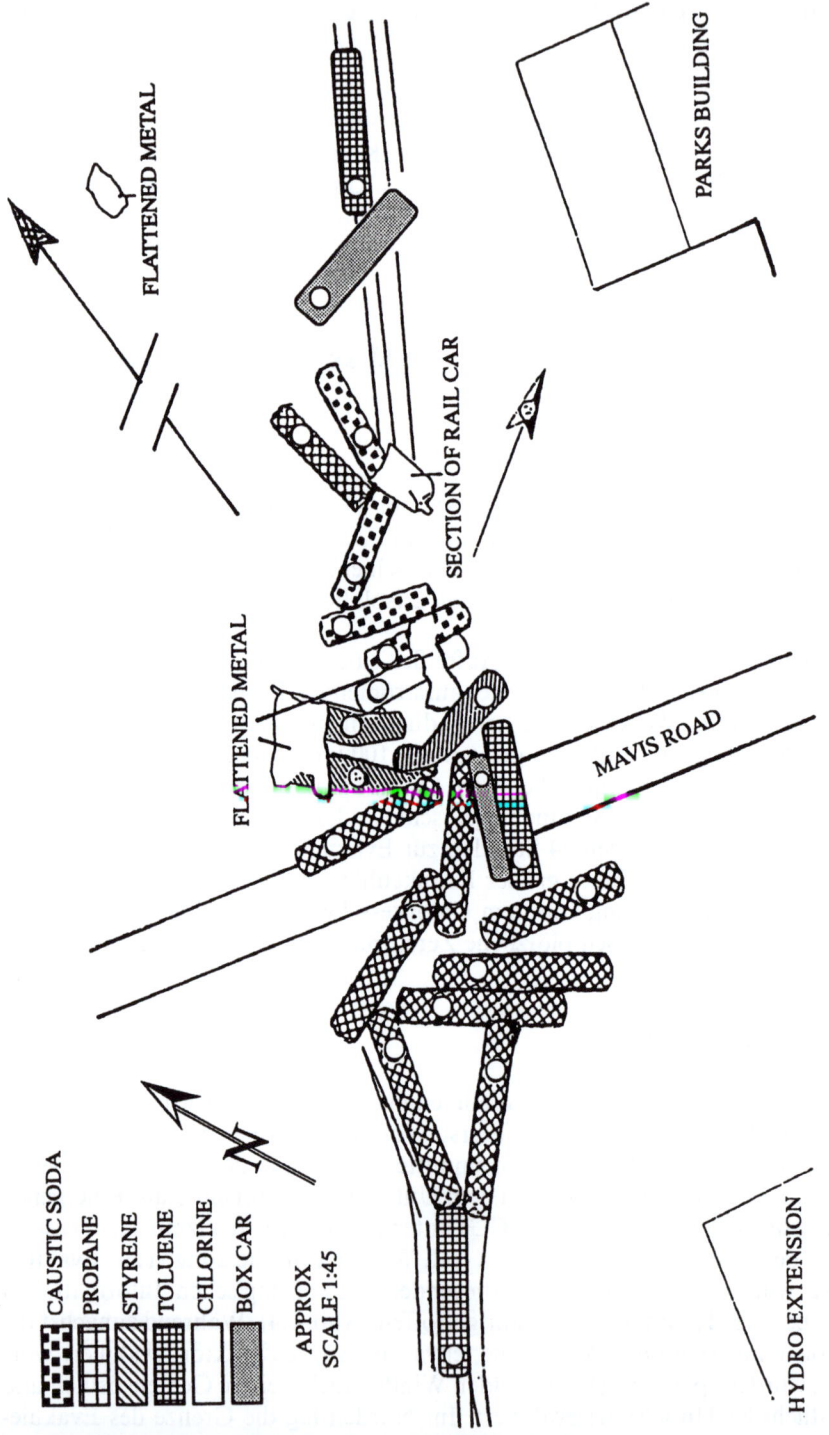

Abb. 1.2. Schematische Darstellung des entgleisten Güterzuges

1 Erfahrungen aus Störfallabläufen

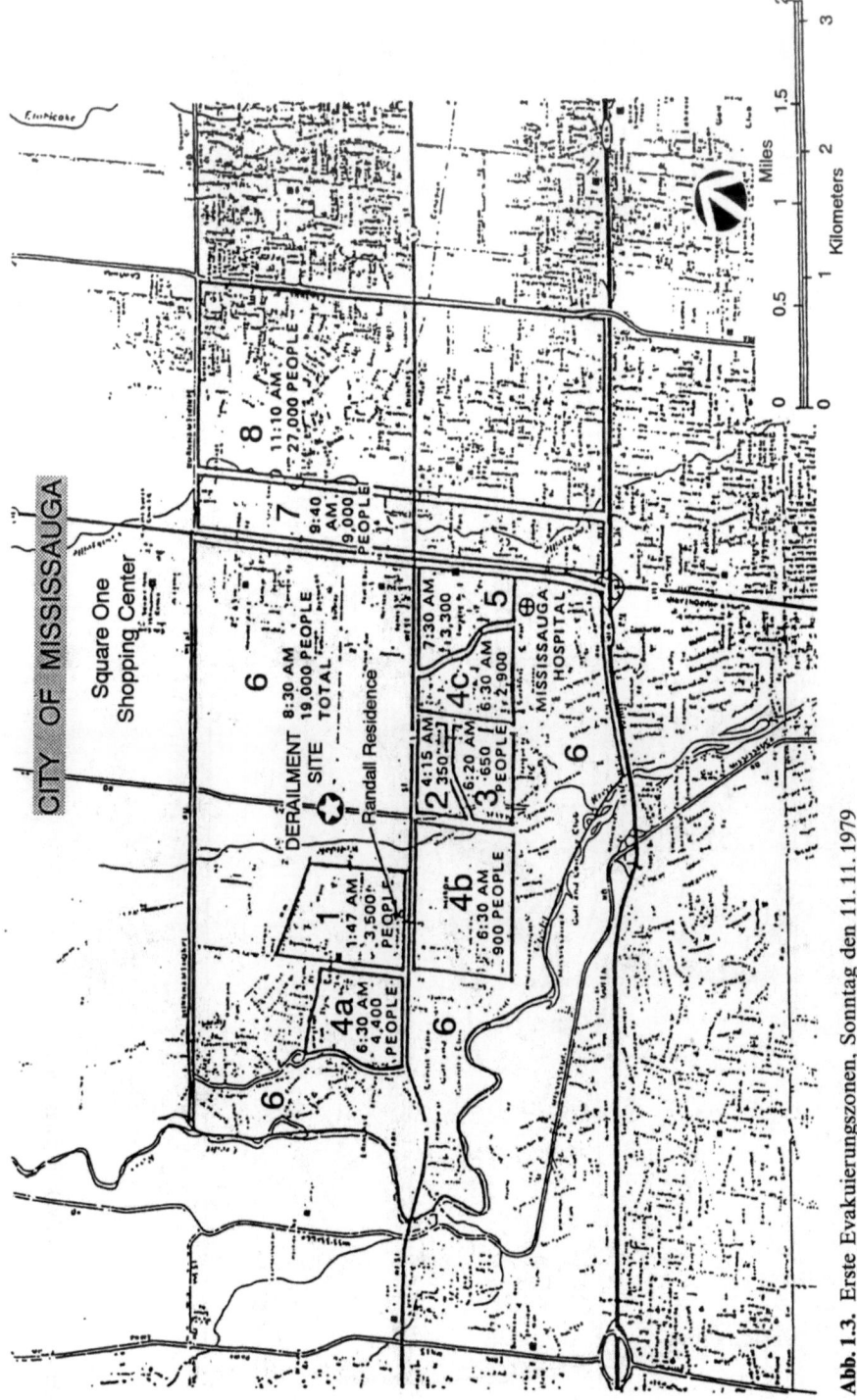

Abb. 1.3. Erste Evakuierungszonen, Sonntag den 11.11.1979

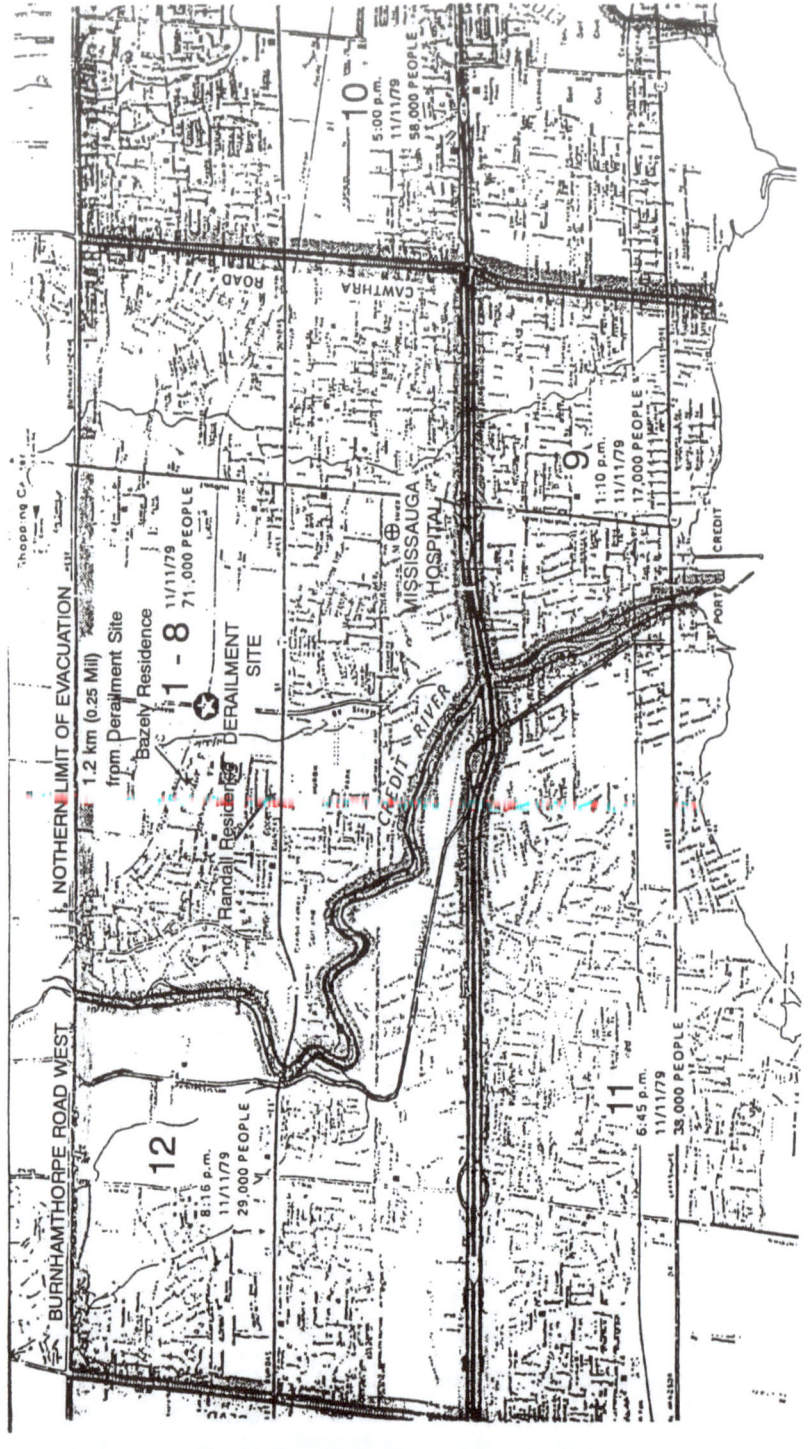

Abb. 1.4. Weitere Evakuierungszonen

1 Erfahrungen aus Störfallabläufen 17

Tabelle 1.4. Reihenfolge der Evakuierungsaufforderungen und Charakteristika der einzelnen Zonen

Zone	Evakuierung angeordnet 11. Nov. 1979	Fläche (km^2)	Einwohner
1	01:47	1,32	3500
2	04:15	0,38	350
3	06:20	0,38	600
4a	06:30	1,22	900
4b	06:30	0,56	4400
4c	06:30	0,61	2900
5	07:29	0,61	3300
6	08:30	12,01	19000
MISSISAUGA HOSPITAL	08:30		
7	09:40	1,90	7600
8	11:10	6,34	28700
9	13:10	8,15	17400
QUEENSWAY HOSPITAL	15:40		
10(a)	17:00	13,84	
10(b)	17:10	9,05	58300
11	18:45	25,23	38400
12	20:16	20,81	26200
OAKVILLE	22:55	14,17	5500

Gesamte Fläche ca. 117 km^2.
Gesamte Einwohnerzahl a. 220000.

rungsgebietes nur ca. 1,5 km von dem Unfallort entfernt, im Süden etwa 4,5 km. Tabelle 3.1 charakterisiert die Evakuierungsgebiete noch einmal näher.

Die Grenzen der Evakuierungsgebiete wurden in jedem Fall so gewählt, daß sie von wohlbekannten Straßenzügen oder aber von natürlichen Einschnitten, wie Flußläufen oder Tälern, gebildet wurden. Dies geschah einerseits, um der Bevölkerung ein klares Bild vom jeweiligen Evakuierungsgebiet zu geben und andererseits, um der Polizei die Abriegelung und Überwachung der Gebiete zu erleichtern. Mit Bekanntwerden der ersten Evakuierungsentscheidung wurden sofort Notaufnahmezentren für die Evakuierten eingerichtet, zunächst in Einkaufszentren, später auch in Schulen. Von diesen Zentren wurde jedoch allgemein wenig Gebrauch gemacht. Stattdessen ging die Masse der Evakuierten direkt zu Freunden oder Verwandten in die nähere Umgebung.

Etwa 3 Tage nach Unfalleintritt wurde dann, als die Chlorgefahr eingedämmt war, die erste Entscheidung zu einer Wiederbesiedlung eines Teiles der evakuierten Gebiete am Ost- und Westrand des Evakuierungsgebietes getroffen. erst weitere 3 Tage später konnte das gesamte verbliebene Gebiet wieder geöffnet und besiedelt werden.

Diese Vorgänge gingen durchweg ohne gravierende Probleme vonstatten. Sie zeigten, daß eine richtige und schnelle Reaktion auf eine akute Gefahr für

Leben und Gesundheit Vieler das Ausmaß solcher Gefahren erheblich reduzieren kann. Man ist sich aber unter den Beteiligten mit vielen Außenstehenden einig, daß die erfolgreiche Bewältigung dieser Katastrophe nicht zuletzt einer Reihe von günstigen äußeren Umständen und einer gehörigen Portion Glück zu verdanken ist.

1.3.3 Wertung des Ereignisses

Es ist offensichtlich, daß der Erfolg der Evakuierung von Mississauga nicht auf das Vorhandensein und die Anwendung spezifischer Pläne zurückzuführen ist. Vielmehr läßt sich der reibungslose Ablauf mit der hohen Einsatzbereitschaft der Einsatzkräfte, der Entscheidungsfreude der Katastropheneinsatzleitung und nicht zuletzt mit der ausgezeichneten Reaktion der Bevölkerung erklären.

Die Erfahrungen lassen daher keine direkten Schlüsse auf Fehler in den vorhandenen Plänen und daraus auf nötige Veränderungen an ihnen zu. Es bieten sich aber aus dem Ablauf der Evakuierung eine Reihe von Aspekten, sowohl in Bezug auf die eigentliche Durchführung der Evakuierung als auch auf damit verbundene Randprobleme, die wertvolle Hinweise für eine sinnvolle Verbesserung und Erweiterung der Evakuierungsplanung liefern. Sie wurde vom TÜV Rheinland im Auftrag des BMI mit der Zielrichtung einer Planung für kerntechnische Anlagen untersucht.

Neben den die Durchführung der Evakuierung selbst betreffenden Fragestellungen wurden eine Reihe von direkt und indirekt mit der Evakuierung verbundenen Randproblemen behandelt. Erkenntnisse bezüglich der Tauglichkeit der Planungsmaßnahmen ergaben sich insbesondere im Hinblick auf:

a) Aufgaben von Katastropheneinsatzleitung und von Einsatzdiensten:
  – eine möglichst eingespielte Katastropheneinsatzleitung,
  – einsatzerfahrene Mitglieder in der Katastropheneinsatzleitung,
  – klare Aufgabendefinition und -abgrenzung der Einsatzdienste,
  – Erhöhung der Effektivität durch guten Ausbildungsstand (In Mississauga hatte kurz vor dem Unfall eine Übung der Stäbe stattgefunden)

b) Alarmierung der Einsatzkräfte:
  – schnelles Alarmierungssystem, z. B. Schneeballsystem.

c) Kontakt zu und Einsatz der Medien:
  – Einrichtung eines Pressezentrums,
  – vollständige, frühzeitige und gezielte Information der Medien,
  – Einsatz der Medien (Rundfunk, Fernsehen) bei der Warnung,
  – möglichst ständige Information über den Unfallhergang,
  – Einsatz der Medien für Suchdienste, Vermittlung von Unterkünften usw.

d) Evakuierungsplanung für Institutionen:
  – Evakuierungspläne für Krankenhäuser und ähnliche Institutionen auch für Gefahren von außen entwickeln.

e) Warnung der Bevölkerung:
   - schnelles und effektives Warnsystem,
   - Warnung oder Vorwarnung möglichst frühzeitig,
   - wenn Warndurchsagen per Lautsprecher, dann kurz und präzise, Warndurchsagen ggf. mehrsprachig,
   - der Einsatz der Medien hat entscheidende Bedeutung.
f) Evakuierungsentscheidung:
   - die Verwertbarkeit von Umgebungsmessungen als Entscheidungsbasis ist zweifelhaft,
   - die Entscheidung muß eher aufgrund des Unfallhergangs getroffen werden,
   - Gebiete sollten so gewählt werden, daß die Grenzen allgemein bekannt sind (Täler, Flüsse, markante Straßen usw.) und daß das vorhandene Personal die Aufgaben bewältigen kann,
   - Bevölkerungsdichte und -zahl sind kein alleiniges Maß für die Evakuierbarkeit eines Gebietes.
g) Überwachung der evakuierten Gebiete:
   - eine für alle sichtbare Überwachung ist nötig, um Straftaten zu verhindern und um der Bevölkerung die Sorge vor Plünderungen zu nehmen.
h) Betreuung der Evakuierten:
   - Registrierung von Personen für den Suchdienst,
   - Suchdienst zur Familienzusammenführung,
   - die medizinische Versorgung muß sichergestellt sein,
   - die Versorgung von Haustieren ist für viele der Evakuierten ein wichtiges Problem,
   - die Medien sollten eingeschaltet werden, um Unterkünfte in den Auffanggebieten ausfindig zu machen.

Hiermit ist ein weites Feld einer möglichen Evakuierungsplanung abgedeckt. Es erhebt sich jedoch die Frage, inwieweit eine standortspezifische Planung alle hier behandelten Details enthalten muß. Vergleicht man Planung mit Wirklichkeit, dann ist es mit Sicherheit effektiver, wenn alle an einem möglichen Einsatz beteiligten Kräfte ihre speziellen Aufgaben kennen und wenn diese Kenntnis in Übungen gefestigt ist.

Man muß daher auch aus den in Mississauga gemachten Erfahrungen heraus betonen, daß sicher eine umfassende und spezifische Katastrophenschutzplanung nötig ist, daß diese aber nur wirksam sein kann, wenn die entsprechend ausgebildeten Einsatzkräfte verfügbar sind, um sie in die Tat umzusetzen.

1.4 Explosion in der Ethylenanlage der Rheinischen Olefin Werke, Wesseling

1.4.1 Charakteristik des Schadens

Im folgenden ist zum besseren Verständnis der Vorgang stichpunktartig beschrieben:

- Anlage: Ethylenanlage
- Stoffe: Naphta, Ethylen, Kohlenwasserstoffe
- Ursache: Eispfropfen in Propylenrohrleitung
- Datum: Freitag, 18.01.1985
- Zeit: 15.41 Uhr
- Wetterlage: 6 °C, wechselnde Winde um Südost
- Ort: Wesseling, Erftkreis
- Umgebung: Nächste Wohnbebauung nach ca. 700 m in nördlicher Richtung (Köln-Godorf)
- Kurzbericht: Ein Eispfropfen führt zum Aufreißen einer Propylenleitung an der Ethylenanlage. Das freigesetzte brennbare Gas wird gezündet und explodiert. Es kommt zu Folgebränden. Durch Abfahren der Anlage werden diese teilweise zum Erlöschen gebracht. Zum Schutz der Anlagenumgebung werden große Mengen Wasser eingesetzt (bis zu 50 000 Liter/Min.).
- Auswirkungen: Insgesamt 43 Verletzte (Werksangehörige) mit Schnittwunden und Prellungen, Druckwelle der Explosion zerstört u.a. zahlreiche Fensterscheiben im Umkreis von 9 km.

1.4.2 Die betroffene Anlage und ihre Umgebung

Bei dem Schadensobjekt handelt es sich um eine Anlage der chemischen Verfahrenstechnik. In ihr wird in einem kontinuierlichen Prozeß aus Naphta (Rohbenzin) Ethylen hergestellt. Ethylen ist ein brennbares Gas. Die Anlage ist ausgelegt für einen Produktstrom von 200 000 Jahrestonnen Ethylen.

Die Anlage steht innerhalb des Werksgeländes auf einer Grundfläche von ca., 160 m × 25 m = 4000 m². Sie ist zugänglich über die sie begrenzenden Werkstraßen.

Als Löschmittel steht Wasser aus dem Wassernetz des Werkes zur Verfügung (Ruhedruck: 4,5 bar, nach Druckerhöhung durch Diesel- bzw. Elektropumpen: 14 bar). Zusätzlich besteht die Möglichkeit, Löschwasser aus dem Rhein zu entnehmen und in das Wassernetz des Werkes einzuspeisen. Das Wassernetz des Werkes versorgt die auf dem gesamten Werksgelänge vorhandenen Überflurhydranten (mehr als 300) und die stationären Wasserwerfer im Bereich der einzelnen Anlagen (hier 20 Stück).

1 Erfahrungen aus Störfallabläufen

Die Ethylenanlage steht auf dem Werksgelände, das durch die Bundesautobahn A 555 Köln-Bonn in zwei Teile getrennt wird. Ihr Standort ist auf Abb. 1.5 gekennzeichnet. Von der Ethylenanlage aus gesehen verläuft die Autobahn westlich in ca. 160 m Entfernung. Nördlich der Ethylenanlage beginnt nach ca. 700 m die Wohnbebauung Köln-Godorf. Östlich verläuft in 340 m Entfernung eine Bahnlinie, die das Werksgelände von einem weiteren Chemiewerk trennt. Im Süden beginnt die Wohnbebauung nach ca. 1460 m (Stadt Wesseling).

1.4.3 Die Meldewege

Die Gasfreisetzung mit nachfolgender Explosion in der Ethylenanlage ereignet sich am 18. 01. 1985 um 15.41 Uhr. Eine Meldung durch das betroffene Werk an die zuständigen Feuerwehren der Städte Wesseling und Köln erfolgt zunächst nicht.

In der Einsatzzentrale der Berufsfeuerwehr Köln gibt es mehrere Plätze, an denen die auflaufenden Alarme entgegengenommen werden können.

An mehreren Plätzen gehen ab 15.42 Uhr Hinweise aus der Bevölkerung auf ein Großschadensereignis im Bereich Godorfer Hafen ein. Da der genaue Schadensort nicht bekannt ist, werden von den Mitarbeitern der Einsatzzentrale eigene Nachforschungen angestellt. Ein Anruf bei der Deutschen Shell Raffinerie Godorf ergibt um 15.52 Uhr, daß es sich um ein Großfeuer auf dem Werksgelände der ROW handeln muß.

Die ROW verständigt um 16.04 Uhr die Polizei.

Der erste Kontakt zwischen der Berufsfeuerwehr Köln und der ROW findet um 16.07 Uhr statt. Die Kontaktaufnahme geht von der Berufsfeuerwehr Köln aus.

1.4.4 Die Einsatzphasen

Die Ersteinsatzphase wird gekennzeichnet durch die Gefahrenabwehrmaßnahmen, die bereits vor Eintreffen der Berufsfeuerwehr Köln getroffen werden.

Der Explosion vorausgegangen ist eine durch lautes Zischen weithin hörbare Gasleckage. Außerdem ist die Leckage durch die in der Anlage vorhandenen Gasspürköpfe detektiert worden. Daraufhin hat das zuständige Betriebspersonal das Notaussystem für die Ethylenanlage betätigt.

Die zur Gefahrenabwehr herbeigerufene Werkfeuerwehr hat bereits sieben Minuten nach der Explosion zwanzig stationäre Wasserwerfer im Einsatz. Als Nachbarschaftshilfe sind die Werksfeuerwehren der Union Kraftstoff (UK) sowie der Shell angefordert worden.

Eine erste Versorgung der ca. 15 Leichtverletzten muß durch die Werksfeuerwehr geleistet werden.

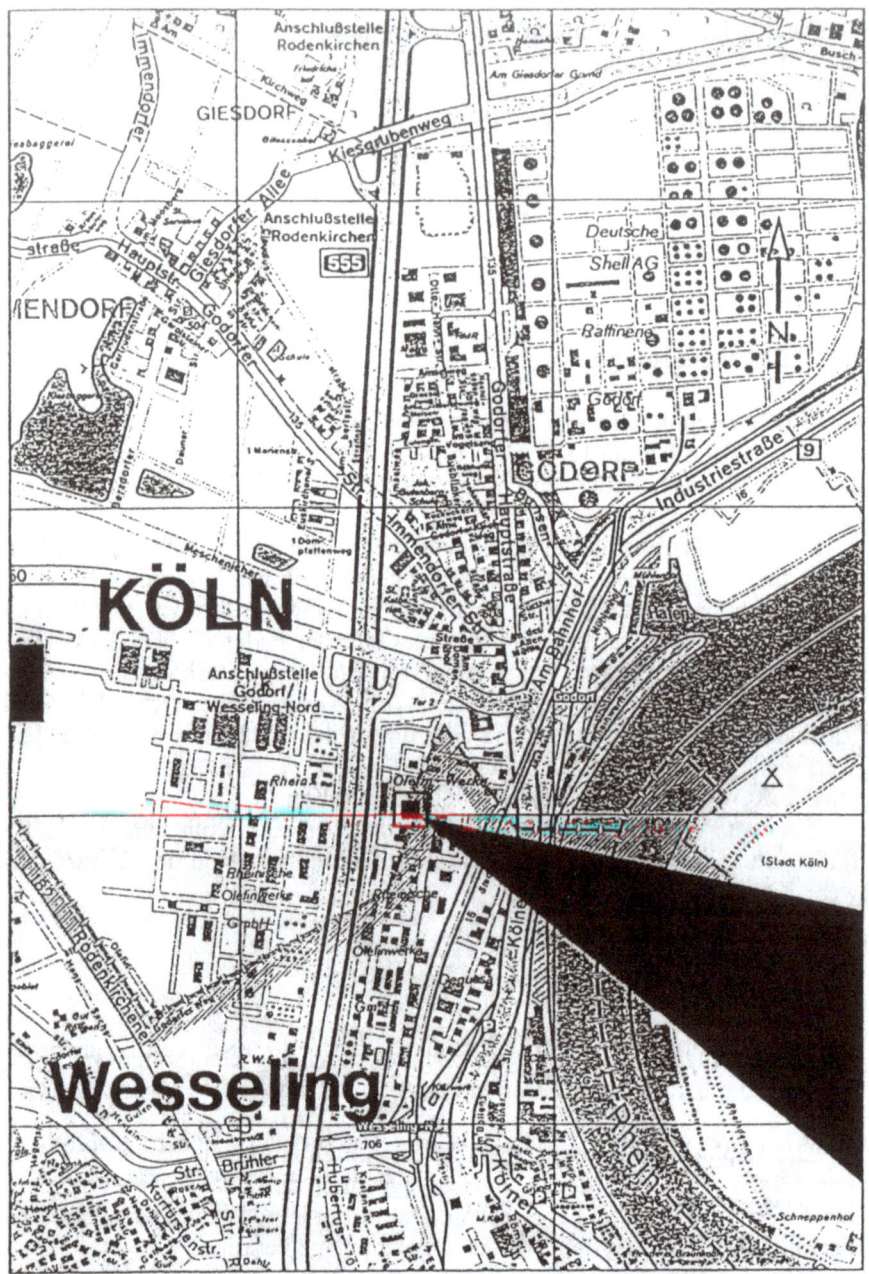

Abb. 1.5. Standort und Umgebung der Ethylenanlage

1 Erfahrungen aus Störfallabläufen   23

Da in der betroffenen Anlage nur Kohlenwasserstoffe verarbeitet werden, ist nicht mit der Bildung einer Gaswolke mit toxischen Komponenten zu rechnen. Hauptkomponenten der weithin sichtbaren Rauchwolke sind Ruß (Kohlenstoff), CO, CO_2 und H_2O.

Die Haupteinsatzphase ist dadurch gekennzeichnet, daß die Löscharbeiten durch die angerückten Kräfte der Feuerwehr Köln unterstützt werden. Die Unterstützung bezieht sich auf die Versorgung der Verletzten, die Bedienung stationärer Wasserwerfer sowie den Einsatz vier weiterer, mobiler Wasserwerfer.

Aufgrund der Tatsache, daß der Oberbeamte vom Alarmdienst (OVA) der Berufsfeuerwehr Köln bereits vor einer Meldung durch die ROW Großalarm ausgelöst hat, stehen bei seinem Eintreffen Personal und Geräte in solchem Umfang zur Verfügung, daß die oben genannten Aufgaben ohne Nachalarmierung weiterer Kräfte erledigt werden können: um 16.06 Uhr hat der OVA die Alarmierung von 60 Feuerwehrleuten mit 21 Fahrzeugen (u. a. ein Rettungshubschrauber, drei Löschgruppenfahrzeuge, drei Drehleitern, ein Tanklöschfahrzeug, zwei Trockenlöschfahrzeuge, ein Rüstwagen) ausgelöst, um 18.35 Uhr kann er an die Einsatzzentrale die Rückmeldung absetzen, daß sich 50 Feuerwehrleute mit 18 Fahrzeugen im Einsatz befinden. Eine Nachalarmierung weiterer Kräfte wird nur deswegen veranlaßt, um die momentan am Einsatzgeschehen beteiligten Kräfte später ablösen zu können. Im Laufe der Nacht (22.19 Uhr) wird der Großalarm für die Berufsfeuerwehr Köln aufgehoben.

Am 19.01.1985 ist der Brand so weit unter Kontrolle, daß die letzten werksfremden Feuerwehrkräfte abrücken können. Die Schadensstelle mit mehreren kleineren Brandherden bleibt bis zum Erlöschen der letzten Brandherde unter der Kontrolle der Werkfeuerwehr der ROW. Das letzte Feuer erlischt am 27.01.1985.

1.4.5 Wertung des Ereignisses

Der Schadensfall bei der ROW zeigt, daß die Folgen der Explosion durch die Feuerwehr beherrschbar waren, weil einerseits die technischen Voraussetzungen auf dem Betriebsgelände der ROW günstigt waren (gute Löschwasserversorgung, stationäre Wasserwerfer) und andererseits in ausreichend kurzer Zeit genügend Feuerwehrleute an der Einsatzstelle zur Verfügung standen.

Die unverzügliche Alarmierung und Information der öffentlichen Feuerwehr stellte im vorliegenden Fall die wesentliche Schwachstelle dar. Durch eine Überarbeitung des Sonderschutzplanes für die ROW (u.a. Vereinbarung zwischen Werk- und Berufsfeuerwehr über Meldewege) konnten die Voraussetzungen dafür geschaffen werden, daß diese Schwachstelle in Zukunft nicht mehr auftritt.

Generell läßt sich aus der Untersuchung des Explosionsunglücks bei der ROW ableiten, daß der Einsatzvorbereitung eine wichtige Rolle für die erfolgreiche Gefahrenabwehr zukommt. Folgenden Punkten ist dabei besondere Aufmerksamkeit zu schenken:

- Bereitstellung einer Befehlsstelle, z. B. in Form eines Kommandobusses
- Zusammenarbeit zwischen Anlagenbetreiber und öffentlicher Feuerwehr,
- Festlegung bestimmter Kommunikationswege,
- Vorbereitungen zur Information und Warnung der Bevölkerung einschließlich Durchführung von Schadstoffmessungen.

Durch Verwendung vorbereiteter Schadensformulare, die im Alarmfall durch das betroffene Werk per Fax an die Einsatzzentrale der Feuerwehr übermittelt werden, kann z.B. die Alarmierung und Information der öffentlichen Feuerwehr deutlich verbessert werden. Der Inhalt dieser Schadensformulare sollte die wichtigsten Erstinformationen enthalten. Denkbare Erstinformationen (die im speziellen Fall mit der zuständigen Feuerwehr abzustimmen sind) können sein:

1. Zugänglichkeit der betroffenen Anlage.
2. Art der beteiligten Stoffe (ggf. auch Menge).
3. Einsatzstichwort (= erforderliche Einsatzmittelkette).

Die unter eins und zwei genannten Informationen sollten durch den Betrieb beschafft werden. Das Festlegen der Einsatzstichworte und der erforderlichen Einsatzmittelketten sollte in Abstimmung mit der Feuerwehr erfolgen.

Die praktischen Konsequenzen für vergleichbare Schadensfälle lassen sich wie folgt zusammenfassen.

- Zur besseren Zusammenarbeit mit der Polizei sollte ein geeigneter Polizist in die Arbeit der Einsatzleitung integriert werden.
- Aufgrund der an der Explosion und dem anschließenden Brand beteiligten Stoffe entstanden keine toxischen Verbrennungsprodukte, die zu einer Gefahr für die Bevölkerung hätten werden können. Allerdings war zu beobachten, daß die Bevölkerung durch die spektakuläre Größe des Schadensereignisses verunsichert war und nicht wußte, wie sie sich verhalten sollte.
- Solcher Verunsicherung kann in Zukunft nur durch eine konsequente, d.h. kontinuierliche und regelmäßige Aufklärungsarbeit vorgebeugt werden. Diese Aufklärungsarbeit sollte gemeinsam von Betrieben und Behörden wahrgenommen werden.
- Dort, wo im Schadensfall mit dem Entstehen einer toxischen Rauchwolke zu rechnen ist, sollten Vorkehrungen getroffen werden, damit die Betroffenen rechtzeitig gewarnt werden, und möglichst schnell verläßliche Messungen zur genaueren Festlegung des Gefährdungsbezirkes durchgeführt werden können. Im vorliegenden Fall konnten Luftmessungen erst über vier Stunden nach der Explosion durchgeführt werden.

1.5 Freisetzung eines potentiell krebserzeugenden Stoffes im Werk Griesheim der Hoechst AG, 1993

1.5.1 Charakteristik des Schadens

Im folgenden ist zum besseren Verständnis der Vorgang stichpunktartig beschrieben:

- Anlage: Austauschanlage: diskontinuierlicher Betrieb von Reaktionskesseln
- Stoffe: ortho-Nitroanisol, Methanol, Natriumchlorid, Natriumhydroxid
- Ursache: Bedienungsfehler
- Datum: Montag, 22.02.1993
- Zeit: 04.14 Uhr
- Wetterlage: Wind aus nördlicher Richtung
- Ort: Griesheim, Stadt Frankfurt
- Umgebung: Nächste Wohnbebauung ca. 450 m östlich des Werkgeländes
- Kurzbericht: Infolge eines Bedienungsfehlers kommt es zu einer durchgehenden Reaktion. Der entstehende Überdruck führt zum Ansprechen mehrerer Sicherheitsventile mit Stofffreisetzung.
- Auswirkungen: Kontamination eines Gebietes von ca. 108 ha (Stadtteile Griesheim, Schwanheim und Goldstein) mit einer klebrigen, gelbbraunen Masse, die zum größten Teil aus ortho-Nitroanisol besteht; Kopfschmerzen, Übelkeit bei der Bevölkerung.

Die später durchgeführten Sanierungsmaßnahmen im Ort Schwanheim haben in der Öffentlichkeit das Bild verstärkt, daß hier mit einer Chemikalie umgegangen wurde, über deren Gefährlichkeit der Betreiber nicht genug wußte. Ganz offensichtlich ist die Abschätzung der möglichen Folgen eines Störfalls auch heute noch für viele Anlagen ein Kardinalproblem.

1.5.2 Die betroffene Anlage und ihre Umgebung

Bei dem Schadensobjekt handelt es sich um eine Anlage der chemischen Verfahrenstechnik. In ihr werden in diskontinuierlichen Prozessen (entweder Methoxylierung, Hydroxylierung oder Nitrierung) Zwischenprodukte hergestellt.

Die ortho-Nitroanisolfreisetzung ereignet sich bei der Methoxylierung. Bei der Methoxylierung wird der Chlorsubstituent in aromatischen Chlornitroverbindungen gegen eine Methoxy-Gruppe ausgetauscht. Die Chlornitroverbindungen werden in Methanol als Lösungsmittel in einem Rührbehälter mit Heiz-/Kühlmittel vorgelegt. Nach Inertisieren mit Stickstoff wird unter Rühren aufgeheizt, die berechnete Menge methanolischer Natron- bzw. Kalilauge zudosiert und bei erhöhter Temperatur nachgeführt. Nach Beendigung der Reaktion wird das Methanol, teilweise nach Abstumpfen der überschüssigen Lauge und Zugabe von Wasser, abdestilliert. Der entstandene Methylether (z. B. ortho-Nitroanisol) wird mit Wasser entweder im Reaktionsbehälter oder in einem Waschapparat oder einer Waschkolonne gewaschen und ins Tanklager oder an einen anderen Betrieb abgegeben.

Die Austauschanlage steht innerhalb des Werkes Griesheim auf einer Grundfläche von ca. 55 m × 65 m = 3575 m². Sie ist zugänglich über die Werkstraßen.

Von der Austauschanlage aus gesehen befindet sich in nördlicher Richtung das nächste Wohngebiet nach ca. 750 m (Mainzer Landstraße). Nördlich der Austauschanlage verläuft auch die Bahnlinie Frankfurt–Wiesbaden (Entfernung ca. 400 m). Östlich der Anlage beginnt ein Mischgebiet (mit Wohnbebauung) nach ca. 430 m. Im Süden befindet sich in ca. 120 m Abstand als nächster öffentlicher Verkehrsweg die Stroofstraße, die parallel zum Mainufer verläuft. In der Nähe des anderen Mainufers liegt eine Mainschleuse. Jenseits des Mains beginnt nach ca. 690 m das nächste Wohngebiet (Stadtteil Schwanheim). Westlich der Austauschanlage beginnt die nächste Wohnbebauung in einer Entfernung von ca. 1500 m.

1.5.3 Wertung des Ereignisses

Der Störfall bei der Hoechst AG zeigt, daß die Folgen der ortho-Nitroanisolfreisetzung eine Reihe von Anforderungen an die Feuerwehr bzw. die öffentliche Gefahrenabwehr stellte, die besonders schwierig waren:

- Beurteilung des Schadenslage,
- Festlegung der Maßnahmen zum Schutz der Bevölkerung.

Die erforderlichen Entscheidungen mußten in einer Situation gefällt werden, in der der Erwartungsdruck auf die Einsatzleitung extrem hoch war. Die Randbedingungen während dieser Entscheidungen waren äußerst belastend: die Bevölkerung war durch die vielen verschiedenen Berichte über die ortho-Nitroanisolfreisetzung verunsichert und erwartete nun Klärung durch die Entscheidungen der Feuerwehr. Die Verunsicherung wurde verursacht dadurch, daß einerseits die Informationspolitik des Anlagenbetreibers zunächst darauf zielte, die möglichen Gefahren des Störfalls zu verharmlosen; andererseits schürten Presseberichte eine gewisse Panikstimmung unter der Bevölkerung („Holt unsere Kinder raus!"), so daß der Eindruck entstehen mußte, eine Evakuierung der betroffenen Stadtteile sei unbedingt erforderlich und stehe unmittelbar bevor.

In diesem Sinn stellt die mangelnde Einsatzvorplanung und die ungenügend bzw. widersprüchliche Informationsbereitstellung durch den Anlagenbetreiber im vorliegenden Fall die wesentliche Schwachstelle dar.

Generell läßt sich aus der Untersuchung der ortho-Nitroanisolfreisetzung bei der Hoechst AG ableiten, daß der gemeinsamen und koordinierten Einsatzvorbereitung von Anlagenbetreiber und öffentlicher Feuerwehr eine wichtige Rolle für die erfolgreiche Gefahrenabwehr zukommt. Folgenden Punkten ist dabei besondere Aufmerksamkeit zu schenken:

- Ermittlung möglicher Störfall-Szenarien,
- Bereitstellung von Stoffinformationen,
- Ermittlung von besonderen Firmen, Behörden oder sonstigen Stellen, die zur Gefahrenabwehr herangezogen werden müssen,
- Vorbereitungen zur Information und Warnung der Bevölkerung.

Durch Verwendung vorbereiteter Schadensformulare, die im Alarmfall durch das betroffene Werk per Fax an die Einsatzzentrale der Feuerwehr übermittelt werden, kann z.B. die Alarmierung und Information der öffentlichen Feuerwehr deutlich verbessert werden. Der Inhalt dieser Schadensformulare sollte die wichtigsten Erstinformationen enthalten.

Die weiteren praktischen Konsequenzen für vergleichbare Schadensfälle lassen sich wie folgt zusammenfassen:

Zur besseren Zusammenarbeit mit der Polizei sollte ein geeigneter Polizist in die Arbeit der Einsatzleitung integriert werden.

Der Verunsicherung der Bevölkerung durch widersprüchliche Informationen (Anlagenbetreiber, Presse) kann in Zukunft nur durch eine konsequente, d.h. kontinuierliche und regelmäßige Aufklärungsarbeit vorgebeugt werden. Diese Aufklärungsarbeit sollte gemeinsam von Betrieben und Behörden wahrgenommen werden.

Dort, wo im Schadensfalle mit der Kontamination größerer Flächen zu rechnen ist, sollten Vorkehrungen getroffen werden, damit die Betroffenen rechtzeitig gewarnt werden und möglichst schnell verläßliche Messungen zur genaueren Festlegung des Gefährdungsbezirkes durchgeführt werden können.

Bei dem freigesetzten Stoff ortho-Nitroanisol handelte es sich um eine nach Gefahrstoffverordnung als mindergiftig eingestufte Chemikalie. Gleichzeitig lagen Forschungsberichte vor, die dem Stoff im Tierversuch krebserzeugendes Potential zuwiesen. Dem Betrieb, wie auch den Einsatzkräften der Werkfeuerwehr und später der Berufsfeuerwehr Frankfurt war nur die erstere Einstufung bekannt. Sie wurde deshalb zunächst auch veröffentlicht und mußte später korrigiert werden.

Hierdurch kam es zu einer erheblich gestörten Kommunikation zwischen Betreiber und Öffentlichkeit.

1.6 Schlußfolgerungen

Was ist aus den geschilderten Ereignissen und vielen anderen Unfällen bzw. Störfällen zu lernen?

Trotz Alarmplänen und Sicherheitsanalysen kommt ein Schaden für die Öffentlichkeit, die Behörden, wie auch die Betreiber überraschend. Wenn die

Betreiber über Werkfeuerwehren verfügen, sind sie in der Regel für die Bekämpfung des Störfalles vor Ort gut gerüstet.

Das Problem liegt immer wieder in der Schnittstelle zur Öffentlichkeit. Unsicherheit, die Befürchtung eigene Fehler zugeben zu müssen, unpräzise und damit wenig glaubwürdige Informationen oder schlicht eine Fehleinschätzung der Vorgänge erschweren den Umgang mit eventuell Betroffenen.

Im Klartext heißt das:

- Die Wirksamkeit von Werkfeuerwehren im Bereich der Großchemie ist sehr gut, sie konzentriert sich aber auftragsgemäß auf die Bekämpfung des Ereignisses vor Ort.
- Das Wissen um mögliche Störfallabläufe und -folgen ist häufig zu gering. Wenn in einem Betrieb nur mit Ethylen umgegangen wird, dann muß klar sein, was bei dessen Abbrennen passieren kann. Die Radiomeldung „Giftwolke – Fenster und Türen schließen" darf dann nicht erscheinen.
- Es ist nicht schwer, sich vorab eine Vorstellung über die Größenordnung eines denkbaren Schadens zu machen, um so zu wissen, ob Folgen bis in eine Entfernung von 1 oder 10 km möglich sind. Großereignisse mit den letztgenannten Radien sind nur in seltenen Fällen denkbar. Ich bin der Meinung, daß man dies nicht totschweigen sollte.
- Häufig auftretende Kleinschäden müssen auch als solche behandelt werden. Wenn ein Faß einer Chemikalie ausläuft, ist dies kein Störfall und man muß dazu stehen, daß es sich hierbei um ein alltägliches Ereignis handelt, vergleichbar einem Blechschaden im Straßenverkehr.
- Die Hemmschwelle der Betreiber, Störungen oder Störfälle schnell und umfassend zu melden, muß gesenkt werden. Rätselraten bei potentiell Betroffenen ist schlimmer als klare Information, auch wenn sie eine konkrete Bedrohung signalisiert.
- Die Vorabinformation der benachbarten Öffentlichkeit war bei fast allen Störfällen schlecht. Daraus resultieren Mißtrauen und Unsicherheit. Die Betreiber sind aufgerufen, intelligente Lösungen zum §11a der Störfallverordnung zu finden.
- Schwachpunkt im aktuellen Krisenmanagement ist die Schnittstelle zwischen betreibereigener und öffentlicher Organisation. Kommunikation, Zuständigkeiten und Wissensdefizite bereiten Probleme.
- Auf behördlicher Seite müssen Informationsdefizite aufbereitet werden, zum Beispiel in Form von Sonderschutzplänen.
- Die Kommunikation auf behördlicher Seite muß verbessert werden.
- Gutes Krisenmanagement braucht gute Führung und klare Informationsstränge.
- Eine mögliche Lösung des Problems liegt in der Bildung von Arbeitsgruppen aus Betrieben, Behörden und Öffentlichkeit, die sich auch mit dem Thema der öffentlichen Gefahrenabwehr auseinandersetzen.

2 Krisenmanagement und Krisenkommunikation

P. M. Wiedemann

2.1 Einleitung

Unternehmen stehen im Licht der Öffentlichkeit. Sie sind nicht nur Wirtschaftsakteure, sondern haben mehr denn je soziale und umweltbezogene Aufgaben, an denen sie in der Öffentlichkeit gemessen werden. Und Versäumnisse können sich dabei rasch zu Krisen entwickeln, die den Bestand des Unternehmens gefährden können. Anstatt nun über Stolpersteine und Barrieren zu klagen und den Medien vorzuwerfen, sie verzerrten alles, sowie über den Untergang des Industriestandortes Deutschland zu menetekeln, ist es an der Zeit, den Blick freizumachen und die nötigen Veränderungen und Anpassungen im Unternehmen einzuleiten.

Allerdings, viel Hilfe ist dabei von den deutschen Universitäten und Management-Schulen nicht zu erwarten. Im Gegensatz zu den USA [1, 2, 3, 4] findet sich in Deutschland keine Managementlehre zur Krise. Es gibt, außer anekdotischem Wissen [5], keine stringenten Vorstellungen, keine Theorie der Krise und erst recht keine empirischen Untersuchungen zu Krisenentstehung und -bewältigung bei Unternehmen. Ausnahmen [6, 7] bestätigen eher die Regel.

Im weiteren wird vorgestellt, was Unternehmen zum Krisenmanagement und zur Krisenkommunikation zu leisten haben. Diese erste Orientierung beruht zum großen Teil auf der Auswertung amerikanischer Untersuchungen, aber auch auf eigenen Arbeiten zur Risiko- und Krisenkommunikation [8, 9]. Im Vordergrund stehen dabei die Fragen:

- Was kennzeichnet eine Krise?
- Wie entwickeln sich Krisen?
- Was macht Produkte zu Krisenanlässen?
- Was macht technische Anlagen und Vorhaben zu Krisenanlässen?
- Welche Veränderungen im Umfeld von Unternehmen können zu Krisen beitragen?
- Wann ist ein Unternehmen besonders krisenanfällig?
- Wie sensibel sind Unternehmen für Krisen?
- Was unterscheidet ein krisenvorbereitetes von einem krisenanfälligen Unternehmen?
- Was kann getan werden, um Krisen vorzubeugen oder Krisenkosten zu reduzieren?

2.2 Krisen, Krisenauslöser und Krisenkosten

Die guten alten Tage, so scheint es, sind für die Industrie vorbei. Wurde früher jeder Schornstein als Symbol des Fortschritts gesehen, jeder Kilometer Autobahn begrüßt und Technik als Garant des wachsenden Lebensstandards betrachtet, so hat sich das heute gründlich verändert. Immer häufiger geraten Unternehmen in die Schlagzeilen wegen Störfällen, Altlasten und Schadstoffemissionen. Und Bürger protestieren gegen Tierversuche, Produktionslärm, Luftverschmutzung, Gefahrentransporte oder gegen Bio- und Gentechnologie sowie gegen technische Großprojekte im allgemeinen.

Das Meinungsklima gegenüber der Industrie ist skeptischer, zuweilen sogar ablehnend geworden. Nun mögen das Industriemanager bedauern, dennoch aber meinen, daß sie „Business as usual" betreiben können, unbeirrt von der öffentlichen Meinung. Das ist aber eine Selbsttäuschung. Für Unternehmen sind mit dem veränderten Meinungsklima neue Realitäten entstanden, die für sie weitreichende und schmerzhafte Auswirkungen haben können. Es geht dabei um Krisen.

> *Merkmale von Krisen*
>
> Krisen sind riskante Situationen, die durch die folgenden Entwicklungen gekennzeichnet sind:
> - Eintreten oder der Verdacht von Störfällen,
> - zuerst langsame, dann aber schnelle Veränderung der Bewertung der Unternehmenspolitik, die als im Widerspruch zu öffentlichen Interessen und Schutzzielen stehend, wahrgenommen wird,
> - großes öffentliches Interesse und Turbulenzen,
> - Schädigung des öffentlichen Ansehens des Unternehmens, die das normale Geschäftsleben beeinträchtigen.

Krisen können verschiedene Auslöser und Anlässe haben, die Unternehmen treffen. Einige Beispiele sind im folgenden aufgeführt:

- Anklagen aufgrund von als rücksichtslos beurteilten Produktions-, Marketing- und Verkaufsstrategien (Nestlé Konsumentenboykott 1973/74)
- Hinweise auf Asbestgefahren in den 80er Jahren und deren Auswirkungen auf die Deutsche Eternit (1982/83)
- Störfälle mit radioaktivem Material, gefährlichen Chemikalien oder anderen gefährlichen Stoffen sowie Entdeckung von gefährlichen Altlasten (Dioxinfall, Boehringer Ingelheim in Hamburg 1984)
- Brände, Explosionen und andere große Unfälle in Industrieanlagen (Lagerhallenbrand bei Sandoz in Basel 1986)
- Transportunfälle, insbesondere wenn technische Fehler oder logistische Fehler vorliegen (Tanklastwagenunfall in Herborn 1987)
- Öffentlicher Eindruck, daß ein Unternehmen Informationen über Störfälle

und Beinahe-Katastrophen zurückhält bzw. verschleiert (RWE/Biblis 1987/88)
- Vorwurf des unethischen Verhaltens oder unlauterer Geschäftspraktiken (Nukem Bestechungsaffäre 1988)
- Auseinandersetzungen um Freilandversuche mit transgenen Pflanzen (Bombenanschlag auf das Max-Planck Institut in Köln im Zusammenhang mit dem ersten Freilandversuch mit der lachsroten Petunie, 1990)
- Vorwurf der Gefährdung von Umwelt und Gesundheit aufgrund unzureichender Sicherheitsmaßnahmen in Produktionsanlagen (Hoechst Störfälle Anfang 1993).

Selbst große Unternehmen werden von solchen Ereignissen unvorbereitet getroffen und eine ungeschickte Öffentlichkeitsarbeit verschlimmert die Situation des Unternehmens. Das typische Reaktionsmuster bei derartigen Krisen weist die folgenden Phasen auf: (1) Schock, (2) Abwehr und defensiver Rückzug, (3) Eingeständnis, (4) Anpassung und Veränderung.

Krisen haben Kosten für das Unternehmen. Dabei handelt es sich nicht allein um materielle Kosten. Oft sind es die immateriellen Kosten, die die Handlungsfähigkeit des Unternehmens nachhaltig beeinflussen und zu Faktoren werden, die sein Überleben in Frage stellen können. Folgende Krisenkosten sind besonders wichtig:

- Bindung von Know-How sowie Zeit und damit von Kapazitäten, die ansonsten nutzbringender eingesetzt werden könnten,
- Imageschäden und Vertrauensverluste in der Öffentlichkeit, bei Kunden, Investoren und den eigenen Mitarbeitern,
- Motivationsverluste bei den Mitarbeitern, Schwierigkeiten bei der Einstellung von qualifiziertem Personal, negative Auswirkungen auf Börsenkurse und Investoren,
- hohe Prozeßkosten bei gerichtlichen Auseinandersetzungen,
- politische Auflagen und Beschränkungen durch Gesetzgebung.

2.3 Krisenentwicklungen

Krisen entwickeln sich nicht „über Nacht". Sie haben Vorphasen (Tabelle 2.1). Und beinahe jedes Produkt und jede Branche kann in eine Öffentlichkeitskrise geraten. In der Vorphase werden die Produkte und die Technologien noch nicht öffentlich diskutiert. Es gibt aber bereits Kritiker. Diese weisen auf mögliche Risiken und schädliche Auswirkungen hin. In der Entwicklungsphase werden die Medien darauf aufmerksam. Und in der akuten Phase steht das Produkt bzw. die Technologie im Mittelpunkt der Kritik. Ein Vor- oder Störfall reicht aus, um eine Krise in Gang kommen zu lassen. In der Nachphase reagieren Politik und Gesetzgebung. Verordnungen und Vorschriften werden erlassen sowie politische Entscheidungen getroffen.

Tabelle 2.1. Beispiele für den Krisenlebenslauf

System, das in die Krise gerät bzw. geraten kann	Vorphase	Entwicklungsphase	Akute Phase der Krisengefährdung	Nachphase: Politische und gesetzliche Regelung nach der Krise
Produkt & Stoffe	Textilien	Mobiltelefone, Mineralfasern	PVC, Pflanzenschutzmittel	Verbot von Asbest-Produkten
Technologien	Künstliche Intelligenz (?)	Hochspannungsleitungen und Sendeanlagen für Mobilfunk	Gentechnik: Freilandversuche mit transgenen Nutzpflanzen	Kernkraft (Ausstiegsszenario)

Und, wo Unternehmen nicht reagiert haben oder reagieren wollen, da hat der Staat zum Teil neue Rahmenbedingungen geschaffen, die Unternehmen weitgehende Verpflichtungen auferlegen. So etwa im Rahmen der Produkt- und Umwelthaftung [1].

Tabelle 2.1 zeigt an Beispielen unterschiedliche Phasen vor Krisen. Dabei ist davon auszugehen, daß die Techniken und Produkte, die in Vorphasen einer akuten Krisen angesiedelt sind, nicht notwendig in die nächste Phase gelangen. Es hängt davon ab, ob Unternehmen reagieren und, entweder durch technische Vorkehrungen und Entwicklungen oder durch kommunikative Aktivitäten, einer weiteren Entwicklung von Krisenpotentialen vorbeugen. Je früher sie damit beginnen, um so erfolgreicher können sie sein. Und weiter: wenn sie frühzeitig beginnen zu agieren, dann haben sie noch ausreichende Handlungsspielräume. Je später sie beginnen aktiv zu werden, desto weniger Handlungsspielräume bestehen.

In der Vorphase entwickelt sich der Blick auf mögliche Risiken von Produkten und Technologien. So beginnt derzeit im Bereich Textilien eine Diskussion um Umwelt- und Gesundheitsverträglichkeit. Dabei geht es einmal um die Forderung nach ökologisch verträglicher Produktion, um die Reduktion von Abluft, Abwasser und Abfall, sowie um einen ressourcenschonenden Einsatz von Rohstoffen. Noch kann die Textilindustrie hier gestalten und Anregungen und Kritik produktiv verarbeiten. Mit der Entwicklung von Ökolabels für Bekleidung reagiert die Industrie, und versucht einer weiteren Zuspitzung der Kritik vorzubeugen.

---

1 *Konstruktionsfehler:* Der Hersteller haftet für die Mängel seiner Produkte.
Instruktionsfehler: Der Hersteller muß in vollem Umfang auf mögliche Risiken seines Produktes hinweisen. Die Anforderungen an seine Sorgfaltspflicht wachsen mit dem potentiellen Risiko. Mißbrauchsgefahren sind dabei zu berücksichtigen.
Produktbeobachtungspflicht: Verwendungsrisiken müssen auch nach Einführung des Produkts laufend beobachtet werden. Das bedeutet auch eigene Forschungspflicht.
Aktive Prüfungspflicht: Die Betreiber von Anlagen sind verpflichtet, die Einhaltung bestehender Grenzwerte zu überwachen.

In der Entwicklungsphase verstärkt sich die kritische Bewertung. Für Mobiltelefone besteht zum Beispiel das Problem des Elektrosmogs. Trotz – oder besser wegen – der vorhandenen Unkenntnis über mögliche negative gesundheitliche Folgen geraten diese Produkte in die Kritik. Fernsehsendungen und Presseartikel thematisieren hier Befürchtungen, die von Teilen der Öffentlichkeit aufgegriffen werden. So entsteht eine paradoxe Situation: zum einen sprechen die wachsenden Verkaufszahlen für eine faktische Akzeptanz des Mobiltelefons am Markt. Zum anderen werden aber auch die Vorbehalte gegenüber Mobilfunkanlagen und -geräten lauter. Die geäußerte Akzeptanz sinkt.

Deutlicher zeigen sich die Bedenken in der akuten Phase. Hier findet sich ein organisierter Protest, der in der Öffentlichkeit breite Zustimmung findet. Die Unternehmen sind mit ihren Produkten und Technologien in der Defensive. PVC oder Gentechnik, um nur zwei prominente Beispiele zu nennen, stehen für solche Entwicklungen. Hier müssen dann erhebliche Mittel eingesetzt werden, um das Produkt oder die Technologie am Markt zu halten bzw. sie überhaupt einsetzen zu können. Die Krisengefahr wird akut: Ein Störfall, ja selbst nur ein Gerücht, kann zum Krisenausbruch führen.

Im Gefolge einer Krise kommt es dann zu gänzlich veränderten Handlungsbedingungen für das Unternehmen. Produkte werden via staatlicher Auflagen und Verordnungen verboten. Technologien werden aufgrund einer umfassenden Akzeptanzkrise Zug um Zug aufgegeben.

2.4 Produkte als Krisenanlaß

Bezogen auf solche möglichen Krisenverläufe ist es deshalb wichtig, das Krisenpotential eines Produktes rechtzeitig zu erkennen. Hierzu kann die psychologische Forschung zur Risikowahrnehmung helfen. Diese zeigt: Krisen resultieren insbesondere aus der Wahrnehmung von Risiken. Sie sind also Folgen einer Sicht- und Bewertungsweise. Damit sind Krisen einerseits vom Produkt, aber andererseits eben auch von den Betrachtern abhängig.

Bei der Betrachtung der Krisenanfälligkeit von Produkten sind drei Risikoanlässe zu unterscheiden: (1) dem inhärenten Risiko, (2) dem Verwendungsrisiko und (3) dem Mißbrauchsrisiko.

Das *inhärente Risiko* eines Produktes bezieht sich auf das direkte Risikopotential. Hier zählen neben dem „harten" Kriterium der Störanfälligkeit auch qualitative Kriterien, die in Untersuchungen zur Risikowahrnehmung ermittelt wurden [10].

Es handelt sich dabei einmal um *Charakteristika der Risikoquelle*; dazu gehören vor allem die Kontrollierbarkeit sowie die Bekanntheit und Vertrautheit mit der Risikoquelle (Ist den Konsumenten das Risiko bekannt, ist es ihnen bewußt und wissen sie damit umzugehen?) Desweiteren spielen *Charakteristika des Produkt-Kontextes* eine Rolle. Darunter fallen u.a. die Substituierbarkeit (Ist ein weniger riskantes Produkt mit den gleichen Nutzungseigenschaften im Prinzip vorhanden?), die Vermeidbarkeit bzw. die Reduzierbarkeit des Risikos (Ist eine strengere Risikokontrolle via technischer Sicherheitseinrichtungen und Barrieren möglich?). Weiterhin geht es um die emotionale Bewertung des Risikos (Steht das Produkt im Zusammenhang mit einem Risiko, das als „Thrill" gerade gesucht wird, wie z. B. schnelle und PS-starke Motorräder? Oder gilt dies nicht?) Schließlich geht es um das Risiko-Nutzen-Verhältnis (Ist der antizipierte Nutzen weit größer als das Risiko? Ein Beispiel ist die Bewertung von Medikamenten zur Aids-Behandlung, wo hohe Risiken akzeptiert werden).

Schließlich haben die *Folgen-Charakteristika* einen Einfluß auf die Risikobeurteilung. In den Untersuchungen zur Risikowahrnehmung hat sich immer wieder gezeigt, daß die Furchterregung – die Assoziation mit Krebs etwa – ein entscheidender Faktor ist. Darüber hinaus spielen die Wahrnehmbarkeit des Schadens sowie sein unmittelbares versus zeitlich verzögertes Eintreten eine Rolle. Und schließlich geht es darum, ob eine besonders schutzbedürftige Gruppe vom möglichen Schaden betroffen ist (z. B. Kinder, schwangere Frauen) sowie um die Fairness der Risiko-Nutzen-Verteilung (Trägt der Nutzer des Produkts auch die Risiken?)

Das *Verwendungsrisiko eines Produktes* bezieht sich auf die Möglichkeit der nichtsachgemäßen Nutzung eines Produktes. Durch falsche bzw. zu häufige Anwendung/Nutzung können Schäden zustandekommen. Ein Beispiel sind die Milupa-Kindertees, die aufgrund einer zu häufigen Anwendung bei Kindern Karies verursachen können. Ein anderes Verwendungsrisiko bezieht sich auf die exzessive Nutzung von Solarien in Sonnenstudios. Zwei Faktoren spielen hierbei eine Rolle: Zum einen die Handlings- bzw. Gebrauchskomplexität, d. h. die Schwierigkeit einer bestimmungsgemäßen Verwendung; und zum anderen die intuitive Verführbarkeit bei der Produktnutzung (z. B. mehr und häufiger ist besser). Je komplexer der sachgemäße Produktgebrauch ist und je größer die intuitive Verführbarkeit, desto höher ist das Verwendungsrisiko des Produkts.

Das *Mißbrauchsrisiko* betrifft die böswillige Veränderung von Produkteigenschaften oder Produkteinsatz, womit darauf abgezielt wird, einer anderen Person oder dem Unternehmen Schaden zuzufügen. Der häufigste Fall ist die Produktsabotage, d.h. die Hinzufügung von Gift, Bakterien oder anderen Schadensträgern. Anfällig sind hierfür vor allem Produkte aus dem pharmazeutischen und dem Lebensmittelbereich. Einen solchen Fall hatte das pharmazeutische Unternehmen Johnson & Johnson 1982 in den USA durchzustehen, deren Produkt Tylenol von Unbekannten mit einem tödlichen Gift versehen worden war [2]. Die unmittelbaren Folgen waren katastrophal: Tylenol verlor innerhalb von 2 Wochen 87% seines zuvor beherrschenden Maktanteils. Und allein die Rückrufkosten betrugen über 100 Millionen Dollar.

Die Krisenanfälligkeit eines Produktes ist nicht von der Höhe des „objektiven" Risikos abhängig. Soweit sind also technische Risikoabschätzungen zwar nötig, niemals aber hinreichend. Und auch der Verweis auf andere, im Durchschnitt wesentlich höhere Risiken hilft keinesfalls, eine beunruhigte Öffentlichkeit wieder zu beruhigen. So zeigt die Diskussion um

Tabelle 2.2. Inhärente Risikofaktoren und Krisenanfälligkeit von Produkten

Verstärkung der Krisenanfälligkeit durch	Wirkung: Risikoeinschätzung hoch und damit krisenanfällig, wenn	Beispiel
Störfallpotential	hohe Störfallanfälligkeit	Produktrückrufe
(Un)Kontrollierbarkeit	geringe Kontrollierbarkeit der Risikoquelle	Holzschutzmittel
(Un)Vertrautheit	geringe Vertrautheit mit der Risikoquelle	chemische Zusatzstoffe in Lebensmitteln
(Un)Bekanntheit	kein Wissen über Risikoursachen und -wirkungen vorhanden	gentechnisch hergestellte Pharmazeutika
Substituierbarkeit	riskantes Produkt ist ersetzbar	asbesthaltiges Produkt
Vermeidbarkeit/ Reduzierbarkeit	technisches Potential zur Risikoreduktion nicht ausgeschöpft	Rückstoffe in Nahrungsmittel und Textilien
(negatives) Risiko-Nutzen-Verhältnis	geringer Nutzen wird angenommen	Schlafmittel
Emotionaler Kontext	Sicherheitsbedürfnis überwiegt Risikosuche	Mikrowelle
Furchterregung	Mögliche bzw. angenommene Verursachung von Krebs	Mobiltelefon
(Nicht)Wahrnehmbarkeit	Wahrnehmbarkeit des Schadens bzw. der Noxe ist gering/nicht möglich	ionisierende Strahlung
Zeitlicher Eintritt des Schadens	unmittelbar bzw. ohne große Zeitverzögerung	Nebenwirkungen von Medikamenten
Betroffenheit	besonders verwundbare Gruppen	Kindertees, Kinderspielgeräte
(Ungerechte) Risiko-Nutzen-Verteilung	Risiko trifft (auch) andere Personen	FCKW-haltige Sprays

Asbestbelastung und die um die Gefährdung durch kanzerogene Wirkung von Chemikalien, daß der Hinweis auf das viel höhere Risiko des Rauchens oder der Vergleich mit der höheren Kanzerogenität von Naturstoffen und -produkten (z.B. Heilpflanzen) keine Produktakzeptanz bewirkt. Wichtig ist vielmehr, in welcher Weise das Produkt gesehen wird – und hierbei entscheiden die in Tabelle 2.2 aufgeführten Faktoren.

Die Ausrichtung der Risikowahrnehmung von Laien an qualitativen Risikomerkmalen und die vergleichsweise geringe Berücksichtigung quantitativer Risikoaspekte hat Folgen: Laien und Experten beurteilen Risiken unterschiedlich. Risiken, die den „normalen" Bürger ängstigen, werden von Experten oft als eher vernachlässigbar bewertet. Andererseits gilt: Risiken, vor denen Experten warnen, werden von den Betroffenen schlicht ausgeblendet. Der amerikanische Kommunikationsforscher Peter Sandman hat dies einmal so zusammengefaßt: „The risks that kill you are not necessarily the risks that frighten and anger you."

2.5 Technische Anlagen und Vorhaben als Krisenanlaß

Krisenanlässe beziehen sich aber nicht nur auf Produkte. Vor allem technische Anlagen und Vorhaben können via Akzeptanzkrise ein Unternehmen, und darüber hinaus eine ganze Branche gefährden. Beispiele finden sich hier schnell: Kerntechnik, entsorgungswirtschaftliche Einrichtungen wie Müllverbrennungsanlagen, gentechnische Labors, Versuchsanlagen, Sendemasten für den Mobilfunk bis hin zur Elektrifizierung des Streckennetzes der Bundesbahn in Schleswig-Holstein.

Im Prinzip spielen bei der Krisenanfälligkeit von Technologien auch die Risiken eine besondere Rolle. Dabei handelt es sich – wie bei den Produkten – um Risikowahrnehmungen, die das Ausmaß der Krisenanfälligkeit bestimmen. Je nach Technologie sind jedoch unterschiedliche Faktoren bei der Risikowahrnehmung dominant (Tabelle 2.3). So spielt z.B. in Bezug auf Risiken im Bereich der Kerntechnik vor allem das Katastrophenpotential der möglichen Folgen eines Unfalls eine Rolle.

Ob eine Technologie als allgemeine Bedrohung (wie im Fall der Kernenergie) wahrgenommen wird, ist davon abhängig, welche Ereignisse die Auf-

Tabelle 2.3. Einfluß qualitativer Risikofaktoren auf das wahrgenommene Risiko in verschiedenen Bereichen (× = schwacher Einfluß, × × = mittlerer Einfluß, × × × = starker Einfluß)

Risikoquelle	Katastrophenpotential	Schrecklichkeit	Kontrollierbarkeit	Freiwilligkeit	Bekanntheit Verständlichkeit	Wahrscheinlichkeit des Schadens
Kernkraft	× × ×	× ×				
Biotechnologie		× × ×				
Industrie-Chemikalien	× ×					
Medikamente					×	× ×
Lebensstilbezogene Risiken und medizinische Eingriffe		×				× × ×
Verkehr			× × ×	× × ×		

merksamkeit auf die Technik und ihre Risikomerkmale beeinflussen. Dazu gehören vor allem:

- Andauern des Expertenstreits über das Risikopotential (ist Voraussetzung einer dauerhaften Thematisierung in den Medien),
- Eintritt eines Störfalls mit Gesundheitsschäden oder anderer kritischer Ereignisse, die auf die Risikoquelle zurückgeführt werden können (dient als Beweis für die Richtigkeit der Befürchtungen und Ängste).

Das besondere Problem von Technologien ist die Nutzenwahrnehmung. Während Konsumenten bei Produkten prinzipiell den Nutzen bewerten können, ist dies bei technischen Anlagen kaum der Fall. Hier existiert in der Regel kein persönlicher Nutzen, und die Frage des gesellschaftlichen Nutzens ist kaum auf Basis eigener Erfahrungen zu beantworten.

Gerade das Beispiel der Kernenergie, die in dieser Hinsicht gut untersucht ist [11], zeigt, daß Nutzenkomponenten bei der Akzeptanzbeurteilung eine besondere Bedeutung zukommt.

2.6 Veränderungen im Umfeld von Unternehmen

Krisen resultieren in der Regel eben nicht allein aus den technischen Produktmängeln, Störfallpotentialen, Störfällen und Katastrophen. Sie werden auch durch soziale, politische und kulturelle Bedingungen sowie Wandlungsprozesse beeinflußt. Und sie entstehen auch aus dem Umgang des Unternehmens mit der Öffentlichkeit. Solche Zusammenhänge gilt es zu erkennen und sich darauf einzustellen. Zu beachten sind z.B. die beabsichtigte Aufnahme von Unfall- und Störfallbetrachtungen in die Umweltverträglichkeitsprüfung (UVP) sowie die Ergänzung des „Right to Know" der Öffentlichkeit (z.B. im §11a der Störfallverordnung festgehalten) durch ein „Right to Act", die Mitwirkungsmöglichkeiten der Öffentlichkeit bei der Sicherheitsanalyse vorsieht (Neuer Vorschlag zur Ergänzung der Seveso-Direktive der EG).

Die Ansprüche gegenüber Unternehmen weiten sich aus. Dies drückt sich vor allem in der Verantwortungszuschreibung aus. Was traditionell in der Verantwortung des Bürgers war (z.B. Konsumgütergebrauch und Verkehrsmittelwahl) wird immer öfter der Verantwortung der Unternehmen zugerechnet. Ein weiteres Beispiel der Ausweitung der Verantwortung ist die Produkt- und Umwelthaftung. Der Staat hat neue Rahmenbedingungen geschaffen, die Unternehmen zusätzliche Verpflichtungen auferlegen.

Außerdem zeichnet sich ab, daß nicht nur das Produkt, sondern auch Produktion und Produzent von der Öffentlichkeit bewertet werden. Damit setzt sich eine Entwicklung fort, die Unternehmen z.T. selbst lanciert haben, etwa wenn über die Verpackung oder die Aneignungsform (z.B. Leasing) ein besonderer Zusatznutzen herausgestellt wurde. Allerdings werden jetzt Produktions- und Produzenteneigenschaften verlangt, die nicht mehr selbst von Unternehmen definiert werden, sondern von gesellschaftlichen Anspruchsgruppen.

Nicht nur Qualität und Quantität von Ansprüchen ändern sich, sondern auch deren Materialität: Die Art und Weise, wie diese vorgetragen, eingeklagt oder durchgesetzt werden, verändert sich:

- Mit der Anspruchsgesellschaft hat sich eine Protestgesellschaft entwickelt. Ansprüche werden immer mehr zu Forderungen.
- Der Kommunikationshaushalt der Gesellschaft verändert sich (Weg von Schriftlichkeit, hin zur Mündlichkeit, Symbolik und Moralismus wachsen, Veränderung von Höflichkeitsstandards). Moral wird zur Waffe.
- Die Entwicklung zur Mediengesellschaft, die alles allzeit präsent machen kann, sowie deren „Infotainment"-Ausrichtung, für die gerade „bad news good news" sind und die Stör- und Zwischenfälle hautnah inszeniert.

All diese Bedingungen wirken bei der Entstehung von Krisen zusammen. So ist die Krise bei der Hoechst AG Anfang 1993 nicht allein auf den Störfall im Werk Griesheim zurückzuführen. Über das Werksgelände hinaus wurde damals eine Fläche von 108 ha mit 10 Tonnen Reaktionsgemisch kontaminiert, u.a. mit dem Stoff ortho-Nitroanisol, der sich in Tierversuchen als krebserregend erwiesen hatte. Über diese Wirkung lagen der Forschung der Hoechst Ag bereits vor dem Störfall Informationen vor. Im Werk Griesheim – unmittelbar nach dem Störfall – wußte man darüber jedoch nichts und stufte entsprechend des vorhandenen Kenntnisstandes den Stoff ortho-Nitroanisol als minder giftig ein. Später mußte das von der Hoechst AG berichtigt werden.

Möglicherweise ist die heftige Reaktion in der Öffentlichkeit nicht nur durch diese Informationslücke zu erklären. Andere, auf den ersten Blick damit nicht verbundene Ereignisse können auch eine Rolle gespielt haben. So gab es zuvor Auseinandersetzungen der Werksleitung Griesheim mit einem alternativen Betriebsratsmitglied. Unter anderem hatten dessen Medienaktivitäten die Betriebsleitung zu der Entscheidung veranlaßt, ihm fristlos zu kündigen. Vom Arbeitsgericht wurde diese Kündigung zurückgewiesen. Auch ein zweiter Kündigungsversuch hatte keinen Erfolg. Beide Vorfälle verfestigten das eher konservative Bild des Unternehmens in der Öffentlichkeit. Außerdem waren die Beziehungen des Unternehmens zu einem der regionalen Leitmedien – dem Fernsehprogramm Hessen 3 – bereits im Vorfeld des Störfalls angespannt.

Der Störfall traf obendrein auf eine kritisch eingestellte Elite, die als Sprachrohr und Verstärker der Befürchtungen der ansässigen Bevölkerung wirkte. Beispiel dafür ist der nicht namentlich genannte Kinderarzt in Griesheim, dessen Vorwürfe gegenüber Hoechst (unverantwortliche und menschenverachtende Informationspolitik) in der Presse immer wieder zitiert wurden.

Die öffentliche Meinung war überdies durch eine Reihe von Vorfällen in anderen Chemieunternehmen vorsensibilisiert. So entfaltete sich die Chemiedebatte bereits 1976 mit dem Seveso-Unfall in Italien, der damals die Medien und die Öffentlichkeit erstmals auf die Risikopotentiale der Chemie aufmerksam werden ließ. Es bahnte sich eine wissenschaftliche Diskussion um Chemie und Umwelt an, die mit ihren Kernsätzen und Slogans, wie z.B. „sanfte Chemie" versus „umweltzerstörende Chemie", in die Öffentlichkeit dringen konnte. Nachfolgend wurde jeder Chemieunfall und damit das Thema

„Chemie und Umweltschädigung" zum Medienereignis. In der Öffentlichkeit verstärkte sich damit die Angst vor der Chemie. Ähnliche Entwicklungen finden sich auch in anderen Technikfeldern.

2.7 Krisenanfälligkeit von Unternehmen

Die Risiken von Produkten und Technologien bilden Krisenanlässe. Auf der Basis der Umfeldveränderungen – d.h. der Wahrnehmungsmuster der Öffentlichkeit in bezug auf Technologien und Produkte – und des Eintritts kritischer Ereignisse (z.B. Störfälle oder Produktmängel) können sich dann Krisen entwickeln. Die Auswirkungen der Krise selbst betrifft dann das Unternehmen. Es verliert Marktanteile, Mitarbeiter, gerät in Verruf oder gar in den Bankrott. Die Frage lautet deshalb, was macht ein Unternehmen besonders für eine Krise mit der Öffentlichkeit anfällig? Auf welche Bedingungen und Umstände ist hier zu achten? Die Antwort auf diese Frage ist nicht leicht. Es lassen sich aber doch einige Angaben machen. Sie betreffen unternehmerische Entscheidungen.

- Ein wissenschaftliches oder technisches Projekt soll durchgeführt werden. Dabei ist mit Akzeptanzproblemen und Protest zu rechnen. Zum Beispiel: Freilandversuche mit gentechnisch veränderten Pflanzen, Mülldeponie und Müllverbrennungsanlage, Kraftwerk, Sendeanlage für Mobilfunk etc.
- Es werden neue Technologien eingesetzt. Für diese liegen noch keine oder nur geringe Betriebserfahrungen vor.
- Ein neues Produkt wird am Markt eingeführt. Es liegen noch keine ausreichenden Daten über die Akzeptanz vor. Oder es gibt noch keine ausreichende Information über das Verwendungsrisiko.
- Neue Betriebsteile oder Tochterunternehmen werden aufgebaut. Die Kommunikation mit dem Mutterunternehmen und das Controlling weisen noch Defizite auf.
- Das Unternehmen dehnt seine Produktion und/oder Verkauf auf andere Länder aus. Die in Deutschland vorhandenen Produktions- und Sicherheitsstandards werden dort nicht ausreichend beachtet. Oder das Marketing berücksichtigt nicht die spezifischen Gewohnheiten und Lebensbedingungen der dortigen Verbraucher.

Wachstum bzw. Weiterentwicklung sowie die Erschließung neuer Märkte sind aber essentielle Bedingungen für Unternehmen. Der Verzicht darauf reduziert zwar die Krisenanfälligkeit, aber gefährdet gleichzeitig die Unternehmensexistenz. Unternehmen stehen so vor einer schwierigen Entscheidung: Was geht? Was geht nicht? Dies erfordert vom Unternehmen eine ständige Beobachtung seines gesellschaftlichen Umfelds und ein rasches Agieren. Krisenanfälligkeit resultiert somit aus:

- Das Unternehmen ignoriert Signale im Vorfeld einer möglichen Krise. Zum Beispiel die Kritik von Umweltverbänden und Verbraucherinitiativen.

- Übervertrauen zu der vorhandenen strategischen Orientierung (Motto: Es wird schon nichts schief gehen!)
- Es werden Krisen anderer Unternehmen in ähnlichen oder in gleichen Geschäftsfeldern nicht beachtet.
- Das Unternehmen verfügt nicht über angemessene Handlungsstrategien. Weder im Produktionsbereich, noch bei der Öffentlichkeitsarbeit.

Gerade auch „weiche Faktoren" wie die Unternehmenskultur sind an einer Krisenentwicklung beteiligt. Hier zählen die Dominanz einer bestimmten Berufsgruppe und eines Departements (Forschung und Entwicklung, Produktion, Vertrieb, Marketing, Finanzen etc.) und die damit selektierten Entscheidungsweisen und Bearbeitungsroutinen.

Für Unternehmen lassen sich hier, in Abhängigkeit von der strategischen Unternehmensorientierung, vier Krisenpfade angeben [12]:

- *Vom Perfekten zum blinden Perfektionisten:* Bemühen um Qualitätsführerschaft schlägt in Obsession um, es werden nur noch interne Standards beachtet. Ansprüche externer Anspruchsgruppen werden ignoriert, wenn Sicherheit, dann geht es allein um Sicherheitstechnik.
- *Vom Gründer zum chaotischen Patchworker:* Unternehmenswachstum führt zu Unübersichtlichkeit und Unsteuerbarkeit, damit wird das Unternehmen auch blind gegenüber Krisenpotentialen: Es vermag weder sein eigenes Unternehmen, noch die Umfelder zu überschauen.
- *Vom Pionier zum Risiko-Produzenten:* Innovation geht weit über Kundenbedürfnisse hinaus und vernichtet nicht nur die eigene Cash-Cow, es werden auch Produkte und Produktionen mit hohen Risikopotentialen präferiert.
- *Vom Marketingtalent zum Schönfärber* (Image over products): Über das Verkaufen wird die Produktlinie vernachlässigt, weder ist eine technische noch eine organisatorische Vorbereitung auf Krisen vorhanden – Schönwetter-Unternehmen.

2.8 Krisensensibilität von Unternehmen

Eine Befragung von [4] in den USA, Kanada und Frankreich zeigt, daß Krisensensibilität eines Unternehmens vor allem das Resultat ist von:

- direkten persönlichen Erfahrungen des Top-Managements mit Krisen,
- Handlungsdruck durch den eigenen Vorstand und Aufsichtsrat,
- persönlichen Erfahrungen und Ratschlägen eines Top-Managers eines anderen Unternehmens, der gut bekannt und allseitig geachtet ist,
- Beobachtung von Krisen anderer Unternehmen in der gleichen Branche.

Gelernt wird also eher reaktiv: Es muß etwas passieren; erst der Leidensdruck schafft Krisensensibilität und Motivation zur Veränderung. Nur etwa 55% der befragten Unternehmen hatten eine Krisen-Management-Einheit. Und nur zirka 10% der Unternehmen wurden von Pauchant und Mitroff als krisenvorbereitete Unternehmen eingestuft. Trotzdem glaubten zirka 50% der Befragten, daß sie hinreichend auf einen Krisenfall vorbereitet sind. In Deutschland zeigte eine Befragung von Managern, daß den internen (Aktionäre, Mitarbeiterschaft, Muttergesellschaft) sowie den marktbezogenen Anspruchsgruppen (Wettbewerber) die meiste Aufmerksamkeit gilt. Dagegen finden gesellschaftliche Anspruchsgruppen nur eine geringe Beachtung [13].

Mitroff, Pauchant und Shrivasta [14] zeigen, daß Unternehmen zuerst und vor allem technische Lösungen suchen. Zirka 50% der von ihnen interviewten Manager betrachten Krisenmanagement als rein technische Angelegenheit. Sicherheitstechnik wird verbessert und Produktionsabläufe werden optimiert. Auch wird versucht, die Beziehungen zu den Behörden und zur Politik zu verbessern. Dagegen werden organisatorische und kommunikative Maßnahmen (z. B. Issue-Management, Medientraining, Dialog mit gesellschaftlichen Anspruchsgruppen, emotionale Vorbereitung auf Krisensituationen) weitaus weniger zur Krisenvorbereitung eingesetzt.

Diese Befunde müssen nachdenklich stimmen. Nimmt man noch hinzu, daß allein technische Maßnahmen von Unternehmen zur Krisenbewältigung favorisiert werden, so zeigt sich eine erschreckende Einseitigkeit bzw. Schieflage. Es ist wohl davon auszugehen, daß in Deutschland eine ähnliche Unterschätzung der „weichen" Faktoren der Krisenbewältigung vorherrscht. Krisen – darauf wurde aber hingewiesen – haben ein Bündel von Ursachen. Neben technischen Problemen sind es eben auch organisatorische und Probleme der Unternehmenskultur sowie falsche Einstellungen und verzerrte Wahrnehmungen der verantwortlichen Manager, die Krisen mitverursachen.

2.9 Unterschiede zwischen krisenanfälligen und krisenvorbereiteten Unternehmen

Mitroff et al. [15] haben anhand von vier Dimensionen versucht, krisenvorbereitete von krisenanfälligen Unternehmen zu unterscheiden. Es handelt sich dabei um (1) organisatorische und strategische Vorbereitungen auf die Krisen, (2) die Organisationsstruktur und damit zusammenhängend die Fähigkeit, flexibel auf Krisen reagieren zu können, (3) die Unternehmenskultur im Sinne zugrundeliegender Kernüberzeugungen und -annahmen und schließlich (4) das Ausmaß an Verleugnung und Abwehr von Krisen (Tabelle 2.4).

Diese vier Dimensionen wirken nicht additiv, sondern multiplikativ zusammen. Das heißt, Defizite in einem Bereich können bereits ausreichen, um ein Unternehmen krisenanfällig zu machen.

Es ist klar, daß unmittelbare Vorbereitungen auf Krisen in Form von Krisenplänen und Handbüchern sowie Krisenmanagement-Teams und Krisentraining von besonderer Wichtigkeit sind (Dimension 1). Aber auch die Organisation und Infrastruktur des Unternehmens ist dabei von entscheidender Bedeutung (Dimension 2). Dabei geht es um Fragen wie Vorhandensein eines strategischen Frühwarnsystems, Verfügbarkeit und schnelles Verfügbarmachen von Informationen im Unternehmen, ausreichende Sicherheitstechnik

Tabelle 2.4. Unterschiede zwischen krisenanfälligen und krisenvorbereiteten Unternehmen (nach Pauchant und Mitroff [15], verändert)

Dimension	Krisenanfälliges Unternehmen	Krisenvorbereitetes Unternehmen
Dimension 1: Pläne und Strategien (Krisen-Software)	Nur auf wenige Krisen vorbereitet. Es gibt kaum oder gar keine Pläne zur Krisenbewältigung. Kein Krisenteam vorhanden	Auf verschiedene Krisen vorbereitet. Krisenpläne und strategische Pläne des Unternehmens sind koordiniert. Vorhandenes Krisenteam und Krisenplan
Dimension 2: Organisation und Infrastruktur (Krisen-Hardware)	Umstellung auf die Krise ist schwierig, Informations- und Entscheidungsprobleme, keine ausreichenden Ressourcen zur Krisenbewältigung	Informationsfluß gewährleistet, schnelle Entscheidungen möglich, ausreichende Ressourcen vorhanden
Dimension 3: Unternehmenskultur	Rationalisierungen ausgeprägt	Kaum Rationalisierungen
Dimension 4: Wahrnehmungsmuster der Entscheidungsträger	starke Abwehr und Verleugnung von Krisen, unrealistischer Optimismus	kaum Abwehr und Verleugnung, „worst case"-Fälle werden betrachtet

Tabelle 2.5. Defizite der Organisationskultur und Wahrnehmungs- und Einstellungsfehler des Managements (nach Pauchant und Mitroff [4], modifiziert)

Defizite und Fehler	Beispiel	Vorsorge
Wenn die Technik perfekt ist, kann uns nichts passieren	Investment geht allein in Technik, nichttechnische Krisenursachen werden nicht beachtet	Umfeld beobachten, in Humankapital und Beziehungen zum Umfeld investieren
falscher Optimismus und Übervertrauen	Wir sind zu groß und zu gut. Krisen können uns nicht treffen	Denken in Szenarien: Was kann im schlimmsten Fall passieren?
„Wo gehobelt wird, da fallen Späne"-Einstellung	Risiko ist überall; andere Risiken sind viel größer	Eigenes Risikopotential zum Maßstab nehmen
Totale Kontrollüberzeugung	Störfallausschluß	Vorbereitet sein auf den Dennoch-Störfall
Unterdrücken und Ignorieren von Information	Beinahe-Unfälle werden ignoriert	„Problemsuche"-Stelle im Unternehmen einrichten
„Doppelgänger"-Effekt: Ausblenden von alternativen Auffassungen	Keine Kritik zulassen, Bestätigung der Chef-Meinung als Prinzip	Kritik installieren
„Schuld sind immer die anderen"-Einstellung	Medien als Brunnenvergifter ansehen	Arbeitsweise der Medien erkennen
Schwarz-Weiß-Denken	Verteufelung der Einwender und Kritiker	Dialog aufnehmen

und -training, regelmäßige Checks im Hinblick auf Risikopotentiale, vorsorgende Durchführung von Ökoaudits, etc. Die Organisationskultur spielt ebenfalls eine wichtige Rolle (Dimension 3). Hier geht es um die grundsätzlichen Überzeugungen und Annahmen in einem Unternehmen, die die Strategie und das Selbstverständnis des Unternehmens prägt.

Schließlich spielt das Ausmaß, in dem von seiten des Top-Managements überhaupt Krisen als mögliche Ereignisse wahrgenommen werden, auch eine Rolle (Dimension 4). In krisenanfälligen Unternehmen leugnet das Management Krisenpotentiale. Hier herrscht die Einstellung vor, daß das Unternehmen nichts treffen kann. Tabelle 2.5 gibt Hinweise auf Wahrnehmungs- und Einstellungsfehler von Unternehmen, die eine Krise begünstigen (Dimension 3 und 4).

2.10 Krisenabwehr

Etwas verallgemeinert, lassen sich sechs Bedingungen ausmachen, von denen das Ausmaß der Krisenkosten abhängt und die zur Vermeidung bzw. Reduktion von Krisenkosten genutzt werden können. Es handelt sich dabei um (1) umweltorientierte Unternehmensführung und Störfallvorsorge, (2) Früherkennung möglicher gesellschaftlicher Umfeldveränderungen, (3) Aufbau vertrauensvoller Beziehungen des Unternehmens zur Öffentlichkeit vor Eintritt der Krise, (4) Wahrnehmung der Öffentlichkeit in Bezug auf den tatsächlichen oder vermeintlichen Schaden, (5) das eigentliche Krisenmanagement und (6) Krisenkommunikation. In Abb. 2.1 ist das Zusammenwirken dieser Bedingungen verdeutlicht.

Für die Krisenprävention ergeben sich im einzelnen eine Reihe von Möglichkeiten:

- Reduktion von Risikopotentialen, Umstellung auf ökologisch orientierte Produktion,
- Ausreichende sicherheitstechnische Maßnahmen und Erfüllung von Umweltauflagen und Sicherheitsvorgaben,
- Installation eines Frühwarnsystems zur Beobachtung von kritischen Markt- und Meinungstrends,
- Ausreichende organisatorische Vorbereitungen auf die prompte Bewältigung von Krisenanlässen (Störfall, Produktrückruf, Sabotage etc.),
- Kritische Analyse der eigenen Unternehmenskultur und Entwicklung des Unternehmens hin zu einem krisenvorbereiteten Unternehmen,
- Befähigung zur Kommunikation mit der Öffentlichkeit und mit den Medien.

Krisen lassen sich durch ausreichende sicherheitstechnische und organisatorische Maßnahmen zur Störfall- und Katastrophenvorsorge verhüten. Weiterhin können Krisen durch eine rechtzeitige Umstellung der Produktion nach ökologischen Kriterien verhindert werden. Außerdem gilt: Die öffentliche Dis-

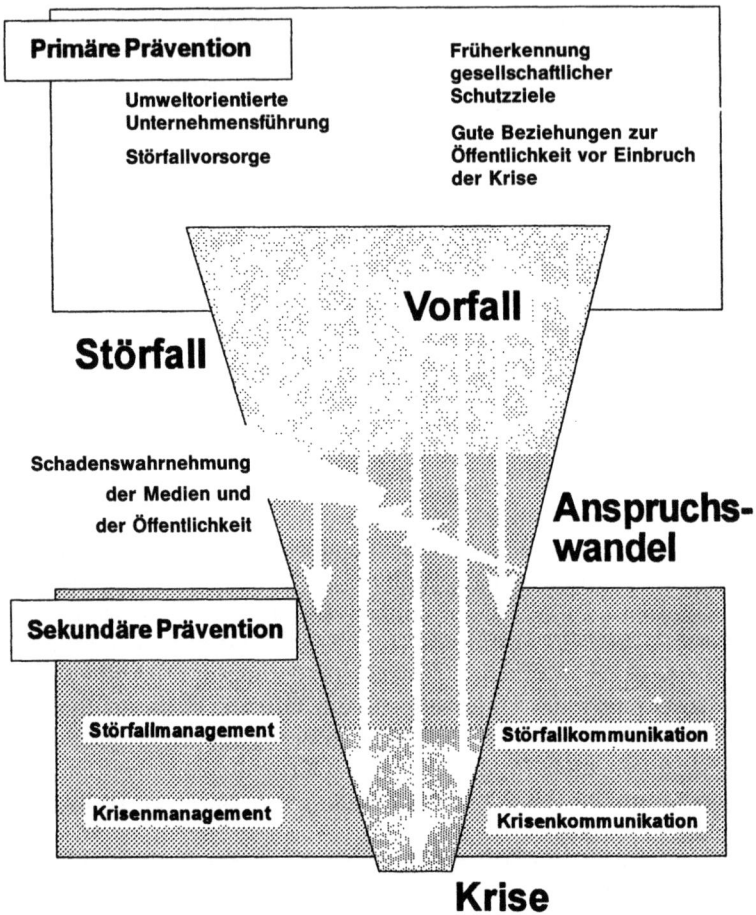

Abb. 2.1. Einflußfaktoren bei der Krisenentwicklung

kussion um Risiken muß aufmerksam verfolgt und mittels eigener Risikokommunikation aktiv gestaltet werden. Das ist besonders in der Vorphase wichtig.

In Deutschland gibt es bis auf wenige Ausnahmen kaum Erfahrungen mit Risikokommunikation durch Unternehmen. Nur wenn Unternehmen in eine Öffentlichkeitskrise geraten oder ihnen vom Gesetzgeber vorgeschrieben wird, Risiken anzuzeigen, kommunizieren sie über Risiken. Das zeigen z. B. die Auseinandersetzungen über Kernkraft, Müllverbrennungsanlagen und die gentechnische Forschung und Produktion [10]. Es sind vor allem gesellschaftliche Anspruchsgruppen und ihre wissenschaftliche Basis (Öko-Institute und ähnliche Einrichtungen), die Unternehmen zu entsprechenden Stellungnahmen zwingen.

Wenn Unternehmen reagieren und über Risiken kommunizieren, so tun sie dies mit Hilfe einer komplexen Abwehrstrategie [17]. Sie setzen auf:

2 Krisenmanagement und Krisenkommunikation

- Einbindung in einen Bewertungsrahmen, der vor allem technische Kompetenz, Sicherheit, Verantwortung betont;
- eine Darstellung von Risiken und Nutzen bzw. auf das Aufzeigen der Risiken, die entstehen, wenn die Produktion bzw. die Produkte nicht vorhanden sind;
- Verwendung der Restrisiko-Philosophie (die verbleibenden Risiken sind unvermeidlich) sowie des De-Minimis-Risiko-Konzepts (Risiken sind tragbar, weil der Nutzen hoch und die Wahrscheinlichkeit eines möglichen Schadens sehr gering ist);
- Nutzung von Risikovergleichen, die zeigen, daß andere Risiken weit größer sind als die mit der eigenen Produktion bzw. Produkten verbunden;
- Verwendung von Risikoindikatoren, die eher eine Entwarnung signalisieren.

Nur im Fall von Arzneimittel und bei Tabakerzeugnissen sind Unternehmen gezwungen, direkte Risikoinformationen in einer vom Gesetzgeber *vorgeschriebenen Form* zu geben.

Bislang verhalten sich die Unternehmen gegenüber der Risikokommunikation eher abstinent: Die Öffentlichkeit sieht die Kommunikationspolitik der Unternehmen als unzureichend, und die Unternehmen sehen sich als Prügelknaben unverhältnismäßiger Anforderungen und Auflagen.

Es lassen sich auch keine einfachen Regeln formulieren, wie mit Risiken umgegangen werden sollte, damit sie glaubwürdig sind und nicht zu Überreaktionen der Bürger führen. Wohl aber zeigen die bisherigen Erfahrungen, daß es notwendig ist [9, 18], eine proaktive Kommunikationspolitik zu entwickeln. Dazu gehören:

- ein professionelles Monitoring der Diskussion um Risiken, besonders in der Anfangsphase (Früherkennung der Diskussion – siehe die RADAR[1]-Initiative der pharmazeutischen Industrie);
- eine offene Kommunikationspolitik, die im Vorfeld von Auseinandersetzungen und Konflikten beginnt;
- eine stärkere Gewichtung des Schadenspotentials bei der Risikovorsorge und der Risikokommunikation (Die Orientierung an der Verringerung der Eintrittswahrscheinlichkeit von Störfällen hat sich in der Kernenergiedebatte als kontraproduktiv erwiesen.);
- größeres Engagement bei der Exploration und Etablierung von Bewertungsregeln für die Entscheidung über Technik und ihre Risiken sowie eine stärkere Betonung dieses Aspekts in der Kommunikation mit der Öffentlichkeit;
- eine stärkere Beachtung der sozialen Dimension der Risikokommunikation: Erkundung von Formen der Kooperation mit und Beteiligung von gesellschaftlichen Anspruchsgruppen bei risikorelevanten Entscheidungen sowie von Möglichkeiten der Konfliktvermittlung und Verhandlungsansätzen.

---

1 RADAR steht für **R**isk/Benefit **A**ssessment of **D**rugs – **A**nalysis and **R**esponse und wurde von Ciba-Geigy gegründet. Gegenwärtig sind daran über dreißig pharmazeutische Unternehmen beteiligt.

Kommunikation muß also bereits vor Ausbruch von Auseinandersetzungen und Konflikten beginnen. Wenn der Krisenfall auftritt, ist es zu spät. Eine flankierende Maßnahme ist dabei die Herstellung guter Beziehungen zur Öffentlichkeit. Diese setzt die Schwelle für „feindselige Angriffe" gegen das Unternehmen höher und bewirkt so einen Schutz. Wenn jedoch eine Krise ausgelöst ist, hängen die Krisenkosten wesentlich von der Wahrnehmung und Bewertung des Ereignisses durch die Medien und die Öffentlichkeit ab. Dabei spielen die spezifischen Muster der Risiko- und Schadenswahrnehmung der Öffentlichkeit [10] sowie die Beziehungen des Unternehmens zur Öffentlichkeit vor Eintritt der Krise eine herausragende Rolle. Weiterhin hat die Krisenkommunikation des Unternehmens eine puffernde Wirkung. Wichtig ist auch, auf einen vorhandenen Krisenkommunikationsplan zurückgreifen zu können.

Entscheidend für die Krisenkosten des Unternehmens sind nicht so sehr „objektive" Einschätzungen von Experten im Hinblick auf Gefährdungspotentiale oder das Schadensausmaß, sondern die Wahrnehmung des tatsächlichen oder möglichen Schadens durch die Öffentlichkeit und die Medien. So beeinflußt die Wahrnehmung eigener Handlungsmöglichkeiten im Krisenfall die Gefahreneinschätzung. Je besser hier die Bevölkerung über geeignete Verhaltensweisen informiert ist, desto angemessener ist auch ihre Gefahrenwahrnehmung. Auch die Wahrnehmung des Eintritts von Schädigungen und deren Dauer ist subjektiv: So herrscht bei vielen Menschen Unklarheit darüber, wann nach einer Schadstoffemission, z. B. bei Dioxin, die Gefährdung eintritt und wie lange die Gefahr andauert. Hier finden sich sowohl Über- als auch Unterschätzungen. Solche Bedingungen, von denen die Einschätzung der „Gefährlichkeit" von Risiken bzw. Schadensfällen abhängt, sind also in Rechnung zu stellen, wenn in der Krise mit der Öffentlichkeit und den Medien kommuniziert wird.

Fehler bei der Krisenkommunikation

- Verleugnung und defensive Informationspolitik
- Beschwichtigung (Versuch des „Weg-Redens")
- aggressive und konfrontative Auseinandersetzungen sowie Polemik
- nur Worte, keine Taten
- zu späte Information
- reaktive Informationspolitik
- mangelnde Klarheit und Verständlichkeit der Informationen
- unzureichender Bezug auf die vorhandenen Informationsbedürfnisse und Vorstellungen der Öffentlichkeit

Der Erfolg der Krisenkommunikation hängt u.a. davon ab, ob das Unternehmen bereit ist, die Informationsbedürfnisse der Öffentlichkeit und der Medien zu befriedigen. Alle Erfahrungen haben gezeigt, daß verzögerte Information und die Strategie des „Kein Kommentar" dem Unternehmen zusätzlichen Schaden zufügen. Jede Informationslücke, die offen bleibt, ist Anlaß für Ge-

2 Krisenmanagement und Krisenkommunikation

rüchte und Verdächtigungen, außerdem wird sie von den Gruppen genutzt, die dem Unternehmen, vielleicht schon aus Prinzip, kritisch gegenüberstehen. Die Information sollte möglichst lückenlos sein und so aufbereitet werden, daß sie die Informationsbedürfnisse der Medien und der Öffentlichkeit abdeckt.

Dazu ist es notwendig zu wissen, welche Sichtweisen vorherrschen, um hier gezielt Informationen bieten zu können. Es kommt dabei auch auf das Timing an, d.h. zu welchem Zeitpunkt Informationen gegeben werden. Wichtig ist, nicht in die Defensive zu geraten. Informationspolitik ist aktiv zu betreiben, d.h. alle „Neuigkeiten" sollten möglichst vom Unternehmen selbst – und damit vom Unternehmen auch strukturiert – gegeben werden. Gleiches gilt für die Ursachenerklärung. Ein Unternehmen, das versucht, sich bei einem Störfall von vornherein aus der Verantwortung zu ziehen, erscheint unglaubwürdig. Es ist deshalb darauf zu achten, daß der Verdacht des Abwälzens nicht aufkommt.

Kritische Faktoren der Krisenkommunikation

Bei der Kommunikation in der Krise sollte:

- Die Bereitschaft zur Kommunikation mit der Öffentlichkeit deutlich sein.
- Umfang und Inhalt der Information auf die Informationsbedürfnisse und das Verständnis der Öffentlichkeit zugeschnitten sein.
- Die Informationspolitik aktiv und offensiv sein.
- Die Verantwortung für den Schadensfall genau geklärt sein und eigene Anteile an der Verantwortung nicht geleugnet werden.
- Bei Auseinandersetzungen mit kritischen Gruppierungen Konflikte fair und ohne Polemik ausgetragen werden.

Wenn Informationen nicht anhand des eigenen Wissens und eigener Erfahrungen beurteilt werden können, spielt deren Glaubwürdigkeit eine entscheidende Rolle. Dabei ist die Wahrnehmung und Bewertung des Absenders für die Bewertung der Botschaft bedeutsam. Glaubwürdigkeit der Botschaft hängt vom Image des Absenders ab.

Ein Unternehmen hat also zu prüfen:

- Werden von dem Unternehmen auch gesellschaftliche Anliegen und Probleme berücksichtigt?
- Wie geht das Unternehmen mit Einsprüchen, Vorwürfen um?
- Wie agiert das Unternehmen in Konflikten und Auseinandersetzungen mit der Öffentlichkeit?
- Haben sich die Aussagen und Darstellungen des Unternehmens in der Vergangenheit als richtig erwiesen?

Es ist sinnvoll, zwei Aspekte der Glaubwürdigkeit zu unterscheiden: die der Information und die des Unternehmens selbst. Dabei ist die Glaubwürdigkeit

Tabelle 2.6. Aspekte der Glaubwürdigkeit eines Unternehmens

positive Aspekte	negative Aspekte
stimmige Unternehmenspolitik	häufiger Wechsel
kompetente Führung	schwache Führung
offen für öffentliche Belange und Anliegen	Abwehr und mangelnde Sensibilität
demonstriert soziale und Umwelt-Verantwortung	leugnet Verantwortung
legt öffentlich Rechenschaft ab	schotten sich ab
unterliegt öffentlicher Kontrolle	nur interne Kontrolle
positive Erfahrungen mit den Produkten des Unternehmen	negative Erfahrungen

des Unternehmens der Glaubwürdigkeit der Information übergeordnet. Das heißt, ein als glaubwürdig eingeschätztes Unternehmen muß weniger in die Darstellung von Informationen investieren als ein Unternehmen, das als weniger glaubwürdig eingeschätzt wird.

Für das Unternehmen folgt daraus:

- Die Öffentlichkeitsarbeit muß stimmig sein. Eine einheitliche Darstellung des Unternehmens und die Vermeidung von Widersprüchen sind wichtig. Das bedeutet aber auch, vorab im Unternehmen Konflikte und Widersprüche zu klären und einen einheitlichen Standpunkt zu erarbeiten.
- Ein professionelles Social-Issue-Monitoring ist essentiell: Die öffentlichen Anliegen, die für das Unternehmen bedeutsam sind, sind rechtzeitig zu beachten.
- Es ist deutlich zu machen, wie weit das Unternehmen Verantwortungen für die Umwelt und andere gesellschaftliche Anliegen wahrnehmen kann und was das Unternehmen leisten kann und was nicht.
- Die Existenz von Risiken muß argumentativ verdeutlicht werden, damit nachvollziehbar ist, wieso das Unternehmen Risiken eingeht. Und es muß angegeben werden, welche Sicherheitsmaßnahmen vorhanden sind.
- Es ist von Vorteil, wenn das Unternehmen unabhängige externe Kontrollinstanzen und Gutachter einschaltet und dies in der Öffentlichkeit bekannt macht.
- Die Glaubwürdigkeit von Darstellungen kann auch verbessert werden, wenn direkt auf Sicherheitsbedenken Bezug genommen wird. Diese sollten jedoch nicht attakiert werden. Vielmehr gilt es, sich damit sachlich auseinanderzusetzen und zutreffende Kritik auch anzuerkennen, ohne dabei auf die Darlegung des eigenen Standpunktes zu verzichten.

Kommunikations- und Verhaltenstraining sowie emotionale Vorbereitungen ergänzen die vorhandenen Krisenpläne und Krisenkommunikationsstrategien. Denn Krisen sind vor allem durch ihren Zeitdruck, ihre Turbulenz und den damit verbundenen Streß für die Entscheidungsträger charakterisiert. Das erfordert ein Training, um schnell und angemessen auch unter solchen Umständen handeln zu können.

Literatur

1. Dotton JE (1986) The Processing of Crisis and Non-Crisis Strategic Issues. Journal of Management Studies 23:501–517
2. Pinsdorf MK (1987) Communicating – When Your Company is under Siege. Surviving Public Crisis. Lexington Books. Lexington, Massachusetts
3. Miller D (1988) Organizational Pathology and Industrial Crisis. Industrial Crisis Quarterly 2:65–74
4. Pauchant T, Mitroff I (1992) Transforming the Crisis-Prone Organization. Jossey Bass Publishers, San Francisco
5. Lambeck A (1992) Die Krise bewältigen. Frankfurt/M. Institut für Medienentwicklung und Kommunikation GmbH.
6. Dyllick Th (1989) Management der Umweltbeziehungen. Gabler, Wiesbaden
7. Becker U (1993) Risikowahrnehmung der Öffentlichkeit und neue Konzepte unternehmerischer Risikokommunikation. In: Bayerische Rück (Hrsg) Risiko ist ein Konstrukt. Knesebeck, München
8. Wiedemann PM (1991) Strategien der Risiko-Kommunikation und ihre Probleme. In: Jungermann H, Wiedemann PM, Rohrmann B (Hrsg) Risiko-Kontroversen: Konzepte, Konflikte, Kommunikation. Springer, Berlin, S 371–394
9. Wiedemann PM (1993) Krisen-Kommunikation. Leitfaden für Problemfälle. RKW, Eschborn
10. Jungermann H, Slovic P (1993) Charakteristika individueller Risikowahrnehmung. In: Bayerische Rück (Hrsg) Risiko ist ein Konstrukt. Knesebeck, München
11. Renn O (1984) Risikowahrnehmung der Kernenergie. Campus, Frankfurt
12. Miller D (1990) The Icarus Paradox. Harper Business, New York
13. Jeschke B (1993) Überlegungen zu den Determinanten des Unternehmens-Image. In: Armbrecht W, Avenarius H, Zabel U (Hrsg) Image und PR. Westdeutscher Verlag, Opladen, S 73–85
14. Mitroff I, Pauchant T, Shristava P (1989) Crisis, Disaster, Catastrophe: Are You ready? Security Management, February 1989, 101–108
15. Mitroff I, Pauchant T, Finne M, Pearson Ch (1989) Do (some) Organizations cause their own Crisis? The cultural Profiles of Crisis Prone vs. Crisis Prepared Organizations. Industrial Crisis Quarterly 3:269–283
16. Jungermann H, Rohrmann B, Wiedemann PM (Hrsg) (1991) Risikokontroversen. Konzepte, Konflikte, Kommunikation. Springer, Berlin
17. Wiedemann PM (1992) Risiko-Kommunikation von Unternehmen: Kontexte, Rahmen und Abwehrmechanismen. Forschungszentrum Jülich: Arbeiten zur Risiko-Kommunikation, Heft 35
18. Wartburg WP von, Versteggen U (1990) Gesellschaftliche Risikobewertung RADAR Initiative. Social Strategies Forschungsberichte

3 Kann durch ergonomische Gestaltung des Arbeitsplatzes die menschliche Zuverlässigkeit beeinflußt werden?

H. Bubb

3.1 Einleitung

Die tägliche Erfahrung lehrt, daß es kaum eine menschliche Tätigkeit gibt, bei der keine Fehler zu beobachten sind. Für die Beschreibung menschlicher Arbeitsfehler kann es sinnvoll sein, diese zunächst einmal aus der subjektiven Erlebnisperspektive zu betrachten. Wie sich dabei leicht feststellen läßt, passieren Fehler unabsichtlich oder aus Versehen, weil wir zu spät oder gar nicht bemerken, daß die ausgeführte Handlung nicht der eigenen Absicht entspricht oder für die betreffende Situation ungeeignet ist. Viele Fehler kommen durch das Vergessen, Auslassen oder Vertauschen von Teilschritten in einer mehrere Schritte umfassenden Handlung zustande. Häufig werden diese Fehler jedoch selbst rasch entdeckt, da ihr Ergebnis sich nicht mit der eigenen Absicht deckt, und sie können behoben werden. Ein Teil der Fehler wird auch mit „Absicht" begangen, weil man annimmt, das Ergebnis der Überlegung sei richtig, obwohl man sich im Irrtum befindet. Andere Fehler geschehen aus Unkenntnis, mangelnder Erfahrung und fehlender Ausbildung. Absichtliches Herbeiführen von Schäden oder Sabotage gehören nicht in die Kategorie der hier betrachteten menschlichen Arbeitsfehler.

Sind Menschen also nicht zuverlässig genug für die Technik? Die Statistik legt diese Vermutung nahe: 70 bis 90 Prozent aller Unglücke gehen auf „menschliches Versagen" zurück. Dies gilt besonders für Unfälle in hochautomatisierten Systemen. So werden zwei Drittel aller Flugzeugkatastophen auf Fehlentscheidungen der Cockpit-Crew zuückgeführt, etwa die Hälfte der Störfälle in der Kernkraftindustire auf falsche Reaktionen des Bedienungspersonals und Schiffsunglücke sollen sogar fast zu 90 Prozent von Menschen verursacht sein.

Jedoch je gründlicher ein Unfall untersucht wird, desto deutlicher zeichnen sich oftmals technische Mängel und Versäumnisse des Managements hinter dem vordergründigen „menschlichen Versagen" ab. Statt den Menschen an die Technik anpassen zu wollen, ist es erforderlich, Technik menschgerecht umzugestalten.

3.2 Menschlicher Fehler und Technik

3.2.1 Menschliche Leistung

Allgemeines Ziel arbeitsgestalterischer Maßnahmen ist es, sowohl zur Verbesserung der Leistungsfähigkeit des gesamten Arbeitssystems als auch zur Minderung der auf den arbeitenden Menschen einwirkenden Belastungen beizutragen.

Aufgaben können – sofern sie menschliche Arbeit erfordern – nur erfüllt werden, wenn der eingeschaltete Mensch Leistungen erbringt. Menschliche Leistung ist aber erfahrungsgemäß größeren intra- und interindividuellen Unterschieden unterworfen. Diese können neben den Einflüssen technischer und organisatorischer Faktoren u.a. bedingt sein durch Unterschiede im Geschlecht, im Alter, in der Konstitution, in den intellektuellen Anlagen, in der Leistungsmotivation und in der Ausbildung einerseits sowie in der aktuellen Leistungsdisposition und im Übungsniveau andererseits. Da also menschliche Leistung als variable Größe zwischen Aufgabenstellung und Aufgabenerfüllung steht, muß versucht werden, diese Variable zu bestimmen. Ganz allgemein ist festzustellen, daß der Grad der Abweichung (D) zwischen Aufgabenstellung (A) und Aufgabenerfüllung (E) ein Maß für die Arbeitsqualität (Q) ist. Formal läßt sich dieser Zusammenhang wie folgt darstellen, wobei durch den Bezug auf die Aufgabe deren Schwierigkeit berücksichtigt ist:

$$D = \frac{A - E}{A} \tag{3.1}$$

Als Qualität (Q) kann in diesem Zusammenhang die Abweichung vom Ideal vollkommener Übereinstimmung zwischen Aufgabe und Ergebnis definiert werden:

$$Q = 1 - D = \frac{E}{A} \tag{3.2}$$

Der Akzeptanzbereich spielt in dieser Qualitätsdefinition eine wichtige Rolle: Durch ihn wird beispielsweise festgelegt, ob die Arbeitsqualität den Anforderungen entspricht oder nicht. Durch die Festlegung von solchen Akzeptanzbereichen werden u.a. Qualitätsklassen definiert. Beispielsweise die Benotung menschlicher Leistung kann nur auf der Basis einer solchen Einteilung in Qualitätsklassen erfolgen. Das eigentliche Problem liegt dabei auch nicht in dieser Definition, sondern in der Quantifizierung der Aufgabe: Nur in wenigen Fällen gelingt es, die Aufgabe zahlenmäßig vollständig zu beschreiben. In den meisten Fällen ist eine verbale, eher pauschale Beschreibung der Aufgabe zumindest in Teilaspekten nicht zu vermeiden und damit eine gewisse Willkür der Beurteilung impliziert.

3 Ergonomische Gestaltung des Arbeitsplatzes

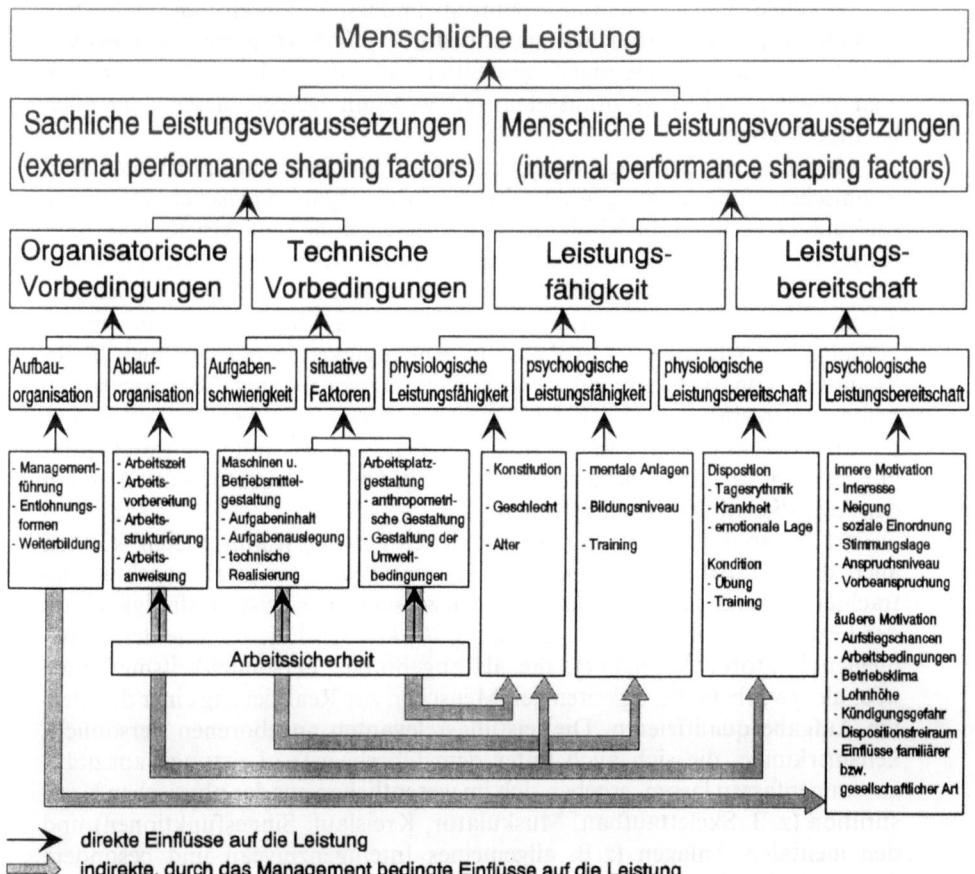

Abb. 3.1. Der Leistungsbegriff in der Ergonomie

Leistung (L) kann ohne jede Einschränkung als in der Zeit (t) erbrachte Qualität definiert werden:

$$L = \frac{Q}{t} = \frac{\text{Qualität}}{\text{Zeit}} \qquad (3.3)$$

Sieht man den Leistungsbegriff im allgemeinen Sinne, so ist weiter zu fragen, wovon die in (3.3) enthaltene Arbeitsqualität abhängt. Abbildung 3.1 gibt eine schematische Übersicht über die wesentlichen Einflußfaktoren (modifiziert nach [1]). Diese Einflußfaktoren werden *performance shaping factors* (PSF) genannt. Man unterscheidet externe und interne PSF's. Die ersteren stellen die äußeren, sachlichen Leistungsvoraussetzungen dar, während die letzteren die menschlichen Leistungsvoraussetzungen umfassen. Durch die sachlichen Leistungsvoraussetzungen, wie sie u.a. durch das Management vorgegeben werden, werden Bedingungen geschaffen, die die individuell vorhanden menschlichen Leistungsvoraussetzungen wirksam werden lassen oder auch behindern können.

Als *sachliche Leistungsvoraussetzungen* sind die organisatorischen und technischen Vorbedingungen zu sehen. Zu den organisatorischen Einflüssen sind u.a. zu rechnen die Modalität der Arbeitsteilung und Arbeitsstrukturierung, die Arbeitsvorbereitung, die Gestaltung der Arbeitszeit – hier insbesondere die auf die Leistung rückwirkenden Einflüsse von Nacht- und Schichtarbeit –, die Entlohnungsform und schließlich die Möglichkeiten des innerbetrieblichen Aufstieges – Aufstieg in Abhängigkeit von erbrachten Sachleistungen, von Protektion oder von Vorbildungszertifikaten. Technische Vorbedingungen sind u.a. in der Auslegung der Arbeits und Betriebsmittel (d.h. im Grad der Anpassung an den menschlichen Nutzer), in den Umweltbedingungen (Klima, Lärm, mechanische Schwingungen, Beleuchtung usw.) und in der Aufgabenschwierigkeit zu sehen.

Analog zu der Gliederung der sachlichen *Leistungsvoraussetzung* können auch die *menschlichen Leistungsvvoraussetzungen* unter zwei Aspekten betrachtet werden. Hier ist zu unterscheiden zwischen der Leistungsfähigkeit und der Leistungsbereitschaft. Als *Leistungsfähigkeit* wird die Summe der individuellen Faktoren bezeichnet, die als angeborene Persönlichkeitsmerkmale oder als erworbene Fertigkeiten den Menschen zur Realisierung einer definierten Aufgabe qualifizieren. Die leistungsrelevanten angeborenen Persönlichkeitsmerkmale, die sich auch unter dem Oberbegriff „Leistungskapazität" zusammenfassen lassen, ergeben sich im wesentlichen aus der physischen Konstitution (z.B. Skelettaufbau, Muskulatur, Kreislauf, Sinnesfunktionen) und den mentalen Anlagen (z.B. allgemeines Intelligenzniveau und besondere Schwerpunkte der intellektuellen Veranlagung). Erworbene Merkmale drücken sich u.a. in speziellen Fertigkeiten und im Bildungsniveau aus. Wieweit allerdings diese Anlagen und Fertigkeiten bei der Arbeit aktiviert werden oder aktiviert werden können, ist von den situativen Gegebenheiten am Arbeitsplatz abhängig. Als leistungsbeeinflussende situative Faktoren sind die zuvor bereits erwähnten Umweltbedingungen zu sehen, aber auch die Art und Weise der Arbeits- und Betriebsmittelgestaltung sowie die allgemeine Auslegung des Arbeitsplatzes.

Die aus individuellen und situativen Faktoren resultierende Leistungsfähigkeit des Menschen ergibt jedoch selbst unter Berücksichtigung des Lebensalters noch keine Größe, mit der in einer konkreten Arbeitssituation gerechnet werden kann. Die Leistungsfähigkeit kennzeichnet vielmehr eine Potenz, wobei die tatsächliche Ausschöpfung dieser Potenz von Einflüssen abhängig ist, die nach Abb. 3.1 unter dem Begriff der *Leistungsbereitschaft* subsumiert werden. Zunächst einmal spielt hier die physiologische Leistungsbereitschaft eine große Rolle, deren erste Bestimmungsgröße die Kondition ist. Die durch Übung oder Training erworbene Kondition baut auf der physiologischen Leistungsfähigkeit auf und beeinflußt die abrufbare effektive Leistung eines Menschen über längere Zeitspannen (Wochen, Monate, gegebenenfalls Jahre). Als zweite Bestimmungsgröße der physiologischen Leistungbereitschaft muß die aktuelle Disposition gelten, die zu kurzfristigen Variationen der Effektivleistung führen kann. Dispositionsschwankungen ergeben sich einerseits aus Veränderungen der vegetativen Lage des Individuums relativ zu der biologischen Tagesrhythmik und andererseits aus – gegebenenfalls unterschwelligen – Funktionsstörungen des Organismus im Sinne von Erkrankungen. Neben der physiologischen Leistungsbereitschaft ist vor allem aber die psychologische Leistungsbereitschaft von ausschlaggebender Bedeutung. Sie beschreibt die *Motivation* für Leistungserbringung. Man unterscheidet hierbei innere Motivationsfaktoren, die durch individuelle Persönlichkeitsmerkmale eher allgemeiner Art bestimmt werden und äußere Motivationsfaktoren, die in Verbindung mit sachlichen Voraussetzungen individuell unterschiedlich motivierend wirksam werden können.

3.2.2 Menschlicher Fehler und menschliche Zuverlässigkeit

Der „menschliche Fehler" entsteht durch eine Fehlleistung, d.h. durch von geforderten Akzeptanzgrenzen der Qualität abweichende Arbeitsergebnisse aufgrund eines Denkfehlers oder einer Fehlhandlung.

Fehlhandlungen bezeichnen Störungen in der Ausführungsregulation von Tätigkeiten, die ihre Ursache in einer falschen Informationsaufnahme, -verarbeitung oder -umsetzung haben können. Die sichtbaren Folgen von Fehlhandlungen zeigen sich als Fehlausführungen in der menschlichen Handlung. Beispiele für die Folgen von Arbeitsfehlern aus dem Produktionsbereich sind: Zeitverlust, Qualitätsminderung, Produktionsunterbrechung und Unfälle. Hacker [2] spricht von Fehlhandlungen bei denjenigen Personen, die eine Tätigkeit „eigentlich" beherrschen sollten. Danach ist der Zeitverlust, der von einem Auszubildenden wegen des Gebrauchs eines falschen Werkzeugs verursacht wird, keine Fehlhandlung im obigen Sinn, sondern könnte auf einen *Denkfehler*, also einen Irrtum zurückzuführen sein. Die Verwechslung der Stellteile durch einen erfahrenen Kranführer ist dagegen eine Fehlhandlung. Denkfehler charakterisieren also eine fehlerhafte Handlungs*absicht*. Im Einzelfall ist es oftmals schwierig, im nachhinein festzustellen, ob es sich um einen Denkfehler oder um eine Fehlhandlung handelte (siehe hierzu 3.3 „Klassifikation menschlicher Fehler").

Die menschliche Fehlerwahrscheinlichkeit (Human Error Probability, HEP) ist die Wahrscheinlichkeit, daß eine Tätigkeit innerhalb eines Beobachtungszeitraumes fehlerhaft ausgeführt wird. Sie kann als relative Häufigkeit definiert werden:

$$\text{HEP} = \frac{\text{Anzahl der fehlerhaft durchgeführten Aufgaben}}{\text{Anzahl der durchgeführten Aufgaben}} \qquad (3.4)$$

Die menschliche Zuverlässigkeit (Human Reliability Probability, HRP) wird als mathemmatisches Komplement zur Fehlerwahrscheinlichkeit aufgefaßt:

$$\text{HRP} = 1 - \text{HEP} \tag{3.5}$$

In Anlehnung an die allgemeine Definition der Zuverlässigkeit nach DIN 55350 Teil 11 wird definiert:

Die menschliche Zuverlässigkeit ist die Fähigkeit des Menschen, eine Aufgabe unter vorgegebenen Bedingungen für ein gegebenes Zeitintervall im Akzeptanzbereich durchzuführen.

Dabei ist mit „Zeitintervall" nicht der Zeitbedarf für die Durchführung sondern der Zeitabschnitt, innerhalb dessen vom Menschen die Durchführung einer bestimmten Aufgabe gefordert wird (z. B. „Arbeitszeit"), gemeint.

Auf einen wichtigen Unterschied zwischen technischen Systemen und dem Menschen als Systemelement ist hinzuweisen: *Technische Systeme haben Funktionen*, die zwar in den sie aufbauenden Elementen überwacht werden können, bei Funktionsausfall jedoch nicht mehr zur Verfügung stehen. Demgegenüber *übt der Mensch Funktionen aus*, indem er Aufgaben erfüllt. Im Gegensatz zur Maschine handelt er zielgerichtet. Das bedeutet, daß er bei Kenntnis des Produktionszieles das Ziel auch mit anderen Mitteln oder einer geänderten Aufgabenfolge erreichen kann. Zwar kann die Wahrscheinlichkeit des fehlerhaften Ausführens einzelner Handlungsschritte hoch, die Wahrscheinlichkeit, das Gesamtergebnis nicht zu erreichen, aber dennoch klein sein.

3.3 Klassifikation menschlicher Fehler

Die Einbindung des Menschen in ein technisches System, das sog. *Mensch-Maschine-System*, kann allgemein durch ein Strukturbild visualisiert werden, das die Elemente „Mensch" und „Maschine" als Rechtecke symbolisiert enthält und in dem durch Linien mit Pfeilenden der jeweiligen Informationsfluß dargestellt wird. Abbildung 3.2 zeigt die beiden möglichen Verschaltungsprinzipien von Mensch und Maschine. Eine *serielle Verschaltung* beschreibt die Variante, daß der Mensch die Information der Aufgabenstellung aufnimmt, in adäquater Weise umwandelt und über die Stellteile auf die Maschine überträgt. Diese verändert – oft unter Wandlung von separat zufließender Energie – die Eingangsinformation in das beabsichtigte Ergebnis (sogenanntes *aktives System*, z. B. Autofahren: die Aufgabe liegt in der Straßenführung und in der sich dort darstellenden Situation, das Ergebnis ist die aktuelle Position des Fahrzeugs auf der Straße). Im allgemeinen kann der Mensch dabei das Ergebnis beobachten und aus dem Vergleich mit der Aufgabe neue Eingriffe über die Stellteile ableiten. Es handelt sich also um einen *geregelten* Prozeß. Wenn die Zeit zwischen Stellteileingriff und Erhalt des Ergebnisses jedoch zu groß wird, muß er die Stellteilbetätigung allein aus der Aufgabe ableiten. Man spricht nun

3 Ergonomische Gestaltung des Arbeitsplatzes

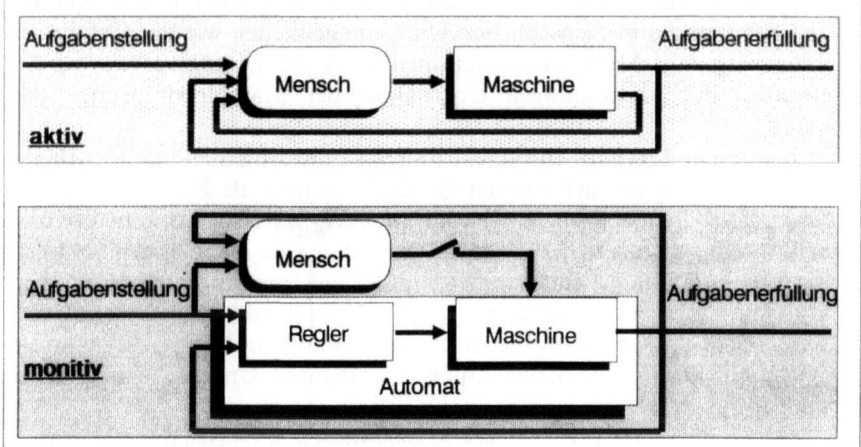

Abb. 3.2. Systemstruktur eines Mensch-Maschine-Systems
oben: Serielle Schaltung (aktives System)
unten: parallele Schaltung (passive System)

von einer *Steuerung*. Der Prozeß kann durch PSF's d. h. unter anderem auch durch Umwelteinflüsse gestört werden, wobei hier nun genauer festzulegen ist, daß sich diese Störung auf den Menschen und seine Fähigkeiten (z. B. Lärm), auf die Übertragung zwischen Mensch und Maschine (z. B. mechanische Schwingungen, ungünstige Beleuchtungsverhältnisse) und auf die Maschine selbst (z. B. Störung der Funktion durch elektromagnetische Felder) beziehen kann. Bei der parallelen Verschaltung von Mensch und Maschine kommt dem Menschen eine Beobachtertätigkeit zu (sogenanntes *monitives System*). Die Maschine, als Automat ausgelegt, wandelt selbständig die die Aufgabe beschreibende Information in das gewünschte Ergebnis. Falls der Mensch unzulässige Abweichung bzw. sonstige Unregelmäßigkeiten beobachtet, greift er in den Prozeß ein (durch den Schalter symbolisiert) und unterbricht den Vorgang bzw. übernimmt die Regelung von Hand. Auch dieser Prozeß kann durch die Umwelt gestört werden, wobei wieder die typischen Ansatzpunkte der Mensch, die Maschine und die Übertragungswege sind.

Menschliche Fehlhandlungen können innerhalb des Wirkungsgefüges prinzipiell an zwei Stellen beobachtet werden (siehe Abb. 3.2):

1. *Unmittelbar durch Beobachtung der menschlichen Handlung selbst*; dies ist an den Stellteilen möglich. Um hier im obigen Sinne allerdings Fehler zu entdecken, wäre die Kenntnis des „richtigen" Stelleingriffs notwendig. Wenn dieser jedoch in jeder Situation bekannt wäre, wäre eine mit technischen Mitteln realisierte, vollautomatische Maschinenführung möglich. In vielen Fällen scheidet diese Lösung aus. Gründe dafür können einerseits in der prinzipiellen Unvorhersehbarkeit der Aufgaben liegen (nur menschlicher Einfallsreichtum ist dann der Garant für eine Maschinenführung

innerhalb gesetzter Sicherheitstoleranzen; z. B. öffentlicher Straßenverkehr) und andererseits in menschlichen Unzulänglichkeiten wie der Gefahr des Entstehens von Monotoniesituationen und von Übungsverlust bei der eventuell doch notwendigen Übernahme der Maschinenführung „von Hand".
2. *Mittelbar am Ergebnis*. In diesem Fall wird die Abweichung des Arbeitsergebnisses von der geforderten Qualitätstoleranz als Fehler bezeichnet. Auch dieser Beobachtungsort bringt in der praktischen Fehlerbeurteilung Schwierigkeiten mit sich, die vor allem darin liegen, die richtigen Sollwerte für jede Situation festzulegen. Der Unfall stellt eine ganz eindeutige Überschreitung der Akzeptanzgrenzen dar. Unfallforschung ist somit eine wesentliche Ressource für die menschliche Fehlerforschung. Andererseits gewinnt heute auch die Beobachtung von „Beinahe-Unfällen" zunehmende Bedeutung.

Das grundsätzliche Problem bei der Betrachtung von fehlerhaftem Verhalten ist, daß nur der äußere Effekt beobachtet werden kann, nicht aber die zu der Handlung führenden Beweggründe. Dies zeigt sich auch in der Klassifikation von menschlichen Fehlern: Man kann hier grob unterscheiden zwischen einer eher auftretensorientierten Klassifizierung und einer ursachenorientierten Klassifizierung.

3.3.1 Auftretensorientierte Klassifikation

Bei der auftretensorientierten Klassifizierung wird versucht, menschliche Fehlleitungen unabhängig von speziellen Aufgaben und Handlungen sowie den möglichen Fehlursachen zu strukturieren. Es wird die Frage nach dem „Was", „Wie", „Wann" oder „Wo", aber nicht die Frage nach dem „Warum" des Auftretens von Fehlern gestellt. Dieses Klassifikationsschema führt zu Häufigkeitsangaben (bzw. erwarteten Wahrscheinlichkeiten), welche benutzt werden können, um die Gesamtzuverlässigkeit des betrachteten Systems unter Einbeziehung des Menschen zu kalkulieren. Als Beispiel für eine derartige Kategorisierung sei das System von Swain und Guttman [3] angeführt, das zum Teil auf Arbeiten von Meister [4] basiert. Danach lassen sich die beobachteten Fehler folgendermaßen unterscheiden:
1. Ausführungsfehler:
   - Auswahlfehler: Wahl eines falschen Bedienelements, Wahl einer falschen Anzeige, Fehlpositionierung, falsche Informationsausgabe (mündlich, schriftlich, durch das System),
   - Zeitfehler (zu früh, zu spät),
   - Qualitätsfehler (zu wenig, zu viel),
2. Auslassungsfehler:
   - Auslassung einer ganzen Aufgabe,
   - Auslassung eines Handlungsschrittes,
3. Hinzufügungsfehler,
4. Sequenzfehler.

3 Ergonomische Gestaltung des Arbeitsplatzes

Tabelle 3.1. Fehlerwahrscheinlichkeiten (HEP) für die Tätigkeit in Kernkraftwerken [3]

Aufgabe	Beschreibung	HEP
1	eine Analoganzeige falsch ablesen	0,003
2	einen Graphen falsch ablesen	0,01
3	eine Störanzeige übersehen	0,003
4	ein Stellteil unter hohem Streß in die falsche Richtung bewegen	0,5
5	ein Ventil nicht schließen	0,005
6	eine Checkliste nicht benutzen	0,01
7	eine Checkliste nicht in der richtigen Reihenfolge abarbeiten	0,5

In dem von Swain und Guttman [3] entwickelten System „Technic for Human Error Rate Prediction" (THERP) ist es möglich, großen Einfluß nehmende menschliche Fehler zu identifizieren und aus Tabellen deren Wahrscheinlichkeit zu bestimmen (s. Tabelle 3.1). Für obige Fehlerarten lassen sich nämlich aus experimentellen und praktischen Beobachtungen Fehlerwahrscheinlichkeiten angeben und darüber hinaus sogar die Veränderung dieser Wahrscheinlichkeiten durch äußere Einflüsse, die PSF's abschätzen. Der Vorteil dieser Vorgehensweise liegt darin, den Einfluß der menschlichen Zuverlässigkeit auf die Gesamtzuverlässigkeit eines Systems abzuschätzen. Eine Möglichkeit, Fehler zu vermeiden oder vorzubeugen, bietet dieser Ansatz aber nur in geringem Maße. Dazu wäre es notwendig, die Ursache für menschliche Fehler zu untersuchen. Dies ist aber nur möglich, wenn man eine Modellvorstellung über menschliches Verhalten hat.

Der Nachteil aller auftretensorientierten Klassifizierungen ist ihre Beschränkung praktisch nur auf hochgeübte Tätigkeiten, wobei Fehler vor allem unzureichender Leistungen im Bereich der Informationsaufnahme und der Informationsumsetzung zugeordnet werden können. Kognitive Prozesse, wie sie bei Entscheidungen und Problemlösungen auftreten, werden durch diese Verfahren nicht hinreichend betrachtet.

3.3.2 Ursachenorientierte Klassifikation

Um zu einer ursachenorientierten Klassifikation menschlicher Fehler zu kommen, benutzt man ein systemergonomisches Modell des Menschen, das aus den Blöcken Informationsaufnahme, Informationsverarbeitung und Informationsumsetzung besteht. Die Eingangsseite des Menschen, die Informationsaufnahme, ist durch seine Sinnesorgane, wie Augen, Ohren usw. definiert. Die vom Menschen aufgenommene Information wird in verwandelter Form an der Ausgangsseite der Informationsumsetzung in eine der Außenwelt bemerkbare Information umgesetzt. Das zentrale Nervensystem, das die von außen kommenden Informationen miteinander verknüpft, logische Ableitungen durchführt und Entscheidungen trifft, wird Informationsverarbeitung genannt.

Fehlermöglichkeiten in der Informationsaufnahme und -umsetzung sind gegeben, wenn an der Eingangsseite ankommende Reize gegebene Reizschwellen bzw. Unterschiedsschwellen unterschreiten und an der Ausgangsseite unphysiologische Bewegungspräzision gefordert wird. Alle anderen Fehlermöglichkeiten sind eng mit der Informationsverarbeitung verknüpft. Ihr soll deshalb im folgenden besondere Aufmerksamkeit gewidmet sein.

Zentraler Bestandteil der Informationsverarbeitung ist nach den Erkenntnissen der kognitiven Psychologie das Arbeits- bzw. Kurzzeitgedächtnis, das von außen ankommende Informationen untereinander und insbesondere mit Informationen im Langzeitgedächtnis verknüpft und daraus Konsequenzen für Handlungen ableitet. Sind solche Verknüpfungen aufgrund der Bekanntheit einer Situation nicht aktiv notwendig, so läuft eine Handlung unbewußt, quasi automatisch nach sog. „inneren Modellen" ab. Im anderen Fall spielt die beschränkte Kapazität des Arbeitsgedächtnisses eine wichtige Rolle, das nur eine Entscheidungsbreite von ca. 7 ± 2 inneren Modellen (sog. „chunks") besitzt.

Verschiedene Kategorisierungssysteme wurden entwickelt, die die Ursache für menschliche Fehler systematisieren. In Abb. 3.3 findet sich eine Zusammenstellung der bekannten Schemata, die von Hacker [2], Norman [5] und Rasmussen [6] entwickelt worden sind. Als Basis kann in jedem Fall obiges Informationsverarbeitungsmodell des Menschen angesehen werden.

Die Kategorisierung von Hacker [2] geht davon aus, daß gegebenenfalls die für die Handlung notwendige *Information* überhaupt *nicht zur Verfügung* steht bzw. daß die vorhandene Information falsch genutzt wird. Solche Effekte können beispielsweise dadurch zustande kommen, daß der Blick auf Instrumente verstellt ist, aber natürlich auch dadurch, daß das technische System die für die Bewältigung der aktuellen Aufgabe notwendige Information nicht bereitstellt. Im Falle software-technischer Informationsdarstellung, bei der oftmals allein aus Gründen der Auflösung des zur Verfügung stehenden Bildschirms Information in unterschiedlichen Ebenen angeboten wird und aktiv vom Operator angefordert werden muß, kann unter bestimmten Umständen diese Anforderung unberücksichtigt bleiben. Verstärkend für diese Fehlermöglichkeit kommt hinzu, daß das menschliche Auge nur in einem Sehwinkel von ca. 2° bis 3° scharf sieht, daß Information also nur aufgenommen werden kann, wenn der Blick in Richtung der wichtigen Information gerichtet ist. Wenn der Blick abgewendet ist, geht die menschliche Informationsverarbeitung davon aus, daß in der Zwischenzeit die Abläufe gemäß inneren Modellen „so weiter gehen", wie es aufgrund des ursprünglichen, kurzen ersten Eindrucks vermutet wird. Gerade dadurch können aber plötzlich auftretende, vom normalen Ablauf abweichende Vorgänge unberücksichtigt bleiben.

Der Bereich der *falschen Nutzung der Information* wird von Norman [7], [5] unterteilt in *mistakes* und *slips*. Mit mistakes sind Fehler bei der Bildung einer Handlungsabsicht und mit slips Fehler bei der Durchführung der Handlungsabsicht gemeint. Erstere können also der Informationsverarbeitung und letztere der Informationsumsetzung zugeordnet werden. Das Drei-Ebenen-Modell von Rasmussen [6] befaßt sich genauer mit der *Informationsverarbeitung* und umfaßt letztlich verschiedene Stufen von Übungsniveaus des Operators. Auf der niedrig-

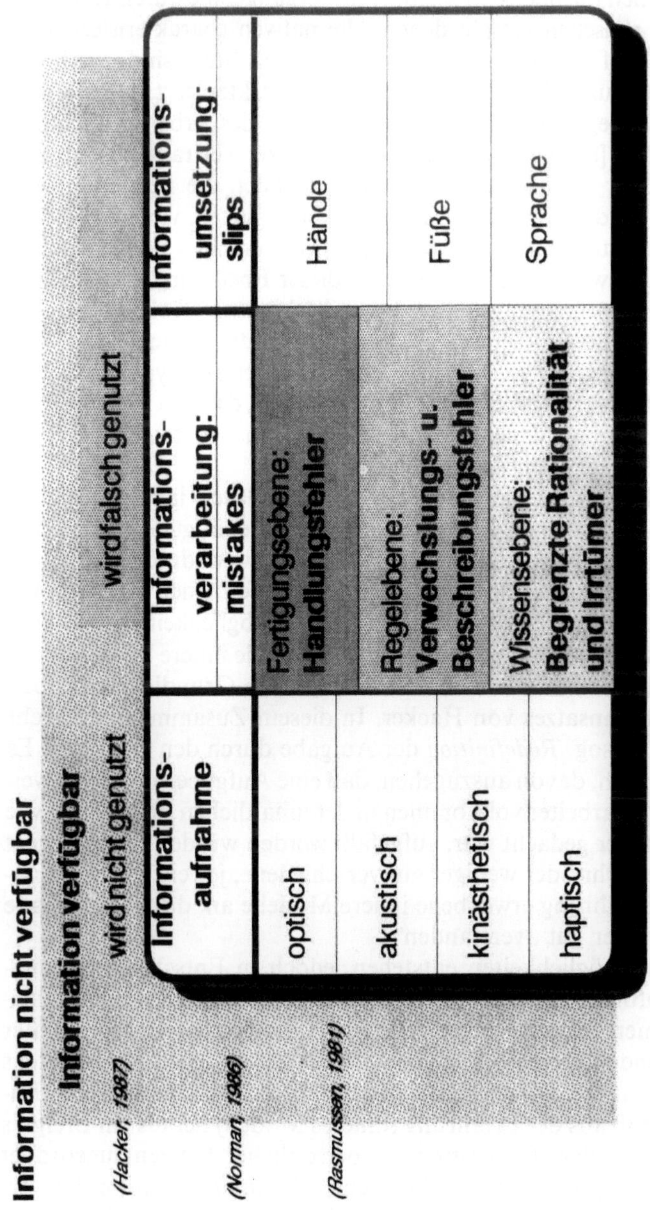

3 Ergonomische Gestaltung des Arbeitsplatzes

Information nicht verfügbar	Information verfügbar		
	wird nicht genutzt	wird falsch genutzt	
(Hacker, 1987)			
(Norman, 1986)	Informations- aufnahme	Informations- verarbeitung: mistakes	Informations- umsetzung: slips
(Rasmussen, 1981)		Fertigungsebene: **Handlungsfehler**	**Hände**
	optisch		
	akustisch	Regelebene: **Verwechslungs- u. Beschreibungsfehler**	**Füße**
	kinästhetisch	Wissensebene: **Begrenzte Rationalität und Irrtümer**	**Sprache**
	haptisch		

Abb. 3.3. Zusammenstellung ursachenorientierter Klassifikationen menschlicher Fehler

sten Übungsstufe stehen die höchsten kognitiven Vorgänge, die durch Entscheidung und Abwägen zwischen verschiedenen Alternativen charakterisiert sind. Fehlermöglichkeiten auf dieser *Wissensebene* genannten Stufe sind durch die begrenzte Rationalität und durch echte Irrtümer charakterisiert. Gerade auf dieser Ebene spielt die begrenzte Verarbeitungskapazität des Arbeitsgedächtnisses von 7 ± 2 „chunks" [8] eine große Rolle. Bei größerer Vertrautheit mit dem Problem werden immer umfassendere „chunks" gebildet, die nun, komplexe Regeln darstellend, in der sog. *Regelebene* in Abhängigkeit von der jeweils auslösenden Reizkonfiguration als anwendungswürdig erachtet und für die jeweilige Handlung ausgewählt werden. Fehler in dieser Ebene sind folglich eher Verwechslungs- und Beschreibungsfehler. Im Falle höchster Geübtheit findet überhaupt keine bewußte Problemzuwendung mehr statt. Vielmehr läuft die Handlung auf dieser *Fertigungsebene* quasi automatisiert ab. Typische Fehler sind hier sog. Stereotypisierungsfehler, die darin bestehen, daß „so weiter gehandelt wird wie bisher", obwohl sich die äußere Situation bereits geändert hat. Solche Fehler werden Handlungsfehler genannt.

Menschliche Fehler können somit allein schon dadurch iniziiert werden, daß die zur Verfügung stehende Zeit in Relation zur benötigten Zeit in dem jeweiligen Verarbeitungsniveau nicht ausreicht. Dies wird durch sog. *Zeitbudget* berücksichtigt, das nach Beobachtungen von Seifert einen Wert von 0,5 bis 0,6 nicht übersteigen sollte [9]. Eine andere Fehlermöglichkeit besteht aber auch darin, daß die äußere Reizkonfiguration unpassende innere Modelle oder überhaupt keine adäquate Modelle anregt. Dies ist die Grundlage des oben erwähnten Erklärungsansatzes von Hacker. In diesem Zusammenhang steht auch das Problem der sog. *Redefinition* der Aufgabe durch den Operator. Es ist nämlich unrealistisch, davon auszugehen, daß eine Aufgabe von dem jeweiligen individuellen Mitarbeiter vollkommen in der inhaltlichen Bedeutung, wie sie vom Aufgabensteller gedacht war, aufgefaßt werden würde. Vielmehr regt auch diese Aufgabe mehr oder weniger gut verschiedene, jeweils durch individuell andersartige Erfahrung erworbene innere Modelle an, d.h. die Aufgabe wird mehr oder weniger gut „verstanden".

Besondere Fehlermöglichkeiten entstehen jedoch in Entscheidungssituationen, also der Informationsverarbeitung auf der Wissensebene. Entscheidungen finden immer zwischen verschiedenen Handlungsalternativen unter bestimmten Umständen, deren Wahrscheinlichkeit des möglichen Auftretens abgeschätzt wird, statt. Für jede Handlung unter jeder der möglichen Umstände kann oder muß aus der Erfahrung (inneres Modell) heraus ein Ereignis prognostiziert werden, dem ein bestimmter persönlicher Nutzen zugeordnet wird. Die Entscheidung fällt für die Handlung, die unter Variation der verschiedenen möglichen Umstände den größten Nutzen verspricht. Aus dieser Vorstellung lassen sich verschiedene Einflußmöglichkeiten für die menschliche Zuverlässigkeit ableiten:

– In einer Entscheidungssituation ist die Zahl der Ereignisse, die in den Entscheidungsvorgang aufgenommen werden kann, durch die maximal bearbeitete Zahl der sog. psychologischen Einheiten („chunks") im Arbeitsge-

dächtnis auf 7 ± 2 beschränkt. Im Effekt kann dies bewirken, daß eine eigentlich bekannte Handlung oder Bedingung in der aktuellen Situation nicht berücksichtigt worden ist. Aus diesem Grunde ist eine *Vereinfachung der Entscheidungssituation* durch die technische Auslegung zu empfehlen. Normalerweise sollte die Anzahl der Möglichkeiten, zwischen denen eine Entscheidung getroffen werden soll, die Zahl von 5 bis 7 nicht übersteigen.
- Die Zahl der für den individuellen Operator verfügbaren Handlungen ist bestimmt durch dessen Vorstellungskraft, seine Erfahrenheit und durch seine Kenntnisse. Dieser Faktor kann durch entsprechende *Personalauswahl und -ausbildung* beeinflußt werden.
- Adäquate Schätzung der Umstände und deren Wahrscheinlichkeiten sowie eine praxisgerechte Vorhersage der entsprechenden Ereignisse wird wesentlich durch die *Erfahrung* des Operators und damit durch seine *Dienstzeit* bestimmt. Ein gewisser Endzustand der Zunahme individueller Erfahrung wird nach einer Zeit der Beschäftigung mit dem jeweiligen Thema zwischen sieben und zehn Jahren erreicht [10].
- Die Zuweisung eines Nutzens für das vorhergesehene Ereignis ist einerseits eine Frage der *Berufsethik und Moral* und auf der anderen Seite aber auch eine des *Risikos*, das der einzelne einzugehen bereit ist. Durch Erziehungsmaßnahmen kann ein risikoloseres Verhalten erreicht werden, durch entsprechende technische Anzeigen ist zudem eine Objektivierung der Risikoeinschätzung zu erzielen (z. B. Bereichsanzeigen mit einem Warnbereich).

3.4 Ergonomische Maßnahmen als Mittel zur Erhöhung der menschlichen Zuverlässigkeit

Die verschiedenen Ansätze zur Kategorisierung menschlicher Arbeitsfehler und zur Klassifizierung ihrer Ursachen können so miteinander verbunden betrachtet werden, daß sich daraus Hinweise für die Vermeidung von Fehlern oder die Begrenzung ihrer Auswirkungen auf das Arbeitssystem ableiten lassen. In Abb. 3.4 sind die verschiedenen Klassifizierungsansätze miteinander verknüpft. Die Hauptursache menschlicher Arbeitsfehler kann danach entweder in der Arbeit oder im Menschen liegen. Diese Unterscheidung ist wichtig, weil für die Fehlerprävention zu klären ist, ob Verbesserungsmaßnahmen bei der Arbeit bzw. dem Arbeitssystem (technisch-organisatorische Maßnahmen) oder beim arbeitenden Menschen (personelle Maßnahmen) ansetzen müssen. Für die weitere Behandlung muß aber einen Schritt weitergegangen werden: Basierend auf der Erfahrung eines Analytikers muß der Versuch unternommen werden, die beobachteten Fehler zu erklären. Dann ist es sinnvoll, zwischen zufälligen und systematischen Arbeitsfehlern zu unterscheiden:

- *Zufällige Arbeitsfehler* sind solche, für die (z. Zt.) noch keine Erklärungsmodelle vorhanden sind.

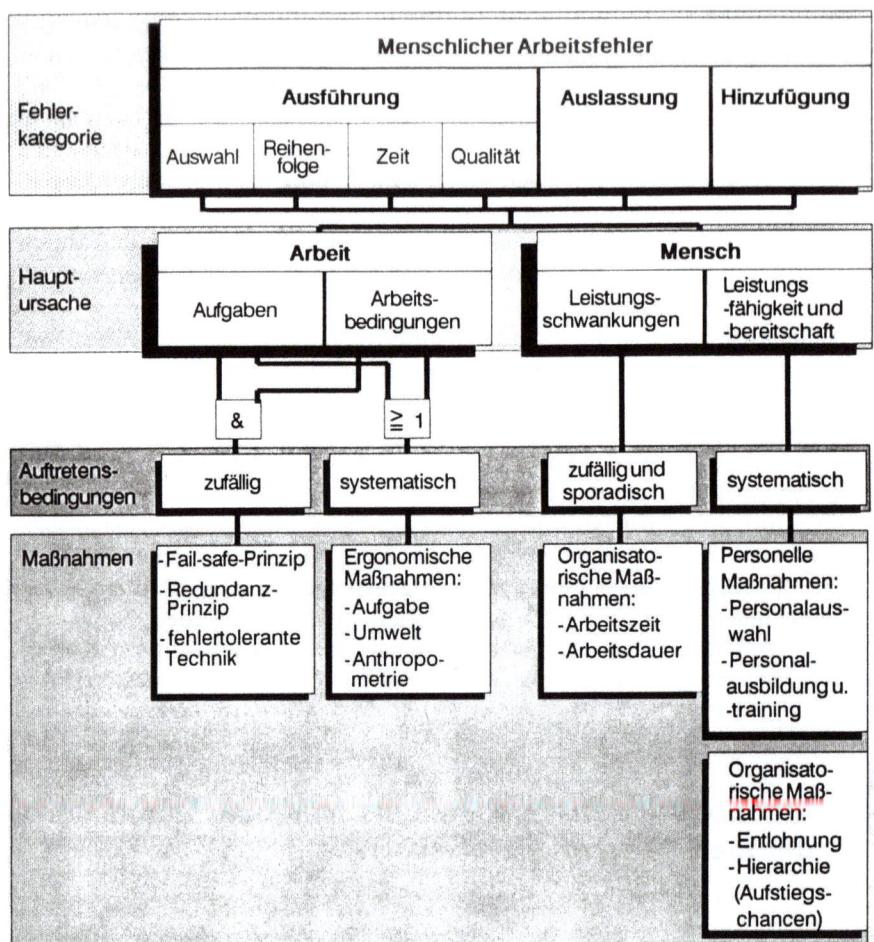

Abb. 3.4. Erklärungsmöglichkeiten menschlicher Fehler

– *Systematische Arbeitsfehler* sind solche, für die Erklärungsmodelle vorhanden sind.

Auch diese Unterscheidung hat für die Fehlerprävention Bedeutung. Systematische Arbeitsfehler sind durch Verbesserung am Arbeitssystem (durch Änderung der Aufgabe oder der Arbeitsbedingungen) oder durch Maßnahmen zur Wiederherstellung von Leistungsfähigkeit und -bereitschaft des Menschen vielfach vermeidbar. Bei zufälligen Fehlern, die unvermeidbar erscheinen, sind allein Maßnahmen zur Begrenzung ihrer Auswirkungen möglich.

Hinsichtlich der systematischen Arbeitsfehler stellt neben den üblichen Maßnahmen wie Personalauswahl und -ausbildung die ergonomische Gestaltung ein bislang noch weitgehend ungenütztes Entwicklungspotential dar. Sie bezieht sich auf die

3 Ergonomische Gestaltung des Arbeitsplatzes

- anthropometrische Arbeitsgestaltung und die
- Optimierung des Informationsflusses im Mensch-Maschine-System,

und hinsichtlich der Umgebungsfaktoren auf die Reduzierung der Belastung durch

- physikalische Umwelteinflüsse und
- soziale Umwelteinflüsse.

Im folgenden soll besonders auf die Problematik der *Optimierung des Informationsflusses* eingegangen werden, was nicht bedeutet, daß die Optimierung auf den nicht näher erwähnten Gebieten der anthropometrischen Gestaltung und der Umgebungsgestaltung ohne wesentliche Auswirkung auf die menschliche Zuverlässigkeit wäre.

3.4.1 Systemergonomische Maßnahmen

Die Optimierung des Informationsflusses ist der Aspekt der sog. Systemergonomie. Drei fundamentale Systemergonomische Gestaltungsmaximen können aufgestellt werden:

- Der erste Bereich ist die *Funktion*. Damit ist die Behandlung der Frage gemeint: „Was will der Operator bezwecken und inwieweit kommt ihm das technische Arbeitsmittel dabei entgegen?"
- Ein weiterer wesentlicher Gestaltungsbereich ist die *Rückmeldung*. In diesem Zusammenhang ist die Frage zu beantworten: „Kann der Operator erkennen, ob er etwas bewirkt hat und welchen Erfolg er hatte?"
- Der dritte Komplex ist die *Kompatibilität*; sie beantwortet die Frage: „Wie groß ist der Umkodieraufwand zwischen verschiedenen technischen Informationskanälen?"

3.4.1.1 Funktion

Die Funktion läßt sich in den eigentlichen Aufgabeninhalt und in die Auslegung, die durch den Systementwickler vorgenommen wurde, zerlegen. Der *Aufgabeninhalt* charakterisiert dabei die Schwierigkeit einer Aufgabe selbst, die prinzipiell durch die Auslegung nicht beeinflußbar ist. In diesem Fall können ergonomische Maßnahmen nur den Schwierigkeitsgrad soweit reduzieren, wie es durch die Aufgabe möglich ist. Die Aufgabe des Systemdesigners ist es also hierbei, dafür Sorge zu tragen, daß keine zusätzlichen durch die gewählte Technik bedingten Schwierigkeiten hinzukommen. Der Aufgabeninhalt ist wesentlich durch die zeitliche und räumliche Ordnung der die Funktion definierenden Einzelinformationen bestimmt. Er läßt sich beschreiben durch die

- *Bedienung*: Sie bezieht sich auf die zeitliche Ordnung der Teilaufghaben. Man unterscheidet sequentielle und simultane Bedienung. Bei sequentiellen

Tabelle 3.2. Menschliche Grenzen und ergonomische Lösungsvorschläge für die Bedienung

	Menschliche Grenzen	Ergonomischer Lösungsvorschlag
sequentiell	Merkfähigkeit	Checklisten mit technischer Bestätigung der Einzelschritte
		Gliederung der Teilaufgaben (≤ 5 Schritte)
	Abrufbereitschaft des Langzeitgedächtnisses	einfache Folge der Teilaufgaben
		Teilautomatisierung
		Expertensysteme
simultan	7 ± 2 „psychologische Einheiten"	Synthetische Anzeigen und Stellteile
		Möglichkeit, zwischen Teilaufgaben zu springen

Tabelle 3.3. Menschliche Grenzen und ergonomische Lösungsvorschläge für die Dimensionalität

	Menschliche Grenzen	Ergonomischer Lösungsvorschlag
1–6-dimensional	1–3-dimensional: leicht	nicht mehr Stellteile als durch die Dimensionalität verlangt
	4–6-dimensional: schwierig	technische Reduktion der Dimensionalität durch Zwangsführung
	Verkopplung	Entkopplung durch Konstruktion oder Regelung

Aufgaben ist die Reihenfolge sachlich bestimmt und im Sinne der Vollendung der Aufgabe nicht veränderbar. Simultane Bedienung liegt nicht nur vor, wenn mehrere Aufgaben zugleich zu erfüllen sind, sondern auch dann, wenn mehrere Aufgaben zugleich zur Bearbeitung anstehen, die Reihenfolge vom Operator aber selbst gewählt werden kann. Tabelle 3.2 gibt eine Gegenüberstellung von menschlichen Grenzen und ergonomischen Lösungsvorschlägen.

– *Dimensionalität:* Sie stellt die Zahl der Freiheitsgrade dar, auf die der bedienende Mensch im Sinne der Aufgabe Einfluß nehmen muß. Sie bezieht sich also auf die räumliche Ordnung der Aufgabe. Man unterscheidet folglich 1-dimensionale, 2-dimensionale bis (normalerweise) 6-dimensionale Aufgaben. Tabelle 3.3 stellt für diesen Fall menschliche Grenzen und ergonomische Lösungsvorschläge einander gegenüber. Die häufigsten Probleme auf diesem Gebiet ergeben sich dadurch, daß durch die gegebene technische Realisierung mehr Stellteile betätigt werden müssen als es der Dimensionalität entspricht (z. B. sind 5 Stellteile bei einem handgeschalteten Kfz zu betätigen, um diese zweidimensionale Aufgabe zu bewältigen). Ein weiteres

3 Ergonomische Gestaltung des Arbeitsplatzes

Tabelle 3.4. Menschliche Grenzen und ergonomische Lösungsvorschläge für die Führungsart

	Menschliche Grenzen	Ergonomischer Lösungsvorschlag
statisch	Zeitbudget	Teilautomatisierung
	Linearitätsgrenzen der Maschine	kontaktanaloge Anzeige der Linearitätsgrenzen
dynamisch	obere Grenzfrequenz des Menschen	Automatisierung
	untere Grenzfrequenz des Menschen	automatisches Ausregeln von Sollgrößen
		Voranzeige
	Erfüllbarkeit der Aufgabe	Maschine muß „schneller" sein als von der Aufgabe verlangt
	Dynamik der Maschine	Reduktion der dynamischen Komplexität durch „aktives Stellteil"

Problem liegt in der Verkopplung, die insofern eine ungünstige technische Realisierung bedeutet, als durch den Eingriff auf eine Dimension (= Größe) eine Veränderung auch in einer anderen Dimension erreicht wird. Insbesondere dann, wenn sich diese Beeinflussung für den Operator als unvorhersehbar erweist, stellt dies eine technisch bedingte Erschwernis der Maschinenbedienung dar.

- *Führungsart:* Sie bezieht sich auf den Grad der zeitlichen und örtlichen Einbindung des Menschen. Sie beschreibt also das sachlich gegebene örtliche und zeitliche Fenster, innerhalb dessen die Aufgabe zu erledigen ist. Bei sehr engem örtlich-zeitlichen Fenster spricht man von dynamischen Aufgaben (z.B. Nachregeln einer sich deutlich sichtbar veränderlichen Größe), bei weitem Fenster von statischen Aufgaben (z.B. Auftrag, der zu einem bestimmten Zeitpunkt erledigt sein muß). In Tabelle 3.4 sind die entsprechenden menschlichen Grenzen ergonomischen Lösungsvorschlägen entgegengesetzt. Gerade bei statischen Aufgaben spielt das Zeitbudget (s. Kap. 3.3.2) eine wichtige Rolle, während bei dynamischen Aufgaben die obere ($\leq 0{,}5-1$ Hz) aber auch die untere Grenzfrequenz des Menschen von Bedeutung ist, die sich dadurch ergibt, daß der Mensch sehr langsame Veränderungen nicht mehr als Bewegung erkennen kann. Die „Erfüllbarkeit der Aufgabe" ist dadurch gegeben, daß die zeitliche Änderung der Führungsgröße der Leistungsfähigkeit der Maschine angepaßt sein muß. Um eventuelle Fehler ausregeln zu können, muß die bediente Maschine optimal etwa doppelt so leistungsfähig sein wie es die Aufgabe erfordert. Die Dynamik der Maschine beeinflußt ebenfalls die Leistungsfähigkeit und damit die Fehlerwahrscheinlichkeit des menschlichen Operators. Sie sollte so einfach wie möglich sein, d.h. es sollte möglichst kein wahrnehmbarer Verzug zwischen Stellteilbetätigung und Effekt vorhanden sein.

Tabelle 3.5. Menschliche Grenzen und ergonomische Lösungsvorschläge für die Darstellungsart

	Menschliche Grenzen	Ergonomischer Lösungsvorschlag
Folgeaufgabe	Informationsaufnahme (Displayverstärkung)	einfache Maschinendynamik (Lagesteuerung) bevorzugen nicht für Fahrzeuge geeignet
Kompensationsaufgabe	kein Gefühl für die dynamischen Eigenschaften der Maschine	Maschinendynamik mit einfacher Zeitverzögerung (Geschwindigkeitssteuerung) bevorzugen
	Kompatibilitätsproblem in Fahrzeugen	Head-Up-Display

Tabelle 3.6. Menschliche Grenzen und ergonomische Lösungsvorschläge für die Aufgabenart

	Menschliche Grenzen	Ergonomischer Lösungsvorschlag
aktiv	Schnelligkeit Genauigkeit Zuverlässigkeit	Automatisierung bzw. Teilautomatisierung, wenn Führungsgröße physikalisch erfaßbar
monitiv	Monotonie Übungsverlust	Handbedienung evtl. mit technischem „Sicherheitskorridor"

Im Bereich der Auslegung kann der sich dem Operator bietende Schwierigkeitsgrad weitgehend durch den Systemdesigner bestimmt werden. Man unterscheidet hier zwischen der

– *Darstellungsart:* Sie bezieht sich auf die Art der Darstellung von Aufgabenstellung und Aufgabenerfüllung. Wenn Aufgabenstellung und Aufgabenerfüllung unabhängig voneinander dargestellt werden, spricht man von Folgeaufgabe, wenn sie gegeneinander verrechnet als Differenz dargestellt werden, von Kompensationsaufgabe. Wie Tabelle 3.5 dargelegt, spielt in diesem Zusammenhang besonders die Dynamik der verwendeten Maschine eine Rolle. Unter „Lagesteuerung" wird dabei verstanden, daß durch den Stellteilausschlag direkt die Position des von der Maschine erbrachten Ergebnisses bestimmt wird, während „Geschwindigkeitssteuerung" bedeutet, daß dadurch die Veränderung des Ergebnisses in Größe und Richtung beeinflußt wird. In bewegten Arbeitsplätzen (Fahrzeuge) treten spezifische Kompatibilitätsprobleme auf, wenn technische Information dargestellt wird, die mit Größen der realen Umgebung verglichen werden muß (z.B. im Flugzeug „künstlicher Horizont" und „realer Horizont"). Eine Lösung bringt das Head-Up-Display, das eine Überlagerung der technischen Anzeige mit der realen Sicht verwirklicht.

- *Aufgabenart:* Sie bezieht sich darauf, ob der Mensch aktiv in den Arbeitsprozeß eingebunden ist, oder ob er eine beobachtende, passive Funktion hat (s. o.). Tabelle 3.6 zeigt, daß nicht in allen Fällen eine Automatisierung wünschenswert ist. Von der menschlichen Seite ergeben sich hierbei besondere Probleme durch den dadurch verursachten Übungsverlust und die zu Monotonie führende Arbeitssituation. Eine Lösung kann dann in einer Kombination von Handbedienung und Automatik bestehen, die darin besteht, daß die Handbedienung nur in einem durch die Automatik vorgegebenen Sicherheitskorridor möglich ist (siehe „3.3.3 Fehlertolerantes System").

3.4.1.2 Rückmeldung

Die Rückmeldung ist ein weiterer Aspekt, der den Informationsfluß im Mensch-Maschine-System wesentlich beeinflußt. Für eine erste Bewertung ist hierbei hinsichtlich der Sinneskanäle, auf denen die Rückmeldung erfolgt, zu fragen: „Erfolgt die Rückmeldung simultan über *mehrere Sinneskanäle?*". Prinzipiell ist es als positiv zu bewerten, wenn die Rückmeldung über möglichst viele Sinneskanäle simultan erfolgt (z. B.: die Betätigung eines Stellteils sollte *gespürt* und *gehört* werden; zugleich sollte der eingeleitete Effekt *gesehen* werden). Ein zweiter Aspekt ist die *Zeit*, die zwischen einer Informationseingabe durch den Menschen, also meist der Betätigung eines Stellteils, und den sich dadurch einstellenden Effekt abläuft. Wenn die Zeit deutlich oberhalb der Verarbeitungszeit der menschlichen Informationsaufnahme liegt, also oberhalb von 100–200 Millisekunden, wird dieses als störend empfunden und führt gegebenenfalls sogar zur Desorientierung (z. B. zu lange Antwortzeiten eines Rechnerprogramms). Besonders kritisch sind Verzögerungszeiten >2 s anzusehen.

3.4.1.3 Kompatibilität

Im dritten großen Komplex ist zwischen der primären und der sekundären Kompatibilität zu unterscheiden. Unter der *primären Kompatibilität* versteht man die Sinnfälligkeit zwischen verschiedenen Informationskanälen. Dabei kann nochmals zwischen der *äußeren Kompatibilität*, die sich auf die Sinnfälligkeit der Kanäle bezieht, die die Schnittstelle zwischen Mensch und Maschine ausmachen und der *inneren Kompatibilität* separiert werden, die sich auf die Sinnfälligkeit zwischen Peripherie und inneren Modellen, z. B. inneren Vorstellungen, Stereotypien u. ä. bezieht.

Wie Abb. 3.5 zeigt, gibt es nur einen gewissen Bereich, der der *ergonomischen Gestaltung* zugänglich ist. So ist beispielsweise die Kompatibilität zwischen verschiedenen Informationen, die sich in der Wirklichkeit darstellen, trivial; sie entzieht sich folglich ergonomischer Gestaltung. Die Kompatibilität (d. h. hier die Übereinstimmung) zwischen der Wirklichkeit und inneren individuellen Vorstellungen davon, entzieht sich ebenfalls ergonomischer Gestaltung, denn sie wird durch Erfahrung, Training und Erziehung erreicht. Die Kompatibilität zwischen verschiedenen inneren Vorstellungen selbst würde

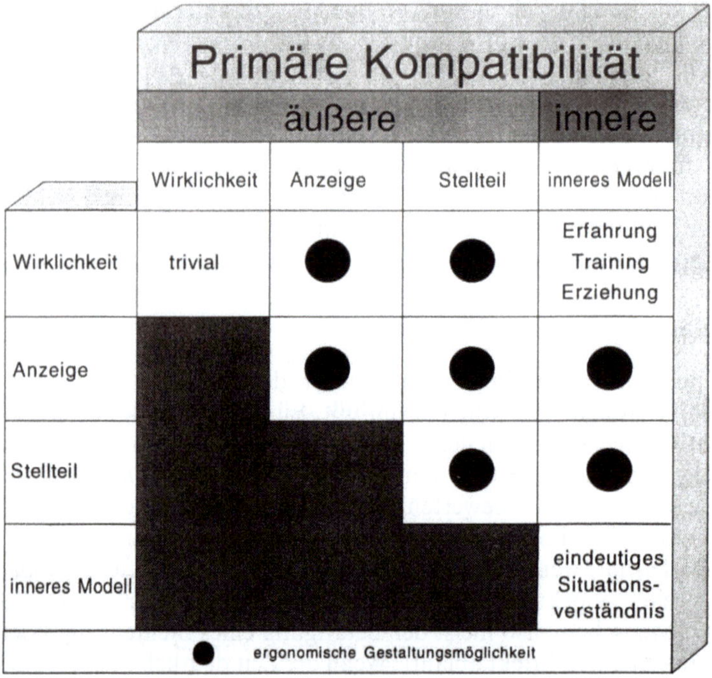

Abb. 3.5. Ergonomische Gestaltungsbereiche der Kompatibilität

einem „eindeutigen Situationsverständnis" entsprechen. Wir müssen uns darüber im klaren sein, daß gewisse individuell unterschiedliche innere Widersprüche zwischen verschiedenen Bereichen in dem Verständnis eines jeden einzelnen vorhanden sind. Die übrigen Bereiche lassen sich ergonomisch in dem Sinne gestalten, daß beispielsweise die Bewegung eines Bedienelements „nach vorne" auch einer Bewegung des gesteuerten Objektes „nach vorne" bewirkt, bzw. daß eine Drehung nach rechts ein „an", bzw. „mehr" bedeutet.

Die *sekundäre Kompatibilität* bezieht sich darauf, daß sich die Bewegungsrichtung und der Drehsinn nicht in einem Widerspruch zueinander befinden dürfen. Dies hat beispielsweise Konsequenzen für den nutzbaren Bereich eines Analoginstruments oder für die Anbringung von Beschriftungen (siehe Abb. 3.6). Spanner [11] konnte in einer experimentellen Untersuchung für diese Kompatibilitätsfehler, und noch weitere, bei der Bedienung von Maschinen auftretende Fehlerformen, die Wahrscheinlichkeit bestimmen (siehe Tabelle 3.7).

3.4.2 Anwendungsbeispiel für systemergonomische Maßnahmen

Im folgenden soll an einem Beispiel die unterschiedliche Vorgehensweise und die Verschiedenartigkeit des Erkenntnisgewinnes einer auftretensorientierten

3 Ergonomische Gestaltung des Arbeitsplatzes

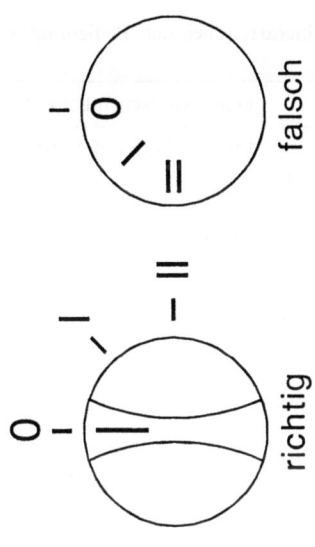

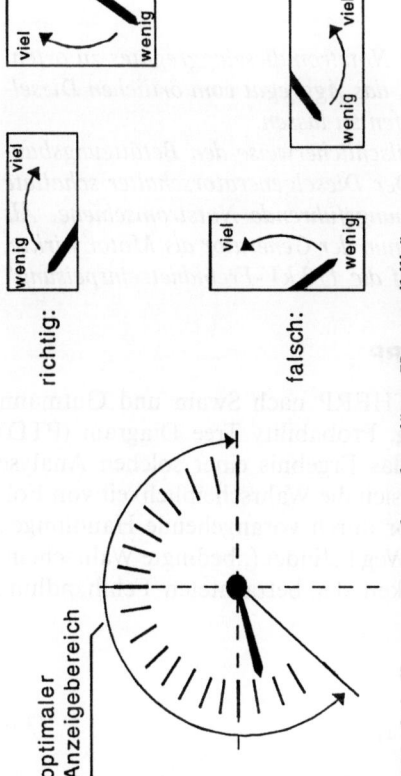

Abb. 3.6. Konsequenzen der sekundären Kompatibilität

Tabelle 3.7. Wahrscheinlichkeiten für verschiedene Fehlerarten bei der Bedienung von Maschinen [11]

	Beschreibung des Fehlers	Fehlerwahrscheinlichkeit p
Aufgabenfehler	Die inkorrekte Ausführung einer Aufgabe wird – auch unter günstigen Bedingungen – nicht bemerkt	$1{,}9 \cdot 10^{-3} < p < 4{,}7 \cdot 10^{-3}$
Verwechslungsfehler	Das falsche Stellteil wird betätigt	$0{,}8 \cdot 10^{-3} < p < 2{,}8 \cdot 10^{-3}$
Bewegungsfehler	Durch eine ungenaue Zielbewegung zum Stellteil wird eine Fehlbetätigung ausgelöst	$3{,}0 \cdot 10^{-2} < p < 3{,}9 \cdot 10^{-2}$
Kompatibilitätsfehler	Die Initialbewegung bei der Betätigung eines Stellteils geht in die falsche Richtung, obwohl eine kompatible Auslegung vorliegt	$1{,}0 \cdot 10^{-3} < p < 0{,}1$

Fehlerwahrscheinlichkeitsanalyse und der auf Gestaltung ausgerichteten systemergonomischen Methode dargestellt werden. Betrachtet wird folgender authentisch geschilderte Fall, der durch die schematische Darstellung des Dieselleitstandes der Abb. 3.7, wie er sich dem Operator präsentierte, illustriert wird:

„Um eine Leckage im Abgassystem des Notstromdieselaggregates zu orten, erhielt ein Schichtschlosser den Auftrag, das Aggregat vom örtlichen Dieselleitstand zu starten und im Leerlauf laufen zu lassen.
Der Schichtführer benutzte dabei fälschlicherweise den Betätigungsbaustein für den Dieselgeneratorschalter. Der Dieselgeneratorschalter schaltete den stehenden Generator auf die spannungsführende Notstromschiene. Als Folge kam es zum Dieselmotorstart, da nun der Generator als Motor wirkte, und daraufhin zu einer Umschaltung auf die 110 kV-Fremdnetzeinspeisung"

3.4.2.1 Analysemittel der Methode THERP

Bei der auftretensorientierten Analyse THERP nach Swain und Gutmann würde zur Analyse dieses Falles ein sog. Probability Tree Diagram (PTD) aufgestellt werden. Abbildung 3.8 gibt das Ergebnis einer solchen Analyse wieder. Dabei wurde berücksichtigt, daß sich die Wahrscheinlichkeit von Folgefehlern erhöht, wenn sich der Operator durch vorangehende Handlungen bereits gedanklich auf einen bestimmten Weg befindet („bedingte Wahrscheinlichkeiten"). Die Gesamtwahrscheinlichkeit der betrachteten Fehlhandlung errechnet sich nach folgender Formel:

$$p = p_1 \vee p_2 \vee (p_3 \wedge p_4 \wedge p_5)$$
$$p = 1 - (1-p_1)(1-p_2)(1-p_3 p_4 p_5) \tag{3.6}$$
$$p = 0{,}004$$

3 Ergonomische Gestaltung des Arbeitsplatzes

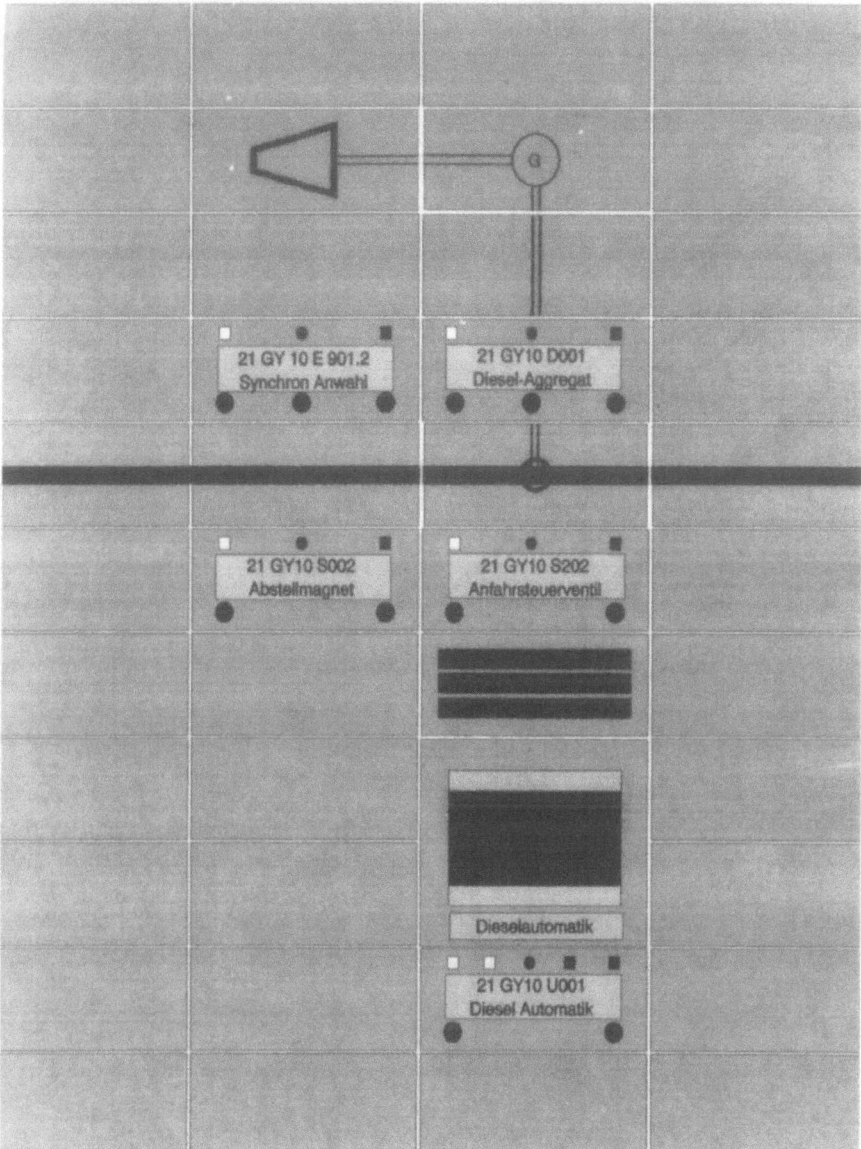

Abb. 3.7. Anordnung der Anzeigen und Stellteile für die Bedienung des Dieselaggregates in einem Kraftwerk

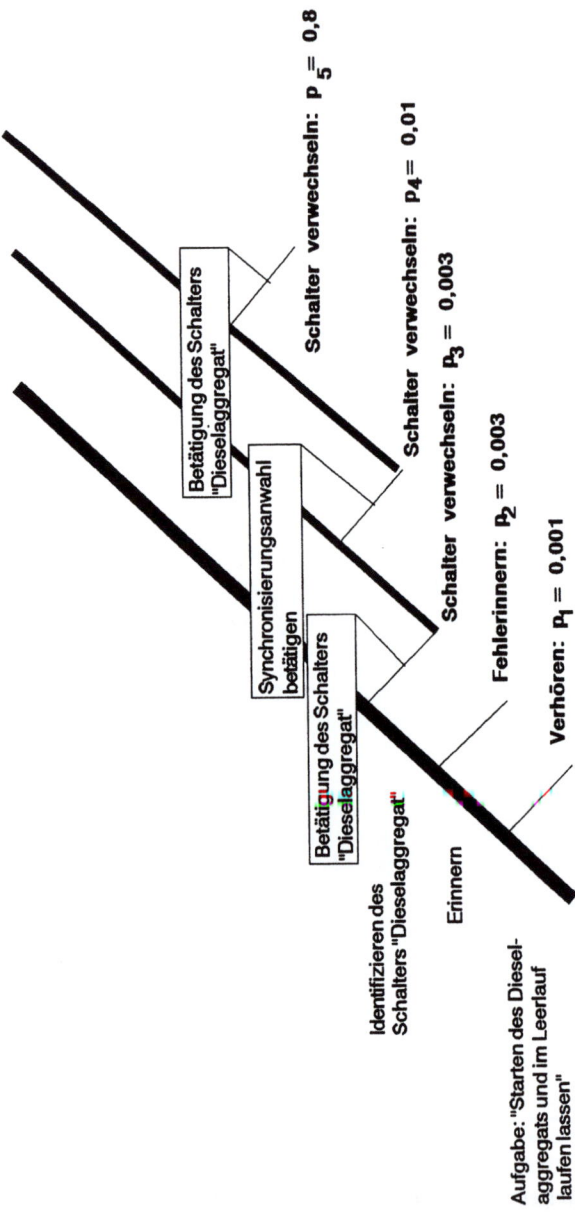

Abb. 3.8. Probability Tree Diagram für die Fehlbedienung des Dieselaggregates unter der Voraussetzung des Bedienkonzeptes der Abb. 3.7

3 Ergonomische Gestaltung des Arbeitsplatzes

Aus der Analyse läßt sich unmittelbar entnehmen, daß das „Schalter verwechseln" die höchste Fehlerwahrscheinlichkeit besitzt und daß somit hier ein Ansatz zur Verbesserung der Zuverlässigkeit besteht, indem durch Gestaltung der Instrumententafel diese Verwechslungswahrscheinlichkeit vermindert oder durch Training eine verbesserte Schulung des Personals erreicht wird.

Die Hauptkritik an der hier nur skizzenhaft vorgestellten Vorgehensweise besteht allerdings darin, daß der Systemdesigner erst einmal – und zwar im voraus – auf den Gedanken kommen muß, daß sich der hier geschilderte Ablauf ereignen könnte. Es ist sehr unwahrscheinlich, daß das notwendige Phantasiepotential vorhanden ist, um *alle* möglichen Ereignisabfolgen zu bedenken; d.h. unwahrscheinliche und damit seltene Ereignisketten werden mit dieser Methode gegebenenfalls unberücksichtigt bleiben. Für häufig beobachtete Fehlerereignisse stellt die Methode THERP aber eine gute Möglichkeit dar, den Haupteinfluß für den Fehler zu lokalisieren.

3.4.2.2 Systemergonomischer Ansatz

Mittels des systemergonomischen Ansatzes [12] werden im Gegensatz zu der oben geschilderten Methode überhaupt keine Ereignisketten betrachtet. Vielmehr wird unter dem Aspekt der vom Operator zu bewerkstelligenden Informationsverarbeitung eine Analyse der Aufgabe, der Rückmeldung und der Kompatibilität durchgeführt. Abbildung 3.9 gibt auf dieser Grundlage für das vorliegende Beispiel den ergonomischen Handlungsbedarf wieder: Bei den Aufgaben des Operators im Zusammenhang mit „Betätigungen am Dieselaggregat" handelt es sich immer um *sequentielle Aufgaben*, da sich jeweils die

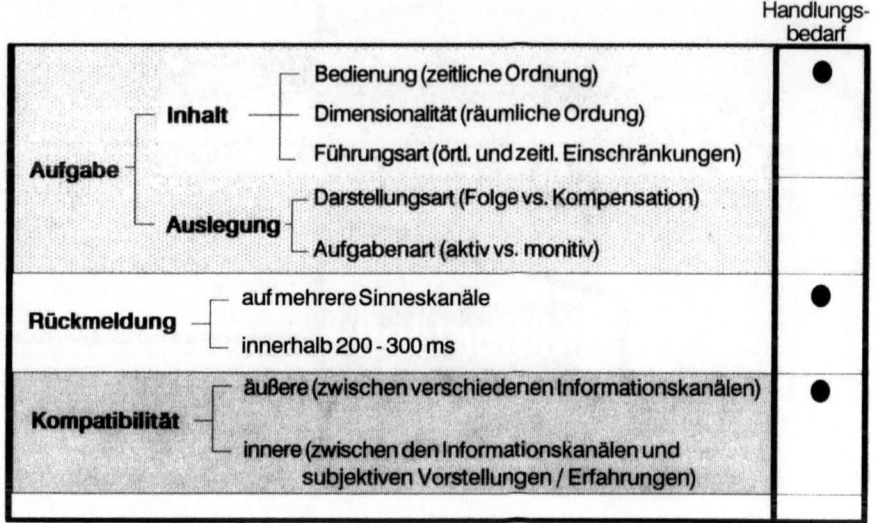

Abb. 3.9. Handlungsbedarf auf der Grundlage einer systemergonomischen Analyse für das Beispiel der Abb. 3.7

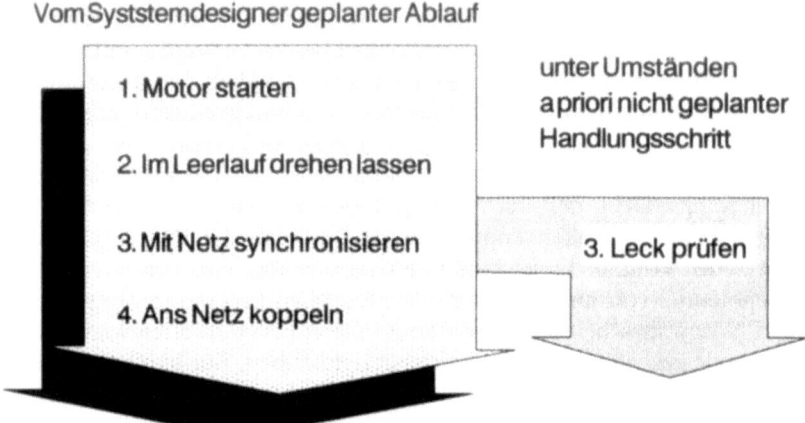

Abb. 3.10. Aufgabensequenzen als Ergebnis der systemergonomischen Analyse

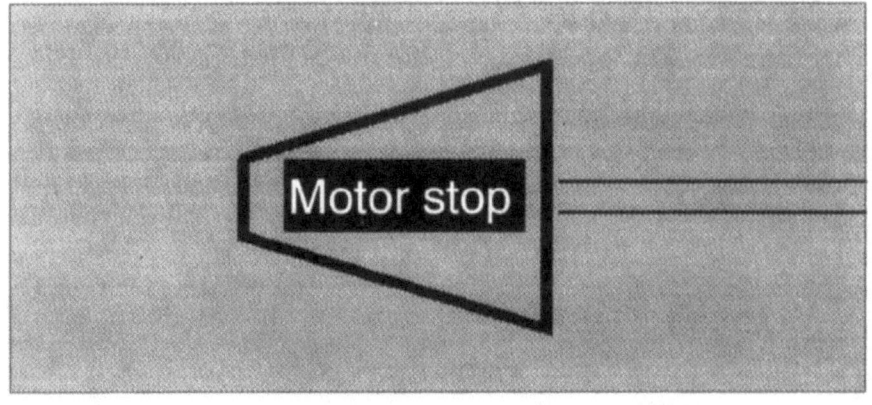

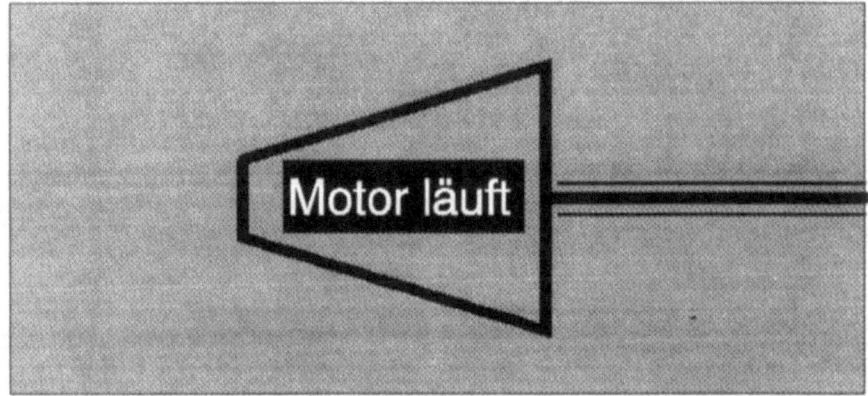

Abb. 3.11. Vorschlag für die Rückmeldung des Betriebszustandes des Dieselaggregates

nächste Tätigkeit als Folge des erfolgreichen Abschlusses der Vorläufertätigkeit ergibt; die *Rückmeldung* über den jeweiligen Erfolg der Handlung sollte unmittelbar und möglichst auf *mehrere Sinneskanäle* wirkend erfolgen; im Zusammenhang mit einer Bedientafel treten immer Probleme der sog. „*räumlichen Kompatibilität*" auf.

Abbildung 3.10 gibt für den Bereich *Bedienung* den vom Systemdesigner geplanten Handlungsablauf wieder. Es ist besonders darauf hinzuweisen, daß dabei die eigentlich hier zur Debatte stehende Aufgabe, die zu einer Fehlhandlung führte, gar nicht berücksichtigt werden muß. Auch wenn auf der Grundlage des „normalen" Handlungsablaufes die ergonomische Verbesserung erwirkt wird, hat dies positive Folgen für alle möglichen anderen Handlungsabläufe.

Abbildung 3.11 zeigt als Beispiel einen Vorschlag, wie bereits im Schaltungssymbol eine *Rückmeldung* über den Betriebszustand des Motors integriert werden kann. Eine zusätzliche Verbesserung könnte erreicht werden, wenn zusätzlich (sofern dies aus anderen Gründen möglich ist) eine akustische bzw. haptische (z.B. Vibration) Rückmeldung erfolgen könnte.

Abbildung 3.12 gibt die vollständige Anlagenanordnung wieder, wie sie sich durch Anwendung der hier vorgestellten systemergonomischen Methode ergeben würde. Durch die richtige Zuordnung von Schalterelementen zu dem Motorsymbol und dem Stromlaufplan wurde eine *räumliche Kompatibilität* der Schalter und Anzeige erreicht und damit einer Reduzierung der Verwechslungsmöglichkeiten erwirkt. Eine weitere Verbesserung konnte erreicht werden, indem sinnfälligere Beschriftungen vorgesehen wurden.

Zusammenfassend ist hinsichtlich eines Vergleiches der auftretensorientierten Methode (z.B. THERP) und einer ursachenorientierten Methode (z.B. systemergonomische Vorgehensweise) festzuhalten:

- *Auftretensorientierte Methoden* sind besonders im Zusammenhang mit *Routinetätigkeiten* sinnvoll anzuwenden. Sie ermöglichen eine zahlenmäßige Bewertung der menschlichen Fehlerwahrscheinlichkeit und damit der menschlichen Zuverlässigkeit.
- *Ursachenorientierte Vorgehensweisen* liefern auch für *seltene Ereignisse* Lösungen, ohne daß das jeweilige Ereignis direkt vorausgeahnt werden muß. Bislang ist es allerdings noch nicht gelungen, für diese Vorgehensweisen ein lückenloses System der Bewertung im Sinne einer Abschätzung der Fehlerwahrscheinlichkeit zu entwickeln.

3.4.3 Fehlertolerante Technik

Grundlage der menschlichen Informationsverarbeitung sind – wie dargelegt – die inneren Modelle. Diese werden durch Lernen erworben. Wesenszug des Lernens ist aber, daß das mehrmalige positive Erfahren des Nutzens einer aus einfachen inneren Modellen zusammengestellten Handlungskombination zur Bildung eines neuen übergeordneten, komplexen inneren Modells führt, was

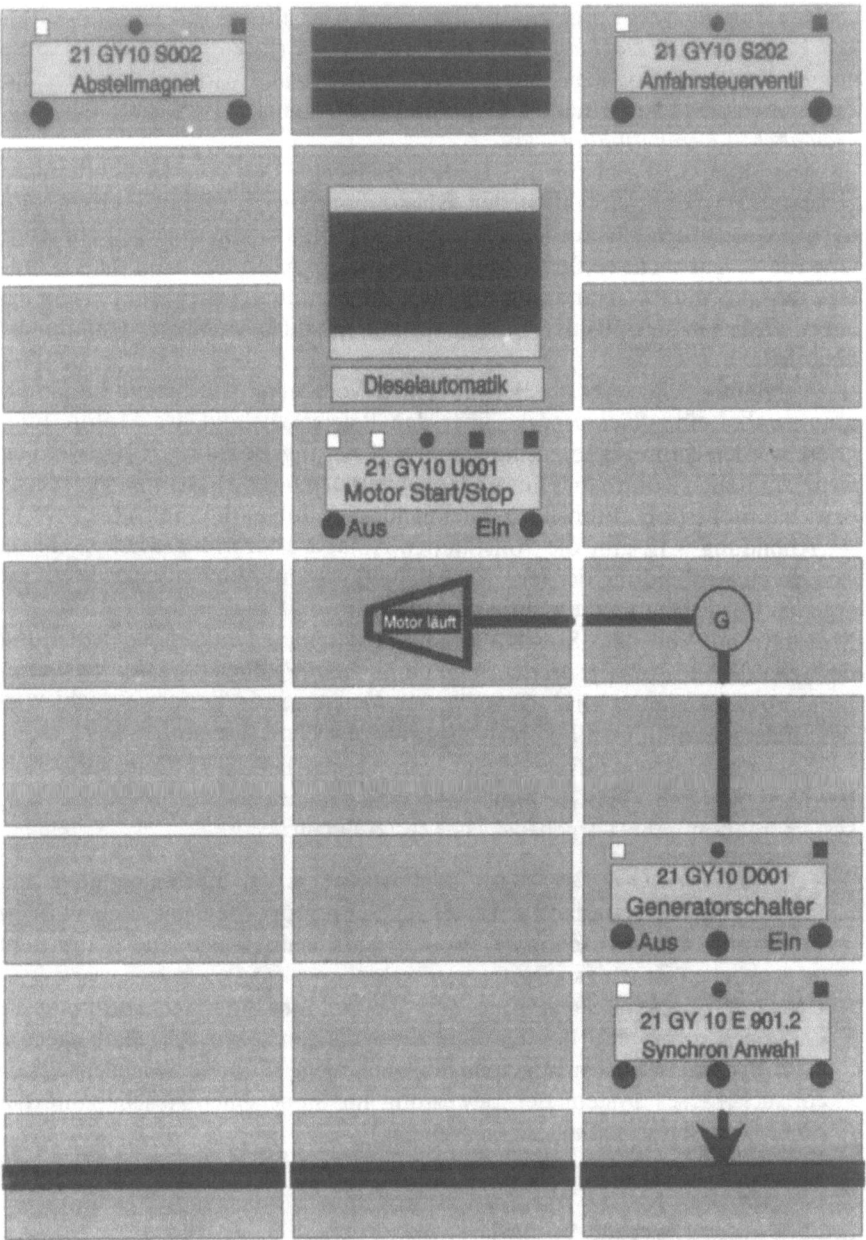

Abb. 3.12. Gegenüber der Anordnung aus Abb. 3.7 systemergonomisch optimierte Konsolenanordnung für die Bedienung des Dieselaggregates

wir Erfahrung nennen. Dieser Vorgang beinhaltet wesentlich auch, daß die Nichtnützlichkeit einer Handlungskombination erfahren werden muß. Lernen ist also ohne „Fehler" in dem oben dargelegten technisch definierten Sinn nicht möglich. Nachdem der Mensch aber lebenslang lernt, dies geradezu ein Wesenszug von ihm ist, sind Fehler prinzipiell unvermeidlich. Die Konsequenz für die technische Gestaltung ist die Entwicklung einer fehlertoleranten, den menschlichen Eigenschaften entgegenkommenden Technik. Die Realisierung einer solchen fehlertoleranten Technik stellt erhebliche Anforderungen an den Systemdesigner. Im Prinzip stehen die auch im Bereich der puren Technik bewährten Vorgehensweisen in entsprechend abgewandelter Form zur Verfügung:

– *Fail-Safe-Prinzip:* Man versteht eine konstruktive Auslegung, die gewährleistet, daß ein System bei Ausfall eines Elementes oder eines Subsystems sofort in den sicheren Zustand überführt wird. Außerdem muß gewährleistet sein, daß das System diesen sicheren Zustand erst dann wieder verlassen kann, wenn das ausgefallene Element/Subsystem wieder repariert ist. Im Zusammenhang mit dem Menschen wird dieses System häufig in der Form vorgeschlagen, daß durch irgend ein technisches System der Vigilanzzustand des Operators überwacht wird (z. B. Beobachtung des Lidschlages). Insgesamt muß diese Methode sehr kritisch betrachtet werden: zum einen gibt es gegenwärtig noch keine zuverlässige Meßmethode, mit der der Vigilanzzustand erfaßt werden könnte und zum anderen ergeben sich auch ethische Probleme, wenn auf diese Art und Weise die Maschine zum „Vorgesetzten" des Menschen wird.

– *Redundanz-Prinzip:* Man versteht darunter eine Systemstruktur, die die Erfüllung der gleichen Aufgabe durch mehrere parallele Zweige erlaubt, so daß bei Ausfall eines Zweiges die verbleibenden Zweige die Aufrechterhaltung der Systemfunktion gewährleisten. Die Anwendung des Redundanz-Prinzips ist immer dann geboten, wenn das System per se keinen sicheren Zustand besitzt oder wenn aus Gründen der Systemdynamik der Übergang vom gefährlichen Zustand zum sicheren Zustand zu lange dauern würde. Im Zusammenhang mit dem Menschen wird dieses System z. B. in der Form angewendet, daß bei sicherheitskritischen Einsätzen immer zwei Operatoren vorgesehen sind (z. B. Pilot und Copilot). Allerdings ist dabei nicht zu verhindern, daß durch die gleichartige Belastung der Operatoren und gegebenenfalls durch monotone Arbeitsbedingungen diese in der gleichen Zeitperiode eine Phase der verminderten Zuverlässigkeit durchlaufen.

Auch eine besondere Variante der Redundanz, das *n-v-n-Vergleichssystem* (sprich n von n) kann gegebenenfalls im Zusammenhang mit dem Menschen zum Einsatz kommen. In diesem Fall werden die Ergebnisse von n parallelen Teilsystemen miteinander verglichen. Werden Abweichungen festgestellt, die vorgegebene Toleranzen überschreiten, wird das System in einen sicheren Zustand geschaltet. (Beispiel: parallele Computersysteme in der Weltraumtechnik; hier: Einsatz von mehreren Teams, die unabhängig voneinander und ohne gegenseitige Verständigungsmöglichkeit die gleiche

Aufgabe bewältigen). Die hohe Sicherheit dieser Vernetzung wird durch die Unzuverlässigkeit des Gesamtsystems erkauft.
- *Fehlertolerantes System* (im engeren Sinne): Durch einen Automaten wird ein Toleranzbereich berechnet, innerhalb dessen die Aufgabe durchzuführen ist. Der Operator fährt die Maschine/Anlage von Hand; für den Fall des Überschreitens der Toleranzgruppen wird ihm dies in geeigneter Weise (unter Anwendung systemergonomischer Methoden; eine besonders nutzungsgerechte Methode wäre der Einsatz des aktiven Stellteils; siehe [13]) angezeigt. Im Gegensatz zum Fail-Safe-Prinzip behält hier der Mensch immer das System selbst in der Hand. Notfalls ist er in der Lage, auch im Widerspruch zu den technischen Empfehlungen Bedieneingriffe vorzunehmen.

Literatur

1. Schmidtke H (1993) Der Leistungsbegriff in der Ergonomie. Kap. 3.1. In: Schmidtke H (Hrsg) Ergonomie, Hanser, München Wien
2. Hacker W (1987) Fehlhandlungen und Arbeitsfehler. In: Hacker W (Hrsg) Arbeitspsychologie, Nr. 41. Verlag Hans Huber, Stuttgart
3. Swain AD, Guttman HE (1983) Handbook of Human Reliability Analysis with Emphasis on Nuclear Power Plant Applications. NUREG/CR-1278, Scandia Laboratories, Albuquerque, NM 97185
4. Meister D (1971) Comparative Analysis of Human Reliability Models. AD 734 432, Human Factors Department, Bunker Ramo Corporation, Kalifornien
5. Norman (1986): New views in information processing: implications for intelligent decision support systems. In: Hollnagel, E., Manchini, G. and Woods, D. D. (ed.): Intelligent decision support in process environments, Springer, Berlin
6. Rasmussen, J. (1981): Models of mental strategies in process plan diagnosis. In: Rasmussen, J., Rouse, B. (ed.): Human detection and diagnosis of system failures (p. 241–258), Plenum Press, New York
7. Norman (1981): Categorization of Action Slips. Psychological Review, 88, pp. 1–153. Swain, A. D. and Guttman, H. E. (1983): Handbook of Human Reliability Analysis with Emphasis on Nuclear Power Plant Applications, NUREG/CR-1278, Scandia Laboratories, Albuquerque, NM 97185
8. Miller, G. A. et al. (1956): The Magical Number Seven Plus or Minus Two: Some Limits on Our Capacity for Processing Information. In: Psychological Review 63, p. 81–97
9. Seifert R (1978) Probleme der Teilautomatisierung bei der Entwicklung von Mensch-Maschine-Systemen. Lehrgangreihe Flugtechnik; Lehrgang OF 9,01, Anthropotechnik der Carl-Cranz-Gesellschaft
10. Anderson JR (1989) Kognitive Psychologie. Eine Einführung. Spektrum der Wissenschaft, Heidelberg
11. Spanner B (1993) Einfluß der Kompatibilität von Stellteilen auf die menschliche Zuverlässigkeit. Fortschritts-Berichte VDI, Reihe 17 „Biotechnik", VDI-Verlag Düsseldorf
12. Bubb H (1993) Systemergonomie. Teil 5. In: Schmidtke H (Hrsg) Ergonomie, Hanser, München, Wien
13. Bolte U (1991) Das aktive Stellteil – ein ergonomisches Bedienkonzept. Fortschritts-Berichte VDI, Reihe 17 „Biotechnik", VDI-Verlag Düsseldorf

4 Elemente des Risikomanagements bei gefährlichen Industrieanlagen

H.-J. Uth

4.1 Einleitung

Der Umgang mit hohen technischen Gefahrenpotentialen in Anlagen erfordert ein Vorsorgekonzept, welches darauf abzielt Auswirkungen aus Gefahrenpotentialen in sozialverträglicher Weise zu vermeiden. Dieser Ansatz schließt alle möglichen Maßnahmen und Verfahrensweisen zur Verminderung von Gefahrenpotentialen, Gefahrenstreuung, der Vermeidung von Störfällen sowie der Begrenzung ihrer Folgen mit ein. Davon sind eine Fülle gesellschaftlicher Bereiche betroffen, die unter dem Blickwinkel der integrierten Sicherheit neu betrachtet werden müssen. Bei der Durchsetzung der neuen Sichtweise muß auf die sich in den einzelnen Bereichen historisch herausgebildeten Prinzipien und Rechtsvorschriften Rücksicht genommen werden. Dies bedeutet, daß das Konzept der integrierten Sicherheit in einem Anpassungsprozeß nur schrittweise durchgesetzt werden kann. Abbildung 4.1 zeigt eine Übersicht der betroffenen Bereiche.

In der Europäische Gemeinschaft spielt hierfür die Seveso-Richtlinie (82/501/EWG) von 1982 eine zentrale Rolle. In dieser Richtlinie wurde unter Berücksichtigung der Erfahrungen aus der allgemeinen Unfall- und Katastrophenforschung, sowie aus der Kerntechnik ein mehrstufiges, hierarchisch aufgebautes Sicherheitskonzept entwickelt und für den Bereich der chemischen Verfahrenstechnik präzisiert. Folgende Grundsätze galt es zu berücksichtigen:

- Ersatz gefährlicher Stoffe bzw. Reduzierung auf das unbedingt erforderliche Ausmaß;
- Reduzierung gefährlicher Betriebszustände durch alternative Prozeßführung (z.B. fehlertolerante Systemauslegung);
- Reduzierung der zusammenhängenden Stoffmengen durch Abgrenzung/ Prozeßführung;
- Vermeidung von auslösenden Störfallursachen (z.B. durch Entmaschung, Einführung linearer Prozeßsysteme);
- Unterbindung der Störfallentwicklung (Störfallpropagation);
- Begrenzung der Störfallauswirkungen durch organisatorische und technische Abwehrmaßnahmen.

Zur Erfüllung dieser grundlegenden Sicherheitsprinzipien wurde für den Bereich der Industrieanlagen mit Gefahrenpotential ein integriertes Sicherheits-

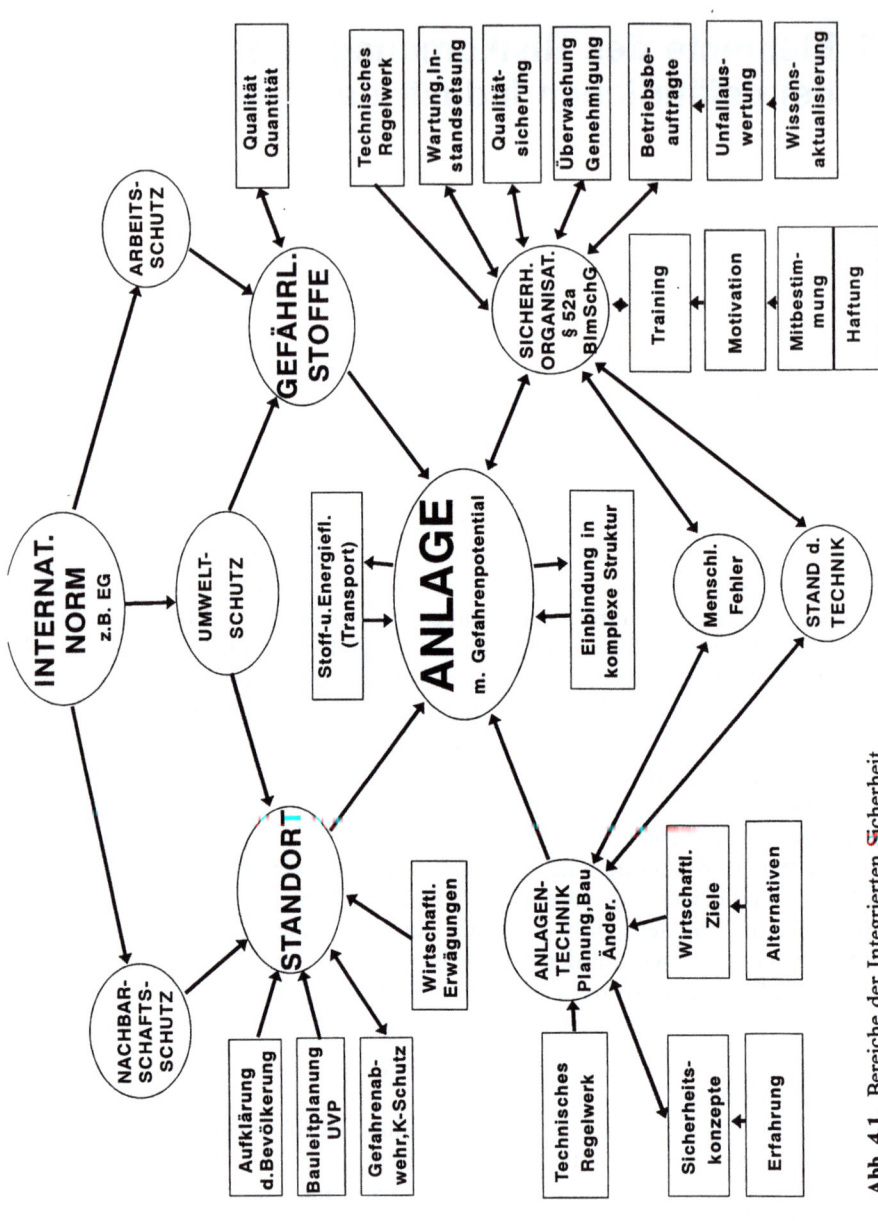

Abb. 4.1. Bereiche der Integrierten Sicherheit

4 Elemente des Risikomanagements bei gefährlichen Industrieanlagen

konzept entwickelt. Es besteht in seinem grundsätzlichen Aufbau aus einem dreistufigen hierarchischen System, welches wie folgt charakterisiert werden kann:

Stufe 1:

Diese Stufe beinhaltet alle Maßnahmen in der Anlage, die den Einschluß gefährlicher Stoffe, oder die Verhinderung unzulässiger Betriebszustände gewährleisten soll.

Stufe 2:

In dieser Stufe sind alle anlagenbezogenen Maßnahmen zur Begrenzung von Störfallauswirkungen (Freisetzung, Brand, Explosion) zusammengefaßt.

Stufe 3:

Diese Stufe umfaßt die umgebungsbezogenen Maßnahmen zur Begrenzung der Einwirkungen gefährlicher Stoffe (Schadstoffeinwirkung, Wärmestrahlung, Druckwelle, Trümmerwurf).

Eine Gefährdung der Schutzobjekte (Nachbarschaft, Umwelt) kann in der Logik des Systems nur dann auftreten, wenn alle drei Sicherheitsstufen gleichzeitig versagen. Dies ist nach den Gesetzen der Statistik relativ unwahrscheinlich, insbesondere dann, wenn die Maßnahmen unabhängig voneinander sind. Die Maßnahmen der Stufen 1 und 2 sind anlagenbezogen und somit unabhängig von denen der Stufe 3, die umgebungsbezogen sind. Die Vermeidung von gefährlichen Stoffen entspricht einer Stufe 0, d.h. eine Anlage mit ungefährlichen Stoffen besitzt kein nennenswertes stoffliches Gefahrenpotential.

Wie aus dem hierarchisch ineinandergreifenden Aufbau des Sicherheitssystems (Vergl. Abb. 4.2) ersichtlich, müssen die den einzelnen Stufen zugeordneten Sicherheitsmaßnahmen aufeinander abgestimmt sein. Es sind also mögliche Störungsabläufe in Bezug auf die Wechselwirkungen mit dem Sicherheitssystem der einzelnen Stufen zu untersuchen. Dabei sind sowohl die Verhältnisse innerhalb der Anlage, als auch die Wechselwirkung der Anlage mit ihren Standortbedingungen (Umgebung) zu berücksichtigen. Diese Wechselwirkung kann in der Regel nur durch eine systematische Analyse der Anlage aufgeklärt werden. Aus diesem Grund sieht ein solches integriertes Sicherheitssystem zwingend die Erstellung systematischer Sicherheitsbetrachtungen (z.B. in Form von Sicherheitsanalysen) vor.

Das dreistufige Sicherheitskonzept wurde im Rahmen der Störfall-Verordnung umgesetzt. Dabei wurden 3 Prinzipien der Störfallvorsorgepolitik formuliert:

Vorsorgeprinzip

Aufgrund des Katastrophenpotentials von bestimmten verfahrenstechnischen Anlagen müssen Störfälle von vornherein vermieden werden. Das Prinzip „Trial and Error" ist für diese Gefahrenpotentiale nicht akzeptabel. Daraus ergaben sich folgende rechtskategorische Sicherheitsanforderungen:

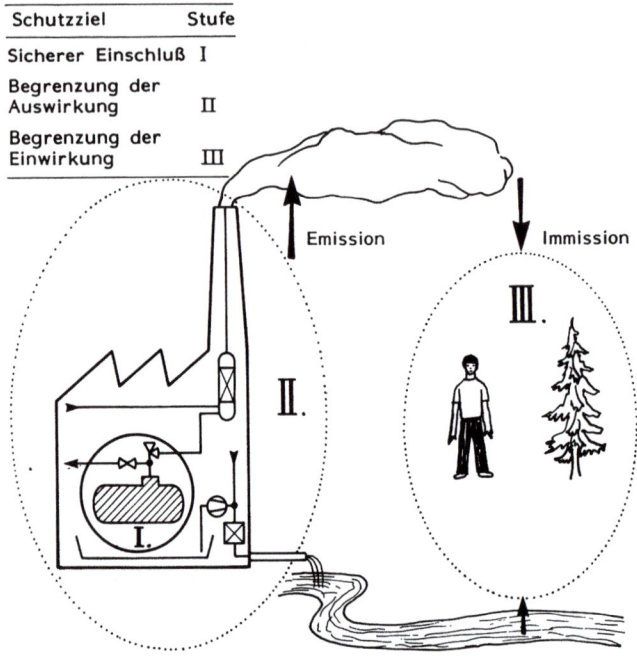

Abb. 4.2.

- Die Anlage ist so zu bauen und zu betreiben, daß Störfälle vermieden werden (Realisierung der Sicherheitsstufe 1 und teilweise 2);
- Die Anlage ist so zu bauen und zu betreiben, daß Auswirkungen von Störfällen begrenzt werden (Realisierung der Sicherheitsstufe 2);
- Es hat eine Gefahrenabwehrplanung zu erfolgen (Realisierung der Sicherheitsstufe 3);
- Die Anlage muß durch Behörden und ggf. unabhängige technische Sachverständige überwacht werden.

Die Realisierung des Vorsorgegrundsatzes erfolgt im verfahrenstechnischen Bereich insbesondere durch das sicherheitstechnische Regelwerk, technische Normen, Fachkunde und Zuverlässigkeit der Beschäftigten, sowie Überwachung durch Behörden, Berufsgenossenschaften und andere Institutionen.

Systembetrachtung

Komplexe Systeme können nur durch systematische, logische Methoden hinreichend erfaßt werden. Dem wird Rechnung getragen durch den Einsatz von:

- Systemanalytischen Untersuchungsmethoden,
- detaillierte Sicherheitsanalyse, unter Berücksichtigung der Bedingungen des Einzelfalls.

4 Elemente des Risikomanagements bei gefährlichen Industrieanlagen 85

Verhältnismäßigkeitsgrundsatz

Die Sicherheitsanforderungen sind abgestuft nach „Art und Ausmaß der zu erwartenden Gefahren". Dazu werden Regeln aufgestellt für:

- störfallrelevante Stoffe (Stoffkriterien, Stoffliste),
- störfallrelevante Verfahren und Anlagen (Anlagenliste),
- Mengenschwellenkonzept.

4.2 Standortbezogene Anforderungen

Bei der Wahl des Standortes für eine Industrieanlage sind die zu erwartenden Gefahren auch durch Störfälle zu berücksichtigen. Im einzelnen:

4.2.1 Bauleitplanung (Sicherheitsabstände)

Grundsätzlich dürfen genehmigungspflichtige Anlagen nach der 4. Bundesimmissionsschutzverordnung nur in ausgewiesenen Industriegebieten errichtet und betrieben werden (Festlegung im Flächennutzungsplan nach den Vorschriften des Baugesetzbuches). Bei der Auswahl des Standortes können mithin sicherheitsrelevante Fragestellungen für die Festlegung der Flächennutzung entscheidend sein. Dies bezieht sich sowohl auf mögliche Auswirkungen bei einem Störfall in einer Anlage, als auch auf die Betrachtung möglicher Einwirkungen auf die Anlage von außen, die zu sicherheitsrelevanten Effekten führen können.

Sicherheitsabstände

Eine Möglichkeit der Berücksichtigung gefährlicher Industriestandorte ist die Festlegung von Sicherheitsabständen. Diese haben aber ihre praktischen Probleme, insbesondere für bestehende Anlagen (Altanlagen). In den Vorschriften des technischen Regelwerkes sind vereinzelt Sicherheitsabstände enthalten. Insgesamt ist aber die Bestimmung von Sicherheitsabständen als komplexes Problem aufzufassen, da deren Größe, legt man sie nach wissenschaftlich-technischen Kriterien fest, praktisch beliebig von den angenommenen Störfallszenarien abhängen. In der Praxis, z. B. bei der Flüssiggaslagerung, haben sich deshalb auch Sicherheitsabstände aufgrund von Konventionen durchgesetzt, wissenschaftlich-technisch können diese nicht begründet werden. Sicherheitsabstände sind immer als zusätzliche Sicherheitsmaßnahmen aufzufassen, sie ersetzen primäre Sicherheitsmaßnahmen nicht (Zur Problematik der Szenarien s. Kap. 4.2.3).

4.2.2 Umweltverträglichkeitsprüfung

Bei neuen Anlagen, die geeignet sind, schädliche Umweltauswirkungen zu besitzen, findet das Verfahren der Umweltverträglichkeitsprüfung (UVP) Anwendung. Dabei müssen für das konkrete Projekt die Umwelteinwirkungen ermittel, beschrieben und bewertet werden. Dabei ist ein komplexer Ansatz zugrundezulegen. Die möglicherweise betroffene Bevölkerung in der Nachbarschaft wird an dem Verfahren beteiligt. Neben den Auswirkungen der Anlage auf die Umwelt im Normalbetrieb spielen die Störfallrisiken eine unter Umständen entscheidende Rolle bei der Standortentscheidung. Die UVP findet im Rahmen des Genehmigungsverfahren nach dem Bundesimmissionsschutzgesetzes statt.

4.2.3 Gefahrenabwehrplanung

In Abhängigkeit von Art und Ausmaß der zu erwartenden Gefahren werden in der Umgebung von gefährlichen Industrieanlagen Gefahrenabwehrplanungen durchgeführt, die in einem hierarchischen Planungssystem des Katastrophenschutzes berücksichtigt werden. Die einzelnen Planungsstufen müssen minuziös aufeinander abgestimmt sein. Dabei ist zu beachten, daß die Planungstiefe mit steigender Entfernung von der Anlage abnimmt. Die Planung muß auf die spezifische Art der Gefahr ausgerichtet sein. Die Anforderungen an die außerbetriebliche kommunale Gefahrenabwehr sind in den einschlägigen Katastrophenschutzgesetzen formuliert. Im Kontext der Störfallverordnung sind Regelungen für die innerbetriebliche Gefahrenabwehr und deren Abstimmung mit der umgebungsbezogenen Gefahrenabwehr enthalten.

Daten für die Gefahrenabwehr
Von besonderer Bedeutung für die Gefahrenabwehrplanung ist die bereitstellung von Daten, die sich auf die konkreten Verhältnisse der Anlage in ihrem Umfeld beziehen, durch den Betreiber. Dazu wurde im Rahmen der nach der Störfallverordnung anzufertigenden Sicherheitsanalysen Angaben vorgesehen.

Die in § 7, Abs. 2, Nr. 5 der Störfallverordnung geforderte Betrachtung der Auswirkungen im Störfall ist dafür ausgelegt, bereitet aber in der Praxis nach wie vor Schwierigkeiten. Die Betreiber empfinden es als logischen Bruch, bei einer Anlage, deren Sicherheitsvorkehrungen detailliert in der Analyse dargelegt werden, eine größere Störung mit Freisetzung, Brand oder Explosion anzunehmen und die möglichen Auswirkungen detailliert anzugeben. Dieser scheinbar logische Widerspruch löst sich auf, wenn man sich den Zweck der Vorschrift vor Augen hält. Dabei sind zwei Ebenen zu unterscheiden:

1. Mit Hilfe der Auswirkungsbetrachtung soll die Wirksamkeit der getroffenen Maßnahmen zur Verhinderung von Störfällen (§ 3 Abs. 1 StöVO) nachgewiesen werden.

2. Aus den Auswirkungsbetrachtungen im Störfall sollen Anhaltspunkte für die Begrenzung der Auswirkungen eines Störfalls insbesondere durch eine effektive Gefahrenabwehrplanung (§ 3 Abs. 3 StöVO) entwickelt werden.

Zu Nr. 1: Der geforderten Betrachtung sollte ein Ereignis („Auslegungsstörfall") zugrunde gelegt werden, welches vernünftigerweise *nicht* ausgeschlossen werden kann. Als Anhaltspunkt können vergleichbare Ereignisse dienen, die sich in der Vergangenheit abgespielt haben. In einem iterativen Prozeß wird dann die Wirksamkeit der vorgesehenen Maßnahmen zur Beherrschung dieses Ereignisses analysiert und dokumentiert. Dieser analytische Prozeß muß in der Sicherheitsanalyse nachvollziehbar sein. Konkret bedeutet dies, daß beispielsweise die Wirksamkeit:

- eines Wasserschleiers zum Niederschlag einer Gaswolke,
- von Brandbekämpfungseinrichtungen,
- von Explosionsbegrenzungen,
- eines Blow-down-Behälters

in der Sicherheitsanalyse nachgewiesen werden müssen. Dazu ist es erforderlich, die Auslegungsanforderungen durch – ggf. wiederholte – Betrachtungen der Auswirkung festzulegen.

Zu Nr. 2: Die Auswirkungsbetrachtungen auf der 2. Ebene, jene welche Anhaltspunkte für die Gefahrenabwehrplanung liefern sollen, hat von anderen Prämissen auszugehen. Diese Angaben, im eigentlichen Sinne Angaben zur *Störfallauswirkung* („Dennoch-Störfall"), setzen im allgemeinen das Bestehen einer ersten Gefahr voraus.

Sie müssen also ein Ereignis zugrunde liegen haben, welches diese ernste Gefahr bewirken kann. Innerhalb der Logik des Aufbaus der Störfallverordnung bedeutet dies, daß Stoffe nach den Anhängen II, III oder IV in einer Größenordnung der Menge Spalte 1 Anhang II an dem Brandgeschehen, der Explosion oder der Emmission beteiligt sind. Da es sich bei der Mengenangabe in Spalte 1 um eine Definitionsgröße handelt, die sich auf den gesamten Anlagenkomplex bezieht, ist eine praktische Einschränkung auf die größte zusammenhängende Stoffmenge innerhalb der Anlage ein realistischer Ansatz. Diese Menge wird grundsätzlich den Betrachtungen über die Bildung von Störfallszenarien nach der 3. Störfallverwaltungsvorschrift (StörfallVwV) (Vergl. Anhang 5 der 3. StörfallVwV i.d.F. v. 22. 12. 93) zugrunde gelegt.

Störfallszenarien

Bei der Ermittlung von Störfallszenarien, die für die Planung des Katastrophenschutzes erforderlich sind, sollten folgende Rahmenbedingungen gelten:

1. Die Szenarien sind unter Berücksichtigung der spezifischen Bedingungen der Anlage und ihrer Lage (Umgebung) im Einzelfall anzufertigen.
2. Die im Anhang 5 zur 3. StörfallVwV formulierten Quellterme sind unter Berücksichtigung der chemischen und physikalischen Gesetzmäßigkeiten anzuwenden. Sind mehrere Quellterme gleichzeitig möglich, ist derjenige

mit der größten Auswirkung zu betrachten. Die Quellterme sind als Mindestannahmen zu verstehen.
3. Die zu verwendenden Ausbreitungsmodelle sind im Rahmen der 2. StörfallVwV zu kodifizieren.
4. Ergebnis der Betrachtungen sind stets die räumlichen und ggf. auch zeitlichen Verläufe (z. B. Isolinien) von Spitzenkonzentrationen, Dosen, Spitzenüberdruckwerten, Oberflächenkonzentrationen etc.
5. Die aus diesen Informationen abgeleiteten Gefährdungsbereiche für die außerbetriebliche Gefahrenabwehr erfolgt durch die für den Katastrophenschutz zuständigen Behörden. Für die Bewertung der jeweils zulässigen Immissionskonzentrationen bzw. Einwirkungsparametern bei Bränden und Explosionen sind dem Stand von Wissenschaft und Technik entsprechende Bewertungsunterlagen zur Verfügung zu stellen. Auch in diesem Bereich wird es erforderlich sein, Konventionen zu vereinbaren.

Verhältnis „Auslegungs-Störfall" und „Dennoch-Störfall"

Die Rechtsvorschrift des §3 Abs. 1 StöVO verpflichtet den Betreiber einer Anlage rechtskategorisch zur Durchführung aller technischen und organisatorischen Maßnahmen zur Verhinderung von Störfällen. Maßstab ist dabei die sog. „praktische Vernunft" (vgl. Entscheidung des Bundesverfassungsgerichts in Sachen Kalkar [1]), d.h. es wird ein Wahrscheinlichkeitsmaßstab zugrunde gelegt (vgl. Abb. 4.3).

Denkbaren Ereignissen, deren Wahrscheinlichkeit aber so gering eingeschätzt wird, daß sie „praktisch" nicht berücksichtigt werden müssen (und können), ist nicht vorzubeugen, diese müssen nicht *verhindert* werden. Um mögliche Auswirkungen dieser denkbaren, aber jenseits des „vernünftigen Ausschlusses" (Wahrscheinlichkeit P_a i.S. des §3 Abs. 2, StöVO) liegenden Störfälle zu begrenzen, sind Maßnahmen nach §3 Abs. 3 vorgesehen. Diese Maßnahmen *mindern* lediglich die Folgen von Störfällen, verhindern sie aber nicht.

Mit dieser abgestuften Vorgehensweise wird im Sinne des Verhältnismäßigkeitsgrundsatzes die zu treffenden Maßnahmen der Wahrscheinlichkeit P des Eintritts des Ereignisses angepaßt. Je weniger wahrscheinlich, desto weniger Aufwand für Sicherheits- und Schutzmaßnahmen. Maßnahmen im Bereich $1 > P > P_a$ sind Maßnahmen zur Verhinderung des „Auslegungs-Störfalls", Ereignisse im Bereich $P_a > P > 0$ können als „Dennoch-Störfälle" bezeichnet werden. Die Gefahrenabwehr ist eine Maßnahme zur Begrenzung der Auswirkungen i.S. des §3 Abs. 3 StöVO. Da sie sich auf den weiten Wahrscheinlichkeitsbereich ($P_a > P > 0$) jenseits des „vernünftigen Ausschlusses" bezieht, ist es aus praktischen Erwägungen notwendig, diesen Bereich durch einzelne Punkte zu strukturieren und handhabbar zu machen. Es werden Szenarien (Mindestanforderungen s.o.) abgeleitet, die als Hilfestellung für die Planung und Organisation der Gefahrenabwehr notwendig sind. Die Technik der Szenarienbildung hat sich international durchgesetzt, weil nur damit Störfallverläufe in ihrer zeitlichen und räumlichen Entwicklung hinreichend simuliert werden können.

4 Elemente des Risikomanagements bei gefährlichen Industrieanlagen

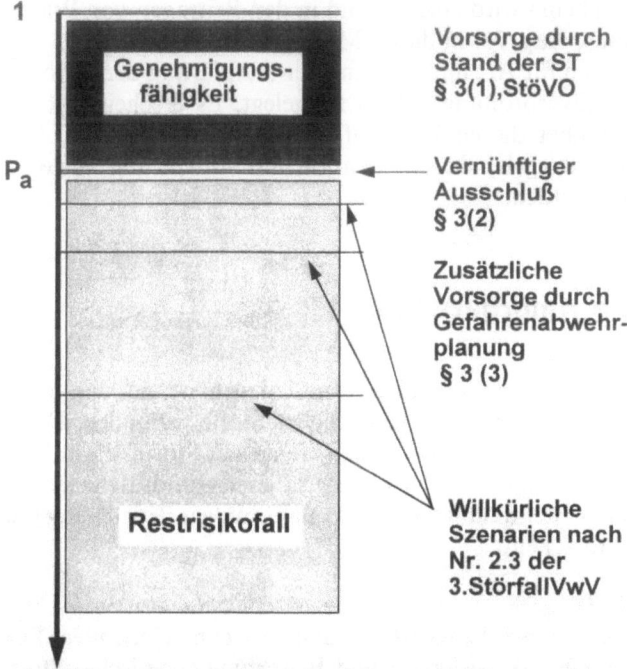

Wahrscheinlichkeit P

Abb. 4.3. Störfallszenarien

Genehmigungsfähigkeit und „Dennoch-Störfall"

Für die Betrachtung der Genehmigungsfähigkeit einer Anlage ist der Maßstab der „praktischen Vernunft" maßgeblich d. h. wenn allen vernünftigerweise *nicht* auszuschließenden Störfällen ($P > P_a$) vorgebeugt wurde, steht einer Genehmigung der Anlage nichts entgegen. Dies schließt aber die Existenz von Maßnahmen nach §3 Abs. 3, insbesondere einer Gefahrenabwehrplanung, einschließlich ihrer materiellen und personellen Vorbereitung i. S. des § 3 Abs. 3 ein.

4.2.4 Bevölkerungsinformation

Für das effektive Funktionieren der Gefahrenabwehrplanung ist es besonders wichtig, die Bevölkerung umfassend zu informieren und ggf. an der Erarbeitung der Planung zu beteiligen. Nur eine aufgeklärte Bevölkerung wird im Störfall sachgerecht reagieren können. Darüber hinaus bietet die Aufklärung der Bevölkerung die Möglichkeit zur Entwicklung einer Risikoakzeptanz. Bei der Aufklärung der Bevölkerung sind die Grundsätze der Risikokommunikation zu beachten (Das Thema wird erschöpfend in den Beiträgen von Wiedemann, Kap. 2 und Claus, Kap. 7.4 in dieser Monografie behandelt).

Mindestanforderungen für Art und Umfang der Aufklärung der Bevölkerung sind in der Störfallverordnung (§ 11a) festgelegt. Es erscheint jedoch notwendig, in Zukunft über die einfache Information hinauszugehen. Vertrauen kann nur durch weitergehende Kooperation und Mitwirkung entstehen und dauerhaft erhalten werden.

4.3 Stoffbezogene Anforderungen

Art und Ausmaß des Gefahrenpotentials von Anlagen ist an das „Vorhandensein" oder „Entstehen können" gefährlicher Stoffe gebunden. Dabei ist die Höhe des Potentials in der Regel von der Menge der Stoffe, die an dem Störfallereignis beteiligt sein kann, festgelegt. Aus dieser grundsätzlichen Erkenntnis wurde ein System der qualitativen und quantitativen Beurteilung von gefährlichen Stoffen entwickelt.

Qualitative Festlegungen

Im Rechtsrahmen des Chemikaliengesetzes (und der entsprechenden EG-Richtlinien) erfolgt die Charakterisierung und Bewertung chemischer Stoffe hinsichtlich ihrer Wirkungsart, z.B. als entzündliche Stoffe, explosive Stoffe, umweltgefährdende Stoffe, oder Stoffe, die giftig, reizend oder krebserregend sind. Für den sicheren Umgang mit solchen Stoffen werden diese mit sog. R-Sätzen gekennzeichnet, die Auskunft über das Gefahrenpotential geben. Bezogen auf Anlagen, die der Störfallverordnung unterliegen, werden ein Großteil der üblichen Industriechemikalien in enumerativen Listen (Anhang II, III zur Störfallverordnung) gefaßt. Mit der Novellierung der Verordnung 1991 wurden erstmals auch in Anlehnung an die europäische Störfallrichtlinie in breiterem Maße Stoffkategorien definiert.

Quantitative Festlegungen

Bei der Entfaltung der gefährlichen Wirkungen der Stoffe ist, mit Ausnahme der karzinogenen, mutagenen und teratogenen Wirkung, stets von einer Mindestmenge eines Stoffes auszugehen. Daraus wurde ein Mengenschwellenkonzept im Rechtsrahmen der Störfallverordnung entwickelt. Für Anlagen der Verordnung existieren derzeit drei ausgewiesene Mengenschwellen, deren Überschreitung bestimmte Sicherheits- und administrative Pflichten auslöst (vgl. Abb. 4.4). Die Bagatellmenge nach der ersten Störfallverordnungsvorschrift orientiert sich in der Regel an Szenarienrechnungen, deren Annahme davon ausgeht, daß in einer Entfernung von ca. 100 Metern bei Freisetzung dieser dem Schwellenwert entsprechenden Menge unter definierten Bedingungen keine unzulässigen Konzentrationen entstehen, die Mensch und Umwelt gefährden könnten. Dabei wurden als Ausbreitungswege der Luft- und Wasserpfad berücksichtigt. In diesen groben Szenarienabschätzungen gehen Aus-

4 Elemente des Risikomanagements bei gefährlichen Industrieanlagen

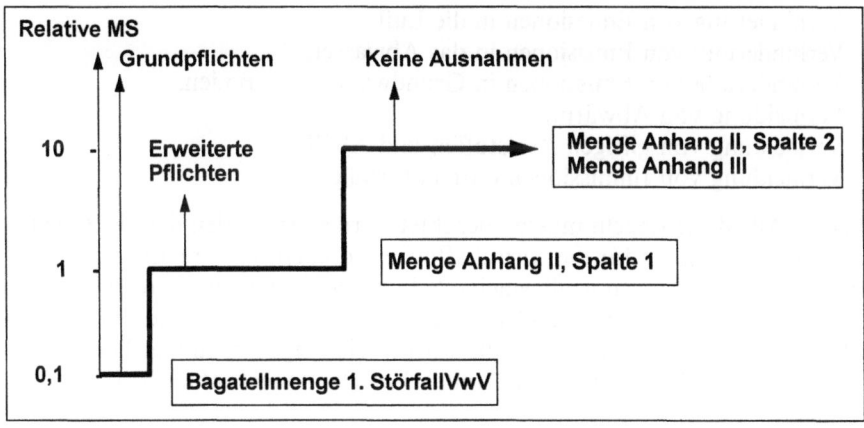

Abb. 4.4. Mengenschwellen (MS) nach der Störfall-Verordnung

breitungsverhalten der Stoffe (z. B. Schwergas, leichtes Gas, Staub, Einleitung in Fließgewässer) und Einwirkungsgrößen ein [2]. Letztere bereiten bei der Beurteilung der toxischen Wirkung in ihrer Bestimmung erhebliche Schwierigkeiten, da die toxikologischen Beurteilungswerte stets aus Langzeitbelastungen ermittelt werden. Die Wirkungsmechanismen kurzzeitiger Einwirkung hochkonzentrierter Schadstoffe ist derzeit noch nicht restlos verstanden. Man muß sich hier mit Hilfsgrößen abfinden. Vorgeschlagen wurden hier die sog. IDLH-Werte, Kurzzeitbeurteilungswerte des VCI, ERPG-Werte, etc.

Bezüglich der Wirkung von Wärmestrahlung und Explosionsdruckwellen sind exakte Mengen-Wirkungsbeziehungen aufstellbar. Die Mengenschwelle der Spalten 1 und 2 des Anhangs II der Störfallverordnung sind aus der Bagatellmenge in der Regel durch Multiplikation erhalten. Bei Überschreitung der Mengenschwelle gelten zusätzliche Sicherheitspflichten bzw. darf keine Ausnahme von bestimmten Sicherheitspflichten im Einzelfall gewährt werden. (Bezüglich der Konkretisierung der Sicherheitspflichten nach der StöVO sei auf den Beitrag von Reichhelm, Kap. 6.1 in dieser Monographie verwiesen.)

4.4 Anlagenbezogene technische Anforderungen bei Planung, Bau, Betrieb und Änderung

4.4.1 Technische Regeln, Vorschriften, Normen

Für Planung, Bau und Betrieb von Anlagen mit Gefahrenpotential existieren eine Fülle von technischen Regeln und technischen Vorschriften, die der

- Verhinderung von Emissionen in die Luft,
- Verhinderung von Emissionen in das Abwasser,
- Verhinderung von Emissionen in Grundwasser und Boden,
- Vermeidung von Abwärme,
- Vermeidung von giftigen Reststoffen und Abfällen,
- Vermeidung von Immissionen durch Störfälle

dienen. Alle diese Regeln müssen beachtet werden, sie bilden den sicherheitstechnischen Rahmen für die wirtschaftliche Tätigkeit des Unternehmens. Da in vielen Vorschriften nur allgemeine Schutzziele formuliert werden, werden diese durch staatliche und halbstaatliche Regeln ergänzt sowie durch Vorschriften und Anweisungen, die die Firmen sich eigenverantwortlich geben. Eine detaillierte Übersicht des gesamten Vorschriftengeflechtes ist [3] zu entnehmen.

4.4.2 Sicherheitskonzepte, Erfahrungen

Wesentlich für die Planung, den Bau und den Betrieb von Anlagen sind die Erfahrungen mit vergleichbaren Aktivitäten in den einzelnen Unternehmen oder in der Branche. Aus langjähriger Tätigkeit haben sich hier „Sicherheitsphilosophien" ausgebildet, nach denen verfahren wird. Oft sind diese Erfahrungen nicht ausreichend schriftlich fixiert, sondern haben sich in Form von Praktiken eingebürgert. Sie werden mündlich weitergegeben. Bei diesem Prozeß gehen häufig die ursprünglichen Gründe für eine bestimmte Maßnahme/Verhaltensweise verloren. Deshalb sind diese „Sicherheitsphilosophien" oft nicht sehr klar und unter Umständen widersprüchlich. Teilweise wird dem mit der Niederlegung betriebsspezifischer schriftlicher Anweisungen entgegengewirkt. Dabei hat es sich gezeigt, daß insbesondere durch den Zwang des Know-How-Austausches bei größeren Betrieben mit weit verzweigten vergleichbaren Produktionen eine kontinuierliche schriftliche Fixierung der Anweisungen/Regeln die beste Lösung war. Schließlich haben sich auch in halbstaatlichen und staatlichen Regeln „Sicherheitsphilosophien" niedergeschlagen. „Sicherheitsphilosophien" können auch für kleinere Einheiten und Teilsysteme an Anlagen sowie für bestimmte Vorgänge, z.B. Instandsetzungs-/Wartungsstrategien, ihren Niederschlag finden. Die explizite Formulierung und Niederlegung der in einem Betrieb verfolgten „Sicherheitsphilosophie" gewinnt zusehens an Bedeutung. Neben den Erkenntnissen aus der Systemtheorie wurden insbesondere entsprechende gesetzliche Anforderungen formuliert, die dazu führen, daß derartige organisatorische Maßnahmen zusehens eine Gleichbehandlung mit den technischen Maßnahmen erfahren. Diese Tendenz wird in Zukunft noch wesentlich z.B. durch Vorschriften und Normensetzung im europäischen Rahmen verstärkt werden. So heißt es beispielsweise in der Begründung des Entwurfs für eine fundamentale Überarbeitung der Seveso-Richtlinie (Entwurf v. Feb. 1994) [4]:

„Eine Analyse der in der Gemeinschaft gemeldeten schweren Unfälle läßt erkennen, daß in den meisten Fällen Management- bzw. organisatorische Versäumnisse die Ursache waren. Es müssen deshalb auf Gemeinschaftsebene wesentliche Anforderungen an die Sicherheitsüberwachungssysteme festgelegt werden, die geeignet sein müssen, die Gefahren schwerer Unfälle abzuwehren." (...)

„Zur Verbesserung der Überwachungssysteme und zur Verringerung der Risiken menschlichen Versagens muß für Betriebe, in denen gefährliche Stoffe in bestimmten Mengen vorhanden sind, seitens des Betreibers ein Konzept zur Verhütung schwerer Unfälle nebst Systemen zur Verbesserung der Sicherheitsüberwachung im Betrieb eingeführt werden. Gleichzeitig muß der Betreiber der zuständigen Behörde ausreichende Informationen zur Verfügung stellen, damit diese den Betrieb, die vorhandenen gefährlichen Stoffe und die potentiellen Gefahren identifizieren und so ihr Handlungsinstrumentarium richtig einsetzen und ihrer Verantwortung in angemessener Weise nachkommen kann."

4.4.3 Alternative Produktionen, wirtschaftliche Erwägungen

Planung, Bau und Betrieb von Anlagen richten sich in erster Linie an die Realisierung wirtschaftlicher Zielsetzungen. Die zum Einsatz kommende Technik wird neben den Erfahrungen strikt monitär festgelegt. Hierbei sind neben der ggf. innerbetrieblichen Systemeinbindung, z. B. Versorgungssysteme und der Kopplung mit anderen Produktionen auch die externen Kosten, die standortbezogen, aber auch von der Verwendung gefährlicher Stoffe und Verfahren abhängig sind, zu berücksichtigen. Aus der Abwägung aller Faktoren wird das monitäre Optimum gebildet. Auf die Schwierigkeiten der Quantifizierung der Kosten von Produktions- und Produktrisiken sei an dieser Stelle nur hingewiesen, da zur exakten Festlegung geeignete Modelle fehlen. Hier besteht Forschungsbedarf. Doch man sollte stets berücksichtigen, daß von einem ungefährlichen Stoff prinzipiell keine Folgekosten aufgrund seines Gefahrenpotentials ausgehen können. Auch ist das Gebot des Ersatzes gefährlicher Stoffe durch ungefährliche, z. B. in §17 des Chemikaliengesetzes, niedergelegt. Nach der ethischen Verpflichtung zum Erhalt der Umwelt und den weitreichenden Haftungsverpflichtungen erscheint es ratsam, den gesamten Lebenslauf des Produktes von der „Wiege bis zur Bahre" in die Betrachtung wirtschaftlicher Produktionsalternativen einzubinden. Dies gilt insbesondere für neue Produkte. Diese Aspekte haben in jüngster Vergangenheit unter den Schlagworten „responsible care" und „sustainable development" Eingang in die Diskussion gefunden [5, 6]. Immer mehr scheint sich die Erkenntnis durchzusetzen, daß neben den klassischen marktwirtschaftlichen Unternehmenszielen in zunehmenden Maße Ziele wie Qualität, Sicherheit und Umweltschutz zu den langfristig strategischen Aufgaben der Unternehmenssicherung gerechnet werden müssen.

4.5 Anforderungen an die Sicherheitsorganisation (Sicherheitsmanagement)

Betreiber und Anlagen müssen eine Fülle von Anforderungen aus Legislative, Exekutive und Judikative erfüllen. Diese beziehen sich neben den Auflagen zur sicherheitstechnischen Auslegung der Anlage auch auf die Organisation des sicheren Betriebes. Darüber hinaus muß die Organisation des Unternehmens zuverlässig gewährleisten, daß alle externen Anforderungen auch tatsächlich in Planung, Bau und Betrieb der Anlage berücksichtigt werden. Es kommt also darauf an, Überlegungen bezüglich der Zuverlässigkeit, Kompetenz und Effektivität von Sicherheitsorganisationen anzustellen.

Die Sicherheitsorganisation befindet sich heute in einer vergleichbaren Situation, wie die Sicherheitsanalyse Anfang der 80er Jahre. Damals mußten Überlegungen angestellt werden, wie eine komplexe Anlage hinsichtlich ihres Sicherheitsverhaltens systematisch und zuverlässig charakterisiert werden kann. Heute stellt sich die Frage bezüglich der Sicherheitsorganisation.

Die Sicherheitsorganisation muß in der Lage sein, komplexe Anforderungen zu vereinbaren. Grob können die Bereiche, aus denen diese Anforderungen kommen, skizziert werden:

- Erfüllung der Anforderungen aus den sich ändernden technischen Regelwerken;
- Erfüllung der Anforderungen aus dem Genehmigungsverfahren und der laufenden Überwachung durch die Behörde, Sachverständige, etc.;
- Erfüllung der Anforderungen zur Einhaltung des Standes der Sicherheitstechnik nach der StöVO, Stand der Technik nach anderen Vorschriften;
- Organisation der Verantwortlichen (Haftungsfragen);
- Organisation der sicherheitsrelevanten Bereiche bei der Instandhaltung;
- Qualitätssicherung für Produkte und Anlagen (Sicherheitsrelevante Einrichtungen);
- Organisation der innerbetrieblichen Zusammenarbeit der Betriebsbeauftragten für Immissionsschutz, Abwasser, Abfall, Störfall, Arbeitssicherheit, etc.;
- Kommunikation, offener Informationsaustausch;
- Aufrechterhaltung der Sachkunde (Fortbildung, Unfallauswertung);
- Training, Motivation und fachliche Einflußnahme von Mitarbeitern (Mitbestimmung, Mitwirkung);
- Organisation der Beschäftigung Dritter;
- Organisation von Veränderungen an der Anlage/Betriebsweise;
- Mitwirkung bei der Kommunikation mit der Öffentlichkeit.

4.5.1 Erfüllung von externen Anforderungen

Bei Planung, Bau, Betrieb und Stillegung von Anlagen sind eine Fülle von externen Anforderungen zu beachten. Für die technische Auslegung der Anlagenteile und Sicherheitssysteme sind die technischen Normen und Vorschriften/Richtlinien des Technischen Regelwerkes maßgebend. Sie stellen eine Mindestnorm dar, die auf jeden Fall eingehalten werden muß. In den einzelnen Regeln, z.B. Unfallverhütungsvorschriften, sind auch Anforderungen an die Sicherheitsorganisation in Teilbereichen formuliert (vgl. auch Beitrag von

Schliephacke, Kap. 5.1). Technische Normen und Vorschriften werden der technischen Entwicklung angepaßt und laufend geändert. Eine effektive Sicherheitsorganisation muß alle relevanten Bereiche eines Betriebes in die Lage versetzen, daß sie auf die jeweiligen Normen/Vorschriften in der aktuellen Fassung zurückgreifen können.

Für nach dem Bundesimmissionsschutzgesetz genehmigungsbedürftigen Anlagen gilt die Verpflichtung, die Anlagen nach dem Stand der Technik bzw. Sicherheitstechnik auszulegen und zu betreiben. Diese Anforderung, über die Erfüllung der technischen Regeln hinauszugehen, setzt eine ständige Kenntnisnahme der Weiterentwicklung technischer und organisatorischer Maßnahmen zur Verbesserung der Sicherheit voraus. Mithin muß eine Sicherheitsorganisation den kontinuierlichen Know-How-Transfer von einschlägigen Erkenntnissen an die relevanten Bereiche gewährleisten. Große Bedeutung kommt hierbei der Weitergabe von Erkenntnissen aus Unfällen/Störfällen zu. Neben der Erfüllung der o.g. allgemeinen Anforderungen sind in der Regel speziellere, auf die konkrete Anlage bezogene Auflagen, die im Genehmigungsbescheid aufgeführt sind, zu erfüllen. Ebenso können Auflagen durch nachträgliche Anordnung, z.B. infolge von Überprüfung der Anlagen durch Sachverständige, gemacht werden. Diese Auflagen sind Bestandteil der Genehmigung. Die Sicherheitsorganisation muß sicherstellen, daß diese Auflagen fristgerecht umgesetzt werden und ggf. die Umsetzung der Behörde angezeigt wird. Weiterhin sind der Behörde verantwortliche Personen zu nennen, die die Umsetzung der allgemeinen und speziellen Auflagen garantieren. Die Sicherheitsorganisation hat diese verantwortlichen Personen genau zu bezeichnen, um den Anforderungen des § 52a Bundesimmissionsschutzgesetz zu genügen.

4.5.2 Qualitätssicherung

Eine genehmigungsbedürftige Anlage darf nur in dem Umfang und dem Zustand betrieben werden, für den sie genehmigt wurde. Es sind also Nachweise erforderlich, daß sich die Anlage über ihre gesamte Lebensdauer nicht wesentlich ändert. Der Betrieb der Anlage bringt es jedoch mit sich, daß die Anlagenteile/-systeme der Alterung unterliegen und von Zeit zu Zeit überprüft und ausgewechselt werden müssen. Um dies bei komplexen Anlagen zuverlässig durchzuführen, haben sich Qualitätssicherungssysteme (QS) herausgebildet. Stand bei der Entwicklung von Qualitätssicherungssystemen zunächst die Aufrechterhaltung gleichbleibender (hoher) Qualität von Produkten im Vordergrund, würden nun die Prinzipien für ihre Anwendung auf die Aufrechterhaltung der Anlagenqualität weiterentwickelt [5]. Ein solches QS beinhaltet in Anlehnung an DIN ISO 9001 eine systematische Organisation mit 20 QS-Elementen (vgl. auch Kap. 5.2):

1. Verantwortung der obersten Leitung
   (Aufgaben, Struktur),
2. Qualitätssicherungssystem
   (Aufbau- und Ablauforganisation, Qualitätssicherungshandbuch),

3. Vertragsüberprüfung
   (Lasten-, Pflichtenheft, Qualitätsanforderungen an Verträge, Schnittstellenanforderungen),
4. Designlenkung
   (Berücksichtigung externer Anforderungen bei Auslegung und Planung von Anlagen/Apparaten, Prüfstrategie beim Bau von Anlagen, Festlegung der QS-Strategie für unterschiedliche Baubereiche, z. B. sicherheitstechnisch bedeutsame Anlagenteile),
5. Lenkung der Dokumente
   (Aufbau von Dokumentationssystemen, Prüfung der Validität und Aktualität der Unterlagen, Verteilung der Unterlagen, Sicherstellung, daß nur gültige Unterlagen verwendet werden),
6. Beschaffung
   (Beschaffung qualitätsgerechter Materialien/Komponenten, Eingangskontrolle, Qualitätskontrolle der Lieferanten, Bereitstellung von qualifiziertem Personal),
7. vom Auftraggeber beigestellte Einheiten
   (Qualitätssicherung bei den Lieferanten, Instandhaltung von Teilsystemen durch Lieferanten),
8. Identifikation und Rückverfolgbarkeit
   (Kennzeichnungssystem für Komponenten, Bauteile, z. B. Rohrleitungen, Materialien),
9. Prozeßlenkung bei Errichtung, Montage, Betrieb,
   9.1 Genehmigungsverfahren und Auflageneinhaltung
       (Änderungen, Erfüllung von Auflagen, Ansprechpartner, Melde- und Anzeigepflichten),
   9.2 Montage und Errichtung einschlägiger Qualitätsprüfungen
       (Freigabeverfahren für Montageschritte, QS bei Durchführung der Montage im Bezug auf Material und Personal, Prüffolgeplan, Dokumentation),
   9.3 Inbetriebsetzung
       (Inbetriebsetzungsunterlagen, Inbetriebsetzungsdokumentationen, Übertragung der Erfahrungen in das Betriebs- und Prüfhandbuch),
   9.4 Bestimmungsgemäßer Betrieb, Betriebsabweichungen
       (Betriebshandbuch, Betriebsablauforganisation, Schichtbetrieb, Instandhaltungsordnung, Alarmpläne, Erste-Hilfe-Ordnung, etc. Betriebsanweisung für Betriebsstörungen, Dokumentation von Prüfungen, Betriebserfahrungen im Betriebshandbuch),
   9.5 Instandhaltung und Änderung
       (Definition der Soll-Vorgabe, zeitliche Festlegung der Überprüfung, Änderungsverfahren, Freigabeverfahren für Instandsetzung/Reparatur, Dokumentation der Änderungen, Auswertung der Erfahrungen und Weitergabe von Erkenntnissen),
10. Prüfungen
    (Eingangsprüfung, Montageprüfung, Prüfungsstrategie, Prüfungsdokumentation),

4 Elemente des Risikomanagements bei gefährlichen Industrieanlagen 97

11. Prüfmittel
    (QS der Prüfmittel, Prüfungsintervalle, etc.)
12. Prüfstatus
    (Kennzeichnung von Komponenten/Apparaten/Betriebsweisen als „geprüft", Ausschluß der Verwendung nichtgeprüfter Komponenten),
13. Lenkung fehlerhafter Einheiten
    (Kennzeichnung fehlerhafter Einheiten, Fehlerbeseitigung und Wiederfreigabe, Fehlerauswertung),
14. Korrekturmaßnahmen/Erfahrungsrückfluß
    (Organisation des Erfahrungsrückflusses aus Fehlern, QS bei Durchführung und Korrekturmaßnahmen, Wirksamkeitsüberprüfung),
15. Handhabung, Lagerung, Verpackung, Transport
    (Festlegung von Verfahrensweisen, Schutzvorkehrungen gegen Beschädigungen, Verwechselungen, Mißbrauch, identifizierung von verpackten Materialien),
16. Qualitätsaufzeichnungen
    (Dokumentation und Pflege der in QS erstellten Unterlagen),
17. Qualitätsaudits (QA)
    (Ziel von QA ist die Ermittlung des Ist-Zustandes, Festlegung des Ablaufes des QA, QA wird von unabhängigen Stellen/Personen durchgeführt, Auswertung und Kontrolle der Umsetzung der vorgeschlagenen Maßnahmen),
18. Schulung
    (Festlegung von Schulungsanlaß und -umfang, Auswahl der Schulungsgruppe, Dokumentation),
19. Kundendienst
    (QS bei Lieferanten, Gewährleistung eines Kundendienstes),
20. statistische Methoden
    (Nachweis der Effektivität der QS durch statistische Auswertung, Lenkung des Einsatzes von Material und Komponenten durch statistische Auswertung, Ermittlung der Zuverlässigkeitsgrößen),

In z. B. einem Qualitätssicherungshandbuch werden detaillierte Ausführungen zu jedem einzelnen QS-Element gemacht. Dabei wird jedes Element hinsichtlich:

- seiner Anforderungen,
- seines Zwecks,
- seines Geltungsbereiches,
- seiner verwendeten Begriffe,
- seiner Zuständigkeiten,
- seiner Vorgehensweise,
- seiner Dokumentation und
- seines Hinweises auf Unterlagen

genau spezifiziert. Das Ergebnis ist ein detailliertes Qualitätssicherungssystem, mit dem die gesetzlichen Anforderungen, z.B. nach §2, Abs. 2 Störfallverordnung, §52a Bundesimmissionsschutzgesetz als erfüllt angesehen werden können.

4.5.3 Erfahrungsaustausch, Zusammenarbeit, Weiterbildung

4.5.3.1 Informationsfluß

Dem Informationsaustausch innerhalb des Betriebes und zwischen Betrieb und beteiligten Partnern außerhalb kommt eine besondere Bedeutung bei der Gestaltung einer effektiven Sicherheitsorganisation zu. Dieser Erfahrungsaustausch ist die Voraussetzung, damit alle externen Anforderungen an die Stelle kommen, an der sie benötigt und umgesetzt werden können. Weiterhin muß der Informationsaustausch zum Zweck der Rückmeldung über eine erfolgte Umsetzung von „unten nach oben" erfolgen. Der Erfahrungsaustausch muß in Offenheit und in einem Klima des Vertrauens durchgeführt werden. Dazu sollten wichtige Informationen allen Beschäftigten zur Verfügung stehen (keine Informationshierarchie).

Ausgezeichnete Knotenpunkte des Informationsflusses sind bei den Betriebsbeauftragten für Immissionsschutz, Gewässerschutz, Abfall und Störfall sowie bei der Fachkraft für Arbeitssicherheit angesiedelt. Hier laufen die jeweiligen sicherheitsrelevanten Informationen zusammen. Daraus kann geschlossen werden, daß insbesondere diese Beauftragten/Fachkräfte eng kooperieren müssen. Die Zusammenfassung in einem betrieblichen Umweltschutzausschuß hat sich bewährt. Die Betriebsbeauftragten/Fachkräfte für Arbeitssicherheit sind auch am besten geeignet, die notwendige Kooperation mit den zuständigen Behörden oder externen Sachverständigen durchzuführen. Sowohl ihre Stellung in den bezüglichen Rechtsvorschriften, als auch ihre herausragende verantwortliche Stellung im Betrieb qualifizieren diese Personen/Stellen. Auch hat es sich bewährt, die Beauftragten/Fachkräfte für Arbeitssicherheit mit der Unfall-/Störfallauswertung zu betrauen. Dies schließt die Erfassung und Auswertung von Störungen (near misses) ein.

4.5.3.2 Unfallanalyse und Unfallvermeidung

Die Unfallanalyse und ihre Auswertung ist unabhängig von den Folgen des Ereignisses. Deshalb sollten grundsätzlich die gleichen Maßstäbe bei der Auswertung angelegt werden. Es hat sich durch die Auswertung einer Vielzahl von Ereignissen gezeigt, daß es auch keine Unterschiede in den Ursachen für kleine und große Unfälle gibt. Bei der Ursachenanalyse ist zu beachten, daß die sichtbare Ursache (Primärursache) nur das jeweilige letzte Glied der Kette verschiedener ineinanderwirkender Ursachen ist. Die latenten Ursachen sind nur durch detaillierte Untersuchungen herauszufinden. Bei der Identifikation des menschlichen Fehlers als Primärursache ist stets aufzuklären, warum dieser menschliche Fehler aufgetreten ist.

4 Elemente des Risikomanagements bei gefährlichen Industrieanlagen

Untersuchungen können durch fortgesetztes Fragen nach dem „warum" in sehr verzweigte Unfallbäume entwickelt werden. Das Abschneidekriterium ist abhängig vom Untersucher. Als Abschneidekriterium kann angesehen werden, wo die Grenzen des Einflusses der Firma bzw. des öffentlich-rechtlichen Bereiches liegen. Zum Beispiel kann das Kurzzeitgedächtnis Ursache für eine Fehlleistung sein, dies ist nicht weiter zu hinterfragen, wohl aber ist aufzuklären, warum das Kurzzeitgedächtnis in der Unfallsituation über Gebühr beansprucht wurde.

Die Anzahl der aufgedeckten Ursachen für einen Unfall ist proportional zum betrieblichen Aufwand. Gleichzeitig reflektiert die Untersuchung die Meinung des Untersuchers.

Die Unfallanalyse hat zum Ziel, geeignete praktische Maßnahmen aus dem Unfallgeschehen abzuleiten, um künftig derartige Unfälle zu vermeiden. Deshalb muß die Unfallanalyse stets mit einem Umsetzungsprogramm gekoppelt werden. Die Unfallauswertung erfordert ausgebildete Experten. Das Augenmerk der Ausbildung sollte deutlich auf der Erkennung und dem Verstehen von menschlichen Fehlern liegen.

Unfälle und „Beinahe-Unfälle" haben die gleichen Ursachen. Die Klassifizierung der Ereignisse nach den Grundfehlertypen erfordert insbesondere die Schärfung des Blicks auf latente Fehler in der Sicherheitsorganisation und -technik. Dabei ist festzustellen, daß „Beinahe-Unfälle" relativ selten berichtet und aufgezeichnet werden. Dafür gibt es im wesentlichen zwei Gründe:

- Derartige Ereignisse werden nicht als „Beinahe-Unfälle" erkannt,
- die Ereignisse werden nicht berichtet, weil sie die eigenen Fehler der Berichter offenbaren oder eingeschätzt wird, daß die Ereignisse nicht wichtig sind.

Eine weitere Quelle ist, daß sie als sogenannte dumme Fehler charakterisiert und deswegen nicht berichtet werden.

Betriebspersonal

Die häufigsten unsicheren Handlungsweisen und Regelverstöße sind beim Betriebspersonal zu verzeichnen. Diesen Fehlern kann grundsätzlich durch Training vorgebeugt werden. Das Training von sehr seltenen Abweichungen und Situationen besitzt dabei besondere Schwierigkeiten. Training ist hier insbesondere als „Training der Problemanalyse" aufzufassen. Hierin besteht ein Problem: Die Lösung komplexer Probleme erfordert ein vertieftes Wissen und eine entsprechende Ausbildung, welche aber sehr selten im Routinebetrieb benötigt wird. Diese Überqualifikation führt zu Langeweile und häufigem Arbeitsplatzwechsel. Durch diesen Wechsel wird die Kontinuität am Arbeitsplatz gestört, latente Fehler können sich einschleichen.

Das Wartungspersonal arbeitet auf der Wissensbasis. Sie müssen oft unbekannte Probleme lösen und schaffen dadurch latente Fehler. Das Wartungspersonal arbeitet unter einem speziellen Risiko, da häufig für die Wartung Sicherheitssysteme abgeschaltet werden müssen. Darüber hinaus ist zu beachten, daß das Wartungspersonal oft nicht hinreichend informiert ist. Wartungsfehler sind oft Fertigkeitsfehler bzw. Unterlassungen. Zu einer Statistik der Wartungsfehler vgl. [7].

Automatische und schnelle Handeingriffe (Fertigkeitseingriffe) werden häufig durch automatische, computergestützte Systeme ersetzt. Dies hat zur Konsequenz, daß die Bedienungsmannschaft aus dem aktuellen Geschehen ausgegrenzt ist. Treten nun spezielle Situationen auf, so kann, je nach Auslegung der Automatik, oft nicht schnell genug der Handeingriff effektiv werden. Ab einer bestimmten Ebene der Automation des Prozesses kann eine Handeingriff sogar gefährlich werden, z.B. eine Quelle für Unfälle sein. In halbautomatischen Prozeßsteuerungen wird das Betriebspersonal kontinuierlich an parallel laufenden Simulatoren kontrolliert, die auf die Anlage umgeschaltet werden, wenn ernste, von der Automatik nicht mehr lösbare Probleme auftreten.

Das Bedienungs- und Wartungspersonal sollte an der Regelentwicklung im Betrieb teilhaben. Nur „eigene Regeln" werden gut eingehalten. Die Entwicklung von gemeinsamen Regeln und Vorschriften fördert den Gruppenzusammenhalt und den Teamgeist. Aus Unfallanalysen weiß man, daß der häufigste persönliche Fehler von Operatoren und Wartungspersonal bedingt ist durch schlechte Verfahren, wie z.B. latente Fehler bei der Wartung, organisatorische Mängel, schlechte Kommunikation und unsichere Verfahrensweise. Arbeitsbedingungen wie Schichtarbeit, Langeweile, Überstunden, Alkohol- und Drogeneinfluß sind als fehlerverstärkende Faktoren aufzufassen.

Die entscheidenden gefährlichen Einflußfaktoren auf die Leistungsfähigkeit des Betriebspersonals können wie folgt zusammengefaßt werden:

- unzureichende Kenntnis von neuen Situationen,
- Arbeit unter Zeitdruck,
- Arbeit in Lärm mit daraus erwachsenen Kommunikationsfehlern,
- schlechte Ausführung der Bedienungselemente (Anzeigeinstrumente und Regelungselemente).

Bei Zutreffen einer der o.g. Bedingungen sollten die Arbeitsbedingungen unverzüglich geändert werden. Können diese Verhältnisse aus anderen Gründen nicht geändert werden, so ist mit Fehlern zu rechnen.

Management

Das Management ist verantwortlich für die Bereitstellung von Mitteln, setzt Standards, definiert Ziele für Training usw. Daraus ergeben sich Möglichkeiten für eine Reihe von latenten Fehlern. Bei Unfällen muß die Untersuchung der Rolle des Managements vertieft werden. Allgemeines Management und spezielles Sicherheitsmanagement hängen sehr eng zusammen und sind nicht getrennt behandelbar. Gutes Management nutzt adäquate Abschätzungsmethoden. Bedeutsam ist insbesondere das richtige Funktionieren der Kommunikationswege. Etwaige Filter sind auszuschalten. Informationen über Zustände und Verhaltensweisen dürfen nicht dazu benutzt werden, um Bestrafungen und Maßregelungen auszulösen. Kleinere Organisationseinheiten können schneller reagieren. Große, hierarchisch aufgebaute Organisationen müssen hinsichtlich ihrer Reaktionsfähigkeit gewartet werden. Es hat sich allgemein gezeigt, daß kleinere Organisationseinheiten effektiver arbeiten.

Die Organisationsstruktur zur Lösung der Sicherheitsprobleme ändert sich mit dem Lebenszyklus der Anlage. Im Anfahrbetrieb ist eine flache Organisation vorzusehen. Diese kann schnell auf unvorhersehbare Ereignisse reagieren. Im Normalbetrieb reichen hierarchische Organisationen mit klaren Verantwortlichkeitszuweisungen in der Regel aus. Bei Managemententscheidungen sollte sichergestellt werden, daß die Anweisungen auch an der Basis umgesetzt werden. Das Basismanagement muß dabei oft Kompromisse zwischen den Anforderungen und den realen Umsetzungsmöglichkeiten machen. Auf diesen neuralgischen Punkt muß besonders geachtet werden. Die Motivation der Mitarbeiter ist am besten durch die Schaffung eines gemeinschaftlichen Geistes in dem Betrieb/Bereich zu bewerkstelligen. Die Übertragung von Verantwortung und die Mitwirkung bei der Erstellung von Regeln (Vorschriften) hat sich dabei als ein wirksames Instrument erwiesen.

4.5.3.3 Menschlicher Fehler

Sicherheitsorganisation zielt in erster Linie darauf hin, den sicheren, d. h. störungsfreien, Mensch und Umwelt nicht belastenden Betrieb der Anlage in allen Phasen zu gewährleisten. Die Erfahrung zeigt jedoch, daß trotz weitgehender Vorsorgemaßnahmen immer wieder Störungen auftreten und Unfälle/ Störfälle sich ereignen. Dabei sind unmittelbar oder mittelbar stets Menschen beteiligt. Aus diesem Grunde lohnt es sich, eine nähere Betrachtung des menschlichen Fehlers als Unfallursache vorzunehmen.

Was ist ein Menschlicher Fehler? Nach der Definition der OECD [8] ist

„ein menschlicher Fehler oder ein Irrtum eine Aktion oder eine Nichtaktion, die von dem abweicht, das von einem unabhängigen Betrachter erwartet wurde. Die Gründe für Fehler und die Art ist direkt mit dem verknüpft, was Menschen denken, fühlen, glauben und wie sie handeln. Es reflektiert den kulturellen Hintergrund des betreffenden Menschen. Menschliche Fehler zu verstehen heißt die Mechanismen für die mentale Organisation zu kennen."

Die Ursachen von Unfällen und ihre Vermeidung. Menschen sind Unfallursache und Unfallvermeidung zugleich. Ihr Einsatz in der Verfahrenstechnik besitzt einen Doppelcharakter. Der Einsatz von Menschen erfolgt einerseits zur Handhabung des Unvorhergesehenen oder Unerwarteten, diese Handlungen können aber ihrerseits mit Fehlern behaftet sein. Menschliches Verhalten kann aus dem Blickwinkel des Individuums (bezüglich seiner Leistungsfähigkeit) betrachtet werden oder aus dem Blickwinkel des Umfeldes in dem er arbeitet. Letzteres wird wesentlich durch das Management gestaltet. Zum Beispiel hat das Individuum keinen Einfluß auf die grundsätzliche Gestaltung der Technik (Auswahl des Verfahrens), die Trainingsinhalte etc. Diese gehen auf grundsätzliche Managemententscheidungen zurück. Hieraus ergeben sich sinnvolle Ableitungen zur Förderung von mehr Mitwirkung und Mitbestimmung. Das Management glaubt, durch einfache Maßnahmen notwendige Verhaltensänderungen bei Mitarbeitern zu erreichen. Die Untersuchungen zeigen jedoch, daß Verhaltensänderungen nicht einfach zu bewerkstelligen sind. Die Möglichkeiten des Managements werden dabei häufig überschätzt. Dies ist vor allen Dingen ein Problem der Wahrnehmung auf Seiten des Managements. Unfälle sind als Ergebnis einer langen Reihe von Ereignissen und Umständen aufzufassen. Zu unterscheiden sind die latenten Fehler, die einerseits die Voraussetzung für die auslösenden Ereignisse (Primärereignisse) sind, andererseits erst durch das Primärereignis sichtbar werden. Die Unfallvorsorge muß sich insbesondere auf die Vermeidung latenter Fehler beziehen. Die auslösenden Ereignisse sind häufig stochastischer Natur, d.h. sie sind nicht vorhersehbar und nur mit Einschränkung kontrollierbar.

Latente Fehler werden als notwendige Voraussetzung für Unfälle angesehen. Latente Fehler in der Sicherheitsorganisation bewirken letztendlich die Unfälle. Sie wirken dadurch, daß sie die Sicherheitsorganisation nicht adäquat auf auslösende Ereignisse reagieren läßt. Die Anzahl typischer latenter Fehler ist weitaus geringer, als die möglichen auslösenden Ursachen. Latente Fehler werden von Planern, Designern und Managern gemacht. Sie werden häufig unbewußt gemacht. Es werden Risiken auf Ebenen in Kauf genommen, die aber im weiteren Verlauf von denjenigen, die sie in Kauf nehmen, nicht mehr kontrolliert werden. Ein Operator handhabt das Risiko oft unwissend über Art und Ausmaß, da es ein latentes Risiko darstellt.

Menschliche Fehler werden oft individuell bezogen aufgefaßt. Mindestens genauso wichtig sind aber die Umstände, in denen das Individuum agiert. Diese Umstände sind wiederum auf Entscheidungen anderer Individuen (z.B. Management) zurückzuführen. Diese inneren Zusammenhänge müssen bei den Konzepten zur Delegation der Verantwortung bzw. bei der Bestrafung berücksichtigt werden.

Die Anzahl der typischen (latenten) Unfallursachen scheint grundsätzlich begrenzt zu sein, sie können wie folgt aufgelistet werden [8]:

- ungeeignete Auslegung der Anlage oder ihrer Teile,
- unzureichende Betriebsvorschriften,
- spontanes Komponentenversagen,
- Auftreten von fehlerverstärkenden Bedingungen (Bedingungen, die Fehlersituationen begünstigen),
- Wartungsfehler,
- Mängel in der Sicherheitsorganisation,
- unabgestimmte Anforderungen z.B. mehrere Dinge durch einen Operator gleichzeitig ausführen zu lassen,
- unzureichendes Training und Ausbildung,
- unzureichende Schutzmittel für die den Arbeitsplatz unmittelbar bedrohenden Gefahren.

Zur Vermeidung jedes Grundfehlertyps bedarf es spezifischer Strategien. Viele „unsichere Verhaltensweisen" führen nicht unbedingt zu Unfällen, oft ist erst nach dem Unfall zu identifizieren, ob eine Handlung, ein Verhalten unsicher war. Effektive Unfallprophylaxe muß auf die Grundfehlertypen spezifisch abgestimmt sein.

4 Elemente des Risikomanagements bei gefährlichen Industrieanlagen

Menschliche Fehler und Arten des menschlichen Verhaltens. Menschliche Fehler beschränken sich nicht nur auf Individuen, sondern können auch von Gruppen gemacht werden. Zwei Grundtypen von Fehlern sind zu unterscheiden:

- *Fehlleistungen (Slips and Lapses)*,
  d.h. sicherheitstechnisch bedeutsame Aktionen oder Handlungen werden nicht oder falsch durchgeführt. Diese Fehler werden meist schnell entdeckt, weil die erwartete Reaktion sich nicht oder falsch einstellt. Beispiele hierfür sind das falsche oder unterlassene Betätigen von Schaltern, Ventilen etc.
- *Echte Fehler*
  setzen eine fehlerhafte Intention voraus. Es wird falsch gedacht. Die Konsequenzen können versteckt sein oder sich erst langfristig entwickeln. Sie sind nicht so einfach korrigierbar wie die Fehlleistungen.

  Als echte Fehler sind auch Verletzungen von Regeln und Gesetzen aufzufassen. Echte Fehler werden mit Überzeugung falsch gemacht. Verletzungen sind zumeist teilweise ein bewußter Verstoß gegen besseres Wissen oder bekannte Regeln.

Bei den Verhaltenstypen kann wie folgt unterschieden werden:

- Verhalten von trainierten Fachleuten, die routiniert, automatisch und schnell reagieren,
- Verhalten auf der Grundlage der Befolgung von Regeln, dieses Verhalten ist nicht automatisch und relativ langsam,
- Verhalten aufgrund von Wissen. Dieses ist ebenfalls nicht automatisch und findet noch langsamer statt.

Fertigkeiten werden durch fortgesetzte Übungen erlernt und einstudiert. Wissensvermittlung bedarf keiner festen Regeln, dies braucht aber eine gewisse Zeit. Fehlleistungen sind Fehler des ersten Typs, d.h. Fertigkeitsfehler. Bei der Verletzung von Regeln und Vorschriften („Wenn ... dann") können sowohl in der Eingangsfrage („Wenn ..."), als auch in der Reaktionsphase („Dann ...") Fehler gemacht werden. Häufig sind diese Fehler, wenn viele komplexe Regeln zu beachten sind. Echte Fehler oder Verletzungen sind Fehler durch mangelnde Kenntnis. Wissenslücken oder Erkenntnis- bzw. Wahrnehmungsgrenzen spielen hier eine entscheidende Rolle. Die Abweichung von Regeln findet statt und ist Ausgangspunkt für unter Umständen verändertes Verhalten, wenn sie erfolgreich waren. Alle beschriebenen Fehler können auch von Gruppen gemacht werden, insbesondere, wenn keine Zuständigkeiten festgelegt sind, keine Information der Zuständigen erfolgte und das Management unzureichend ist. Durch Gruppendenken können echte Fehler durch Gruppen und Kollektive gemacht werden. Dies schließt auch kollektive Verletzung von Regeln ein.

Bezüglich der Motivation von Individuen kann festgestellt werden, daß mangelnde Motivation selten eine Ursache für Fehler bzw. Unfälle ist. In Unfällen sind die Menschen oft übermotiviert, d.h. sie wollen es besonders richtig und gut machen und schaffen dadurch die Voraussetzungen für Fehler, insbesondere Wissensfehler.

Menschlicher Fehler in der verfahrenstechnischen Industrie. In der verfahrenstechnischen (chemischen) Industrie sind in fünf Stationen Menschen beteiligt, die Einfluß auf das Unfallgeschehen haben können:

- Entwurfsphase,
- Bau der Anlage,
- Inbetriebnahme und Betrieb der Anlage,
- Wartung,
- Abriß der Anlage.

Auf jeder Ebene muß eine spezifische Unfallvermeidungsstrategie entwickelt werden. Auf der ersten Ebene ist zu beachten:

- Fehlerhafte Auswirkung von Optionen auf der Planungsebene. Das Top-Management entscheidet oft unter kommerziellen Gesichtspunkten und vertraut auf die technische Bewältigung der Pläne, inklusive der Gewährleistung der Sicherheit. Fehler sind hier insbesondere zu suchen bei dem Mangel an Wissen. Latente Fehler durch Entscheidung auf dieser Ebene sind zu einem späteren Zeitpunkt schwer auszumerzen, da sie meist sehr kapitalintensiv sind.
- Entscheidungen über die technische Auslegung im Planungsstadium legen Optionen für die sogenannten „Down-Stream"-Einheiten fest. Dabei ist die gemeinsame Festlegung, inklusive der Konsequenzenanalysen, entscheidend wichtig, da sonst in den nachgeschalteten Einheiten „Sachzwänge" auftreten, die zu latenten Fehlern führen können.
- Im Stadium des Detailengineering werden Problemlösungen von „isolierten Spezialisten" erarbeitet. Die Einengung des Blickwinkels birgt die Gefahr in sich, daß außerhalb des Zuständigkeitsbereichs liegende Gefahrenmomente nicht ausreichend erkannt und berücksichtigt werden. Nur effektive und gute Kommunikation kann diesen Mangel beheben. Es ist darauf zu achten, das oft betriebsfremde Kontraktoren mit dem Detailengineering beauftragt werden.

Beim Bau besteht das Problem des Informationsaustausches und der Kontrolle der Fremdfirmen. Bauleistungen werden in zunehmenden Maße von Fremdfirmen durchgeführt. Das Management übt hier in der Regel nur eine allgemeine Überwachung aus. Dies ist hinsichtlich der Durchsetzung von Sicherheitskonzepten nicht ausreichend. Änderungsentscheidungen sind mit zunehmendem Ausbau der Anlage kostspieliger. Deswegen bietet is sich an, bereits nach der Managemententscheidung (Planungsphase) eine kontinuierliche gestufte Sicherheitsanalyse während Planung, Design, Bau und Betrieb durchzuführen.

Bei der Inbetriebnahme werden viele kleinere Änderungen aus praktischen Gründen vorgenommen. Sie sollten in den zugrundeliegenden Betriebszeichnungen (R+I-Schemata) festgehalten werden. Ein besonders typischer latenter Fehler ist darin zu sehen, daß die akutelle und konzipierte Anlage in der Zeichnung nicht übereinstimmen. Bei der Inbetriebnahme werden die meisten latenten Fehler entdeckt und beseitigt.

4 Elemente des Risikomanagements bei gefährlichen Industrieanlagen   105

Beim Abriß der Anlage besteht das Problem, daß die mit der Anlage betrauten Personen auf Grund der Lebensdauer der Anlage in aller Regel nicht mehr zur Verfügung stehen. Besondere Gefahren sind somit nicht mehr präsent.

Die Wartung von Gefahrenabwehrkräften ist sehr bedeutsam. Es muß regelmäßig geübt werden. Dabei sind die Kommmunikationskanäle und die Ausrüstung zu überprüfen und auf ihre Funktion zu testen.

4.5.4 Organisation von Änderungen an der Anlage/Betriebsweise

Bei Änderungen an verfahrenstechnischen Anlagen fallen die meisten Fehler an. Bei den Anfahr- und Abfahraktivitäten kommen in die Anlage viele Beteiligte, die nur vorübergehend anwesend sind und die genaue Situation nicht kennen. Ein besonderes Problem stellen hier die Bedienungsanleitungen dar. Diese werden häufig nur für den Normalbetrieb erstellt. Bei Abweichungen und Änderungen, die oft von Betriebsfremden unternommen werden, fehlt die Kenntnis der gesamten Anlage. Änderungen an der Anlage sind prädestiniert für latente Fehler. Das Top-Management kann die für die Änderung erforderlichen Kenntnisse nicht haben. Dadurch gibt es die Möglichkeit für latente Fehler. Abhilfe schafft hier eine gewissenhafte Kommunikation. Langfristige Änderungen, die sich aus dem Verlauf der Lebensdauerkurven der Anlage ergeben, erfordern im Laufe der Zeit eine Verschiebung des Schwerpunktes in der Sicherheitsorganisation. Beim Managerwechsel (z.B. wird das vom Anlagenbetreiber oft als Karrieremodell angewandt) wird oft wenig Information über den derzeitigen Stand der Anlage weitergegeben. Die Betriebsbeschreibungen sind häufig Beschreibungen der Anlage im Anfangszustand. Probleme bestehen hinsichtlich der Unterscheidung zwischen großen und kleinen Änderungen. Obwohl Änderungen als kleine aufgefaßt werden, können sie manchmal Konsequenzen für die ganze Anlage haben. Dies kann mit Sicherheit nur dann ausgeschlossen werden, wenn die Anwendung systemanalytischer Methoden bei der Beurteilung der Systemsicherheit auch nach kleinen Änderungen angewandt wird. Insbesondere Ergänzungen von Meß-, Steuer- und Regelteilen, die von ihrem Charakter her kleine Änderungen sind, können ganz wesentlich für den Gesamtablauf der Anlage sein. Dies gilt insbesondere auch für Software-Änderungen, da diese stets nur im Betrieb getestet, aber niemals von vornherein auf „Sicherheit" geprüft werden können. Es gibt zur Zeit keine Korrelation zwischen der Größe der Änderung und der möglichen Unfallauswirkung. Daraus folgt, daß auch kleine Änderungen große Konsequenzen haben können, diese wiederum bedingt, das bei allen Änderungen systematische, sicherheitsanalytische Folgebewertungen unternommen werden müssen. (Zur Unterscheidung zwischen kleiner und großer Änderung vgl. Beitrag von Steinbach, Kap. 7.1 in dieser Monographie.)

4.5.5 Management Dritter

Die Beschäftigung von Drittfirmen in Anlagen wächst an. Die Organisation der Sicherheit ist in aller Regel darauf nicht hinreichend ausgerichtet. Dies ist eine Quelle für typische latente Fehler. Der Trend geht beim Einsatz von Fremdfirmen in Richtung von „schlüsselfertigen" Anlagenteilen oder Teilanlagen, die in Auftrag gegeben werden. Hier tritt folgendes Problem auf. Die Sicherheitsstandards und Sicherheitskonzepte der verschiedenen an einem Anlagenbau beteiligten Gruppen müssen vergleichbar sein. Bisher wurde dieses Problem immer so angegangen, daß die Sicherheitsstandards des Auftraggebers in die Verträge formuliert wurden. Dies ist jedoch nicht hinreichend. Viele sicherheitstechnische Details sind nicht in dieser Detailliertheit definierbar. Sie sind Ausdruck einer „Sicherheitsphilosophie". Der Übergang vom Bau zur Inbetriebnahme des Anlagenteils, der durch die Firma hergestellt worden ist, muß als kritisch angesehen werden. Als vorteilhaft haben sich für die Lösung dieser Probleme offene und langfristige Geschäftsverbindungen zwischen Drittfirmen und Auftraggebern erwiesen. Dadurch können auch bestimmte Verantwortlichkeiten bezüglich der Gestaltung des Designs an die Drittfirmen übertragen werden [9]. Es besteht eine Schwierigkeit bei der Überprüfung der Einhaltung von Herstellungsstandards bei den Drittfirmen.

Insbesondere wenn Drittfirmen für mehrere Anlagenbetreiber unterschiedlichster Art arbeiten, führt die Verwischung von „Sicherheitsphilosophien" und Konzepten zu Verwirrungen. Dies können die Quellen von latenten Fehlern sein. Bei kleinen und mittleren Unternehmen bestehen insbesondere Probleme mit der Aufsicht bei der Arbeit von Fremdfirmen. Dies ist insbesondere daran zu sehen, daß oft keine ausreichenden Spezialkenntnisse für diese Überwachung vorhanden sind. Probleme treten dann bei der Inbetriebnahme und Handhabung der neuen Technik auf, die von der Fremdfirma installiert wurden. Dieses Problem kann mit Spezialtraining der Auftraggeberfirma gelöst werden. Die Überwachung der Fertigkeit und Qualifikation der Fremdfirmen ist dem Auftraggeber meist entzogen. Dies gilt insbesondere dann, wenn die Fremdfirma ihrerseits noch Fremdfirmen zum Einsatz bringt. Lösungsmöglichkeiten bieten hier die konsequente Anwendung von einheitlichen Qualitätssicherungssystemen. Bei der Beschäftigung von ausländischen Arbeitskräften ist es erforderlich, eine gemeinsame Sprachbasis zu haben.

4.6 Erfüllung der Anforderungen an einer Sicherheitsorganisation

Welche Organisationsform ist in der Lage, die Anforderungen effektiv und zuverlässig zu meistern?

Unternehmen haben vielfältige Organisationsformen entwickelt. In der Regel sind dies gelebte Organisationsformen, d.h. sie haben sich urwüchsig mit den

Aufgaben herausgebildet. Dabei stand im Vordergrund die Bewältigung des grundlegenden Zieles der Aktivität, nämlich die Anlage wirtschaftlich zu betreiben, ein Produkt herzustellen und zu verkaufen. Mit dem Hinzutreten von externen Anforderungen des Umweltschutzes, der Arbeitssicherheit und schließlich der Umweltsicherheit sind Zug um Zug neue Einheiten den bestehenden Organisationen hinzugefügt worden. Diese gewachsenen Strukturen können grob in ihrer allgemeinen Organisationsform unterschieden werden:

Krankhafte Organisation

In dieser Organisation werden sicherheitstechnische Informationen negiert oder unterdrückt.

Formale Organisation

Dieser Organisationstyp regelt Sicherheitsfragen vornehmlich durch strikte Regeln und Vorschriften. Eine Änderung des Regelsystems erfolgt erst durch Erkenntnisse aus Unfällen.

Schöpferische Organisation

Bei diesem Organisationstyp werden überdurchschnittliche Standards für die Sicherheit gelegt. Dabei werden die Sicherheitsziele kontinuierlich der Entwicklung angepaßt. Dieser Organisationstyp ist durch einen offenen Informationsfluß, stetige Zusammenarbeit und Verantwortungsdelegation auf kleine Einheiten charakterisiert. In diesen Organisationen werden Probleme frühzeitig erkannt und dadurch Unfälle weitgehend vermieden.

Die Mehrzahl der bestehenden Organisationsformen sind vom Typ „formale Organisation" mit Tendenz zu „schöpferischer Organisation". Letztere Tendenz gilt vor allem für die größeren Firmen, die erkannt haben, daß die formale Regelung des Betriebsablaufes in unüberschaubaren großen Einheiten faktisch zur Wirkungslosigkeit verdammt ist. Es entsteht ein „Anweisungsdschungel" und damit verbunden eine schwindende Akzeptanz des unternehmerischen Willens, die Sicherheit in die Praxis umzusetzen. Die sich herausbildenden isolierten „Erfahrungswerte" machen die Betriebsführung uneffektiv und intransparent.

Daraus läßt sich schlußfolgern, daß die Anforderungen an die Organisation insbesondere dann als erfüllt erscheinen, wenn:

- die Unternehmensziele für den Umweltschutz und die Anlagensicherheit in klaren Leitlinien formuliert sind,
- eine „corporate identity" in Sachen Umweltschutz und Sicherheit besteht,
- bezüglich der Leitlinien und den daraus entwickelten internen Umsetzungen eine Mitwirkungsmöglichkeit besteht,
- die verantwortliche Umsetzung in überschaubare Einheiten durchgeführt und die Eigenverantwortung gestärkt wird,
- ein offener Informationsfluß zwischen den Einheiten hergestellt ist,
- Hierarchien durch Matrixzuständigkeiten weitgehend ersetzt sind,

- Mitarbeiter auf allen Ebenen/Einheiten systematisch und kontinuierlich weitergebildet bzw. trainiert werden,
- zwischen dem Unternehmen und Dritten (Behörde, Sachverständige, Öffentlichkeit) ein offener Informationsaustausch besteht.

Natürlich geht es auch bei einer fortschrittlichen Unternehmensorganisation nicht ohne die Fixierung von Betriebsanweisungen und Regeln. Diese Niederlegung ist aber flexibel, mitbestimmt und aktuell zu halten. Es hat sich bewährt, diese Regeln in einem Umweltschutzhandbuch zusammenzufassen [10]. In dem Handbuch wird die umfassende Dokumentation des Umweltschutzsystems vorgenommen.

In dem Handbuch wird verankert, wie in Unternehmen in welcher Weise die Umweltschutzanforderungen erfüllt werden. Insoweit genügt dies dann den Anforderungen des § 52a Bundesimmissionsschutzgesetz. Dabei wird sowohl der Planungsbereich, Bau, Betrieb und die Stillegung der Anlage berücksichtigt. Das vorgeschlagene Umweltschutzhandbuch hat folgenden Inhalt:

- Leitlinien
  (Aussagen zur strategischen Zielsetzung zum Umweltschutz/Sicherheit; Unternehmensprinzipien),
- Externe Anforderungen
  (Zusammenstellung der relevanten rechtlichen und sachlichen Anforderungen aus Gesetzen, Verordnungen, technischen Regeln, Auflagen aus Genehmigungsbescheiden, etc.),
- Vorgaben zur Systemdurchdringung
  (Formulierung der Umsetzungsbedingungen der Leitlinien im Bezug auf spezifische Bedingungen in z.B. unterschiedlichen Standorten),
- Aufbauorganisation
  (Formulierung der Organisationsart, sächliche und personelle Ausstattung der Einheiten, Einbindung der Betriebsbeauftragten, Regelung ihrer Befugnisse, Ansprechstellen, etc.),
- Ablauforganisation
  (Festlegung der Informationsflüsse und Befugnisse anhand der Analyse des dynamischen bestimmungsgemäßen Betriebsablaufes Ablauffolge bei Betriebsstörungen; Durchsetzung der „corporate identity" auf allen Ebenen),
- Standards/Richtlinien
  (Umsetzung der externen Anforderungen in betriebsinterne Standards, Ausfüllen der Lücken, z.B. des technischen Regelwerkes durch firmeninterne Vorschriften. Bei der Erarbeitung dieser Standards/Richtlinien ist auf die Mitwirkung durch die Betroffenen zu achten und das System flexibel zu gestalten, da eine ständige Anpassung an die Fortentwicklung des Standes der Sicherheitstechnik notwendig ist. An diese Standards/Richtlinien sind notwendige Festlegungen auch bezüglich der Ablauf- und Aufbauorganisation, zu berücksichtigen. Die Bearbeitung der Standards/Richtlinien nimmt im Umweltschutzhandbuch eine zentralen Stellung ein),

4 Elemente des Risikomanagements bei gefährlichen Industrieanlagen   109

- Umweltschutzanweisungen
  (spezielle auf den Schutz der Umweltmedien bezogene Anweisungen, die ihre Verankerung in der Aufbau- und Ablauforganisation haben),
- Überwachungsmaßnahmen/Audits
  (Festlegung von Verfahren und Zuständigkeiten für die Überwachung der Einhaltung der Bestimmungen des Umweltschutzhandbuches und seiner materiellen Anforderungen. Regelmäßige Audits sind geeignet, die Qualität und Validität der getroffenen Festlegungen zu prüfen und zu dokumentieren),
- Aktualisierung
  (Das Umweltschutzhandbuch muß in regelmäßigen Abständen auf den neuesten Stand gebracht werden. Jede Änderung der externen Anforderungen, sowie Verschiebungen der Betriebstätigkeit [z. B. neue Aktivitäten, Änderungen in der Anlage/Betriebsweise] und neue Erkenntnisse zum Stand der Technik sind schnell und zuverlässig in die jeweiligen Abschnitte des Umweltschutzhandbuches fortzuschreiben. Es sollte eine konkrete Stelle im Betrieb für die zentrale Fortschreibung des Handbuches eingerichtet werden).

Die Erarbeitung einer solchen Dokumentation ist zeitraubend und kostenintensiv. Im Wesen entspricht es einer Umorganisation, in vielen Bereichen auch dem einer Neuorganisation; – und sie ist nie vollständig abgeschlossen. Der Weg ist das Ziel. Bezüglich des Zeitrahmens, in welchem die Organisationsänderung durchgeführt werden kann, sind keine festen Angaben zu machen. Die Geschwindigkeit hängt von Art und Umfang des betrieblichen Komplexes sowie von der Entschlossenheit, die Organisationsänderung durchzuführen, ab. Bei schnellen Umorganisationen ist insbesondere darauf zu achten, daß Entwicklungen in allen Bereichen des Unternehmens mit gleicher Geschwindigkeit durchgeführt werden, damit keine Verzerrungen zwischen alten und neuen Organisationsformen entstehen.

4.7 Regionalbezogenes Risikomanagement – Störfallinienmanagement

Chemikalien durchlaufen einen Lebenszyklus, der hinsichtlich seiner räumlichen und zeitlichen Dimension charakterisiert werden kann. Sie hinterlassen eine Spur. Art und Ausmaß, diese Spur zu bestimmen, ist Aufgabe der jungen Wissenschaft von den Stoffströmen und Produktlinienuntersuchungen. Beachtliches ist dabei schon zu Tage gefördert worden. Es wurden die vielfältigen Verästelungen, in die sich Chemikalien auf ihrem „Lebensweg" aufspalten, aufgezeigt, die Rückführungen durch Schließen von Kreisläufen etc. An den Wegrändern der Stoffspuren fallen die Emissionen und Abfälle an, die als Einträge in die Umweltmedien weiterverfolgt werden können. Hier hinterlassen die Stoffe Eindrücke, schädliche Wirkungen auf Mensch und Umwelt.

Abhängig von der Charakteristik der Stoffe und ihrem mengenmäßigen Eintrag hinterlassen diese ihre Spuren, die unter Umständen noch nach Jahrzehnten zu spüren sind. Aber nicht nur die langfristig sich entwickelnden negativen Folgen sind bedeutsam, sondern es passieren auch Unfälle mit chemischen Stoffen. Dabei werden die gefährlichen Potenzen dieser Stoffe unmittelbar sichtbar. Bisher ist diese offen sichtbare Spur noch wenig untersucht worden. Dies mutet erstaunlich an, ist aber aus der chemiepolitischen Debatte erklärbar [11]. Das Verborgene der Stoffströme aufzudecken, hat den Blick auf das Sichtbare verstellt. Dennoch erleichtert wiederum die Kenntnis der einst verborgenen Stoffströme die geschlossene Zeichnung der sichtbaren Punkte auf der Karte des Chemienetzes.

Die aus der Stoffstromanalytik gewonnenen Erkenntnisse beginnen, sich in zeitgemäße Stoffmanagementsysteme zu entwickeln, z.B. im Bereich der Textilchemikalien [12]. Das unfallbezogene Störfallmanagement beschränkt sich derzeit lediglich auf die isolierten Punkte des Chemienetzes, die durch die klassischen Unfallschwerpunkte charakterisiert sind. Ein systematisches Störfallmanagement entlang der Linie des Stoffpfades existiert nicht. Ein solches Linienmanagement erscheint aber nötiger denn je.

Werden die meisten Erfahrungen mit Stoffen und deren Umgang an der Quelle der Stoffe während ihrer Synthese gemacht, ist der Bedarf an diesen Stoffinformationen am größten bei den Anwendern am entfernten Flußlauf des Stoffes.

Der Fluß der sicherheitsrelevanten Informationen entspricht in Qualität und Quantität nicht dem Fluß des Stoffes. Daraus ergeben sich Defizite, die nicht unwesentlich zum Unfallgeschehen am Wegrand des Stoffflusses beitragen. So steigen die Unfallhäufigkeiten, bezogen auf die gehandhabte Menge eines Stoffes, mit wachsender Entfernung vom Produzenten [13].

Die Handhabung gefährlicher Stoffe erfordert ein hohes Maß an aktueller Information über deren Charakter. Dieses setzt eine ausreichende Kapazität an Sachverstand voraus. Zu unterscheiden sind zwei Bereiche, in die chemische Stoffe fließen:

- Bereich der chemischen Industrie,
- Bereich der Anwendung chemischer Stoffe.

Im ersten ist in der Regel der Sachverstand vorhanden, handelt es sich doch um den Kernbereich der Industrie, die mit der Umwandlung derartiger Stoffe zu tun hat. Unterschiede existieren aber zwischen großen und kleinen Betrieben, insbesondere hinsichtlich der Kapazität der einschlägigen Fachkräfte. Im kleinen spezialisierten chemischen Betrieb kann die erforderliche kontinuierliche Beobachtung der Erkenntnisentwicklung bezüglich der sicherheitsrelevanten Information schnell zum Problem werden, da die personellen und materiellen Kapazitäten dafür nicht ausreichen. Kenntnisse und Praktiken veralten. Dadurch können ernste Defizite bezüglich der Sicherheit und Unfallvermeidung auftreten.

Die zweite Gruppe ist weitaus komplexer und reicht vom gewerblichen Groß- bis zum privaten Einzelverbraucher. Bei Ersterem ist in der Regel ein

Sachverstand vorhanden, wenn auch nicht so spezifisch wie im Kernbereich der chemischen Industrie. Auch können auf Grund der ökonomischen Potenzen die erforderlichen Kapazitäten für eine hinreichend kontinuierliche Beobachtung der Erkenntnisentwicklung besser vorgehalten werden. Dennoch liegt auf Grund der Branchenferne das Hauptaugenmerk in der Regel nicht auf den Stoffgefahren. Bei kleineren Betrieben dieser Gruppe geht die Entwicklung der Stoffunkenntnis noch schneller vonstatten als im oben genannten Kernbereich der chemischen Industrie.

Beim privaten Verbraucher schließlich ist mit einer Kenntnis, die über das hinausgeht, was mit dem Erwerb des chemischen Produktes vermittelt wird (Gebrauchsanweisung, Beipackzettel), nicht zu rechnen.

Störfallinienmanagement

Zur Verbesserung des Informationsflusses und damit Minderung der Gefahren beim Umgang mit chemischen Stoffen in den skizzierten Bereichen, bietet sich ein einheitliches Störfallinienmanagement an.

Aus sachlichen Erwägungen sowie ethischen Gründen der Verantwortung ist die chemische Kernindustrie diesbezüglich in die Pflicht zu nehmen. Diese Verantwortung wird im Grundsatz auch anerkannt [5]. Folgende Grundforderungen sind an ein solches Störfallinienmanagement zu stellen:

- Organisation des Informationsflusses an den Stoffstromlinien (aktive Information, Beratung und Ausbildung von Fachkräften),
- Erhebung der Erfahrungen (z. B. Unfallauswertungen) an den Stoffstromlinien,
- Organisation der Hilfeleistung bei Unfällen an den Stoffstromlinien.

Elemente des Störfallinienmanagements sind auf den einzelnen Abschnitten der Stoffstromlinien schon in Ansätzen entwickelt (z. B. Transportbereich durch TUIS [9]), die „Insellösungen" sollten aber zu einem integrierten Konzept zusammengefaßt werden. Mögliche Rahmen hierfür werden beispielsweise durch die Anforderungen der Qualitätssicherung (ISO 9000), oder der Ökoaudit-Richtlinie aufgespannt.

Literatur

1. BVerfG, Kalkar-Entscheidung
2. Schaaf R, Wüstenhagen B (1989) Erarbeitung von Mengenschwellen für Stoffe nach Anhang II der Störfall-Verordnung. Forschungsbericht 104 09 108/02, Umweltbundesamt Berlin
3. Pohle H (1991) Chemische Industrie. VCH, Weinheim
4. EU, Draft Proposal for a Council Directive on the Control of Major Accident Hazards Involving Dangerous Substances (COMAH), Brüssel, Februar 1994
5. OECD, Worksop on Prevention of Accidents Involving Hazardous Substances – Good Management Practice-Environment Monographs Nr. 28, Paris 1990
6. Enquete Kommission „Schutz des Menschen und der Umwelt" des Dt. Bundestages Verantwortung für die Zukunft, Economia Verlag, Bonn 1993

7. HSE Dangerous Maintenance, London, 1987
8. OECD, Workshop on Prevention of Accidents Involving Hazardous Substances – The Role of the Human Factor in Plant Operations-, Environment Monographs Nr. 44, Paris 1991
9. Pfeiffer W, Weiß E (1992) Lean Management. ESV, Berlin
10. Adams HW, Eidam G (Hrsg) (1991) Die Organisation des betrieblichen Umweltschutzes, Frankfurter Allgemeine Zeitung, Frankfurt/M
11. Held M (Hrsg) (1988) Chemiepolitik, VCH Verlagsgesellschaft, Weinheim
12. Claus F et al. (1993) Die Organisation des ökologischen Stoffstrommanagements ARGE Textil Dortmund (Veröffentlichung in Vorbereitung)
13. OECD Indicator of accidents involving hazardous substances, ENV/EPOC/ACC(92)1 v. 15.04.1992, Paris

*Störfällen vorbeugen –
Sicherheitsmanagement*

5 Grundsätze

5.1 Arbeitssicherheitsmanagement – Mit Organisation und Delegation Risiken einschränken

J. Schliephacke

5.1.1 Sicherheit im Zusammenhang gesehen

Arbeitssicherheit (und Gesundheitsschutz) sowie der damit im Zusammenhang stehende Umweltschutz sind notwendige Voraussetzungen für jedes Unternehmen auf dem Weg zum Unternehmens- bzw. Arbeitserfolg. Sie haben den gleichen Stellenwert wie Arbeitsqualität und -quantität, also wie das Arbeitsergebnis. Jedes Unternehmen muß zum Erreichen des gesteckten Unternehmenszieles die Gesundheit der eigenen Mitarbeiter schützen: In erster Linie aus humanitären Gründen, aber auch deshalb, weil der Mensch für das Unternehmen der wichtigste Produktionsfaktor ist und jeder krankheitsbedingte Ausfalltag wirtschaftliche Nachteile bringt (Abb. 5.1).

Es gilt aber auch den Menschen außerhalb des Betriebes und die Umwelt zu schützen.

Gesetz- und Verordnungsgeber gehen in letzter Zeit mehr und mehr dazu über, die unternehmerischen Pflichten zur Gewährleistung der Arbeitssicherheit (und des Gesundheitsschutzes) sowie des Umweltschutzes im Zusammenhang mit der Analgensicherheit und dem Verbraucherschutz in rechtsverbindlichen Vorschriften zu regeln.

Arbeitssicherheit bedeutet: Sicherheit und Gesundheitsschutz am Arbeitsplatz. Sie ist das Ziel aller Maßnahmen der Investition, Organisation und Führung, die sich aus den staatlichen Arbeitsschutz- und berufsgenossenschaftlichen Unfallverhütungs-Vorschriften ableiten.

Da Maßnahmen zur Arbeitssicherheit in der Regel auch Maßnahmen zum Umweltschutz erfordern, müssen beide Begriffe im Zusammenhang gesehen werden (Beispiel: Maßnahme zum Schutz der Arbeitnehmer vor Gefahrstoffen erfordert zwangsläufig auch eine geregelte Entsorgung der am Arbeitsplatz beseitigten Gefahrstoffe). Umweltschutz muß bei allen Maßnahmen der Investition, Organisation und Führung mit berücksichtigt werden. Diese müssen

Abb. 5.1

vom Unternehmer und allen sonstigen Verantwortlichen im Rahmen des Arbeitsprozesses ergriffen werden.

Umweltschutz schließt die Gewährleistung der Anlagensicherheit ein, die außer Anforderungen an die Sicherheitstechnik an organisatorische Maßnahmen stellt, die dann von den Führungskräften umgesetzt und den Mitarbeitern in der Praxis beachtet werden müssen.

In diesem Zusammenhang muß auch die Produktsicherheit gesehen werden. Produktsicherheit bedeutet: Gewährleistung der technischen Sicherheit an Anlagen, Maschinen und Geräten für den Anwender (Betreiber). Dazu

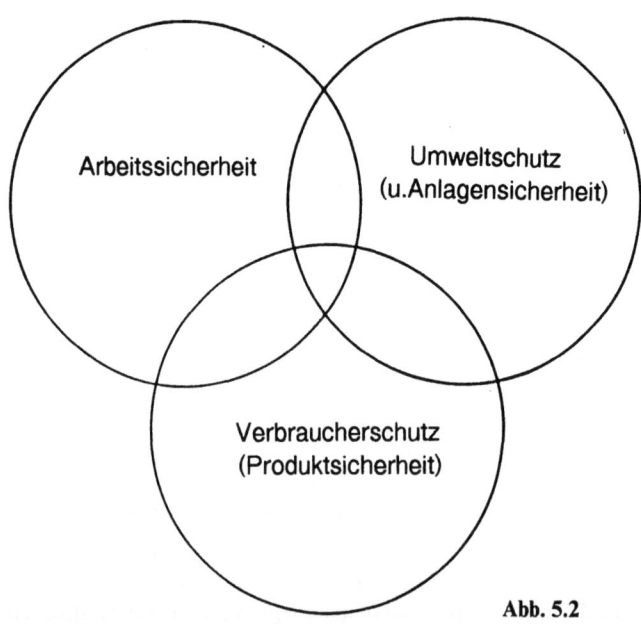

Abb. 5.2

5.1 Arbeitssicherheitsmanagement

müssen vom Hersteller Maßnahmen der Investition, Organisation und Führung ergriffen werden, die in der Konstruktionsphase beginnen, bei der Produktion praktisch verwirklicht, durch die Produktinformation für den Anwender verdeutlicht und deren Wirksamkeit im Wege der Produktbeobachtung kontrolliert werden.

Ein hoher Sicherheitsstandard ist aber auch ein Gütesiegel für das Unternehmen. Defizite in der Sicherheit lassen in der Regel negative Rückschlüsse auf das Arbeitsergebnis und die Unternehmensführung zu. Das Firmenimage steht auf dem Spiel.

Arbeitsunfälle werfen aber auch ebenso wie Verstöße gegen den Umweltschutz immer wieder die Frage nach einer möglichen Verletzung von Unternehmer- und Führungspflichten auf. Somit können sich für Führungskräfte aller hierarchischen Ebenen haftungsstraf- und arbeitsrechtliche Konsequenzen ergeben.

5.1.2 Arbeitssicherheits-Organisation und Aufgaben auf gesetzlicher Grundlage

Die Gewährleistung der umfassenden Sicherheit im Unternehmen ist Führungsaufgabe. Die Pflicht hierzu ergibt sich generell aus den allgemeinen Grundsätzen des Bürgerlichen Gesetzbuches. Der Unternehmer ist dem Mitarbeiter gegenüber aus dem Arbeitsvertrag heraus verpflichtet, sichere „Räume, Verrichtungen und Gerätschaften" zu schaffen und zu unterhalten, sowie „Dienstleistungen so zu regeln", daß die Sicherheit gewährleistet ist (§ 618 Abs. 1 BGB). Fremden (außenstehenden) Personen gegenüber hat der Unternehmer im Rahmen der ihm obliegenden „Verkehrssicherungspflicht" dafür zu sorgen, daß diese durch seine Anlagen, Einrichtungen und Verrichtungen keinen Schaden erleiden (§ 823 BGB). Diese Unternehmerpflichten erfordern neben technischen Einrichtungen insbesondere Maßnahmen der Organisation und Menschenführung.

Maßnahmen zur Gewährleisutng der Arbeitssicherheit in Form von Investitionen, Organisation und Führung leiten sich aus der arbeitsvertraglich begründeten Fürsorgepflicht, aber auch aus staatlichen Arbeitsschutz- und berufsgenossenschaftlichen Unfallverhütungsvorschriften ab.

Diese Maßnahmen sind in einer Reihe von Gesetzen, Verordnungen und Unfallverhütungsvorschriften zwingend festgelegt. Darüber hinaus sind sie als Vorgaben in den allgemeinen anerkannten Regeln der Technik und Sicherheitstechnik (insbesondere Normen, z. B. DIN, VDE, ministerielle Richtlinien) geregelt, sowie in „arbeitswissenschaftlichen Erkenntnissen" (z. B. arbeitsmedizinische Grundsätze) enthalten. Von diesen Vorgaben kann der Unternehmer abweichen, wenn er die gleiche Sicherheit auf andere Weise gewährleisten kann, was er allerdings „im Ernstfall" beweisen müßte.

Für die Arbeitssicherheit sind die Anforderungen an Unternehmer und Führungskräfte insbesondere der Unfallverhütungsvorschrift „Allgemeine Vorschriften" (VBG 1/GUV 1) in klarer Form festgeschrieben. So hat der

Unternehmer „Einrichtungen, Anordnungen und Maßnahmen zu treffen" (§ 2 VBG 1), sowie die „Verantwortungsbereiche der Aufsichtspersonen abzugrenzen und dafür zu sorgen, daß diese ihren Pflichten nachkommen" (§ 13 VBG 1).

Die entsprechenden Pflichten des Arbeitnehmers aus dem Arbeitsvertrag sind in der gleichen Unfallverhütungsvorschrift ebenfalls beschrieben. So hat der Mitarbeiter „die Maßnahmen des Unternehmers und der Führungskräfte zu unterstützen, ihre Weisungen zu befolgen, Schutzausrüstungen zu benutzen, Mängel zu beseitigen oder zu melden" (§§ 14–17 VBG 1).

Neue Impulse erhält das deutsche Arbeitsschutz-Recht durch die Verpflichtung aller EG-Staaten zur Umsetzung der auf Artikel 118a EWG-Vertrag ergangenen Rahmenrichtlinie „Über die Durchführung von Maßnahmen zur Verbesserung der Sicherheit und des Gesundheitsschutzes der Arbeitnehmer bei der Arbeit" (89/391 EWG) und zum Teil schon erlassene Einzelrichtlinien (wie über Arbeitsmittel, persönliche Schutzausrüstung, Handhabung von Lasten, Bildschirmgeräte, Leiharbeitnehmer, biologische und krebserzeugende Arbeitsstoffe, Grenzwerte, Baustellen, Sicherheitskennzeichnung).

Diese Richtlinien (Regelungen für „Betriebs- und Verhaltensvorschriften") stellen Mindestanforderungen für die Sicherheit auf, die von dem einzelnen EG-Staat überschritten dürfen. Hingegen lassen die aufgrund des Artikels 100a EWG (Regelungen für „Beschaffenheitsanforderungen") erlassenen Binnenmarktrichtlinien keine Abweichung zu.

Die EG-Richtlinien führen in der Bundesrepublik zu einer Novellierung einer Reihe von Gesetzen, Verordnungen und Unfallverhütungsvorschriften (letztere haben übrigens in der Bundesrepublik – als einzigen Staat innerhalb der europäischen Gemeinschaft – Gesetzescharakter mit Anwendungszwang). Auch wenn in der Bundesrepublik bisher schon hohe Anforderungen an die Arbeissicherheit gestellt werden, enthalten die EG-Richtlinien nach Artikel 118a EWG-Vertrag dennoch weitere zusätzliche Anforderungen, die eine Umsetzung in nationales Recht erforderlich machen. Hieraus läßt sich ersehen, welcher hohen Ziele sich die in den EG-Richtlinien aufgestellten Mindestanforderungen gesetzt haben.

Herausragende Bedeutung hat das „Arbeitsschutz-Rahmengesetz". Darin sollen in Zukunft in die Präventionsmaßnahmen zur Gewährleistung der Vorgaben für Sicherheit und Gesundheitsschutz z. B. die sog. „arbeitsbedingten Erkrankungen", die über listenmäßig erfaßten Berufskrankheiten hinausgehen, einbezogen werden, die Verpflichtung des Unternehmers zur Gefahrenbekämpfung „an der Quelle", die Berücksichtigung aller aus der Arbeitsumwelt auf den Arbeitsplatz einwirkenden Gefahren (Humanisierung) und die Berücksichtigung des „Standes der Technik" im gesamten Bereich des Arbeitsschutzes.

Die rechtlichen Grundlagen für die jedes Unternehmen so wichtigen Maßnahmen der Organisation, Delegation und Mitarbeiterführung, die sich schon bisher bewährt haben, werden in ihrem wesentlichen Inhalt unverändert im Arbeitsschutz-Rahmengesetz geregelt. Sie waren bisher nicht so deutlich für

5.1 Arbeitssicherheitsmanagement

jedermann erkennbar und leicht verständlich festgeschrieben und noch dazu in verschiedenen gesetzlichen Vorschriften enthalten. Auch die bisher im Arbeitssicherheitsgesetz enthaltenen ergänzenden Regelungen für eine komplexe Arbeitssicherheitsorganisation sind fast unverändert im Arbeitsschutz-Rahmengesetz aufgenommen worden.

Dort, wo die Mindestanforderungen noch nicht in Unfallverhütungsvorschriften berücksichtigt sind, werden Anpassungen bzw. Erweiterungen erforderlich. Die Unfallverhütungsvorschriften werden insoweit Korrekturen bzw. Nachbesserungen erfahren. Es zeichnet sich allerdings ab, daß die Unfallverhütungsvorschrift „Allgemeine Vorschriften" (VBG 1) in ihrem wesentlichen Inhalt unverändert bleiben wird.

Für die Unternehmen ändert sich also in allen Grundsatzfragen für Organisation der Arbeitssicherheit und der Delegation von Aufgaben und Verantwortung zur Gewährleistung des Arbeitssicherheitsstandards nichts Entscheidendes. Lediglich die Pflicht zur Erfüllung zusätzlicher Aufgaben – bedingt durch die Harmonisierung der EG-Richtlinien – wird in bestimmten näher bezeichneten Fällen zu einer Änderung oder Ergänzung führen.

Nach alledem bietet es sich an, diese für die Arbeitssicherheit geltenden allgemeinen Organisations- und Führungsgrundsätze als Grundlage für das gesamte Sicherheitsmanagement im Rahmen einer wirtschaftlichen Unternehmensführung anzuwenden. Für die Arbeitssicherheit getroffene klare Rege-

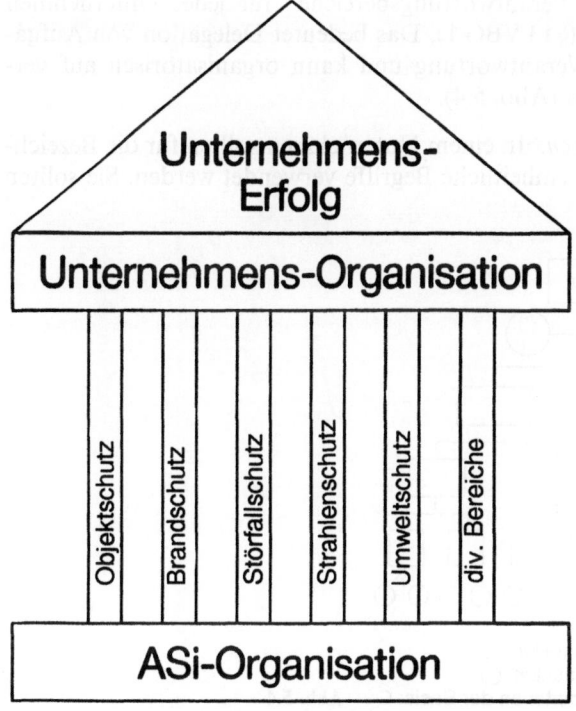

Abb. 5.3

lungen der Aufbau- und Ablauforganisation sowie entsprechendes Führungsverhalten können auch „Garanten" für ein reibungsloses Funktionieren des Unternehmens „rundherum" sein.

5.1.3 Arbeitssicherheitsorganisation als Fundament für „gerichtsfeste" Sicherheitsorganisation

Nach dem Rechtssystem der Bundesrepublik haben Unternehmer und alle Führungskräfte eigenständige Führungspflichten in ihrem jeweiligen Aufgaben- und Zuständigkeitsbereich. Das folgt logisch aus der in jedem Unternehmen vollzogenen Delegation von Aufgaben, Kompetenzen und Verantwortung. Da der Unternehmer die umfassende Gesamtverantwortung trägt, muß er abgegrenzte Verantwortungsbereiche schaffen. Das tut er durch Einsatz von Führungskräften, die in den einzelnen zugewiesenen Bereichen für den Unternehmer die Führungs-(Aufsichts)-verantwortung tragen. Von seiner eigenen Verantwortung wird der Unternehmer durch die Delegation nicht entlastet.

5.1.3.1 Grundlagen der Unternehmensorganisation

Organigramm. Der Unternehmer ist in seiner Entscheidung darüber, welche Organisationsform er seinem Unternehmen im Hinblick auf den Produktions-(Arbeits-)ablauf geben will, frei. Für die Gewährleistung der Arbeitssicherheit ist die „Abgrenzung der Verantwortungsbereiche" für jedes Unternehmen zwingend vorgeschrieben (§ 13 VBG 1). Das bedeutet Delegation von Aufgaben, Kompetenzen und Verantwortung und kann organisatorisch auf verschiedene Weise geschehen (Abb. 5.4).

Hierarchische Bezeichnungen. In einem Unternehmen sollten für die Bezeichnung von Stelleninhabern einheitliche Begriffe verwendet werden. Sie sollten

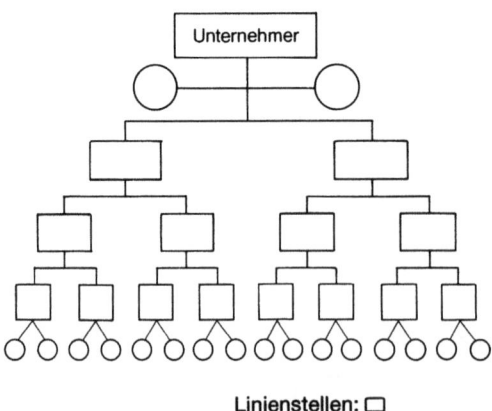

Linienstellen: □
Stabsstellen: ○
Mitarbeiter an der Basis: ○   Abb. 5.4

5.1 Arbeitssicherheitsmanagement

sich an der Aufgabenstellung und der Bedeutung der in diversen Gesetzen verwendeten Bezeichnungen orientieren, da diese Aufschluß über den Umfang der mit der Stellung verbundenen Verantwortung geben.

Wenn man diese gesetzlichen Bezeichnungen in die Hierarchie eines Unternehmens projiziert, ergibt sich folgendes Bild (Abb. 5.5).

Regelung des Dienstweges. Zur Festlegung der Zuständigkeits- und Verantwortungsbereiche gehört auch die Regelung des Dienstweges.

Der Weg von der Basis zur Spitze geht immer über die unmittelbare Führungskraft an die nächsthöhere Führungskraft und umgekehrt (Abb. 5.6).

Delegationsbereiche. Delegation bedeutet, Zuständigkeitsbereiche zu schaffen, verantwortliche Führungskräfte einzusetzen, Aufgaben und Kompetenzen zuzuteilen und für eine klare Abgrenzung zu sorgen (Abb. 5.7).

Stufe	Stellung	Bezeichnung in Vorschriften
oberste	Z. B. Vorstand Gesellschafter Inhaber	Unternehmer (RVO, VBG) Arbeitgeber (ASiG) Hersteller, Einführer (GSG) gesetzlicher Vertreter, Organe, Dienstberechtigter (BGB) Prinzipal (HGB) Gewerbeunternehmer (GewO)
obere	Z. B. Werksleiter Werksdirektor –technischer Direktor –kaufmännischer Direktor Hauptgeschäftsführer –Geschäftsführer Betriebsleiter (mit ppa.) Hauptabteilungsleiter (mit ppa.)	Leiter des Betriebes (ASiG) Vorgesetzter, Aufsichtsperson, Aufsichtführender (VBG) Erfüllungsgehilfe, Verrichtungsgehilfe (BGB) Beauftragter (OWiG, StGB)
mittlere und untere	Z. B. Betriebsleiter (ohne ppa.) –Fertigungsleiter Hauptabteilungsleiter (ohne ppa.) Abteilungsleiter –Meister Gruppenleiter –Meister –Obermonteur –Polier	Vorgesetzter, Aufsichtsperson, Aufsichtführender (VBG) Erfüllungsgehilfe, Verrichtungsgehilfe (BGB) ausdrücklich Beauftragter (OWiG, StGB)

Abb. 5.5

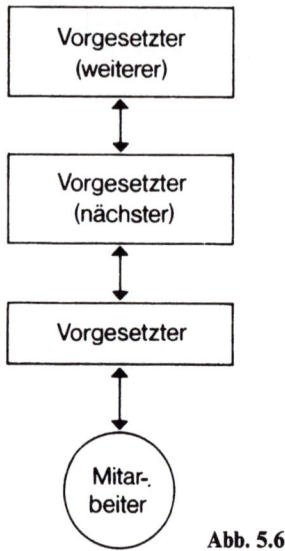

Abb. 5.6

Führungskräfte (FK) nehmen im delegierten Umfang in ihrem zugewiesenen Kompetenz- und Verantwortungsbereich vom Unternehmer abgeleitete Aufgaben wahr (Abb. 5.9).

In einem gut organisierten Unternehmen sollten Umfang und Grenzen jedes Aufgaben- und Verantwortungsbereiches festgelegt und gegeneinander klar abgegrenzt sein: Horizontal und vertikal, Linien- und Stabsbereiche, Fach- und Führungsverantwortung. Nur so ist sichergestellt, daß ein optimales Arbeitsergebnis bei reibungslosem Arbeitsablauf mit sicherer Arbeitsweise gewährleistet ist. Jeder Inhaber einer Linienstelle, einer Stabsstelle und ebenso jeder Mitarbeiter hat seinen eigenen Verantwortungsbereich.

Es lohnt sich, von Zeit zu Zeit die Unternehmensorganisation daraufhin zu überprüfen, wie die Aufgaben verteilt und die Kompetenzen abgegrenzt sind. Stößt man hierbei auf einen kompetenzfreien Raum, muß dieser einem Verantwortungsbereich zugeteilt werden.

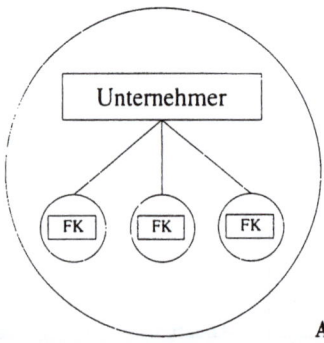

Abb. 5.7

5.1 Arbeitssicherheitsmanagement

Vertikale und horizontale Verantwortung. Jeder Organisationsbereich hat bestimmte Grenzen und Kompetenzen, innerhalb derer sich der Stelleninhaber frei entfalten kann und muß.

Der Linienvorgesetzte ist (ebenso die Führungskraft in einer Stabsstelle) für den ihm unterstellten Bereich verantwortlich. Der Umfang der Verantwortung der einzelnen Stellen muß schon deshalb genau festgelegt und gegenüber anderen abgegrenzt sein, weil auch der Unternehmer bei Verstößen ihm unterstellten Führungskräfte und Mitarbeiter zur Rechenschaft gezogen werden kann.

In der betrieblichen Hierarchie ist jeweils der übergeordnete Linienvorgesetzte für die untergeordnete Führungskraft zuständig und verantwortlich, da sich die Delegation von Aufgaben und Verantwortung nach unten von Stufe zu Stufe in der Hierarchie fortsetzt (Abb. 5.8).

Ebenso muß die Verantwortung auf horizontaler Ebene abgegrenzt sein.

Jede betriebliche Führungskraft eines Organisationsbereiches auf gleicher hierarchischer Stufe ist für ihren Bereich selbst verantwortlich.

Für Bereiche auf gleicher Ebene (z.B. für Konstruktions-, Produktionsbereich oder mehrere gleiche Produktionsbereiche) ist die übergeordnete Führungskraft zuständig und verantwortlich. Sie muß die Verantwortungsbereiche abgrenzen und die Koordination der unterstellten Bereiche untereinander sicherstellen (Abb. 5.9).

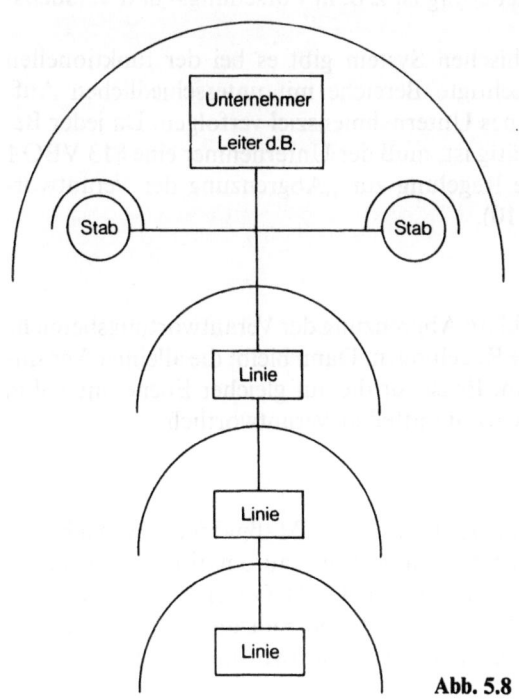

Abb. 5.8

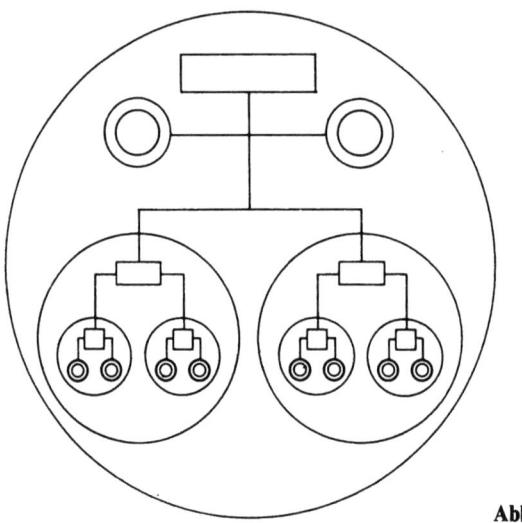

Abb. 5.9

Funktionelle Gliederung. Eine nach Funktionsbereichen (FB) gegliederte Unternehmensorganisation darf nicht darüber hinwegtäuschen, daß auch hier Verantwortungsbereiche für die Arbeitssicherheit abgegrenzt und festgelegt werden müssen. Eine solche Gliederung ist z. B. in Forschungs- und Versuchsbereichen anzutreffen.

Im Gegensatz zum hierarchischen System gibt es bei der funktionellen Gliederung mehrere gleichberechtigte Bereiche mit unterschiedlichen Aufgaben, die jedoch ein gemeinsames Unternehmensziel verfolgen. Da jeder Bereich vom anderen abgegrenzt tätig ist, muß der Unternehmer eine § 13 VBG 1 entsprechende organisatorische Regelung zur „Abgrenzung der Verantwortungsbereiche" treffen (Abb. 5.10).

Entweder:

Der Unternehmer nimmt keine klare Abgrenzung der Verantwortungsbereiche vor, trifft also keine verbindliche Regelungen. Dann bleibt die alleinige Verantwortung (ausschließlich) bei ihm. Er ist für die auf gleicher Ebene unter ihm stehenden Funktionsbereiche (FB) unmittelbar verantwortlich.

Oder:

Der Unternehmer vollzieht durch organisatorische Maßnahmen das nach, was in der klassischen Linien- und Stabsorganisation „automatisch" vorgegeben ist. Er installiert die Funktionsbereiche (FB) als Quasi-Abteilungen und setzt für jeden Funktionsbereich verantwortliche Führungskräfte (FK) ein. Dann würden diese den wesentlichen Teil der Verantwortung tragen (§ 9 Abs. 2 OWiG, § 14, Abs. 2 StGB).

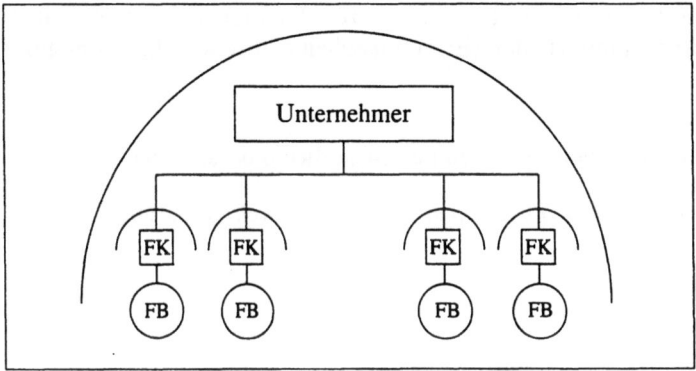

Abb. 5.10

Es empfiehlt sich dringend, der zweiten Lösung den Vorzug zu geben, da der Unternehmer kaum in der Lage ist, die umfassende Verantwortung für die Arbeitssicherheit aller Funktionsbereiche allein zu tragen.

5.1.3.2 Regelungen beim Fremdfirmeneinsatz

Der Sicherheitsstandard in einem noch so vorbildlich organisierten Unternehmen kann schnell verwirtschaftet sein, wenn Fremdunternehmen eingesetzt werden. Betriebsfremde bringen dort leicht Sand ins Getriebe, wo im Normalbetrieb alles reibungslos zu laufen scheint. Deshalb müssen klare vertragliche Absprachen getroffen werden. Ein oder mehrere Beauftragte (z.B. Projektleiter, Bauleiter, Koordinatoren usw.), denen durch ausdrückliche Aufgabenzuweisung (§9 Abs. 2 OWiG) mit Kompetenzabgrenzung spezielle Sicherungspflichten übertragen sind, sollten eingesetzt werden. Eine genaue Festlegung der Aufgaben und Kompetenzen darf nicht fehlen. Auch innerbetriebliche Regelungen (Erlaubnisscheine, Einweisung von Betriebsfremden in den Gefahrenbereich usw.) sind unerläßlich.

Regelungsbedürftige Aufgaben. Erforderliche Regelungen bei der Beschäftigung von Mitarbeitern fremder Firmen sind insb.

- klare Abgrenzung zwischen (selbständiger) Fremdfirma und (unselbständigen) Leiharbeitnehmer. Vertragliche Festlegungen und entsprechende innerbetriebliche organisatorische Maßnahmen.
- Regelung der Aufsichtsführung durch die Fremdfirma gegenüber deren Mitarbeitern und der ergänzenden Sicherheitsüberwachung durch den Auftraggeber.
- Gewährleistung der (gegenseitigen) „Verkehrssicherungspflichten" insb. Einweisung in die beiderseitigen Gefahrenbereiche und Regelung der Koordination.
- Einsatz von diversen Beauftragten (z.B. Bauleiter, Projektverantwortlicher, Koordinator usw.)

– Strikte Beachtung getroffene Regelungen für die Freigabe von Arbeiten durch Fremdfirmenmitarbeiter (Erlaubnisscheine, Freischaltgenehmigungen usw.).

Beispiele: Verkehrssicherungsgefahren und Sicherheitskoordination

1. Beispiel: Gefährdung beim Zusammentreffen von Verkehrssicherungsbereichen

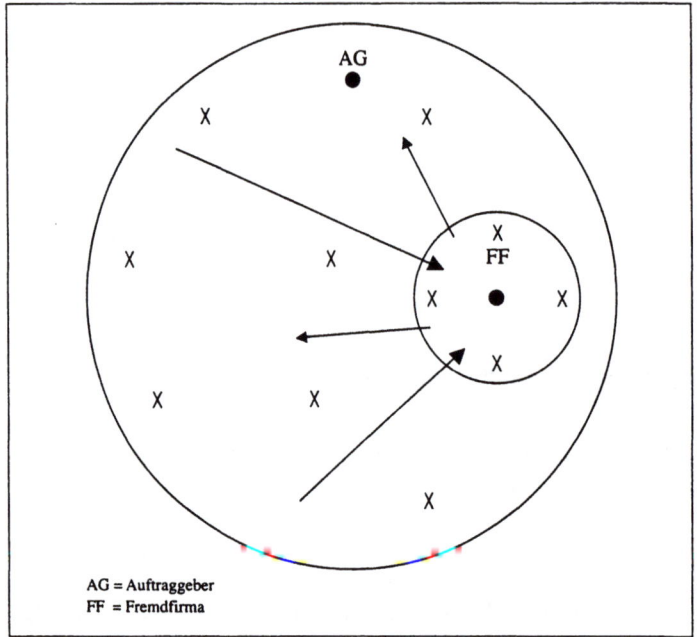

Abb. 5.11

Erläuterungen:
Jeder Unternehmer ist in seinem Zuständigkeitsbereich (durch Kreis dargestellt) für die Sicherheit seiner (unterstellten) Mitarbeiter verantwortlich. Ferner sind der Auftraggeber (AG) und jede Fremdfirma (FF) verkehrssicherungspflichtig, d.h., jeder hat darauf zu achten, daß in seinem (eigenen) „Herrschaftsbereich" (Gefahrenbereich [in der Grafik durch Kreise dargestellt]) durch eingesetzte Arbeitsgeräte, Werkzeuge oder sonstige Arbeitsmittel keine Gefahren für andere Personen oder Sachen entstehen. Betriebswege, Gebäude und sonstige Einrichtungen usw. müssen gefahrlos benutzt werden können.

2. Beispiel: Sicherheitskoordination zur Vermeidung gegenseitiger Gefährdung (Abb. 5.12, Seite 127)

5.1.3.3 Spezielle Arbeissicherheitsorganisation

Sie fügt sich in die allgemeine Unternehmensorganisation so ein, daß Unternehmer und Führungskräfte bei der Erfüllung der Führungsaufgabe Arbeitssicherheit unterstützt werden.

Der Gesetzgeber hat Sicherheitsfachkraft und Betriebsarzt in der betrieblichen Hierarchie ganz oben angesiedelt. Sie unterstehen als Stabstellen für

2. Beispiel: Sicherheitskoordination zur Vermeidung gegenseitiger Gefährdung

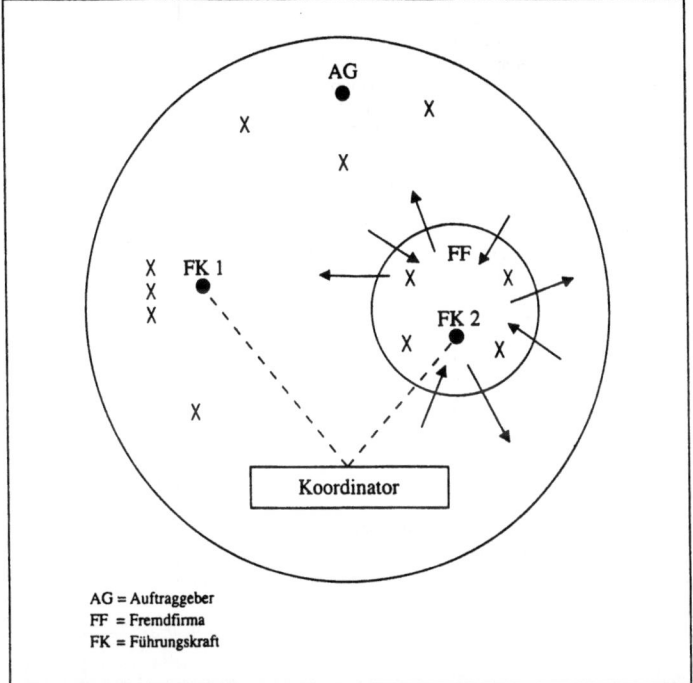

Abb. 5.12

Erläuterungen:
FK 1: Führungskraft im Betrieb des Auftraggebers (AG). Sie ist im Rahmen ihrer Kompetenz zuständig für die Sicherheit ihrer Mitarbeiter.
FK 2: Führungskraft im Betrieb der Fremdfirma (FF). Sie wird mit ihren Mitarbeitern im Betrieb des Auftraggebers tätig. Sie ist für die Sicherheit ihrer Mitarbeiter zuständig und verantwortlich.
Koordinator: Er hat Eingriffsbefugnis (Pflicht), wenn sich Mitarbeiter des Auftraggebers und der Fremdfirma gegenseitig gefährden.

Arbeitssicherheit bzw. als betriebsärztlicher Dienst unmittelbar der Unternehmensleitung („Leiter des Betriebes").

Wie eine Arbeitsschutz-Organisation aussieht, zeigt die (stark vereinfacht dargestellte) hierarchische Gliederung eines Großunternehmens.
Der Vorstand steht an der Spitze. Ihm zur Seite – auf einer sog. „Stabsstelle" – steht der Hauptsicherheitsingenieur (den der Vorstand einsetzen kann, jedoch nicht muß).

Unter ihm steht der Werkleiter (Direktor). Er ist für eine nach Aufgabenbereich und Organisation weitgehend selbständige Unternehmenseinheit zuständig (Der Werkleiter ist Leiter des Betriebs im Sinne des §8 ASiG.). Dem Werkleiter (Direktor) unterstehen, jeweils auf „Stabsstellen", Sicherheitsingenieur und Betriebsarzt (oder Sicherheitsabteilung).

Unter dem Werkleiter stehen sämtliche Vorgesetzten in „Linienfunktion" (Fertigungsleiter, Abteilungsleiter und Gruppenleiter).

Betriebliche Organisation

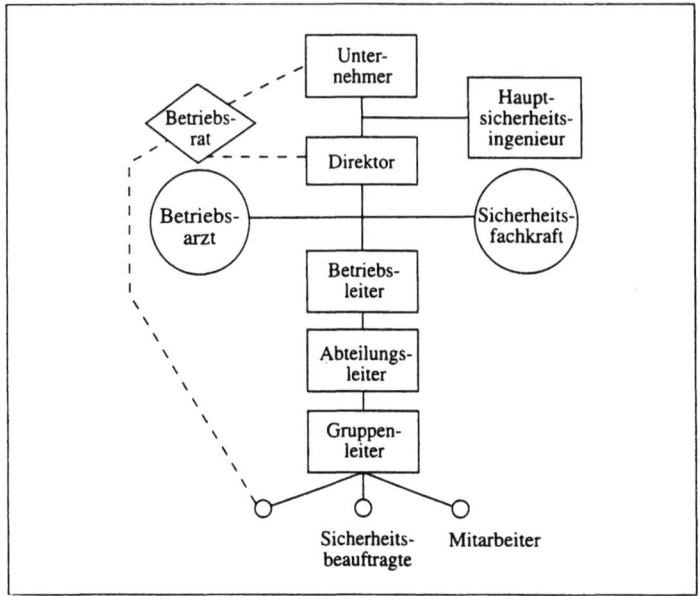

Abb. 5.13

Der Betriebsrat hat eigene Aufgaben für Arbeitssicherheit auf Unternehmerebene und an der „Basis" (nach §§ 80 ff. BetrVG).

Die Mitarbeiter an der „Basis" stellen die Sicherheitsbeauftragten (nach § 719 RVO).

In Mittel- oder Kleinbetrieben gilt im Prinzip das gleiche. Nur ist die Hierarchie entsprechend kleiner. Auch hier kann die Sicherheitsfachkraft „nebenamtlich" eingesetzt werden. So kann also z.B. eine betriebliche Führungskraft, Vorgesetzter, Aufsichtsführender und daneben auch Sicherheitsfachkraft sein. Anstelle eines (eigenen) Betriebsarztes kann ein „außenstehender" Arzt, aber auch ein arbeitsmedizinischer Dienst in Anspruch genommen werden.

5.1.4 Führungspflichten für Arbeitssicherheit

Das Unternehmensziel kann nur erreicht werden, wenn die zur Gewährleistung der Arbeitssicherheit und des Umweltschutzes gesetzlich verankerten Pflichten auf allen Stufen der betrieblichen Hierarchie erfüllt werden. Störungen im Unternehmensgeschehen und im Arbeitsablauf durch Unfälle oder andere Störfälle darf es nicht geben. Deshalb muß jede Führungskraft im Rahmen der bei ihr begründeten Führungsverantwortung ihre Führungspflichten verantwortungsvoll erfüllen. Die wichtigsten Führungs- und Aufsichtsaufgaben sind:

5.1 Arbeitssicherheitsmanagement

- *Einsetzen* („richtige(r) Mann/Frau am richtigen Platz")
- *Anweisen* („sagen, wo es langgeht")
- *Kontrollieren* (sich überzeugen, ob entsprechend gehandelt wird)
- *Melden* („wenn einem das Wasser bis zur Brust reicht")

5.1.4.1 Abgrenzung nach Führungsebenen

Art, Umfang und damit Führungsverantwortung für alle gesetzlich verankerten Pflichten zur Organisation, Auswahl, Aufsicht richten sich nach den im jeweiligen Zuständigkeitsbereich zugewiesenen Aufgaben und Kompetenzen.

Man kann – vereinfacht dargestellt – Führungsaufgaben in zwei große Bereiche aufteilen, in die

- oberste und obere Führungsebene
  und
- mittlere und untere Führungsebene.

Diese grobe Unterteilung kann allerdings nur Anhaltspunkte geben. Maßgebend ist die jeweilige Unternehmensorganisation, vor allem aber die mit unterschiedlichen Kompetenzen ausgestatteten Führungsebenen, für die es keine allgemein verbindlichen Bezeichnungen gibt (siehe Kap. 5.1.3.1).

Führung „oben"

Das oberste und obere Management muß die Voraussetzungen dafür schaffen, daß die eingesetzten Führungskräfte Grundlagen und Richtlinien für die Erfüllung ihrer Führungsaufgaben haben. Ergänzend hierzu müssen die Führungskräfte entsprechend geführt werden (Führung der Führungskräfte).

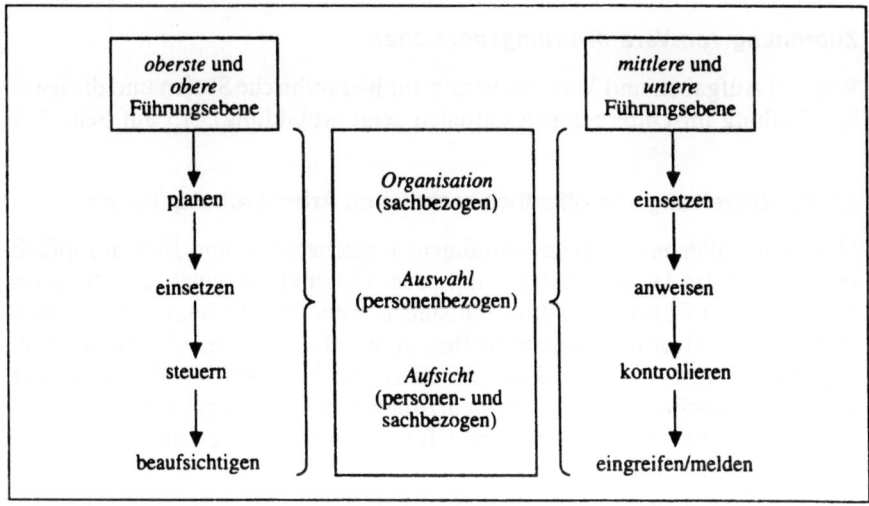

Abb. 5.14

Auf einen Blick:

Organisation

Planen, Ziele setzen, Aufgaben zuteilen, Zuständigkeitsbereiche zuweisen, Kompetenzen abgrenzen, Mittel bereitstellen, Regelungen treffen.

Auswahl

Führungskräfte auswählen, einsetzen.

Aufsicht

Steuern, sich informieren, Konsequenzen ziehen.

Führung „unten"

Führungskräfte der mittleren und unteren Führungsebene müssen Mitarbeiter „vor Ort" führen. Die „von oben" gegebenen Vorgaben und gesteuerten Maßnahmen müssen von den Führungskräften „unten" mit geeigneten Führungsmaßnahmen „vor Ort" durchgesetzt werden.

Auf einen Blick:

Organisation

Arbeiten zuteilen, anweisen, unterweisen.

Auswahl

Mitarbeiter einsetzen, einteilen.

Aufsicht

Motivieren, korrigieren, kontrollieren, eingreifen, melden.

Zuordnung von Verantwortungsbereichen

Wie sich Aufgaben und Verantwortung auf hierarchische Stufen und die jeweilige Stellung im Unternehmen aufteilen zeigt Abbildung 5.15 auf Seite 131.

5.1.4.2 Zuweisung von öffentlich-rechtlichen Arbeitsschutzpflichten

Neben den allgemeinen (eigenständigen) Unternehmer- und Führungspflichten (Kap. 5.1.4.1), die bereits mit der Übernahme einer zugewiesenen Leitungs- oder Führungsfunktion entstehen, wenden sich Gesetze, Verordnungen und Unfallverhütungsvorschriften unmittelbar an den Unternehmer als sog. Normaladressat. Sie stellen besondere Forderungen auf, die den Unternehmer verpflichten, Investitionen vorzunehmen, diverse organisatorische Regelungen zu treffen und bestimmte für die Arbeitssicherheit erforderliche Maßnahmen zu ergreifen.

Der Unternehmer kann unabhängig von den bei jeder Führungskraft „eigenständig" begründeten Führungspflichten – die in Arbeitsschutz- sowie

5.1 Arbeitssicherheitsmanagement

Stufe	Stellung	Aufgaben und Verantwortung	Führungs-pflichten (Zuordnung)
oberstes Management	Vorstand Gesellschafter Inhaber	☐ Grundsatzentscheidungen (Geld, Anlagen, Einrichtungen, Organisation)	Organisation
		☐ Auswahl leitender Führungskräfte	Auswahl
		☐ Einsatz, Betreuung, Führung leitender Führungskräfte	Einsatz
		☐ Aufsicht (Organisation, Person, Sache)	Aufsicht
oberes Management	Werksleiter Werksdirektor – technischer Direktor – kaufmännischer Direktor Hauptgeschäftsführer – Geschäftsführer Betriebsleiter (mit ppa.) Hauptabteilungsleiter (mit ppa.)	☐ Planung ☐ Entscheidungen von Bedeutung ☐ Schaffung von Anlagen und Einrichtungen ☐ Regelung von organisatorischen Einrichtungen und Maßnahmen ☐ Grundsätzliche Anordnungen und Einzelanweisungen	Organisation
		☐ Auswahl von Führungskräften und Mitarbeitern	Auswahl
		☐ Einsatz, Betreuung, Führung von Führungskräften u. Mitarbeitern	Einsatz
		☐ Aufsicht und Kontrollen (Organisation, Person, Sache)	Aufsicht
mittleres und unteres Management	Betriebsleiter (ohne ppa.) – Fertigungsleiter Hauptabteilungsleiter (ohne ppa.) Abteilungsleiter – Meister Gruppenleiter – Meister – Obermonteur – Polier	☐ Durchführung von organisatorischen Maßnahmen ☐ Arbeitsanweisungen (Unterweisungen) ☐ Information ☐ Anweisungen im Einzelfall ☐ Meldung „nach oben"	Organisation
		☐ Auswahl von Mitarbeitern	Auswahl
		☐ Einsatz, Betreuung, Führung von Mitarbeitern	Einsatz
		☐ Aufsicht und Kontrollen (Organisation, Person, Sache)	Aufsicht

Abb. 5.15

Unfallverhütungsvorschriften (auch Umweltschutzgesetzen) an seine Adresse gerichteten besonderen Forderungen durch ausdrückliche Übertragung „nach unten" delegieren (§§ 9 Ordnungswidrigkeitengesetz [OWiG], 14 Strafgesetzbuch [StGB]). Für besondere Pflichten, die sich aus Unfallverhütungsvorschriften ergeben, wird ausdrücklich zur besonderen Klarstellung die schriftliche Bestätigung gefordert (§ 12 VBG 1) (s. Abb. 5.16).

Muster

Übertragung von Unternehmerpflichten
(§§ 9 Abs. 2 Nr. 2 OWiG, 708 Abs. 1 RVO)

Herrn/Frau _____

werden für den Betrieb / die Abteilung*) _____

_____

_____

der Firma _____

_____
(Name und Sitz der Firma)

die dem Unternehmer hinsichtlich der Arbeitssicherheit und der Unfallverhütung obliegenden Pflichten übertragen, in eigener Verantwortung

    – Einrichtungen zu schaffen und zu erhalten*)
    – Anordnungen und sonstige Maßnahmen zu treffen*)
    – ärztliche Untersuchungen von Beschäftigten zu veranlassen*)

soweit ein Betrag von _____ DM nicht überschritten wird.*)

Dazu gehören insbesondere:

_____

_____

_____

_____

_____ , den _____

_____   _____
Unterschrift des Unternehmers   Unterschrift des Verpflichteten

*) Nichtzutreffendes streichen

Abb. 5.16

5.1 Arbeitssicherheitsmanagement

Solche besonderen gesetzlichen Forderungen zur Gewährleistung der Arbeitssicherheit und des Umweltschutzes können nur dann wirksam auf andere übertragen werden, wenn die Delegation „sozial adäquat" ist, d.h. der Beauftragte muß kraft seiner persönlichen und fachlichen Qualifikation sowie seiner hierarchischen Stellung überhaupt dazu in der Lage sein, diese Aufgaben zu erfüllen. Deshalb müssen zugleich mit solchen Aufgaben auch die erforderlichen Befugnisse (Kompetenzen) übertragen, bezeichnet und abgegrenzt werden. Nur dann trägt der Beauftragte anstelle des Unternehmers die Verantwortung für diese besonderen Maßnahmen in der Arbeitssicherheit und im Umweltschutz im zugewiesenen Rahmen.

5.1.4.3 Grenzen der Delegation

Der Umfang der Verantwortung im jeweiligen Zuständigkeitsbereich der Führungskraft richtet sich nach den zugeteilten Aufgaben (Was hat die Führungskraft zu tun?) und den abgegrenzten Kompetenzen (in welchem Rahmen kann und muß sich die Führungskraft entfalten?) (Abb. 5.17).

Es gilt der Grundsatz:

Ohne Zuweisung von Aufgaben mit entsprechenden Kompetenzen keine rechtswirksame Delegation von Verantwortung. Die gesamte Verantwortung bleibt dann beim Unternehmen!

Die allumfassende Verantwortung hat immer der Unternehmer bzw. der oberste Verantwortliche. Deshalb bleibt auch bei der Delegation von Aufgaben und Kompetenzen bei ihm immer die Pflicht zur Durchführung von Aufsichtsmaßnahmen. Das bedeutet, daß der Unternehmer für die Organisation (klare Regelungen), Auswahl (persönliche und fachliche Qualifikation) und Aufsicht (Kontrolle) von Führungskräften verantwortlich ist (§ 130 OWiG). Eine „Freidelegation" gibt es also nicht.

Abb. 5.17

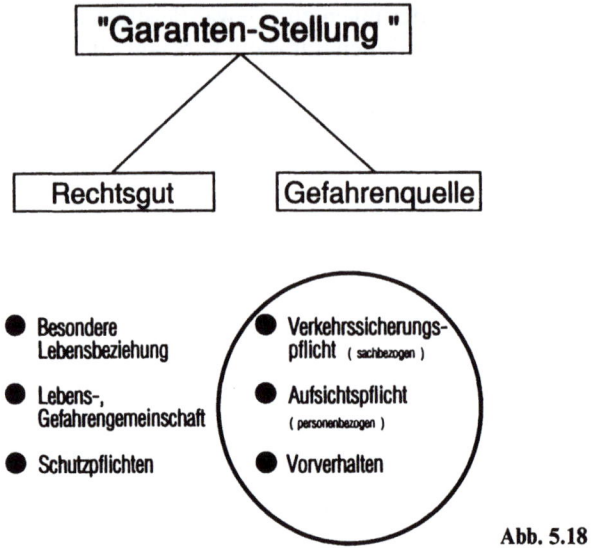

Abb. 5.18

5.1.4.4 Garantenstellung der Führungskraft

Wer eine „Garantenstellung" innehat, muß in seinem Aufgaben- und Kompetenzbereich nicht nur für eine richtige Handlungsweise (Tun), sondern auch für ein Unterlassen einstehen. Eine derartige Rechtspflicht zum Handeln ist gegeben, wenn eine „Schutzpflicht für bestimmte Rechtsgüter" besteht oder eine „Verantwortlichkeit für bestehende Gefahrenquellen" begründet ist. Diese Garantenpflichten werden für Unternehmer und Führungskräfte (Vorgesetzte, Aufsichtsführende) in gesetzlichen Vorschriften mit den Begriffen wie „gewährleisten", „sicherstellen", „veranlassen", „durchführen" meistens aber mit „sorgen" bezeichnet.

Die „Garantenverantwortung" erfaßt:

- die Aufsichtspflicht im Rahmen der arbeitsvertraglichen Fürsorgepflicht gegenüber Mitarbeitern und anvertrauten Sachen (Anlagen, Einrichtungen) und
- die sog. Verkehrsicherungspflicht gegenüber „Fremden", aufgrund der jeder Verantwortliche (Hausherr) in seinem Herrschaftsbereich geeignete (für ihn zumutbare) Schutzmaßnahmen zu treffen hat (Abb. 5.18).

Fürsorgepflicht

Unternehmer und Führungskräfte haben in ihrem jeweiligen Zuständigkeitsbereich Garantenverantwortung für die ihnen unterstellten Mitarbeiter, weil sie Fürsorgepflicht haben und in diesem Rahmen Aufsicht führen und weisungsbefugt sind.

5.1 Arbeitssicherheitsmanagement

Darüber hinaus kann jeder in eine Garantenstellung und damit in Garantenverantwortung hineinwachsen, wenn er zu erkennen gibt, Verantwortung übernehmen zu wollen. Das ist in der Regel dann der Fall, wenn er Weisungen erteilt, Man kann auch stillschweigend eine Garantenstellung mit entsprechender Verantwortung übernehmen, wenn andere darauf vertrauen, daß man eine „Beschützerfunktion" übernehmen will.

Garantenverantwortung haben (ständige) Vorgesetzte und (vorübergehend eingesetzte) Aufsichtsführende. Der Umfang der Verantwortung richtet sich nach den zugewiesenen Aufgaben und Kompetenzen.

Verkehrssicherungspflicht

Auch diese kann eine Pflicht zum Handeln begründen und Garantenverantwortung auslösen. Die gesetzliche Grundlage ist §823 BGB.

Verkehrssicherungspflicht ist jeder Unternehmer, der in seinem Herrschaftsbereich (z.B. Unternehmen, Betrieb, Baustelle) eine Gefahrenquelle schafft oder bestehen läßt, auf deren Nichtvorhandensein Dritte (Mitarbeiter, betriebsfremde Personen, Mitarbeiter der Fremdfirmen, Passanten) vertrauen. Man unterscheidet zwischen

- Tätigkeitsgefahren (z.B. Ausschachtungsarbeiten, schwebende Lasten, Gabelstaplerverkehr usw.),
- Sachgefahren (z.B. nicht abgedeckte Baugruben, nicht verkehrsicher abgestellte Baufahrzeuge),
- Verkehrsgefahren (z.B. ungesicherte Passierwege oder Brücken über Baugruben im Baustellengelände).

Jeder Unternehmer sowie jede Führungskraft im zugwiesenen Kompetenzbereich hat darauf zu achten, daß dort, wo er die Herrschaftsgewalt ausübt (in seinem gefahren-, Einfluß-, Kompetenz-, Zuständigkeitsbereich), keine Gefahren für andere Personen oder Sachen entstehen bzw. bestehen bleiben. Er muß seine Einflußmöglichkeiten (alle ihm möglichen und zumutbaren organisatorischen und führungsmäßigen Maßnahmen) aktivieren. Die notwendigen Vorkehrungen müssen den „Sicherheitsanforderungen des jeweiligen Verkehrs" entsprechen sowie wirtschaftlich zumutbar sein. Das gilt auch für den Unternehmer, der Fremdfirmen in seinem Bereich, in dem er die „Herrschaftsgewalt" ausübt, beschäftigt. Ebenso hat die Fremdfirma, die beim Auftraggeber tätig wird, für ihren „Herrschaftsbereich" auch eine Verkehrssicherungspflicht".

„Verkehrsicherungspflichtig" ist die Führungskraft auch gegenüber fremden Personen, die aus fremden Abteilungen in ihren Zuständigkeitsbereich kommen. Das gleiche gilt auch für Besucher.

Garantenverantwortung hat übrigens auch jeder Mitarbeiter, der in seinem Aufgaben- und Zuständigkeitsbereich eine Gefahrensituation geschaffen hat und diese nicht beseitigt. Das ist z.B. der Fall, wenn sich ein Mitarbeiter von seinem Arbeitsplatz entfernt, ohne Vorsorge getroffen zu haben, daß Fremde nicht zu Schaden kommen können. Deshalb ist auch nach §16 VBG 1 jeder

Mitarbeiter verpflichtet, einen Mangel „unverzüglich zu beseitigen" oder, wenn er dazu nicht in der Lage ist, „den Mangel dem Vorgesetzten unverzüglich zu melden".

5.1.5 Unterstützung durch Spezialisten und sonstige Personen

Arbeitssicherheit ist Führungsaufgabe. Sie wird vom Unternehmer und, im Rahmen der Delegation von Aufgaben und Verantwortung, von Führungskräften gewährleistet. Zu ihrer Unterstützung hat das Arbeitssicherheitsgesetz besondere Regelungen getroffen. Es hat Sicherheitsfachkraft und Betriebsarzt je einen anspruchsvollen Aufgabenkatalog gegeben und ihnen fachliche Weisungsfreiheit garantiert. Allerdings können sie keine Anweisungen geben. Sie führen auch keine Aufsicht. Das ist Aufgabe des Unternehmers und der nachgeordneten Führungskräfte.

Der Gesetzgeber stellt mit dieser gesetzlichen Regelung dem Unternehmer, auf den mit zunehmender Technisierung und wirtschaftlicher Entwicklung ein immer komplexeres Aufgabengebiet zukommt, zu dem auch der Gesundheitsschutz der Mitarbeiter vor arbeitsbedingten Erkrankungen und bei Verwendung von Gefahrstoffen zählt, Fachleute zur Seite. Diese sollen ihm an maßgeblicher Stelle dabei helfen, die Gesamtverantwortung für die Arbeitssicherheit und den Gesundheitsschutz der Mitarbeiter im Unternehmen leichter zu tragen.

5.1.5.1 Sicherheitsfachkraft

Sie ist keine Führungskraft/Vorgesetzter, sondern ein „Stabsmann" für Arbeitssicherheit. Sie unterstützt den Unternehmer (und auch die Führungskräfte), indem sie

- *berät* (Anlagen und Einrichtungen, Arbeitsmittel, -stoffe und -verfahren, Körperschutzmittel, Arbeitsplätze und Arbeitsabläufe)
- *überprüft* (Anlagen, Einrichtungen und Arbeitsmittel)
- *beobachtet* (durch Begehen, Feststellen, Melden, Vorschlagen, Untersuchen, Erfassen und Auswerten)
- *hinwirkt* auf sicheres Verhalten (durch Beeinflussung, Belehrung und Schulung der Mitarbeiter).

5.1.5.2 Betriebsarzt

Er hat die gleiche Stellung, die entsprechenden Rechte und Pflichten wie der Sicherheitsingenieur auf dem Sektor der „Arbeitsmedizin". Er trägt auf seinem Fachgebiet durch im Arbeitssicherheitsgesetz und sonstigen Arbeitsschutzbestimmungen näher bezeichnete Maßnahmen zum Gesundheitsschutz der Mitarbeiter und damit zur Arbeitssicherheit bei, indem er

- *berät* (Anlagen und Einrichtungen, Arbeitsmittel, -stoffe und -verfahren, Körperschutzmittel, Arbeitsplätze und -abläufe, Arbeitsplatzwechsel und Beschäftigung Behinderter sowie in Fragen der Psychologie, Physiologie, Ergonomie, Hygiene, Rhythmus, Arbeitszeit, Organisation der Ersten Hilfe),
- *untersucht* (arbeitsmedizinisch einschließlich Beurteilung, Erfassung, Auswertung),
- *beobachtet* (durch Begehen, Feststellen, Melden, Vorschlagen, Untersuchen, Erfassen und Auswerten),
- *hinwirk*t auf sicheres Verhalten (durch Beeinflussung, Belehrung, Schulung der Mitarbeiter sowie als Helfer in Erster Hilfe).

5.1.5.3 Sicherheitsbeauftragter

Das ist ein(e) Mitarbeiter(in), möglichst an der „Basis", der weiß, wie es „vor Ort" aussieht. Er wird in dem Bereich tätig, dem er zugeteilt ist. Für ihn ist seine Führungskraft zuständig. Ihren Weisungen in seinem Arbeitsgebiet hat er – wie jeder andere Mitarbeiter auch – strikt Folge zu leisten.

Die erforderliche Zeit für Sicherheitsarbeit muß ihm zur Verfügung stehen. Er muß rechtzeitig erfahren, wann und wo und wie sich Gefahren auswirken können. Deshalb hat er auch das Recht auf Information. Ein Sicherheitsbeauftragter kann auch erwarten, daß ihm der Unternehmer, vor allem seine unmittelbare Führungskraft, Verständnis und Hilfsbereitschaft entgegenbringt und ihn selbstverständlich unterstützt.

Somit unterscheidet sich der Sicherheitsbeauftragte grundlegend von der Sicherheitsfachkraft, die nach dem Arbeitssicherheitsgesetz vom Unternehmer zu bestellen ist. Er

- *beobachtet* die Arbeitsabläufe und das Verhalten der Kollegen unter dem Gesichtspunkt Sicherheit am Arbeitsplatz aus dem Blickwinkel des Mitarbeiters „vor Ort";
- *meldet* seiner zuständigen Führungskraft festgestellte Mängel und Verstöße gegen Arbeitsschutzvorschriften;
- *macht Vorschläge*, wie man festgestellte Mängel beheben und dadurch den Arbeitsplatz sicherer machen kann;
- *unterstützt* seine Führungskraft, indem er ihr mit Rat und Tat zur Seite steht, ohne jedoch Anweisungen geben und der Führungskraft Verantwortung abnehmen zu können;
- *hilft* seinen Kollegen, insb. ausländischen Mitarbeitern, Neulingen, Jugendlichen, dabei, sicher zu arbeiten;
- *wirkt darauf hin* (mit überzeugenden Argumenten), daß seine Kollegen auf Sicherheit am Arbeitsplatz achten.

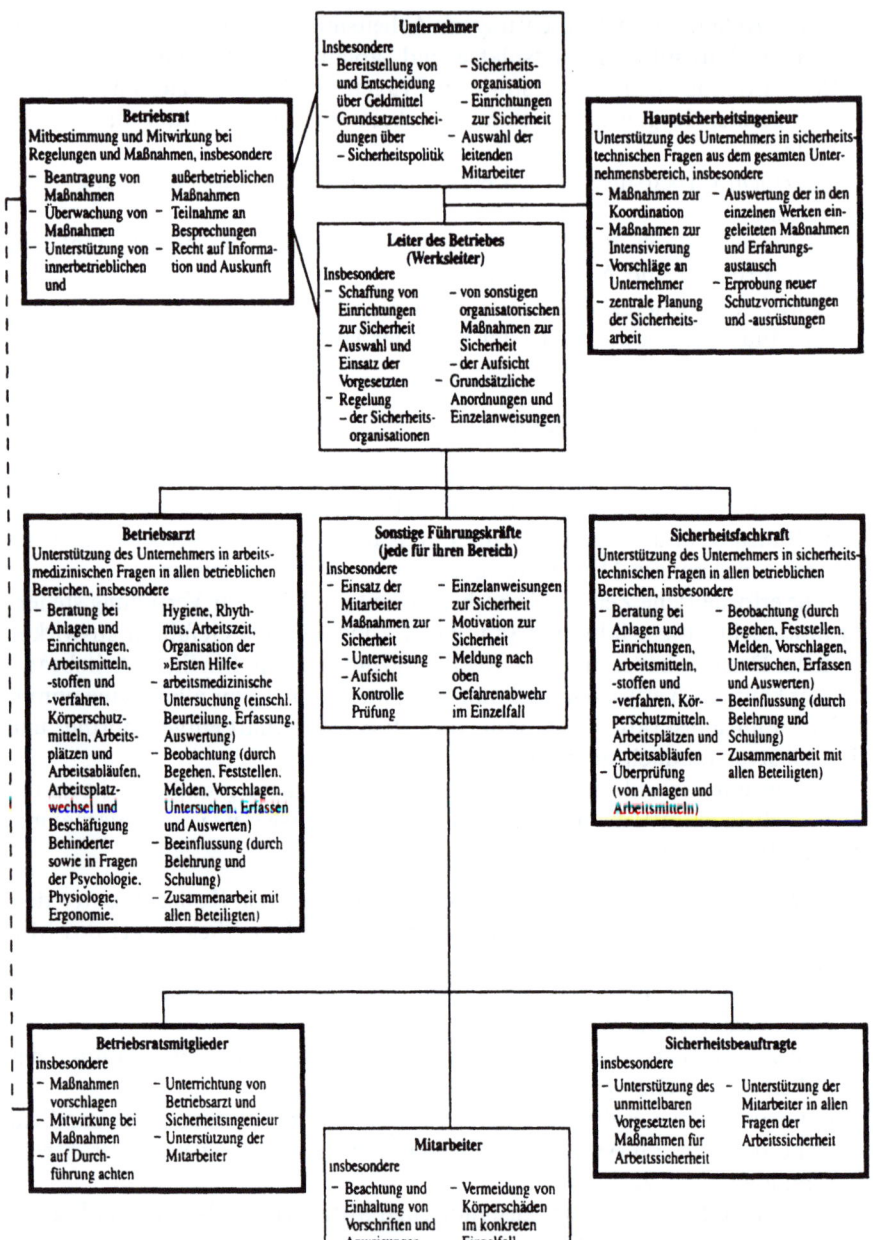

Abb. 5.19

5.1.5.4 Betriebsrat

Er hat einen wichtigen Beitrag für die Arbeitssicherheit zu leisten. Nach dem Betriebsverfassungsgesetz ist er hierzu verpflichtet. Seine Aufgaben für die Arbeitssicherheit sind neben den vielen anderen Aufgaben des Betriebsrats im Betriebsverfassungsgesetz umfassend geregelt.

Seine Möglichkeiten – Rechte und Pflichten – sind vielseitig. Sie reichen vom Unterstützen, Beteiligen, Überwachen, Beantragen bis zum Mitbestimmen.

Im einzelnen:

- Rechte und Pflichten nach dem Betriebsverfassungsgesetz sind insbesondere geregelt in §§ 80, 87, 88, 89, 90, 91, 99 BetrVG.
- Rechte und Pflichten nach dem Arbeitssicherheitsgesetz sind insbesondere geregelt in §§ 8, 9, 11, 12 ASiG.

5.1.5.5 Führungs- und Unterstützungsaufgaben im Überblick

siehe Abb. 5.19

5.1.5.6 Arbeitsschutzausschuß

Er ist eine Pflichteinrichtung nach dem Arbeitssicherheitsgesetz. Er muß institutionalisiert werden, wenn Sicherheitsfachkraft und Betriebsarzt bestellt worden sind. Er muß regelmäßig, mindestens viermal jährlich, zusammentreten. Der Unternehmer ist als Normadressat gehalten, für die Einsetzung des Arbeitsschutzausschusses und dafür zu „sorgen", daß dieser regelmäßig zusammentritt. Da es sich hierbei um eine unternehmerische Aufgabe handelt, kann der Unternehmer diese Direktionsaufgabe nicht an die Sicherheitsfachkraft delegieren.

Im Arbeitsschutzausschuß kommen Unternehmer („Leiter des Betriebes" oder ein von ihm „oben angesiedelter" Beauftragter), Sicherheitsfachkraft, Betriebsarzt, zwei Mitglieder aus dem Betriebsrat und ein Sicherheitsbeauftragter in regelmäßigen Abständen zusammen: Zweck dieser gesetzlich geforderten Einrichtung ist es, im Arbeitsschutzausschuß den für die Arbeitssicherheit maßgeblichen Personenkreis in regelmäßigen Abständen „an einen Tisch zu bringen", um zu beraten, wie die Arbeitssicherheit im Betrieb verbessert werden kann und um Regelungen zu erarbeiten. Der Unternehmer ist gut beraten, wenn er über die gesetzlich vorgeschriebenen Mindestzusammensetzung (6 Personen) eventuell in wechselnder Reihenfolge Führungskräfte als Gäste einlädt.

Der Arbeitsschutzausschuß ist kein Beschlußorgan. Er besitzt keine Entscheidungsbefugnis. Er kann nur Empfehlungen aussprechen. Der Unternehmer entscheidet unter Beteiligung des Betriebsrates über die vom Arbeitsschutzausschuß erarbeiteten und vorgeschlagenen Maßnahmen. Die typischen Aufgaben des Arbeitsschutzausschusses sind insbesondere:

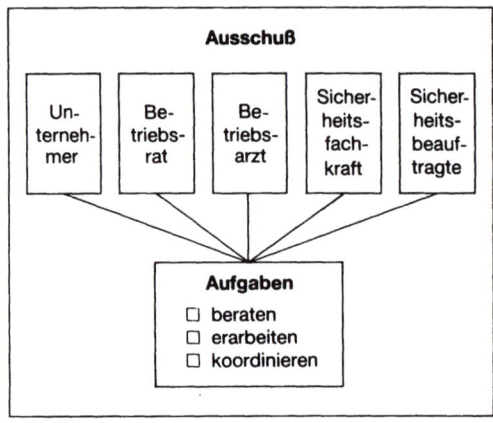

Abb. 5.20

- *Beratung* über Fragen der Sicherheitsarbeit
- *Erarbeitung* von Sicherheitslösungen und Regelungen
- *Koordinierung* von Maßnahmen in Grundsatzfragen der Arbeitssicherheit.

5.1.6 Betriebsbeauftragte in der Unternehmensorganisation

Außer den Spezialisten für die Arbeitssicherheit – Sicherheitsfachkraft und Betriebsarzt – müssen in die betriebliche Arbeitssicherheitsorganisation weitere Fachleute eingebunden werden. Diese sog. Betriebsbeauftragten sind jeweils für ein bestimmtes – meist gesetzlich vorgegebenes – Sachgebiet zuständig (z. B. Beauftragte für Umweltschutz, Gefahrtransporte, Störfälle usw.). Die Sicherheitsfachkraft war der erste Betriebsbeauftragte dieser Art. Betriebsbeauftragte stehen der Unternehmensleitung und Führungskräften mit fachlichen Aufgaben im Rahmen des jeweiligen gesetzlichen Aufgabenbereichs unterstützend zur Seite.

Für die organisatorische Regelung gibt es verschiedene Möglichkeiten. Die diversen Stabsstellen können zu einem sog. „Risikomanagement" zusammengefaßt werden. Sie können aber auch jeder für sich tätig werden. Dann allerdings sollten die Aufgabengebiete koordiniert werden. Als klassischer Koordinator könnte sich hierfür die Sicherheitsfachkraft anbieten.

Daneben kann der Unternehmer weitere Beauftragte einsetzen, denen er näher bezeichnete Aufgabn zu seiner Unterstützung überträgt (z. B. für Gefahrstoffe, Objektschutz, Koordination, sonstige Sonderaufgaben). Während die Aufgaben und Kompetenzen bei den gesetzlich vorgeschriebenen Betriebsbeauftragten in den einzelnen gesetzlichen Vorschriften näher bezeichnet sind, muß der Unternehmer bei den sonstigen nicht gesetzlich vorgeschriebenen Beauftragten deren Aufgaben und Kompetenzen im einzelnen festlegen, wenn er Verantwortung wirksam delegieren will (§ 9 Abs. 2 OWiG, siehe auch Kap. 5.1.4).

5.1 Arbeitssicherheitsmanagement

- Betriebliche Organisation -

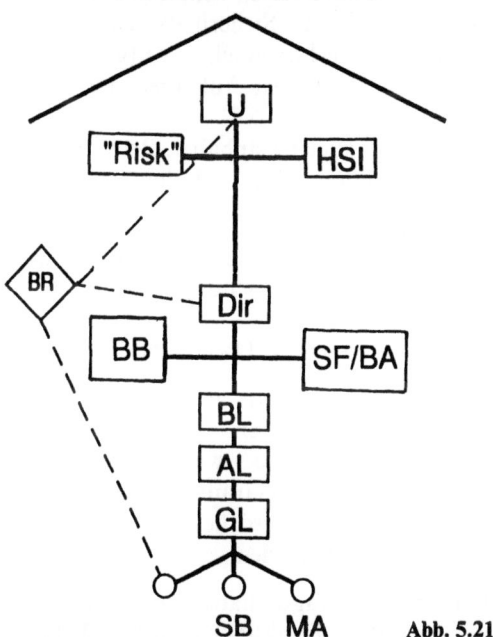

Abb. 5.21

Die Verantwortung für die Auswahl (persönliche und fachliche Qualifikation), organisatorische Einbindung (klare Regelungen) und Aufsicht (Kontrolle über beides) bleiben immer beim Unternehmer.

5.1.6.1 Stellung und Aufgaben

Alle Betriebsbeauftragten lassen sich zwei Gruppen zuordnen, die unterschiedliche Befugnisse haben: die Betriebsbeauftragten mit Stabsaufgaben (Beratungsfunktion z.T. mit Überwachungspflichten) und die Betriebsbeauftragten in Linienfunktion (mit Anweisungsbefugnis).

Stellung und gesetzlich zugewiesene Aufgaben beurteilen sich im wesentlichen nach den Aufgaben und der Stellung der Sicherheitsfachkraft nach dem Arbeitssicherheitsgesetz:

– Stabsstellen(-funktion) mit typischen Fach-(Stabs-)Aufgaben und Fachverantwortung.
– Keine Linienstellen(-funktion) mit Führungs-(Aufsichts-)aufgaben. Keine Verpflichtung zum „Sorgen", „Gewährleisten", „Sicherstellen". Keine automatisch begründete Garantenstellung.
– Unmittelbare Unterstellung unter das oberste Management („Leiter des Betriebes", Werkleiter, Direktor pp.), damit er bei der Erfüllung der speziellen Sicherheitsfachaufgaben unmittelbar „nach oben berichten kann".

In Stabsfunktion. Immer deutlicher zeigt sich, daß die Mehrzahl der neueren Betriebsbeauftragten Stellung und Aufgaben zugewiesen bekommen hat, wie sie sich in der Arbeitssicherheitsorganisation für die Sicherheitsfachkraft seit vielen Jahren bewährt haben. Sie erfüllen keine hoheitlichen Aufgaben und sind kein „verlängerter Arm" des Staates. Sie haben Aufgaben der innerbetrieblichen Eigenüberwachung.

Umweltgesetze fordern vom Unternehmer (Betriebsinhaber, Betreiber) die Bestellung von Beauftragten für bestimmte Bereiche, so z.B. den

- Beauftragten nach dem Wasserhaushaltsgesetz, §21a ff. WHG;
- Beauftragten nach dem Bundesimmissionsschutzgesetz, §§53 ff. BImSchG;
- Störfallbeauftragten (nach dem Bundesimmissionsschutzgesetz, §§58a ff. BImSchG);
- Beauftragten nach dem Abfallbeseitigungsgesetz, §§11a ff. AbfG.

Dem Unternehmer bleibt es unbenommen, Beauftragte zusätzlich mit Weisungsbefugnis in ihrem Aufgabengebiet auszustatten. Wird ihnen Anweisungs- und Eingriffsbefugnis übertragen, haben sie – wie jede Führungskraft – eine Garantenstellung inne und tragen Garantenverantwortung (Kap. 5.1.5.5). Diese Pflichten müssen ihnen ausdrücklich (§9 Abs. 2 Nr. 2 OWiG, §14 Abs. 2 Nr. 2 StGB) übertragen werden.

In Linienfunktion. Nur wenige Betriebsbeauftragte haben gesetzlich verankerte den Führungskräften gleichgestellte Funktionen und Pflichten. Solche Ausnahmen sind z.B.

- Strahlenschutzbeauftragter (§§29ff. Strahlenschutzverordnung)
- Röntgenbeauftragter (§§11ff. Röntgenverordnung)
- verantwortliche Person im Sprengstoffrecht (§§19ff. Sprengstoffgesetz)
- Sicherheitsbeauftragter im Bergrecht (§§58ff. Bundesberggesetz).

Sie tragen der Garantenverantwortung typischen Pflichten des „Sorgen", „Gewährleisten". So haben z.B. Strahlenschutzbeauftragte, soweit es um Entscheidungen, Anordnungen und sonstige Durchführungsmaßnahmen geht, in allen Fragen des Strahlenschutzes Aufsichtsfunktion mit Weisungsbefugnis, also Stellung und Verantwortung einer Führungskraft. Wenn es um Maßnahmen im Strahlenschutz geht, tritt die sonst verantwortliche Führungskraft insoweit „ins Glied zurück" (§§29ff. StrSVO).

5.1.6.2 Betriebsbeauftragter und Sicherheitsfachkraft im Vergleich

siehe Abb. 5.22

5.1.7 Gelebte Sicherheitsorganisation durch Strategie

Eine Arbeitssicherheitstrategie beginnt damit, den Stellenwert der Arbeitssicherheit festzulegen.

Ansatzpunkte sind die vom Unternehmer erlassenen Sicherheitsgrundsätze mit der Zielvorgabe:

Im Vergleich

| Sicherheitsingenieur | und | Beauftragter (nach Umweltschutzgesetzen) |

Bestellung

| Schriftform, Benennung auf Verlangen der „zuständigen Behörde", Betriebsverfassungsgesetz und Arbeitssicherheitsgesetz | Schriftform, Anzeige an „zuständige Behörde", Betriebsverfassungsgesetz |

Qualifikation

| Anforderungsprofil festgelegt | Anforderungsprofil festgelegt |

Unterstellung

| Unmittelbar unter „Leiter des Betriebes" (Unternehmer) | Nicht gesetzlich festgeschrieben. Jedoch Vortragsrecht zum „Betreiber" (Unternehmer) |

Aufgabenstellung

| Unterstützen (Unternehmer und Führungskräfte) | Wahrnehmung besonderer Rechte und Pflichten (nach Umweltschutzgesetzen) |

Aufgaben

| **Beraten** (in allen Fragen der Arbeitssicherheit) **Überprüfen** (Sicherheitseinrichtungen nach Anfall) **Beobachten** (Arbeitssicherheit im Betrieb, Einrichtungen, Organisation) **Hinwirken** (Einflußnahme auf Sicherheit) | **Hinwirken** (auf Umsetzung der Umweltschutzgesetze pp.) **Mitwirken** (durch Begutachtung pp.) **Überwachen** (Fachkontrolle, Messungen pp.) **Aufklären** (Mitarbeiter über Maßnahmen) **Vorschlagen** (für Maßnahmen) **Berichten** (jährlich über Maßnahmen) |

Aufgabenerfüllung

| Fachliche Weisungsfreiheit | Keine persönliche Benachteiligung |

Abb. 5.22

„Null-Fehler-Arbeitsqualität"
und
„Null-Fehler-Arbeitssicherheit"

Die Forderung lautet: Kein Arbeitsunfall.

5.1.7.1 Leitlinie Arbeitssicherheit

Eine wirksame Maßnahme ist der Erlaß von Arbeitssicherheits-Grundsätzen und Leitlinien, die für Vorgesetzte und Mitarbeiter gleichermaßen verbindlich sind, und die von der Unternehmensleitung zum „obersten Gesetz" für das Unternehmen erhoben werden.

Daran können sich Führungskräfte für die Erfüllung ihrer Führungsaufgaben orientieren, ihren Anordnungen Nachdruck verleihen und mit Überzeugung argumentieren.

Auch kann die Unternehmensleitung so die Erfüllung der Führungsaufgabe Arbeitssicherheit von ihren Führungskräften leichter abfordern.

Sicherheitsgrundsätze könnten z. B. so lauten:

1. Die Verhütung von Arbeitsunfällen und Berufskrankheiten sind gleichrangige Unternehmensziele, neben der Sicherung von Arbeisplätzen und neben wirtschaftlichem Erfolg.
2. Im Zweifelsfall hat Arbeitssicherheit Vorrang.
3. Unfälle und Berufskrankheiten sind bei sicherheitsbewußtem Verhalten vermeidbar.
4. Sicherheitsgerechte Arbeit ist fachgerechte Arbeit.
5. Ständiges Sicherheitstraining ist unerläßlich.
6. Für Arbeitssicherheit sind alle Mitarbeiter, nicht nur die Vorgesetzten, verantwortlich.
7. Auftragnehmer(Fremdfirmen)-Mitarbeiter müssen ebenso sicher arbeiten wie eigene Mitarbeiter.

Zu 1:
In seiner Bedeutung ganz oben angesiedelter Stellenwert.

Zu 2:
Wenn es um die Sicherheit geht, müssen wirtschaftliche Überlegungen zurückstehen.

Zu 3:
„Null-Fehler-Arbeitssicherheit" als Zielvorgabe bedeutet, daß es in einem verantwortungsbewußt geführten Unternehmen (Betriebsteil, Abteilung, Gruppe) keine (vermeidbaren) Unfälle geben darf.

Zu 4:
„Sicherheit gehört zum Fachmann", „nur eine Führungskraft, die auf Sicherheit ihrer Mitarbeiter achtet ist, eine gute Führungskraft", „wer noch nicht einmal Sicherheit „managen" kann, kann auch sonst als Führungskraft nichts bewirken".

5.1 Arbeitssicherheitsmanagement

Zu 5:
Sicherheit kommt nicht von allein. Sie muß bei der täglichen Arbeit in der Praxis geübt werden, vom Mitarbeiter im eigenen Arbeitsbereich, von der Führungskraft bei der Betreuung von Mitarbeitern.

Zu 6:
Auch die Mitarbeiter müssen sich um die Sicherheit bemühen. Auch sie können unter rechtlichen Gesichtspunkten verantwortlich gemacht werden.

Zu 7:
Auch fremdes Personal muß die Anforderungen, die die auftraggebende Firma an die Arbeitssicherheit der eigenen Mitarbeiter stellt, erfüllen.

In eine solche Leitlinie läßt sich ohne weiteres der Stellenwert des Umweltschutzes mit einbeziehen, sofern nicht hierfür eine gesonderte Leitlinie beabsichtigt ist.

Die in Führungsrichtlinien gestellten Anforderungen stehen nur auf dem Papier, wenn sie nicht in der Praxis erfüllt werden. Sie müssen von den Führungskräften den Mitarbeitern „vorgelebt" werden. Die Vorbildfunktion des Vorgesetzten ist ebenso wichtig wie die Fähigkeit, Mitarbeiter zu sicherem Arbeitsverhalten zu motivieren.

5.1.7.2 Sicherheitsbewußtsein von Führungskräften abfordern

Maßnahmen sind:

- *Führungskräfteschulung*
  in Form von Führungsseminaren in Arbeitssicherheit, bei denen das „Was" der Führungsverantwortung für Arbeitssicherheit und das „Wie" der Erfüllung der Führungsaufgaben vermittelt wird.
- *Sicherheitsgespräche*
  als Pflichtübung für Führungskräfte sämtlicher Führungsebenen. (Hierbei Betonung des Stellenwertes Arbeitssicherheit bei jeder sich bietenden Gelegenheit. So sollte jede Besprechung mit Führungskräften [und auch mit Mitarbeitern] mit dem Thema „Arbeitssicherheit" beginnen. Auf diese Weise wird das Sicherheitsbewußtsein wachgehalten und der Stellenwert der Arbeitssicherheit immer wieder herausgestellt.)
- *Führungsaktivitäten entfalten lassen:*
  - Sicherheitsgrundsätze herausstellen
    Führungsverantwortung betonen und auf Einhaltung bestehen (Rechtfertigung verlangen).
  - Impulse geben
    „Oben" sagen, was „unten" geschehen soll.
  - Motivation und Argumentation vermitteln
    Gezielt argumentieren: Humanität, Kosten, Haftungs- und Sanktionsrisiko, Beanstandung „von oben" und „von außen", „Gütesiegel" für die Firma (Image) und die eigene Karriere, „im selben Boot sitzen'.

- Meldepflichten festlegen
  über Sicherheitsstandard, Pläne, Aktivitäten, Ergebnisse, Erfolge und Mißerfolge.
- Erfolg kontrollieren
  Nachhaken, „am Ball bleiben", „unbequem sein", „auf Tuchfühlung bleiben".
- *Sicheres Verhalten steuern*
  Mit Motivation und guten Argumenten, durch Anerkennung und (richtig geübte) Kritik, auch unter Androhung und ggf. Durchsetzung von Konsequenzen (Meldung, Ablösung, Versetzung, Kündigung usw.).
- *Erfolg der Maßnahme kontrollieren*
  Durch regelmäßig Aufsichtsführung (mit Stichproben) und entsprechendes Nachsteuern (mit Führungsmaßnahmen, wie z. B. erneute Unterweisung, besondere Aufsicht, motivierendes Kritikgespräch, besondere Betreuung usw.).

5.1.7.3 Sicherheitsbewußtsein bei Mitarbeitern stärken

Maßnahmen sind:

- *Voraussetzungen für sichere Arbeit schaffen:*
  - mit Hilfen, die der Erleichterung oder Bequemlichkeit dienen, der persönlichen Eitelkeit entgegenkommen (alles was ein Mitarbeiter gerne annimmt) z. B. modische und bequeme persönliche Schutzausrüstungen und Schutzkleidung, evtl. farblich nach Tätigkeiten und Bedeutung des Trägers differenziert;
  - mit organisatorischen und technischen Maßnahmen sämtliche Möglichkeiten abschaffen, die zu Sicherheitsverstößen verleiten oder sie erleichtern (alles, was sich als „Unsitte" eingeschlichen und was aus Bequemlichkeit zur Gewohnheit geworden ist), z. B. Gefahrenbereiche abschranken, abschließen, auf sonstige Weise sichern. Anreize zu verkürzten Aufstiegen, Durchgängen, Wegen beseitigen, Wege unpassierbar machen.

Also: Sicheres Arbeiten erleichtern, unsicheres Arbeiten erschweren.

- *Sicherheitsbewußtsein vermitteln:*
  Durch Information, Unterweisung, Schulung, Sicherheitsaktionen, -veranstaltungen, -training usw.

Hier haben sich folgende Regeln bewährt:
  - Wissen (Theorie) vermitteln (mit „Bild, Ton, Schrift", von Sicherheitsfachkraft oder unmittelbar von Berufsgenossenschaft anfordern).
  - Können (Praxis) trainieren (vormachen, nachmachen lassen, üben lassen, beobachten, korrigieren usw.).
  - Erfahrung sammeln lassen. Am „Erfolg" oder „Mißerfolg" lernen lassen:
    Am Erfolg: Durch sichere Arbeitsweise erleichtert man sich die Arbeit und verbessert das Arbeitsergebnis.
    Am Mißerfolg: Durch Mißachtung der Sicherheitsvorschriften erschwert man sich die Arbeit und verschlechtert das Arbeitsergebnis).

5.1.8 Rechtliche Konsequenzen

Wer seine Aufgaben als Führungskraft (Vorgesetzter, Aufsichtsführender) nicht erfüllt, handelt nicht pflichtgemäß und setzt sich dem Vorwurf der fahrlässigen Unterlassung und damit rechtlichen Konsequenzen aus. Deshalb müssen Unternehmer und Führungskräfte darauf bedacht sein, die „im Verkehr erforderliche Sorgfalt" zu beachten, um den Vorwurf der Fahrlässigkeit (Schuldform) auszuschließen. Das heißt im Klartext: Sie müssen alles tun, was von einer pflichtbewußt handelnden Führungskraft mit entsprechenden Befugnissen in der Stellung und Situation erwartet werden kann. Da sie als „Garanten" gelten, dürfen sie nichts unterlassen zu tun, was hätte getan werden müssen. (Sicherheitsingenieure sind in der Regel keine Garanten und haben nur für richtige Handlungen [Beratung, gutachterliche Äußerung, Überprüfung] im Rahmen ihrer Fachverantwortung einzustehen. Sie können aber durch entsprechendes Verhalten in eine Garantenstellung hineinwachsen (Abb. 5.23).)

Ausschlaggebend für eine Verurteilung ist die Schuldfrage.

Im Strafrecht handelt derjenige fahrlässig, der die Sorgfalt außer acht läßt, zu der er nach seinen persönlichen Kenntnissen und Fähigkeiten verpflichtet und auch imstande ist (Gerichte legen hierbei u. a. die Ausbildung, Erfahrung und Intelligenz des Beschultigten zugrunde).

Man unterscheidet zwischen der bewußten und unbewußten Fahrlässigkeit.

Unbewußte Fahrlässigkeit: Der Vorgesetzte hat einen möglichen Unfall gar nicht bedacht. Er hat sich keine Gedanken gemacht.

Bewußte Fahrlässigkeit: Der Vorgesetzte hat einen Unfall zwar für möglich gehalten, aber darauf vertraut, der Unfall werde nicht eintreten.

Grob fahrlässig handelt derjenige, der einfachste, ganz naheliegende Überlegungen nicht anstellt und leichtfertig handelt, also derjenige, der „völlig unverständlich" handelt oder etwas zu tun unterläßt.

Für eine strafrechtliche Verurteilung reicht bereits die einfache Fahrlässigkeit aus. Liegt grobe Fahrlässigkeit vor, kann die Berufsgenossenschaft (das liegt in ihrem Ermessen) – unabhängig von der Verurteilung durch das Strafgericht – bei der Führungskraft (Vorgesetzter, Aufsichtsführender) Regreß nehmen (§ 640 RVO) (Abb. 5.24).

- Strafvoraussetzungen -

- **Unrechtmäßiges Verhalten**
  Tun   = falsch anweisen
  Unterlassen = nicht anweisen
              ("Garant")

- **Ursache**
  Zusammenhang

- **Schuld**
  Vorsatz und Fahrlässigkeit

Abb. 5.23

Mögliche Rechtsfolgen

- Auch ohne daß es zu einem Unfall kommt, kann eine Geldbuße festgesetzt werden (Verstoß gegen Arbeitsschutz- und Unfallverhütungsvorschriften).
- Bei Körperschaden oder gar Tod durch einen Unfall ist die Staatsanwaltschaft zur Stelle (Anklage, Strafgerichtsverfahren).
- Bei einem Arbeitsunfall kann die Berufsgenossenschaft Regreßanspruch geltend machen (bei grob fahrlässiger Verletzung der Führungspflichten).
- Daneben muß die Führungskraft (Vorgesetzter, Aufsichtführender) mit arbeitsrechtlichen Nachteilen rechnen: Von der Abmahnung über die Versetzung bis zur evtl. Kündigung.

Abb. 5.24

Den Schuldvorwurf kann jeder, der Verantwortung trägt, in der Regel ausschließen, zumindest maßgeblich einschränken, wenn er sich pflichtgemäß verhält. Das tut er, indem er verantwortungsbewußt handelt und seine Fachaufgaben und als Führungskraft – zusätzlich – seine Führungspflichten als „Garant" erfüllt.

Pflichtgemäßes Handeln
⬇
keine Fahrlässigkeit
⬇
keine Haftung
keine Strafe

Alle in Strafgerichtsurteilen fesgestellte Unterlassungen bei der Erfüllung von Unternehmer- und Führungspflichten sind als Verletzung der in diversen gesetzlichen Vorschriften enthaltenen und darüber hinaus sich bereits aus allgemeinen Rechtssätzen ergebenden

- Organisation-
- Auswahl- } Pflichten (Verantwortung)
- Aufsichts-

gewertet werden. Diese Risiken gilt es im Ansatz auszuschließen.

Leitsätze aus einigen Urteilen der Strafgerichte beleuchten die Gerichtspraxis beispielhaft.

So wurde die Verurteilung von Führungskräften (Vorgesetzten, Aufsichtsführenden) begründet:

- „Der Angeklagte hätte kontrollieren müssen, ob der Mitarbeiter sich entsprechend der Unterweisung (über eine Gefahrensituation) verhalten hat. Da er Kontrollen unterließ, verstieß er fahrlässig gegen seine Führungspflicht ..."

5.1 Arbeitssicherheitsmanagement

- „Der Angeklagte hätte sich selbst darum kümmern müssen, ob sein Mitarbeiter sich auch richtig verhält. Er hätte sich nicht darauf verlassen dürfen, daß der Mitarbeiter schon wisse, was er zu tun habe. Der Angeklagte hat fahrlässig seine Führungspflichten vernachlässigt ..."
- „Die Anweisungen seien ... nicht ausreichend und zu wenig präzise gewesen. Der Angeklagte hat zwar gesagt, was zu tun sei. Bei der besonderen Situation sei das aber zu wenig und zu ungenau gewesen. Das hätte der Angeklagte erkennen müssen. Er hat fahrlässig seine Führungspflichten vernachlässigt, indem er etwas falsches getan hat ..."
- „Der Angeklagte vergewisserte sich nicht, fragte nicht ausdrücklich nach, ob der Mitarbeiter seine Anweisung auch verstanden hat. Der Angeklagte unterließ es, noch einmal nachzufragen, obwohl er wußte, daß er sich auf diesen Mitarbeiter nicht immer so verlassen konnte, wie auf andere. Der Angeklagte verletzte fahrlässig seine Führungspflichten, indem er es unterließ, sich zu überzeugen ..."
- „Der Angeklagte durfte sich nicht mit der Auskunft seines Mitarbeiters zufrieden geben, ‚er sei erfahren genug, daß er selbst wisse, was er zu tun habe‘, sondern er mußte sich selbst davon überzeugen, ob er sich auf den Mitarbeiter auch tatsächlich verlassen könnte. Da der Mitarbeiter gerade erst in den Betrieb gekommen war, hätte sich der Angeklagte erst einmal durch Stichproben davon überzeugen müssen, ob der neue Mitarbeiter zuverlässig ist. Da der Angeklagte das nicht tat, hat er fahrlässig seine Führungspflichten vernachlässigt."
- „Der Unternehmer kannte die Unfallverhütungsvorschrift. Sie forderte, daß der Mitarbeiter vor Aufnahme seiner Arbeit besonders zu unterweisen sei. Er verstieß fahrlässig gegen seine Führungspflichten, indem er es unterließ, die gesetzlich vorgeschriebene Unterweisung durchzuführen ..."

Nicht nur die Führungskraft „vor Ort", auch die Unternehmensleitungen und Führungskräfte der oberen Führungsebene können zur Rechenschaft gezogen werden. Das zeigt eine Reihe von Gerichtsurteilen.

5.1.9 Resumé

Wird die Arbeitssicherheit zum Bestandteil der Unternehmenspolitik gemacht, verhilft die Arbeitssicherheitsorganisation und die darauf aufbauenden Maßnahmen moderner Führung einem Unternehmen zur Transparenz der Unternehmensstruktur, aber auch zur Verbesserung von Ordnung und (für jedes Unternehmen unerläßlicher) Disziplin. Auch Führungskräfte werden es dann mit der Erfüllung ihrer Führungsaufgaben und damit ihrer Führungsverantwortung (noch) genauer nehmen. Nur so kann das Sicherheitsverhalten bei der Arbeit und die dazu erforderliche Eigenverantwortung des Mitarbeiters gestärkt werden.

Alle diese Maßnahmen verbessern den Arbeitssicherheitsstandard eines Unternehmens und lassen ihn zu einem Gütesiegel für Produktqualität werden. In diese Maßnahmen können alle anderen erforderlichen Sicherheitsmaßnahmen – insbesondere für den Umweltschutz – eingebunden werden.

Arbeitssicherheit wirkt sich auch positiv auf das Arbeitsergebnis aus, da es den Führungskräften dabei hilft, ihre Führungsaufgaben leichter und besser erfüllen zu können. Arbeitssicherheit hebt das Firmenimage und hilft dabei „rundherum" Risiken zu verhindern. Man kann also abschließend feststellen:

Mit Arbeitssicherheit zum Unternehmenserfolg.

Literatur

1. Schliephacke J, „Arbeitssicherheitsmanagement" – Organisation, Delegation, Führung, Aufsicht – (3 Bände) Verlag Frankfurter Allgemeine, Verlagsbereich Wirtschaftsbücher
2. Schliephacke J, „Arbeitssicherheit für Führungskräfte" – Unterweisungshilfe mit Teilnehmerunterlage – Verlag ABISZET
3. Schliephacke J, Wie handelt man verantwortungsbewußt? – Praktische Tips für den Vorgesetzten – Verlag Greven & Bechtold

5.2 Sicherheitsmanagement zur Störfallvorsorge

M. Nitsche

5.2.1 Einführung

Beim Betrieb verfahrenstechnischer Anlagen und Gefahrstofflagern ist das Schutzziel die Vermeidung von möglichen Gefahren, die zu Schäden am Menschen, der Umwelt und an Sachgütern führen können. Auf dem Weg zu diesem Schutzziel müssen vielfältige sicherheitsbezogene Aufgabenstellungen gelöst werden. Für deren Lösung gibt es im allgemeinen mehrere Alternativen, die unter verfahrenstechnischen, sicherheitstechnischen und organisatorischen Gesichtspunkten zu bewerten sind. Dabei umfaßt die Sicherheitsorganisation das Definieren und Festlegen, die Dokumentation, die Realisierung sowie die Kontrolle und Optimierung aller sicherheitsrelevanten Vorgänge. Hilfestellung dabei leistet u. a. das umfangreiche deutsche sicherheitstechnische Regelwerk [1], ergänzt durch aktuelle Veröffentlichungen zum Stand der Sicherheitstechnik und zum Sicherheitsmanagement.

Zum sicherheitstechnischen Regelwerk zählen u. a. die vielfältigen Regelungen zu den überwachungsbedürftigen Anlagen nach dem Gerätesicherheitsgesetz [2], ferner Verbandsveröffentlichungen und DIN-Normen [3]. Zweifelsfrei liegt der Schwerpunkt des sicherheitstechnischen Regelwerks bei der Beschreibung technischer Auslegungen; aber auch organisatorische Gesichtspunkte werden erfaßt. So sind in den besonders bedeutsamen technischen Regeln für Druckbehälter und Rohrleitungen *(TRB)* sowie für Lageranlagen für brennbare Flüssigkeiten *(TRbF)* Ausführungen zu Prüfungen,

5.2 Sicherheitsmanagement zur Störfallvorsorge

Inspektionen und zu Betriebsvorschriften gemacht. Auch die DIN 31051 zur Instandhaltung sowie die DIN ISO 9000–9004 zum Qualitätsmanagement sind beispielsweise Normen, die bei der Ausgestaltung der Sicherheitsorganisation Hilfestellung geben können.

Daß der Schwerpunkt des Regelwerks allerdings auf der technischen Seite liegt, mag vielfältige Gründe haben, die im einzelnen kaum nachvollzogen werden können. Folgende generelle Aspekte sind jedoch beispielhaft beschreibbar: Die Festlegung sicherheitsrelevanter Handlungsvorgaben und organisatorischer Abläufe ist auf die unternehmens- und betriebsspezifischen Organisations- und Mitarbeiterstrukturen abzustimmen. Diese sind in der Regel historisch gewachsen und weisen von Unternehmen zu Unternehmen oft erhebliche Unterschiede auf. Vor diesem Hintergrund ist es geboten, in Regelwerken lediglich allgemeingültige organisations- und handlungsbezogene Regelungen festzuschreiben, die dann fallbezogen konkretisiert und umgesetzt werden müssen. Auch technische Regelwerksvorgaben müssen fallbezogen konkretisiert werden. Die technischen Lösungen sind jedoch im Gegensatz zu Organisations- und Handlungsabläufen deutlich augenfälliger und meist eindeutig belegbar. Sie können daher sowohl vom Anlagenbetreiber selbst als auch von Sachverständigen und Behörden umfassend überwacht und überprüft werden. Um den technischen Zustand einer Anlage hinreichend beurteilen zu können, sind in der Regel periodisch durchgeführte Prüfungen ausreichend. Dagegen entziehen sich die für den Anlagenbetrieb erforderlichen zahlreichen und vielfältigen einzelnen Handlungsabläufe im Regelfall einer umfassenden Kontrolle. An deren Stelle muß vielmehr das eigenverantwortliche Handeln aller Beteiligten treten

Die Eigenverantwortung, Leistungsfähigkeit und Bereitschaft jedes Einzelnen läßt sich durch die Schaffung und Aufrechterhaltung geeigneter Randbedingungen optimieren. Zu diesem Zweck stehen der Unternehmungsleitung und den Anlagenbetreibern bewährte Managementinstrumente zur Verfügung, wie z. B. Motivationskonzepte, Mitarbeiterqualifikations- und Fortbildungskonzepte, effiziente Organisations- und Dokumentationsstrukturen sowie Kontroll- und Erfahrungsrückführsysteme.

In der Vergangenheit überließ man allerdings die Ausfüllung und Optimierung organisatorischer Sicherheitsaspekte weitgehend den Handelnden vor Ort in den Betrieben und Fachabteilungen. Es entstanden dort Insellösungen in den Unternehmen und bei den Betreibern hinsichtlich der Lenkung und Kontrolle aller sicherheitsrelevanten Vorgänge bei Planung, Bau und Betrieb der Anlagen.

Die Erfahrungen der letzten Jahre haben gezeigt, daß die Vernetzung der bereits oft vorhandenen Insellösungen im Sinne eines Sicherheitsmanagements ein weiteres Optimierungspotential hinsichtlich der Anlagensicherheit und Störfallvorsorge erschließt. Mit der Auswahl und Anwendung geeigneter Managementinstrumente wird die individuelle Ausgestaltung eines sicherheitsgerechten betrieblichen Umfeldes erreicht. Dieses kann, sofern es hinreichend dokumentiert wird, im Rahmen von Genehmigungsverfahren und bei Behörden- oder Sachverständigenprüfungen belegt werden.

5.2.2 Schnittstellen Mensch/Technik

Eines der obersten Ziele im Rahmen der betrieblichen Sicherheitsorganisation ist die Beherrschung aller sicherheitsrelevanten Schnittstellen zwischen Mensch und Technik. Dabei geht es nicht nur um die eigentlichen sicherheitsrelevanten Handlungen beim Betrieb der Anlage und bei Betriebsstörungen, sondern um alle organisatorischen Abläufe in allen „Lebensphasen" verfahrenstechnischer Anlagen, die die Schnittstelle Mensch/Technik betreffen (Abb. 5.25). Entsprechend eingegrenzt trifft dies auch auf Gefahrstofflager zu.

Die Notwendigkeit, alle Lebensphasen von Anlagen zu betrachten, zeigen auch aktuelle Störfallauswertungen [4, 5]. Die Auswertungen belegen, daß die meisten Störfälle entweder direkt auf menschliches Versagen während des Betriebs zurückzuführen sind oder indirekt auf einen nicht angepaßten Umgang mit der entsprechenden Technik, z. B. bei Planung, Bau und Instandhaltung. Nur in seltenen Fällen sind Störungsursachen unbekannte physikalische oder chemische Phänomene.

Daß trotz dieser nicht neuen Erkenntnisse immer wieder Störfälle passieren, hat u. a. folgende Ursachen:

Das allgemeingültige sicherheitstechnische Regelwerk kann nicht alle speziellen verfahrens- und betriebsspezifischen Gesichtspunkte abdecken. Die Regelwerksanforderungen müssen daher in der Regel fallbezogen für die jeweilige Anlage und das Verfahren konkretisiert werden. Dabei besteht die Gefahr, daß verfahrens- und standortbedingte Gefahrenquellen sowie mögliches menschliches Fehlverhalten außer acht bleiben. Aus der Unfall- und Störfallforschung ist auch bekannt, daß die eigentlichen Störfallursachen selten monokausal sind, d. h. nicht die einzelne Fehlhandlung oder das Wirksamwerden einer bestimmten Gefahrenquelle führt zum Störfall, sondern das komplexe Zusammenwirken meist mehrerer Fehlhandlungen oder Störungen im System. Durch Redundanzen lassen sich das Versagen einzelner technischer Systeme oder auch Fehlhandlungen in der Regel weitgehend auffangen. Mit zunehmender Komplexität des Systems wird es jedoch immer schwieriger, alle möglichen Wechselwirkungen zu überschauen.

Komplexe technische Systeme, zu denen auch Chemieanlagen gehören, werden daher mit systemanalytischen Methoden auf Gefahrenquellen und kritische Fehlhandlungen hin untersucht und sicherheitstechnisch entsprechend ausgelegt [6, 7]. Von seiten des Gesetzgebers ist die Pflicht zu einer systematischen Untersuchung von Störfallanlagen im Jahre 1980 mit dem erstmaligen Erlaß der Störfallverordnung [8] und der Pflicht zur Erstellung von Sicherheitsanalysen rechtlich verbindlich gemacht worden. Seit der Einführung der systemanalytischen Methoden in der chemischen Verfahrenstechnik, seien es nun PAAG[1]-Verfahren [9], Ausfalleffektanalysen [6, 10], Störfallablaufanalysen [6, 11] oder auch ausgefeilte Checklistensysteme, sind insbesondere die sicherheitstechnischen Auslegungsmerkmale, wie z. B. redun-

---

[1] PAAG = **P**rognose, **A**uffinden der Ursache, **A**bschätzen der Auswirkungen, **G**egenmaßnahmen.

5.2 Sicherheitsmanagement zur Störfallvorsorge

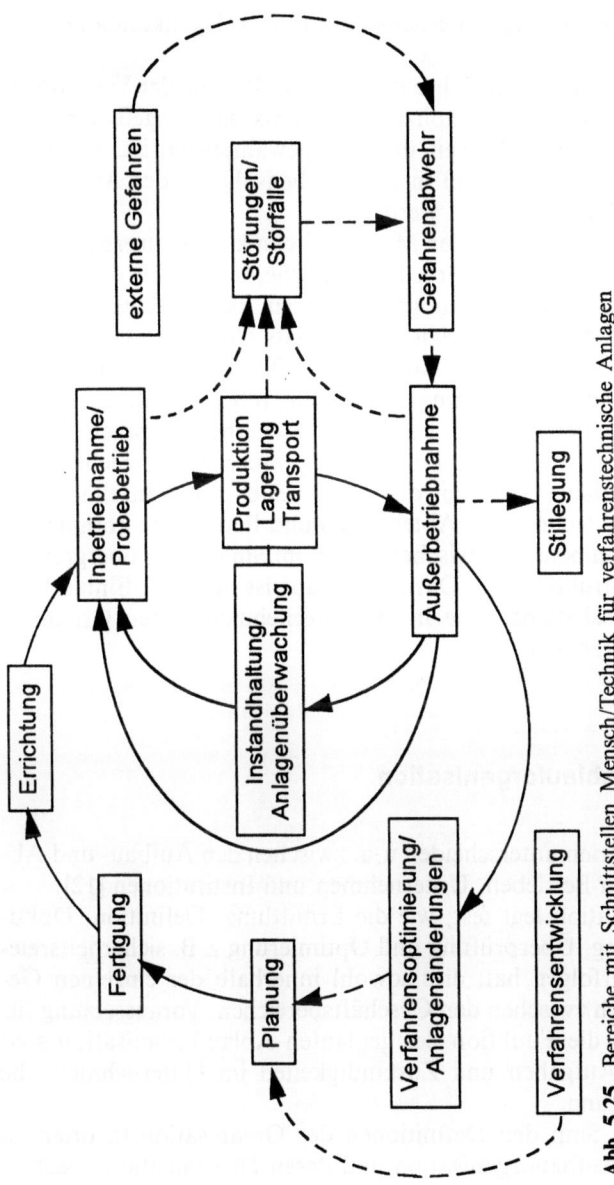

Abb. 5.25. Bereiche mit Schnittstellen Mensch/Technik für verfahrenstechnische Anlagen

dante und diversitäre Auslegung sicherheitsrelevanter Anlagenkomponenten, optimiert worden.

Allerdings haben die letzten 10 Jahre nicht nur im Bereich der Verfahrenstechnik gezeigt, daß mit noch so komplizierter Technik und ausgefeilten Auslegungsmethoden allein die Sicherheit nicht zu gewährleisten ist. Vielmehr muß der Mensch möglichst wirksam in allen Lebensphasen der Anlage als verantwortlich Handelnder integriert werden.

Zur Beherrschung der Schnittstellen Mensch/Technik gilt es in erster Linie, die operationalen und technischen Geschäftsbereiche, wie z. B. Produktionsbetriebe, Planungs- und Instandhaltungsabteilungen, zu betrachten. In den meisten Betrieben und Abteilungen existieren bereits Organisations-, Dokumentations- und Qualitätssicherungskonzepte, z. B. in Form von Handbüchern für Anlagenplanung, Fertigung, Errichtung, Inbetriebnahme, Betrieb oder Instandhaltung, aber auch in Form von Sicherheitsgesprächen und Gesprächskreisen. Zielsetzung im Rahmen der Optimierung der Sicherheitsorganisation muß es daher sein, sowohl diese bestehenden Insellösungen innerhalb der einzelnen technischen Abteilungen und Betriebe zu komplettieren, als auch das Zusammenspiel zwischen diesen im Sinne einer übergreifenden Organisation zu strukturieren. Darüber hinaus ist auch die Einbindung der operationalen Geschäftsbereiche in die unternehmensweiten Organisationsstrukturen zu betrachten.

5.2.3 Aufbau- und Ablauforganisation

Die Organisationstheorien unterscheiden u. a. zwischen den Aufbau- und Ablauforganisationen von Betrieben, Unternehmen und Institutionen [12].

Die Ablauforganisation legt fest, wie die Ermittlung, Definition, Dokumentation, Realisierung, Überprüfung und Optimierung z. B. sicherheitsrelevanter Vorgänge zu erfolgen hat; dies sowohl innerhalb der einzelnen Geschäftsbereiche als auch zwischen den Geschäftsbereichen. Voraussetzung für die Beschreibung und die Funktion der geplanten Ablauforganisation sind eindeutig festgelegte Aufgaben und Zuständigkeiten im Unternehmen, die jeder nachvollziehen kann.

Ohne im strengen Sinn den Definitionen der Organisationstheorien zu entsprechen, soll die Aufbauorganisation und deren Dokumentation sicherstellen, daß jeder im Unternehmen seine Aufgaben und Zuständigkeiten kennt. Dies beinhaltet die transparente Darlegung der Berichtspflicht im hierarchischen Sinne nach oben und nach unten bezüglich Kontroll- und Überwachungsaufgaben.

Bei der Aufbauorganisation wird in Betrieben der chemischen Industrie zwischen drei Organisationsbereichen unterschieden:

- die Normal- oder auch Linienorganisation, welche dem eigentlichen Unternehmenszweck, der Produktion chemischer Erzeugnisse, dient;

5.2 Sicherheitsmanagement zur Störfallvorsorge

- die Kontroll- oder Beauftragtenorganisation, welcher u. a. die rechtlich geforderten Beauftragten [13] zugeordnet werden. Dazu zählen auch der Störfallbeauftragte und die Fachkräfte für Arbeitssicherheit [14];
- die Notfall- oder Gefahrenabwehrorganisation, u. a. für die hoffentlich nicht eintretenden Störfallereignisse.

Im Rahmen eines umfassenden Sicherheitsmanagements sollte parallel zur innerbetrieblichen Organisation auch die Zusammenarbeit mit externen Stellen, Unternehmen und Personen mit engem Bezug zur betrieblichen Aufbau- und Ablauforganisation betrachtet werden (Abb. 5.26). So haben z. B. Hersteller und Lieferanten sicherheitsrelevanter Anlagen und Anlagenkomponenten, Lieferanten von Einsatzstoffen, Mitarbeiter von Fremdfirmen sowie beratende Ingenieurbüros einen nicht unerheblichen Einfluß auf die Anlagensicherheit. Die Einbeziehung von Sachverständigen und Behörden im Rahmen der Anlagenüberwachung komplettiert insbesondere die Kontroll- oder Beauftragtenorganisation. Im Rahmen der Notfallorganisation ist es geradezu zwingend, externe Kräfte, wie z. B. die Feuerwehr und weitere Gefahrenabwehrorganisationen, zu betrachten. Die vorausschauende Einbeziehung der gesetzlich geforderten Informationspflicht für die Nachbarschaft von Störfallanlagen sowie eine aktive Informationspolitik gegenüber der Öffentlichkeit bietet sich unter dem Gesichtspunkt einer vorausschauenden Risikokommunikation an.

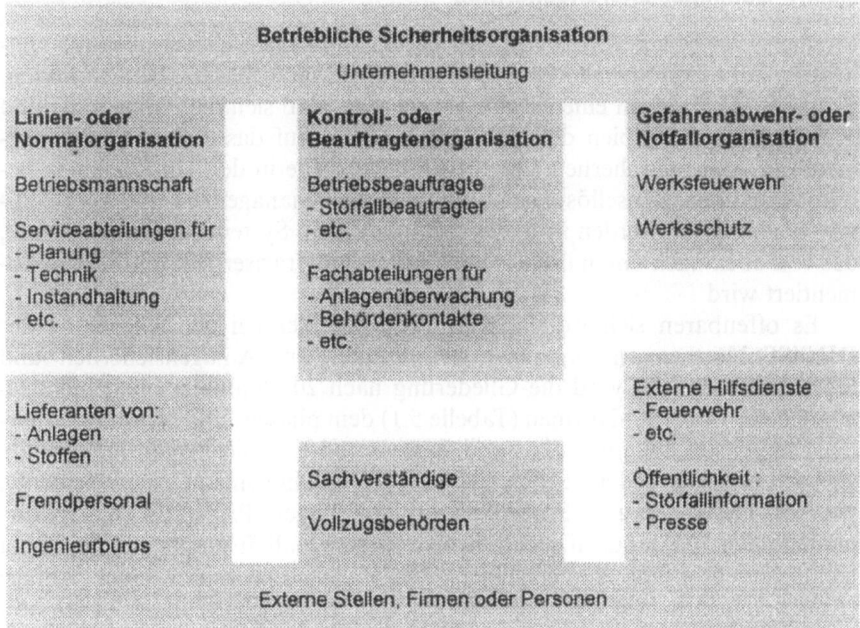

Abb. 5.26. Beteiligte im Rahmen der Sicherheitsorganisation

Bis auf wenige Ausnahmen *(Betriebsbeauftragte und Gefahrenabwehr)* geben Gesetze und Verordnungen nur wenig konkrete Vorgaben für die Aufbauorganisation hinsichtlich der Störfallvorsorge. Auch existieren keine allgemeingültigen Vorgaben für die Aufbau- und Ablauforganisationsstrukturen, die bei der Ausgestaltung der betrieblichen Aufgaben zugrundegelegt werden können. Diese sind vielmehr unternehmensspezifisch festzulegen. Dabei gilt es, die jeweiligen technischen, sozialen und wirtschaftlichen Randbedingungen zu berücksichtigen. Um den Organisationsaufbau möglichst effizient zu bewältigen, sollte auf bereits bestehende Erfahrungen in den unterschiedlichen technischen und wissenschaftlichen Bereichen zurückgegriffen werden. Dies sind z. B. Erkenntnisse aus der Organisationswissenschaft, der Qualitätssicherung von technischen, chemischen oder pharmazeutischen Produkten sowie aktuelle Entwicklungen im Bereich des Umweltaudits. Hinsichtlich der Qualitätssicherung bei chemischen und pharmazeutischen Erzeugnissen verfügen die Chemieunternehmen bekanntlich über langjährige Erfahrungen und entsprechend fundierte Kenntnisse [15].

Die Herausforderung bei der Erarbeitung und Festlegung der Organisationsstrukturen besteht darin, aus verschiedenen Organisationskonzepten, die mit jeweils unterschiedlichen Zielsetzungen entwickelt wurden, die für die Anlagensicherheit und Störfallvorsorge geeigneten Strukturen und Instrumente zu extrahieren und diese auf die zu erfüllenden Organisationsaufgaben anzuwenden.

5.2.3.1 Qualitätssicherungsnormen

Möglich wäre beispielsweise die Ausrichtung der Sicherheitsorganisation analog den DIN ISO-Normen 9000–9004 zur Qualitätssicherung bei Produkten. Es wurde im Rahmen einer Studie [16] gezeigt, daß sich die Philosophie und grundlegende Prinzipien der DIN ISO-Normen auf das Sicherheitsmanagement der Anlagensicherheit übertragen lassen. Die in den Unternehmen bereits vorhandenen Insellösungen zum Sicherheitsmanagement und notwendigen Ergänzungen werden in diesem Sinn zu einem System zusammengestellt, das von oben nach unten immer detaillierter und präziser geregelt bzw. dokumentiert wird.

Es offenbaren sich jedoch auch Problemfelder bei der Spiegelung der DIN ISO-Normen an Organisationskonzepten zur Anlagensicherheit und Störfallvorsorge. So wird die Gliederung nach 20 Qualitätsmanagementelementen der DIN ISO-Normen (Tabelle 5.1) dem phasen- und prozeßorientierten Denken bei Planung, Bau und Betrieb von Chemieanlagen nicht völlig gerecht. Konkret bedeutet dies, daß sich die Qualitätsmanagementelemente, wie z. B. Designlenkung, Prozeßlenkung, Prüfungen, Prüfstatus, Korrekturmaßnahmen, Qualitätsaufzeichnungen, interne Qualitätsaudits und Schulung nicht eindeutig auf die einzelnen Phasen im Lebenslauf einer Anlage (Abb. 5.25), d. h. auf Planung, Errichtung, Inbetriebsetzung, Betrieb mit Instandhaltung und Gefahrenabwehr sowie Anlagenänderungen, abbilden lassen [17]. Auch bereitet die Spiegelung der rechtlichen Vorgaben zur Störfall-

5.2 Sicherheitsmanagement zur Störfallvorsorge

Tabelle 5.1. Qualitätssicherungselemente nach DIN ISO 9000–9004

1. Verantwortung der Obersten Leitung
2. Qualitätssicherungssystem
3. Vertragsprüfung
4. Designlenkung (Entwicklung)
5. Lenkung der Dokumente
6. Beschaffung
7. Vom Auftraggeber beigestellte Produkte
8. Identifikation und Rückverfolgbarkeit von Produkten
9. Prozeßlenkung (in Produktion und Montage)
10. Prüfungen
11. Prüfmittel
12. Prüfstatus
13. Lenkung fehlerhafter Produkte
14. Korrekturmaßnahmen
15. Handhabung, Lagerung, Verpackung und Versand
16. Qualitätsaufzeichnungen
17. Interne Qualitätsaudits
18. Schulung
19. Kundendienst
20. Statistische Methoden

vorsorge an den Qualitätsmanagementelementen der DIN ISO-Normen oft Schwierigkeiten. So sind z. B. die vielfältigen sicherheitstechnischen Prüfungen auf der Grundlage des Gerätesicherheitsgesetzes, des Bundesimmissionsschutzgesetzes und der Störfallverordnung den Qualitätsmanagementelementen nicht eindeutig zuordbar. Das Qualitätsmanagementelement „Prüfungen" bezieht sich nämlich auf Qualitätsprüfungen, nicht aber auf die notwendigen Systemprüfungen. Ferner passen die Beauftragten bei der Anlagensicherheit und Störfallvorsorge nicht so recht in das System der DIN ISO-Normen. Es gibt keinen Beauftragten für den „Prüfstatus", dagegen aber den Störfallbeauftragten und die Fachkräfte für Arbeitssicherheit. Dennoch kann eine gute Organisationspraxis, wie sie in der Philosophie der Normen zum Qualitätsmanagement niedergelegt ist, auf den Anlagenlebenslauf analog übertragen werden.

Erfahrungen bei der Übertragung bestehender Organisationskonzepte auf eine übergreifend strukturierte Sicherheitsorganisation haben gezeigt, daß es sinnvoll ist, zwischen den Organisationsstrukturen innerhalb der operationalen und technikbezogenen Geschäftsbereiche und der Einbindung in die übergreifende Unternehmensorganisation zu unterscheiden [17, 18] (Abb. 5.27).

5.2.3.2 Betriebliche Sicherheitsorganisation in operationalen und technikorientierten Geschäftsbereichen

In den prozeß- und technikorientierten Abteilungen der Unternehmen bietet es sich an, auf eingeführte und bewährte Richtlinien, Normen und Regeln

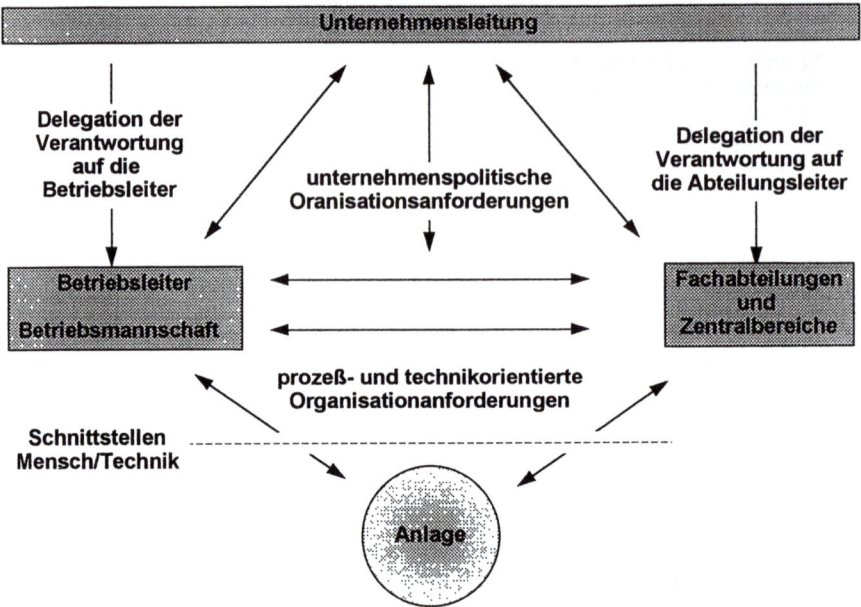

Abb. 5.27. Organisationsanforderungen

sowie Dokumentationsformen zurückzugreifen. Hierzu zählen u. a. bestehende Richtlinien und Normen, z. B. zur Instandhaltung, Sachverständigenprüfungen, Bauüberwachungen sowie deren Dokumentation in verschiedenen Handbüchern *(Planungs-, Errichtungs-, Betriebs-, Instandhaltungs- oder Verfahrenshandbüchern)* [19]. Zu berücksichtigen sind auch Sicherheitsbesprechungen, Sicherheitsbegehungen und Freigabeverfahren.

Im Rahmen der Optimierung, Strukturierung und ggf. Ergänzung dieser bestehenden Insellösungen ist daher zu beachten, daß in Deutschland die sicherheitsorientierte Qualitätssicherung bereits auf hohem Niveau erfolgt. Es besteht somit die Gefahr, daß in den „technischen" Abteilungen der Unternehmen Organisationsvorgaben als „Kritik" oder als lästige Zusatzarbeit neben dem Tagesgeschäft aufgefaßt werden. Aus diesen Gründen kommen umfassende organisatorische Weiterentwicklungen auch in der Regel nicht aus dem Bereich der operationalen Ebene, sondern müssen top-down vorgegeben werden. Dabei kann man sich an der Philosophie der DIN-ISO-Normen 9000–9004 orientieren und an dem Leitfaden zur „*guten Herstellungspraxis für Arzneimittel*" [20]. Dem Leitfaden zugrunde liegende Managementkonzepte der *Europäischen Union* sind deutlich prozeßorientiert und möglicherweise gut geeignet, die sicherheitsrelevanten Schnittstellen Mensch/Technik zuverlässig zu beherrschen.

5.2.3.3 Organisationsverantwortung der Unternehmensleitung

Die Verantwortung für den sicheren Anlagenbetrieb und die sicherheitsgerechte Planung oder Instandhaltung wird in der Regel auf die Betriebsleiter, die Leiter der Stabs- oder Dienstleistungsabteilungen delegiert (Abb. 5.27). Die Verantwortung der Geschäftsführung des Unternehmens besteht insbesondere darin, die einzelnen Verantwortungsträger wirksam zu unterstützen und die effiziente Zusammenarbeit der einzelnen operationalen und technischen Geschäftsbereiche untereinander sicherzustellen.

Dabei gilt es auch zu beachten, daß die Optimierung der Sicherheitsorganisation und der Sicherheitstechnik nicht losgelöst von dem wirtschaftlichen Betrieb der betreffenden Anlage zu sehen ist, und die Betriebsleiter oder Abteilungsleiter ihre Aufgabe nur innerhalb des finanziellen Rahmens realisieren können, der ihnen von der Geschäftsführung zugestanden wird. Somit trägt auch oder insbesondere die Geschäftsführung Mitverantwortung für den sicheren Betrieb ihrer Anlagen.

Die Organisationsziele, und damit auch die Strukturen, in dem Hierarchiebereich zwischen Unternehmensleitung und den Abteilungs- und Betriebsleitern, unterscheiden sich deutlich von denen der operationalen Ebene. Auf dieser Ebene geht es in erster Linie um die prozeß- und technikorientierte Umsetzung genereller Organisationsvorgaben aus der Leitungsebene. Diese müssen z. B. das unternehmensweite Sicherheitskonzept, die daraus abgeleitete Aufbau- und Ablauforganisation mit Qualifikations- und Fortbildungskonzepten aufzeigen, sowie interne Erfahrungsrückflußsysteme *(Audits)* und Dokumentationssysteme organisieren. Ebenso sind die grundlegenden Prinzipien zur Zusammenarbeit mit externen Stellen, Institutionen, Personen und Firmen vorzugeben, wenn es sich um sicherheitsrelevante Kontakte handelt. Da der Organisationsbereich zwischen Unternehmensleitung und Betriebs-/Abteilungsleiterebene durch die Beschreibung von allgemeinen Zuständigkeiten, Rechten und Pflichten sowie der Ressourcenverteilung geprägt ist, müssen die für diese Organisationsaufgaben geeigneten Managementinstrumente und Managementprinzipien zum Tragen kommen. Für die Erfüllung dieser Organisationsaufgaben bietet es sich an, auf die Philosophie und die Grundprinzipien der DIN ISO-Normen 9000–9004 zum Qualitätsmanagement bei Produkten zurückzugreifen. Aber auch die Managementprinzipien, wie sie in der Öko-Audit-Verordnung der EU zum Umweltmanagement entwickelt werden, könnten eine wertvolle Orientierungshilfe sein [21].

Um die Eigenverantwortlichkeit des Betreibers – meistens sind dies Betriebsleiter – und die daran geknüpfte Verantwortung der Geschäftsführung eines Unternehmens zu stärken, hat der Gesetzgeber mit der Novelle des Bundesimmissionsschutzgesetzes *(BImSchG)* [22] im Jahre 1990 die Unternehmen verpflichtet, die entsprechenden Verantwortlichen der Geschäftsleitung zu benennen. Ferner müssen die organisatorischen Strukturen des Unternehmens aufgezeigt werden, mit denen die Anlagensicherheit und Störfallvorsorge gewährleistet wird *(§ 52a BImSchG)*.

Tabelle 5.2. Anforderungen der Störfallverordnung an die Sicherheitsorganisation des Anlagenbetreibers

Vorkehrungen sowie Bedienungs- und Sicherheitsanweisungen zur Vermeidung von Fehlverhalten und Fehlbedienungen (§ 6 Abs. 1 Nr. 3 und 4)
ständige sicherheitstechnische Überwachung (§ 6 Abs. 1 Nr. 1)
Prüfung der sicherheitstechnisch bedeutsamen Anlageteile (§ 6 Abs. 1 Nr. 1)
Wartungs- und Reparaturarbeiten entsprechend den allgemein anerkannten Regeln der Technik (§ 6 Abs. 1 Nr. 2)
Aufstellung und Fortschreibung von betrieblichen Alarm- und Gefahrenabwehrplänen (§ 5 Abs. 1 Nr. 3)
Notfallunterweisungen (§ 6 Abs. 1 Nr. 5)

Tabelle 5.3. Dokumentationspflichten nach dem Bundes-Immissionsschutzgesetz und der Störfallverordnung zum Sicherheitsmanagement

Genehmigungsunterlagen
Sicherheitsanalyse § 7 StörfallV
Fortschreibung der Sicherheitsanalyse § 8 StörfallV
Wahrnehmung der Betreiberpflichten § 52a (1) BImSchG
Angaben zur Betriebsorganisation § 52a (2) BImSchG
Störfallbeauftragter §§ 58a, 58b, 58c BImSchG
Prüfungsunterlagen § 6 (2) Nr. 1 StörfallV
Lagerlisten § 6 (3) StörfallV
Informationen über Sicherheitsmaßnahmen § 11a StörfallV
Alarm- und Gefahrenabwehrpläne § 5 (1) Nr. 3 StörfallV
Betrieblicher Ansprechpartner zur Störfallbegrenzung § 5 (2) StörfallV
Störfallmeldung § 11 StörfallV

Um den Nachweis zu erbringen, wie die rechtlichen Anforderungen, z.B. der Störfallverordnung an die Sicherheitsorganisation (Tabelle 5.2), erfüllt werden, ist es unausweichlich, die Aufbau- und Ablauforganisation des Unternehmens einschließlich der operationalen und technikorientierten Geschäftsbereiche zu dokumentieren.

Mindestanforderungen an die Dokumentation hat der Gesetzgeber u.a. im Bundesimmissionsschutzgesetz und der Störfallverordnung vorgegeben (Tabelle 5.3). Das Thema Dokumentation als Instrument des Sicherheitsmanagements wird weiter unten nochmals aufgegriffen.

5.2.4 Kontroll- oder Beauftragtenorganisation

Die in der Linienorganisation Tätigen sowie die Unternehmensleitung werden durch die Abteilungen und Beauftragten der Kontroll- oder Beauftragtenorga-

5.2 Sicherheitsmanagement zur Störfallvorsorge

nisation unterstützt. Dabei sollte die unternehmensinterne Organisation auch externe Sachverständige und Behörden berücksichtigen (Abb. 5.26). Es gilt, den Informationsfluß von innen nach außen und umgekehrt zu gestalten und die dafür zuständigen Personen und Abteilungen festzulegen. Es wird vorgeschlagen [23], die Kontroll- und Beauftragtenfunktionen aus der Linienhierarchie herauszulösen und z. B. als parallele Aufbauorganisation direkt der Geschäfts- oder Unternehmensleitung zu unterstellen. Ziel der Kontroll- oder Beauftragtenorganisation ist es, den reibungslosen und sicheren Anlagenbetrieb zu gewährleisten sowie die Erfüllung der gesetzlich vorgeschriebenen Pflichten für alle Beteiligten zu gewährleisten. Der Kontroll- oder Beauftragtenorganisation sind u. a. der Störfallbeauftragte, die Fachkräfte für Arbeitssicherheit sowie Fachabteilungen für Sachverständigenprüfungen und Behördenkontakte zugeordnet.

5.2.4.1 Störfallbeauftragter

Die Verpflichtung der Betreiber bestimmter Anlagen, die unter den Anwendungsbereich der Störfallverordnung [8] fallen, einen Störfallbeauftragten zu stellen, wurde mit der Novelle des Bundesimmissionsschutzgesetzes im Jahre 1990 rechtsverbindlich eingeführt. Dem Störfallbeauftragten mißt der Gesetzgeber eine besondere Rolle im Rahmen des betrieblichen Sicherheitsmanagements zu. Mit der 5. Verordnung zur Durchführung des Bundesimmissionsschutzgesetzes *(Verordnung über Immissionsschutz und Störfallbeauftragte, 5. BImSchV)* im Juli 1993 [24] hat der Gesetzgeber geregelt, für welche Anlagen ein Störfallbeauftragter zu bestellen ist und welche Anforderungen hinsichtlich Fachkunde und Zuverlässigkeit er zu erfüllen hat. Das Spektrum an Aufgaben und Pflichten, die der Störfallbeauftragte wahrzunehmen hat, sind in Tabelle 5.4 skizziert.

Der Störfallbeauftragte stellt quasi einen Vermittler zwischen Unternehmensleitung und den einzelnen Unternehmensbereichen zu Fragen der Störfallvorsorge dar. Damit der Störfallbeauftragte möglichst wirkungsvoll in das betriebliche Geschehen eingebunden wird, gilt es, seine Akzeptanz bei allen Beteiligten zu gewährleisten. Hierbei ist die Mitverantwortung des Störfallbeauftragten im Sinne eines Doppelchecks bei sicherheitsrelevanten Entschei-

Tabelle 5.4. Aufgaben des Störfallbeauftragten

Beratung des Betreibers zu allen Fragen der Anlagensicherheit
Meldung von Störungen an den Betreiber
Jährliche Berichtspflicht an den Betreiber
Stellungnahme aus sicherheitstechnischer Sicht zu
– Investitionsentscheidungen
– Anlagenplanungen
– neuen Arbeitsverfahren und -stoffen
Entscheidungsbefugnisse im Rahmen der Gefahrenabwehr

dungen hilfreich [23]. Der Störfallbeauftragte würde somit nicht nur gute
Ratschläge geben, sondern tatsächlich Verantwortung tragen.

5.2.4.2 Sachverständigenprüfungen

Als weiteres wichtiges Element eines umfassenden Sicherheitsmanagements
sind Sachverständigenprüfungen rechtsverbindlich verankert worden. Sachverständigenprüfungen werden bei überwachungsbedürftigen verfahrenstechnischen Anlagen seit langem aufgrund des Gerätesicherheitsgesetzes [2], früher der Gewerbeordnung, sowie aufgrund von Anforderungen der Berufsgenossenschaften [25] durchgeführt. Die Prüfungen beziehen sich dabei auf bestimmte Anlagenkomponenten, wie z. B. Druckbehälter und Rohrleitungen.

Mit dem Anspruch „*Sicherheit von Störfallanlagen*" durch Sachverständigenprüfungen weiter erhöhen zu können, sind entsprechende Prüfungen mit der Novelle des Bundesimmissionsschutzgesetzes im Jahre 1990 rechtlich verankert worden. Diese Forderung des Gesetzgebers nach ergänzenden sicherheitstechnischen Prüfungen durch Sachverständige zielt insbesondere auf Prüfungen ab, die das Zusammenwirken einzelner Anlagenteile und Funktionsbereiche innerhalb und auch außerhalb der Anlage berücksichtigen. Den systemübergreifenden Charakter derartiger sicherheitstechnischer Prüfungen verdeutlicht die Abb. 5.28.

Die gesetzliche Verpflichtung, Sachverständigenprüfungen durchführen zu lassen, ist mit Kosten für den Anlagenbetreiber verbunden. Es besteht jedoch die Chance, die zusätzlichen Aufwendungen zumindest teilweise zu kompensieren, indem die Sachverständigenprüfungen in das betriebliche Sicherheitsmanagement eingebunden und so Doppelarbeiten vermieden werden. Dabei würde die betriebereigene Überwachung durch Sachverständigerprüfungen und durch Behördenprüfungen zu einer betrieblichen Gesamtüberwachung ergänzt. Eine wirksame Integration der Sachverständigen in das betriebliche Überwachungskonzept führt – bei entsprechend guter Qualifikation der Sachverständigen – u.a. zu einem erhöhten Erfahrungsaustausch mit parallellaufender Qualifikation der eigenen Mitarbeiter und letztlich auch zu mehr Fehlertoleranz des Sicherheitsmanagements. Für eine möglichst weitgehende Integration der Sachverständigen spricht außerdem, daß die vertrauensvolle Zusammenarbeit zwischen Betreiber und Sachverständigen ein ganz offensichtliches Muß ist. Denn nur der Betreiber selbst und insbesondere die Anlagenfahrer kennen die tatsächlichen kritischen Schwachpunkte der Anlage. Hierin zeigt sich jedoch auch deutlich die Grenze von Sachverständigenprüfungen durch unternehmensexterne Prüfer und unterstreicht die Eigenverantwortung der Betreiber; woraus große Unternehmen die Berechtigung herleiten, Sachverständigenprüfungen durch eigene Stabsabteilungen mit staatlich anerkannten Prüfern durchzuführen [26].

Für die Zukunft ist zu erwarten, daß ganzheitliche Konzepte zur Anlagenüberwachung bestehende Überwachungs- und Prüfkonzepte nach einzelnen technischen Regeln, Richtlinien und Normen zumindest ergänzen [27], wenn nicht sogar ersetzen werden. Vor diesem Hintergrund wird es auch Umstruktu-

5.2 Sicherheitsmanagement zur Störfallvorsorge

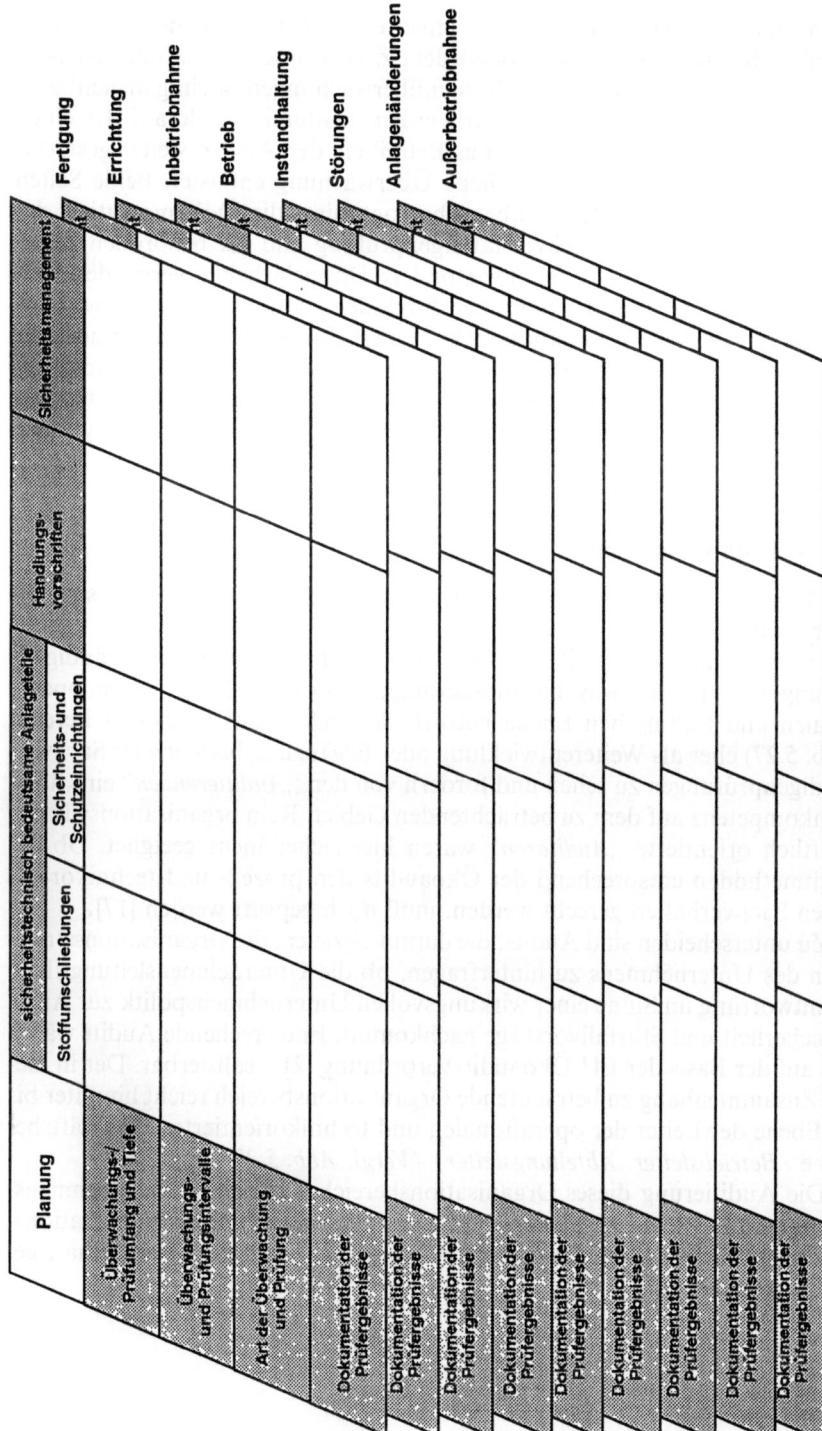

Abb. 5.28. Systembetrachtung im Rahmen einer ganzheitlichen Anlagenüberwachung

rierungen bei der Aufgaben- und Rollenverteilung geben. Die Beteiligten sind Betreiber, Sachverständige und Behörden. Z. B. können in Zukunft Sachverständigenprüfungen und auch Behördenüberwachungen in ein ganzheitliches Überwachungskonzept eingebunden werden. Dadurch würde auf der einen Seite die Eigenverantwortlichkeit des Betreibers der Anlage weiter gestärkt, auf der anderen Seite die behördliche Überwachung entlastet. Beide Seiten profitieren davon. Der Anlagenbetreiber optimiert die Dokumentation der Eigenüberwachung, der Sachverständigenprüfung und der behördlich geforderten Unterlagen. So können insbesondere Doppelarbeiten vermieden werden. Zusätzlich gewinnt der Betreiber durch den ständig aktuellen Überblick hinsichtlich der Anlagensituation mehr Sicherheit auch für unternehmerische Entscheidungen. Eine derartig tiefgreifende Umstrukturierung der Anlagenüberwachung setzt jedoch eine geeignete Dokumentation sowohl der Betreiberüberwachung als auch der entsprechenden Sachverständigenprüfung voraus, auf die sich dann die Behördenprüfungen stützen können.

5.2.4.3 Sicherheitsaudits

Ebenfalls der Kontroll- oder Beauftragtenorganisation zuzuordnen sind Sicherheitsaudits.

Für Sicherheitsaudits gilt im Prinzip das gleiche wie für Sachverständigenprüfungen, zumindest was die Auditierung auf der prozeßorientierten, operationalen und technischen Ebene betrifft. So sind Audits in diesem Bereich (Abb. 5.27) eher als Weiterentwicklung oder Ergänzung bestehender Sachverständigenprüfungen zu sehen und fordern von den *„Auditierenden"* eine hohe Fachkompetenz auf dem zu betrachtenden Gebiet. Rein organisationswissenschaftlich orientierte *„Auditoren"* wären hier sicher nicht geeignet. Ob die Auditmethoden entsprechend der Ökoaudits den prozeß- und technikorientierten Sachverhalten gerecht werden, muß noch geprüft werden [17].

Zu unterscheiden sind Audits, die darauf abzielen, die Organisationsstrukturen des Unternehmens zu hinterfragen, ob die Unternehmensleitung ihrer Verantwortung im Sinne einer wirkungsvollen Unternehmenspolitk zur Anlagensicherheit und Störfallvorsorge nachkommt. Entsprechende Audits wären z. B. auf der Basis der EU-Ökoaudit-Verordnung [21] realisierbar. Der in diesem Zusammenhang zu betrachtende Organisationsbereich reicht hinunter bis zur Ebene der Leiter der operationalen und technikorientierten Geschäftsbereiche *(Betriebsleiter, Abteilungsleiter) (Vergl. Abb. 5.27)*.

Die Auditierung dieses Organisationsbereiches zwischen Unternehmensleitung und Betriebs-/Abteilungsleiter ist mit den eingeführten organisationswissenschaftlichen Methoden prinzipiell möglich, was bereits beispielhaft gezeigt wurde [28, 29].

5.2.5 Notfall- oder Gefahrenabwehrorganisation

Im Vergleich zur Normal- und Kontrollorganisation besteht die Besonderheit der Notfallorganisation darin, daß in der Regel keine Person oder Abteilung hauptsächlich der Notfallorganisation zugeordnet ist; Werkschutz und Werksfeuerwehr sind hierbei die Ausnahmen. Die Notfallorganisation stützt sich vielmehr darauf, Aufgaben und Zuständigkeiten festzulegen, wie sie im Gefahrenfall am wirksamsten zugeordnet werden müssen. Im Normalfall übliche Hierarchien und Zuständigkeiten können aufgebrochen und z. B. den Werksfeuerwehren und Störfallbeauftragten besondere Rechte und Pflichten eingeräumt werden. Daß die Notfallaufbau- und Ablauforganisation sorgfältig geplant und auch immer wieder geübt werden muß, belegen die leider immer wieder auftretenden Pannen beim Störfallmanagement.

Für bestimmte Anlagen, die der Störfallverordnung unterliegen, sind besondere Pflichten im Zusammenhang mit der Notfall- oder Gefahrenorganisation rechtlich vorgeschrieben:

– Vorsorgliche Information der Bevölkerung über mögliche Störfallgefahren *(§ 11a Störfall-Verordnung)*.
– Erstellen von betrieblichen Alarm- und Gefahrenabwehrplänen sowie deren Abstimmung mit den zuständigen Behörden *(§ 5 Abs. 1 Nr. 3, Störfall-Verordnung)*. In diesem Zusammenhang ist insbesondere auf den möglichst reibungslosen Übergang von der betrieblichen Gefahrenabwehr *(Betriebsebene, Werksebene und Unternehmensebene)* hin zu regionalen objektbezogenen und überregionalen Katastrophenschutzplänen der Gemeinden und Kommunen hinzuweisen.
– Das Bedienungspersonal ist über das richtige Verhalten im Störfall zu unterweisen und zu schulen *(§ 6 Abs. 1, Nr. 5, Störfall-Verordnung)*.
– Es ist eine Auskunftsstelle einzurichten und eine Person zu benennen, die mit der Begrenzung von Störfällen beauftragt ist sowie eine stets verfügbare Nachrichtenverbindung zu einer externen Stelle *(z. B. Feuerwehr)* einzurichten *(§ 5 Abs. 1, Nr. 4, Störfall-Verordnung)*.

5.2.6 Dokumentation des Sicherheitsmanagements

Die Wirksamkeit organisatorischer Konzepte und Maßnahmen hängt ganz wesentlich von der Effizienz der Informationsbereitstellung und der Qualität sowie Transparenz der Dokumentation ab [30]:

– Für die Ermittlung und Festlegung sowohl technischer als auch organisatorischer Anforderungen sind insbesondere das Regelwerk, Laborversuche, betriebsinterne Erfahrungsrückflußsysteme, systemanalytische Methoden zu nennen. Die Dokumentation erfolgt in Handbüchern, in Gesprächs- und Prüfprotokollen, in Genehmigungsunterlagen sowie DV-Systemen. Oftmals sind diese Informationen über verschiedene Abteilungen und Geschäftsbereiche verteilt.

- Die Umsetzung sicherheitsrelevanter Vorgaben, sei es im Betrieb, bei der Instandhaltung oder auch bei der Anlagenauslegung, erfordert motivierte eigenverantwortliche Mitarbeiter, die auf gute Dokumentations- und Informationsstrukturen zurückgreifen können.
- Im Rahmen der Überprüfung der Sicherheitsvorgaben müssen die unterschiedlichen Prüfungen *(Bauprüfungen, Errichtungsprüfungen, periodische Prüfungen)* sowie die Prüfung schriftlicher Unterlagen, Sicherheitsbegehungen, Sicherheitsgespräche *(Audits)* dokumentiert werden. Dies betrifft sowohl Prüfungen durch firmeneigene Mitarbeiter oder Abteilungen, aber auch durch externe Sachverständige oder Behörden.
- Die Optimierung sowohl der Verfahren als auch der sicherheitsorganisatorischen Abläufe erfolgt über Erfahrungsrückflußsysteme, die dokumentiert werden müssen. Dabei ist die möglichst breite Streuung dieses Erfahrungswissens durch eine effiziente Informationsbereitstellung anzustreben.

Die Beispiele zeigen, daß die Dokumentation im Rahmen des Sicherheitsmanagements eine zentrale Rolle einnimmt. Die vielfältigen sicherheitsrelevanten Informationen werden in den einzelnen Geschäftsbereichen erhoben, dokumentiert und ggf. aktualisiert. Dies gilt auch für die Dokumentation der Aufbau- und Ablauforganisationen. Sie werden von den zuständigen Zentraleinheiten erarbeitet und abgelegt. Um dem Anspruch eines wirkungsvollen Sicherheitsmanagements gerecht zu werden, müssen die Informationsinseln zu einer transparenten aktuellen Dokumentation zusammengeführt werden. Seien es Genehmigungsunterlagen, Sicherheitsanalysen, Betriebs- und Verfahrenshandbücher, Protokolle von Sicherheitsgesprächen oder Sicherheitsbegehungen, Gefahren- und Abwehrpläne, Instandhaltungsanweisungen sowie Organigramme und Arbeitsanweisungen, um nur einige zu nennen. Mit Hilfe eines geeigneten Dokumentationssystems kann der Informationsfluß gesteuert und die Zuverlässigkeit der Kommunikation optimiert werden. Das führt dazu, daß eine übersichtliche und gut strukturierte Dokumentation allen Beteiligten ermöglicht, die jeweiligen Ziele und Anforderungen im Rahmen der Sicherheitsorganisation nachzuvollziehen und die persönlichen Aufgaben und Stellungen innerhalb des Sicherheitskonzeptes zu erkennen. Dabei werden sicherheitsrelevante Lücken im Unternehmen erkannt und können ausgefüllt werden.

Für die Zukunft ist zu erwarten, daß, vergleichbar der Qualitätssicherung von Produkten, Fertigungsabläufen, Dienstleistungen oder Kraftwerken [31], die Dokumentation sicherheitsrelevanter Informationen zunehmend mit vernetzten Rechnersystemen geschieht. Die Aktualität und die Dynamik eines gelebten Sicherheitsmanagementsystems kann dadurch deutlich erhöht werden. Die derzeitige Situation ist allerdings dadurch gekennzeichnet, daß unterschiedliche EDV-Lösungen in den einzelnen operationalen Geschäftsbereichen sowie bei Behörden- und Sachverständigenorganisationen zahlreiche Schnittstellen aufweisen, die manuell überbrückt werden müssen. Dies führt zu Übertragungsfehlern, Zeitverzögerungen und Doppelarbeiten.

5.2.7 Ausblick

Der Prozeß, die bereits bestehenden organisatorischen Insellösungen in den Unternehmen der verfahrenstechnischen Industrie zu einem geschlossenen Sicherheitsmanagement zusammenzuführen, hat nicht nur in Deutschland begonnen [32, 33]. Wie bei allen nachhaltigen Strukturveränderungen ist jedoch damit zu rechnen, daß noch einige Zeit vergehen wird, bis die Sicherheitsmanagementstrukturen in den deutschen Unternehmen weitgehend optimiert sind. Daß die Entwicklung zu einem umfassenden Sicherheitsmanagement auf einer recht stabilen Basis aufbauen kann *(gut ausgebaute Insellösungen)* ist sowohl auf das seit Jahrzehnten bestehende und bewährte sicherheitstechnische Regelwerk als auch auf die Anfang der 80er und Anfang der 90er Jahre eingeleiteten Gesetzgebungsverfahren im Rahmen des Bundesimmissionsschutzgesetzes und der Störfallverordnung zurückzuführen. Die Bereitschaft auf Seiten der Industrie, die Sicherheitsorganisation in schnellen Schritten voranzutreiben, ist neben der Sorge vor weiterem drohenden Imageverlust auch darauf zurückzuführen, daß eine ausgefeilte Sicherheitsorganisation die Anlagen zuverlässiger und damit wirtschaftlicher macht. So ist zu erwarten, daß nach einer sicherheitstechnischen Optimierung der Anlagensicherheit in den letzten 10 Jahren nun eine Optimierung des Sicherheitsmanagaments wirkungsvoll eingeleitet ist. So wird in Zukunft die Schnittstelle Mensch/Technik noch wirkungsvoller beherrscht werden können. Ob und in welcher Form die Entwicklungen zum Sicherheitsmanagement in das sicherheitstechnische Regelwerk einfließen, muß abgewartet werden.

Literatur

1. VDI-Lexikon Umweltschutz (1994). VDI, Düsseldorf
2. Gesetz über technische Arbeitsmittel (Gerätesicherheitsgesetz). Bundesgesetzblatt (1992) Teil I, S. 1793
3. DIN-Katalog für Technische Regeln (1994). Deutsches Institut für Normen, Beuth, Berlin
4. Ratcliffe KB (1993) LOSS Prevention Bulletin 112:1
5. Geike R (1993) TÜ 10:397
6. Praxis der Sicherheitsanalysen in der chemischen Verfahrenstechnik (1985). In: Dechema Monographien, Band 100, Verlag Chemie, Weinheim
7. Ruppert KA (1990) Chem.-Ing.-Tech. 11:916
8. 12. Verordnung zur Durchführung des Bundes-Immissionsschutz-Gesetzes (Störfall-Verordnung) (1991). Bundesgesetzblatt, Teil I, S. 1891
9. Der Störfall im chemischen Betrieb (PAAG), Berufsgenossenschaft der Chemischen Industrie, Heidelberg
10. DIN 25448 (1980) Deutsches Institut für Normung, Beuth, Berlin, Köln
11. DIN 25419 (1980) Deutsches Institut für Normung, Beuth, Berlin, Köln
12. Davidsohn M, Löhr U (1991). In: Die Organisation des betrieblichen Umweltschutzes, S. 337. Adams HW, Frankfurter Allgemeine Zeitung (Hrsg)
13. Pohle H (Hrsg) (1992) Die Umweltschutzbeauftragten. Erich Schmidt, Berlin
14. Männel W, Becker W, Skrzypek-Neubauer F (1985) Sicherheitsgerechte Gestaltung von Instandhaltungsarbeiten. Schriftenreihe Bundesanstalt für Arbeitsschutz, Nr. 18, Bundesanstalt für Arbeitsschutz (Hrsg), Dortmund

15. Sommer E (1993) Chem.-Ing.-Tech. 12:1457
16. Adams HW (1993) Erhöhung der Sicherheit durch Qualitätssicherung bei Planung, Bau und Betrieb von chemischen Produktionsanlagen. Umweltbundesamt, Berlin
17. Adams HW (1993). In: Blick durch die Wirtschaft, 3. Dezember 1993, Frankfurter Allgemeine Zeitung, Frankfurt
18. Bresinsky E, Schulze HJ (1993). In: Blick durch die Wirtschaft, 4. Juni 1993. Frankfurter Allgemeine Zeitung, Frankfurt
19. Maier B (1991). In: Die Organisation des betrieblichen Umweltschutzes. S. 368, Adams HW (Hrsg), Frankfurter Allgemeine Zeitung
20. Kommission der Europäischen Union, Dokument III/2244/87-EN, Rev. 3 (1989)
21. Peglau R, Schulz W (1993). In: Handbuch für die betriebliche Praxis 3: S 729, S. 843, Haufeverlag
22. Bundes-Immissionsschutz-Gesetz (1990), Bundesgesetzblatt, Teil I, S. 880, zuletzt geändert (1993), Bundesgesetzblatt, Teil I, S. 446
23. Steinbach J (1993). In: Seminar: Anlagensicherheitsmanagement zur Störfallvorsorge. UTECH, Berlin
24. 5. Verordnung zur Durchführung des Bundes-Immissionsschutz-Gesetzes (Verordnung über Immissionsschutz- und Störfallbeauftragte – 5. BImSchV) (1993). Bundesgesetzblatt, Teil I, S. 1433
25. Bartels K (1989). In: Risikobegrenzung in der Chemie, 13. Internationales Kolloquium für die Verhütung von Arbeitsunfällen und Berufskrankheiten in der Chemischen Industrie, IUSS Intern, Vereinigung für soziale Sicherheit, Genf
26. Boeckh M (1994) TÜ, Bd. 34, 1:17
27. Konzept des Ausschusses Technik und Recht des VCI zur ganzheitlichen Anlagenüberwachung zur Erfüllung des Bundes-Immissionsschutz-Gesetzes, (1991) VCI, Frankfurt
28. Little AD (1993) Überprüfung der Organisation des Sicherheitsmanagements der Höchst AG. Hessisches Ministerium für Umwelt, Energie und Bundesangelegenheiten, Wiesbaden
29. Adams Partner (1993) Gutachten zur Organisation der Sicherheit der Höchst AG. Hessisches Ministerium für Umwelt, Energie und Bundesangelegenheiten, Wiesbaden
30. Leicht R, Ruppert KA (1993) TÜ, 1:22
31. Durst KH, Scheurer K, Meinhardt H (1993) TÜ, 3.102
32. Ratcliffe KB (1993) LOSS Prevention Bulletin 113S:15
33. Successful Health and Safety Management (1993) Health and safety series booklett HS(G) 65 Health and Safety Executive, Sheffield, UK

6 Rechtlicher Rahmen

6.1 Störfallvermeidung und -begrenzung im Immissionsschutzrecht

P. Reichhelm

6.1.1 Einleitung

Immer wieder werden bei der Nutzung der Technik Störfälle auftreten, von denen einige durch ihre spektakulären Auswirkungen ins Blickfeld der Öffentlichkeit geraten und dadurch mancherlei Aktivitäten auslösen.

Oft wird nach Verbesserung oder Verschärfung der Vorschriften gerufen und parallel dazu die strikte Anwendung der vorhandenen Regelwerke gefordert, was sich in besonderen Programmen der Vollzugsbehörden ausdrückt.

Bei dem Lagerhausbrand der Firma Sandoz bei Basel im Oktober 1986 flossen ungehindert große Mengen Löschwasser in den Rhein, die durch die gelagerten, giftigen Chemikalien und Pestizide stark kontaminiert waren. Dadurch kam es zu einer verheerenden Rheinverschmutzung, die zu einem massiven Fischsterben führte und die Trinkwassergewinnung zeitweilig unmöglich machte oder zumindest einschränkte. Dieser Störfall wurde von einer Reihe ähnlicher, aber kleinerer Störfälle bzw. Betriebsstörungen in der Folge begleitet.

Nach dem Störfall bei Sandoz wurde u. a. die Störfall-Verordnung (12. BImSchV), die im Immissionsschutzrecht die einschlägige Vorschrift für gefährliche Industrietätigkeiten mit gefährlichen Stoffen ist, gründlich überarbeitet. Neben der Erweiterung des Anwendungsbereichs, Herabsetzung der Schwelle für die Meldepflicht sind vor allem die Stoffanhänge überarbeitet und stark erweitert worden. Eine spezielle Vorschrift für Lageranlagen wurde eingeführt.

Einige Ankündigungen des nach der Brandkatastrophe aufgestellten Maßnahmenkatalogs der Bundesregierung vom 4. 12. 1986 sind allerdings bis heute noch nicht umgesetzt. Dazu gehören die Überarbeitung der 2. Allgemeinen Verwaltungsvorschrift zur 12. BImSchV (2. StörfallVwV) zur Konkretisierung der Sicherheitsanforderungen gemäß §§ 3 bis 6 12. BImSchV und der Erlaß einer weiteren Verwaltungsvorschrift zur Regelung der Grundanforderungen an die Alarm- und Gefahrenabwehrpläne [1].

Am 22. Februar 1993 kam es bei der hessischen Chemiefirma Hoechst AG im Werksteil Frankfurt-Griesheim zu einem folgenschweren Störfall in einer Produktionsanlage für ein Farbstoffzwischenprodukt.

In einem 36 m^3-Reaktionskessel zur Herstellung von ortho-Nitroanisol wurden infolge eines Zusammenspiels verschiedener Bedienungsfehler und nicht vorhandener Sicherheitseinrichtungen gegen Fehlbedienungen eine „run-away-reaction" ausgelöst. Über das Sicherheitsventil traten etwa 10 Tonnen Reaktionsmischung in die Umwelt. Nach diesem Störfall ereigneten sich bei derselben Firma allein bis zum 2. April 1993 weitere 13 Betriebsstörungen, von denen zwei Störfälle im Sinne der 12. BImSchV waren [2].

Diese ungewöhnliche Serie von Störfällen löste nicht nur bei den zuständigen Fachbehörden in Hessen, sondern auch bundesweit vielfältige Aktivitäten aus. Auf der Vollzugsebene wurden Sofortprogramme und Sonderaktionen im Rahmen der Überwachung ausgelöst. Die ersten vorläufigen Ergebnisse des hessischen Sofortprogramms, das aus einer Teilprüfung von 90 vergleichbaren Anlagen mit diskontinuierlich betriebenen Reaktoren, in denen exotherme Reaktionen stattfinden oder stattfinden können, besteht, sind inzwischen veröffentlicht. Darin wird berichtet, daß – ohne eine Wertung der jeweiligen Gutachterempfehlungen vorzunehmen – bei 73% der untersuchten 90 Anlagen, die mit der Griesheimer Anlage vergleichbar waren, die Gutachter Empfehlungen für nachträgliche Anordnungen aussprachen [3]. Bei 66% der untersuchten Anlagen sind Anordnungen erlassen worden.

Neben der Vollzugsseite und der betroffenen Industrie beschäftigten sich auch die Umweltministerkonferenz, gemeinsame Gremien von Bund und Ländern sowie die Störfallkommission und der Technische Ausschuß für Anlagensicherheit mit den Folgen und Konsequenzen dieser ungewöhnlichen Serie von Betriebsstörungen und Störfällen. Thematisch ging es vor allem um Fragen der technischen Sicherheit bei exothermen Batch-Reaktionen in Reaktoren mit Druckentlastungseinrichtungen, des regelmäßigen Einsatzes von Sachverständigen bei den sicherheitstechnischen Prüfungen und um offenbar gewordene Defizite beim Krisenmanagement. Die Durchleuchtung der Störfallabläufe hatte auch Unzulänglichkeiten bei der Informationsweitergabe deutlich gemacht.

Störfallvermeidung oder anders ausgedrückt, Verhinderung von Störfällen und Störfallbegrenzung bzw. Minimierung der Störfallauswirkungen sollen im folgenden erläutert werden.

Die einleitend angeführten Beispiele von Schadensfällen sollten die Notwendigkeit für die weitere Schärfung des Bewußtseins für die immissionsschutzrechtlichen Pflichten zur Störfallvermeidung und -begrenzung belegen.

Im Rahmen dieses Beitrags ist es im Kontext des Gesamtthemas „Störfälle, Vorbeugung und Sicherheitsmanagement" nur möglich, eine knappe Einführung in die Sicherheitspflichten der Betreiber von sogenannten Störfallanlagen zu geben. Zur Vertiefung wird auf die zitierte, einschlägige Kommentarliteratur verwiesen.

6.1.2 Rechtlicher Rahmen und Anwendungsbereich der Störfallverordnung

Durch die 1980 erlassene 12. BImSchV wurde die allgemeine Schutzpflicht der Betreiber von Anlagen, die nach dem Bundes-Immissionsschutzgesetz (BImSchG) genehmigungspflichtig sind, durch bestimmte Sicherheitspflichten, die der Verhinderung von Störfällen und der Begrenzung ihrer Auswirkungen dienen, konkretisiert. Die Schutzpflicht des § 5 Abs. 1 Nr. 1 BImSchG lautet:

„Genehmigungsbedürftige Anlagen sind so zu errichten und zu betreiben, daß
1. schädliche Umwelteinwirkungen und *sonstige Gefahren*, erhebliche Nachteile und erhebliche Belästigungen für die Allgemeinheit und die Nachbarschaft *nicht hervorgerufen werden können*, ..."

Gemäß § 6 Nr. 1 BImSchG ist eine Genehmigung zu erteilen, wenn sichergestellt ist, daß die sich aus § 5 BImSchG und einer auf Grund des § 7 BImSchG erlassenen Rechtsverordnung ergebenden Pflichten erfüllt sind.

Neben Ermächtigungsgrundlagen aus der Gewerbeordnung und dem Chemikaliengesetz aus Gründen der Arbeitsschutzbelange ist die 12. BImSchV vor allem auf Grund des § 7 BImSchG erlassen worden; d.h. die Erfüllung der Sicherheitspflichten aus der 12. BImSchV stellt u.a. eine Genehmigungsvoraussetzung dar.

Die Formulierungen „... nicht hervorgerufen werden können" und „wenn sichergestellt ist" bedeuten nicht den Anspruch auf eine absolute Sicherheit. Die 12. BImSchV ist als Konkretisierung der Schutzpflicht ebenso wie die Schutzpflicht des § 5 Abs. 1 Nr. 1 BImSchG selbst unter dem Verhältnismäßigkeitsgrundsatz zu sehen, technische Risiken auf ein „sozialadäquates" Maß zu begrenzen. Dies hat 1978 in höchstrichterlicher Rechtssprechung, dem Kalkar-Beschluß des Bundesverfassungsgerichts und dem Voerde-Urteil des Bundesverwaltungsgerichts, seinen Niederschlag gefunden. Die Bedeutung dieser Urteile für das Sicherheitsrecht ist u.a. in einschlägigen Kommentaren zum Immissionsschutzrecht ausführlich erläutert worden; beispielhaft wird auf Landmann-Rohmer-Hansmann, Umweltrecht [4] und Feldhaus, Bundes-Immissionsschutzrecht [5] verwiesen.

Die 12. BImSchV regelt Sicherheitspflichten für bestimmte technische Anlagen, wenn in diesen gefährliche Stoffe in einer bestimmten Menge vorhanden sind bzw. bei einer Störung entstehen können. Entscheidend ist also die Anlagen/Stoff-Kombination. Dieses Kriterium umreißt den Anwendungsbereich. Voraussetzungen sind, daß es sich erstens um eine genehmigungspflichtige Anlage handelt und zweitens in dieser Stoffe nach den Anhängen II, III und IV der 12. BImSchV vorhanden sein bzw. entstehen können.

Es handelt sich bei den sogenannten „Störfallanlagen" um eine Teilmenge aus der Gesamtmenge der genehmigungsbedürftigen Anlagen, die in der Verordnung über genehmigungsbedürftige Anlagen (4. BImSchV) im Anhang nach Branchen geordnet aufgeführt sind. Diese Teilmenge ist nochmals zu differenzieren, da die 12. BImSchV zwischen Anlagen, die lediglich den

Grundpflichten und Anlagen, die den erweiterten oder besonderen Pflichten unterliegen, unterscheidet.

Grundsätzlich lösen Anlagen, die im Anhang I der 12. BImSchV aufgeführt sind und deren Stoffinhalt die Mengenschwellen der Spalte 1 des Anhangs II bzw. des Anhangs III der Verordnung erreichen oder überschreiten, die erweiterten Sicherheitspflichten aus. Die erweiterten Sicherheitspflichten sind u. a. Aufstellung von betrieblichen Alarm- und Gefahrenabwehrplänen, Erstellung einer Sicherheitsanalyse und Informationspflicht gegenüber der Bevölkerung.

Um einen Eindruck der Größenordnungen bezüglich der Zahl der betroffenen Anlagen zu erhalten, sollen die Zahlenverhältnisse größenordnungsmäßig am Beispiel des Landes Hessen erläutert werden. Von etwa 4000 genehmigungsbedürftigen Anlagen in ganz Hessen fallen etwa 700 Anlagen unter den Anwendungsbereich der 12. BImSchV. Davon unterliegen etwa 180 Anlagen den erweiterten Sicherheitspflichten, also u. a. der Pflicht zur Erstellung einer Sicherheitsanalyse und eines betrieblichen Alarm- und Gefahrenabwehrplans. Von den 180 Anlagen sind etwa 150 Chemieanlagen, der Rest überwiegend Lager. Der größte Teil der Anlagen, die aufgrund ihrer Stoffmengen nicht den erweiterten Pflichten unterliegen, sind Lager. Davon allein etwa 220 Anlagen zur Lagerung von Flüssiggas.

Die 12. BImSchV wurde 1988 aufgrund des Lagerbrands bei der Firma Sandoz und 1991 zwecks Anpassung und Umsetzung der europäischen Störfall-Richtlinie, der sogenannten EG-Seveso-Richtlinie, gründlich novelliert. Bisher sind zwei Verwaltungsvorschriften, die 1. StörfallVwV und 2. StörfallVwV erlassen worden. Während die 1. StörfallVwV, die u. a. zu den Begriffen, dem Anwendungsbereich und der Entscheidung zu Ausnahmen Aussagen macht und am 20. September 1993 in novellierter Form in Kraft trat, enthält die 2. StörfallVwV aus dem Jahre 1982 vor allem Vorschriften zur Prüfung der Sicherheitsanalyse. Diese Verwaltungsvorschrift befindet sich seit Jahren in der Überarbeitung und es wäre dringend notwendig, sie noch 1994 in novellierter Form zu erlassen.

Das gilt, wie bereits einleitend erwähnt, ebenfalls für die 3. StörfallVwV, die unter anderem die betrieblichen Alarm- und Gefahrenabwehrpläne und die Information der Bevölkerung regeln soll.

Die Seveso-Richtlinie der Europäischen Union, Richtlinie des Rates über die Gefahren schwerer Unfälle bei bestimmten Industrietätigkeiten (82/501/EWG) vom 24. Juni 1982, zuletzt geändert am 24. November 1988, bildet schließlich den europäischen Rahmen für das deutsche Störfallrecht. Auch hier steht demnächst eine umfassende Überarbeitung an, auf die in Kap. 6.1.9 (Ausblick) näher eingegangen wird.

6.1.3 Sicherheitspflichten zur Störfallvorsorge und Störfallabwehr

Die Überschrift des 2. Abschnitts der 12. BImSchV lautet: „Störfallvorsorge und Störfallabwehr; Arbeitsschutz". Dieser Abschnitt enthält mit den §§ 3 bis

11a alle Vorschriften zu den Sicherheitspflichten, sowohl die Grundpflichten als auch die besonderen Pflichten.

Die besonderen Pflichten sind aufwendig und gelten gemäß § 1 Abs. 2 12. BImSchV nur für Störfallanlagen, deren möglicher Stoffinhalt eine bestimmte Mengenschwelle überschreitet. Die besonderen oder erweiterten Pflichten sind im einzelnen:

- Aufstellung und Fortschreibung von betrieblichen Alarm- und Gefahrenabwehrplänen und deren Abstimmung mit den Katastrophen- und Gefahrenabwehrbehörden (§ 5 Abs. 1 Nr. 3) sowie die Unterweisung der Beschäftigten in diese Pläne (§ 6 Abs. 1 Nr. 5);
- Einrichtung einer geschützten Verbindung zu einer zentralen Meldestelle der Gefahrenabwehrbehörden auf Anordnung der Behörde (§ 5 Abs. 1 Nr. 4);
- Beauftragung einer Person oder Stelle zur Begrenzung von Störfallauswirkungen (§ 5 Abs. 2);
- schriftliche Dokumentation über durchgeführte Prüfungen, Wartungs- und Reparaturarbeiten (§ 6 Abs. 2);
- Erstellung, Fortschreibung sowie Bereithalten, Hinterlegen und Ergänzen der Sicherheitsanalyse (§§ 7 bis 9);
- Information der betroffenen Personen und der Öffentlichkeit über Sicherheitsmaßnahmen (§ 11 a).

Es gibt Sicherheitspflichten rein technischer und rein organisatorischer Natur; daneben gibt es auch Pflichten, die sowohl technische als auch organisatorische Aspekte enthalten.

Den allgemeinen Rahmen der Sicherheitspflichten der 12. BImSchV, die einerseits der Verhinderung bzw. Vermeidung von Störfällen dienen und andererseits die Anforderungen zur Begrenzung von Störfallauswirkungen beinhalten, bilden die Absätze 1 bis 3 des § 3 12. BImSchV. Den konkreteren Pflichtenkatalog enthalten die §§ 4 bis 6. Die dort aufgeführten Einzelpflichten sind aber nicht abschließend. Grundsätzlich ist auch ein Rückgriff auf die allgemeine Schutzpflicht des § 5 Abs. 1 Nr. 1 BImSchG und die grundlegende Pflicht zum Schutz der Beschäftigten gemäß § 19 Chemikaliengesetz (ChemG) möglich.

6.1.3.1 Störfallabwehr

Bevor die einzelnen Sicherheitspflichten erläutert werden, sind noch anhand des § 3 12. BImSchV die generellen Aspekte der Störfallverhinderung und -begrenzung darzulegen. Der Betreiber einer Anlage hat gemäß Abs. 1 in Verbindung mit Abs. 2 des § 3 die nach Art und Ausmaß der möglichen Gefahren erforderlichen Vorkehrungen zu treffen, um Störfälle zu verhindern. Die Schutzpflicht ergibt sich aus der allgemeinen Betreiberpflicht des § 5 Abs. 1 Nr. 1 BImSchG; man kann sie auch Abwehrpflicht nennen [6]. Der Begriff Abwehrpflicht, der ja als Störfallabwehr auch in der Abschnittsüberschrift der 12. BImSchV enthalten ist, ist treffender.

Die Abwehr von Störfällen, d.h. Vermeidung oder Verhinderung, hat seine Grenzen bei der Berücksichtigung von Gefahrenquellen oder Eingriffen, die als Störfallursachen vernünftigerweise ausgeschlossen werden können. Diese Grenze wird durch den Absatz 2 des § 3 12. BImSchV gezogen, der außerdem qualitativ die Arten von Gefahrenquellen oder Eingriffen beschreibt, die im Rahmen der Störfallabwehr zu berücksichtigen sind:

> „(2) Bei der Erfüllung der Pflicht nach Abs. 1 sind
> a) betriebliche Gefahrenquellen,
> b) umgebungsbedingte Gefahrenquellen, wie Erdbeben – oder Hochwassergefahren und
> c) Eingriffe Unbefugter
>
> zu berücksichtigen, es sei denn, daß diese Gefahren oder Eingriffe als Störfallursachen vernünftigerweise ausgeschlossen werden können."

Dazu hat die Bundesregierung in der amtlichen Begründung zu dieser Vorschrift eine Passage aus dem Kalkar-Beschluß des Bundesverfassungsgerichts zitiert und deren Allgemeingültigkeit für das technische Sicherheitsrecht betont:

> „Erfahrungswissen ... ist, solange menschliche Erfahrung nicht abgeschlossen ist, immer nur Annäherungswissen, das nicht volle Gewißheit vermittelt, sondern durch jede neue Erfahrung korrigierbar ist und sich insofern immer nur auf dem neuesten Stand unwiderlegten möglichen Irrtums befindet. Vom Gesetzgeber im Hinblick auf seine Schutzpflicht eine Regelung zu fordern, die mit absoluter Sicherheit Grundrechtsgefährdungen ausschließt, die aus der Zulassung technischer Anlagen und ihrem Betrieb möglicherweise entstehen können, hieße die Grenzen menschlichen Erkenntnisvermögens verkennen und würde weiterhin jede staatliche Zulassung der Nutzung von Technik verbannen. Für die Gestaltung der Sozialordnung muß es insoweit bei Abschätzungen anhand praktischer Vernunft bewenden." [7]

Die Anwendung im Einzelfall bleibt schwierig, denn es ist eine Gratwanderung, darüber zu befinden, was vernünftigerweise als Störfallursache ausgeschlossen werden kann. Es können dies durchaus vorstellbare Gefahrenquellen sein. Die Störfälle müssen hinsichtlich ihrer Eintrittswahrscheinlichkeit und ihrer Auswirkungen geprüft werden, ob diese zu berücksichtigen sind und Abwehrmaßnahmen zur Verhinderung von Störfällen getroffen werden müssen. Bereits abgelaufene Schadensereignisse müssen grundsätzlich bei vergleichbaren Anlagen im Rahmen von vernünftigerweise nicht auszuschließenden Störfallursachen berücksichtigt werden.

6.1.3.2 Störfallvorsorge

Die Störfallvorsorge bzw. allgemein formuliert, die Sicherheitspflicht zur Störfallbegrenzung, ergibt sich aus dem Absatz 3 des § 3 12. BImSchV. Er lautet:

> „(3) Über Abs. 1 *hinaus* ist Vorsorge zu treffen, um die Auswirkungen von Störfällen so gering wie möglich zu halten."

Diese Pflicht gilt für das gesamte Störfallspektrum, sowohl für die Störfälle, deren Störfallursachen vernünftigerweise nicht auszuschließen sind und die trotz Schutz- und Verhinderungsmaßnahmen dennoch stattfinden („Dennoch-Störfälle"), als auch für diejenigen, die stattfinden, obwohl die Gefahrenquellen oder Eingriffe als Störfallursachen vernünftigerweise nicht anzunehmen waren. Es können zwar gegen diese „exzeptionellen Störfälle" keine störfallverhindernden Maßnahmen gefordert werden, weil das die Realisierung jeglicher Technik im Zusammenhang mit gefährlichen Stoffen in Frage stellt, jedoch sind gegen diese Art von Störfällen Vorkehrungen zu treffen, die zu einer Begrenzung ihrer Auswirkungen führen würden. Das können auch lediglich organisatorische Vorkehrungen sein.

Somit ist die Vorsorgepflicht des § 3 Abs. 3 12. BImSchV, die Auswirkungen von Störfällen zu begrenzen, umfassend gültig für das gesamte Störfallspektrum.

Dies ist von entscheidender Bedeutung für die Angaben des Betreibers zu den möglichen Störfallauswirkungen. Dazu führt Hansmann treffend aus:

„Praktisch bedeutet dies, daß es im Rahmen des § 3 Abs. 3 nicht darauf ankommt, aus welchen Gründen ein Störfall eintreten kann; die Einschränkungen des Abs. 2 gelten nur für Abs. 1. Maßnahmen nach Abs. 3 können auch nicht Maßnahmen nach Abs. 1 ersetzen oder den Weiterbetrieb einer Anlage trotz unzureichender Schutzvorkehrungen rechtfertigen. Insofern gibt es keine Überschneidungen zwischen Abs. 3 und Abs. 1. Abs. 3 geht über Abs. 1 hinaus". [8]

6.1.3.3 Stand der Sicherheitstechnik

Der Absatz 4 des § 3 12. BImSchV wurde 1991 geändert und die Einhaltung des Standes der Sicherheitstechnik für die Beschaffenheit und den Betrieb der Anlage als eigenständige Betreiberpflicht betont. Dabei sind ausdrücklich auch organisatorische Maßnahmen der Störfallabwehr und -begrenzung mit gemeint, z. B. der betriebliche Alarm- und Gefahrenabwehrplan.

Die Einhaltung dieser Pflicht entwickelt durch den sich wandelnden Stand der Sicherheitstechnik eine Eigendynamik.

Der Betreiber hat die technischen und organisatorischen Maßnahmen dem jeweiligen Stand der Sicherheitstechnik anzupassen. Entsprechendes gilt übrigens auch für die Sicherheitsanalyse durch die Pflicht zur Fortschreibung der Sicherheitsanalyse gemäß § 8 12. BImSchV.

6.1.4 Einzelpflichten zur Verhinderung von Störfällen (§§ 4 und 6)

Die Einzelpflichten zur Verhinderung von Störfällen sind vor allem in den §§ 4 und 6 12. BImSchV enthalten. Sie dienen der Konkretisierung der allgemeinen Sicherheitspflicht des § 3 Abs. 1 und Abs. 2 12. BImSchV. Durch das Wort „insbesondere" vor der jeweiligen Auflistung der Einzelpflichten wird klargestellt, daß es keine abschließende Aufzählung ist.

Im Anhang zur 2. StörfallVwV sind unter entsprechenden Kapitelüberschriften für die einzelnen Pflichten differenziertere Gesichtspunkte aufgeführt, die bei der Erfüllung von Bedeutung sein können. Das gilt auch für die

Anforderungen zur Begrenzung von Störfallauswirkungen und die ergänzenden Anforderungen des § 6 12. BImSchV. Ohne auf die einzelnen Pflichten ausführlich einzugehen, ergeben sich aufgrund des Anhangs folgende Punkte für die störfallverhindernden Maßnahmen:

6.1.4.1 Auslegungsbeanspruchungen (§ 4 Nr. 1)

Dabei geht es um die Beanspruchungen sowohl im bestimmungsgemäßen Betrieb als auch bei einer Störung des bestimmungsgemäßen Betriebs. Die Anlage ist insgesamt so auszulegen, daß sie den bei einer Störung des bestimmungsgemäßen Betriebs auftretenden Beanspruchungen standhält: Zum Beispiel dynamische Belastungen durch Druckstöße und Beschleunigungen, Korrosionsbelastungen, umgebungsbedingte Belastungen wie Windbruch oder Erdbeben. Sie ist ebenfalls in Hinblick auf Brand, Explosion, Bedienungsfehler, Leckagen, Rohrabriß durch äußere mechanische Einwirkungen, Kühlerausfall, Rührerbruch bzw. -stillstand und Störung der Energiezufuhr bzw. -abfuhr auszulegen.

Die Aufzählung ist nicht vollständig, zeigt aber bereits die Vielfalt der Möglichkeiten, die allein im Rahmen der Auslegungsbeanspruchungen zu bedenken sind. Dabei sind die einschlägigen Technischen Regelwerke, bzw. der Stand der Sicherheitstechnik zugrunde zu legen. Bei besonderen Belastungen sind Konstruktions- und Wanddickenzuschläge z. B. zu berücksichtigen.

6.1.4.2 Maßnahmen des Brand- und Explosionsschutzes (§ 4 Nr. 2)

Die Vorschrift differenziert zwischen Maßnahmen, durch die innerhalb der Anlage Brände und Explosionen vermieden werden und jenen, durch die gegen Ereignisse, die von außen auf die Anlage einwirken können, Schutz gewährt wird.

Beim Brandschutz, z. B. Ersatz eines brennbaren Stoffes durch nicht brennbare oder schwer entflammbare Stoffe, Begrenzung der Mengen, Vermeidung bzw. Verhinderung des Wirksamwerdens von Zündquellen, sachgemäße Lagerung brennbarer Stoffe, Einhaltung ausreichender Abstände, Löschmittel und Flucht-, Rettungs- und Angriffswege.

Beim Explosionsschutz Maßnahmen zur Vermeidung sowie Verhinderung der Bildung gefährlicher, explosionsfähiger Atmosphäre und Vermeidung von Zündquellen. Maßnahmen zur Begrenzung können z. B. druck- oder druckstoßfeste Bauweise, Druckentlastungsklappen und Sicherheitsabstände sein. Schutzmaßnahmen gegen Ereignisse, die von außen auf die Anlage einwirken können, sind u. a. wiederum ein ausreichender Abstand, Brandschutzisolierung, Berieselungseinrichtungen zur Kühlung und Schutzmauern oder dergleichen. Bei der Aufzählung der Maßnahmen zum Brand- und Explosionsschutz wird deutlich, daß diese nicht nur der Verhinderung, sondern auch der Begrenzung von Störfallauswirkungen dienen.

6.1.4.3 Warn-, Alarm- und Sicherheitseinrichtungen (§ 4 Nr. 3)

Auch diese Einrichtungen, die in erster Linie sicherstellen sollen, daß es zu keinem Störfall kommt, dienen ebenfalls der Störfallbegrenzung bzgl. der Auswirkungen. Es sind Einrichtungen, die bei Abweichungen vom bestimmungsgemäßen Betrieb rechtzeitig warnen und alarmieren. Außerdem Einrichtungen, die verhindern, daß sicherheitstechnisch bedeutsame Abweichungen von den zulässigen Betriebszuständen auftreten: Zum Beispiel Sicherheitsventile, Berstscheiben, Notkühlung, Verriegelungssysteme, Temperaturbegrenzer oder Überfüllsicherungen. Sicherheitsabschaltsysteme und Not-Aus-Systeme sind auch dazu zu rechnen.

6.1.4.4 Meß-, Steuer- und Regeleinrichtungen (MSR) (§ 4 Nr. 4)

Die Art und Auslegung der MSR-Einrichtungen und der Prozeßleittechnik (PLT) erhält eine immer größere Bedeutung als Störfallvermeidungsmaßnahme.

Die Zuverlässigkeit ihrer Funktion ist z. B. durch Verwendung fehlersicherer und selbstüberwachender Geräte, sowie durch redundante, entmaschte und diversitäre Auslegung zu gewährleisten. Eine regelmäßige Funktionsprüfung in geeigneten Prüfintervallen ist vorzusehen.

6.1.4.5 Schutzmaßnahmen gegen Eingriffe Unbefugter (§ 4 Nr. 5)

Unbefugt sind grundsätzlich alle Personen, die vom Zugang der Anlage ausgeschlossen sind; dazu können sowohl Werksangehörige ohne spezielle Zugangsberechtigung gehören, als auch Werksfremde überhaupt. Zu den terroristischen Eingriffen, die grundsätzlich nicht verhindert werden können, heißt es in Ziffer 3.2.4.3 der 2. StörfallVwV: „Gefahren durch Personen, die von außen in zerstörerischer Absicht auf die Anlage einwirken, sind nur dann zu berücksichtigen, wenn sicherheitstechnisch bedeutsame Anlagenteile für derartige Einwirkungen in besonderem Maße zugänglich sind." Üblicherweise muß auf den Einzelfall abgestellt werden, wobei regelmäßig die Einfriedung der Anlage oder der sicherheitstechnisch bedeutsamen Anlagenteile und deren Beleuchtung bei Dunkelheit gefordert wird; außerdem gesicherte Bereiche für sensible und sicherheitstechnisch bedeutsame Anlagenteile und deren Zugangskontrolle (Nr. 1.5 des Anhangs zur 2. StörfallVwV).

6.1.4.6 Überwachung und Wartung sowie deren Ausführung (§ 6 Abs. 1 Nr. 1 und 2)

Die Pflichten, die Anlage in sicherheitstechnischer Hinsicht ständig zu überwachen und nach allgemein anerkannten Regeln der Technik zu warten bzw. Reparaturarbeiten ausführen, sind ergänzende Anforderungen des § 6 12. BImSchV und als störfallverhindernde Maßnahmen einzuordnen.

Die Überwachung ist z. B. durch Kontrolle der sicherheitsbedeutsamen Betriebsbedingungen durch Meßgeräte zu gewährleisten; Kontrollgänge oder

Fernüberwachung bei relevanten Anlagenteilen und Kontrolle der bedeutsamen Betriebsmittel sind in der Regel erforderlich.

Die Wartungs- und Reparaturarbeiten sind nach den angewandten, allgemein anerkannten Regeln der Technik durchzuführen. Bei großen Betrieben können sich anlagenübergreifende, aber trotzdem jeweils spezifische Überwachungs- und Wartungskonzepte als effizient anbieten.

6.1.4.7 Vorkehrungen gegen Fehlbedienungen und Vorbeugung gegen Fehlverhalten (§ 6 Abs. 1 Nr. 3 und 4)

Viele Betriebsstörungen oder Störfälle werden durch menschliches Fehlverhalten ausgelöst. Die Gründe dafür sind sicher vielschichtig und sollen hier nicht näher betrachtet werden. Der jüngste spektakuläre Störfall vom 22. Februar 1993 in einer Chemieanlage, der einleitend beschrieben ist, wurde durch eine Reihe vorher nicht für möglich gehaltener Fehlbedienungen ausgelöst. Das beweist wiederum, wie wichtig Vorkehrungen zur Vermeidung von Fehlbedienungen sind:

Zum Beispiel richtige Gestaltung und Kennzeichnung der sicherheitstechnisch bedeutsamen Bedienungselemente; Vorkehrungen zur Vermeidung von Stoffverwechslungen, Verriegelungen bei bedeutsamen Schaltfolgen sowie Sicherungen gegen unbeabsichtigte oder versehentliche Schalt- und Stellvorgänge.

Diese technischen Vorkehrungen müssen begleitet werden durch geeignete Bedienungs- und Sicherheitsanweisungen und eine regelmäßige Schulung des Personals gegen Fehlverhalten. Die Anweisungen und Schulungen sind organisatorischer Art und haben auch störfallbegrenzenden Charakter, weil es auch Abläufe im Falle eines Störfalls betrifft.

6.1.4.8 Schriftliche Unterlagen über Kontrollen, Wartungs- und Reparaturarbeiten (§ 6 Abs. 2)

Die Dokumentationspflicht soll den Betreiber zu einer systematischen Überwachung oder Kontrolle seiner Anlage und deren regelmäßige Wartung und ggf. Reparatur anhalten und außerdem helfen, den bestimmungsgemäßen Betriebszustand zu dokumentieren.

Das letztere hat im Zusammenhang mit § 6 Umwelthaftungsgesetz (UHG) große Bedeutung, weil diese schriftlichen Unterlagen neben den normalen Fahrstreifen Auskunft über den Zustand der Anlage geben können. Die Ursachenvermutung des § 6 Abs. 1 UHG bzgl. bestimmter Schäden, die von einer Anlage verursacht sein können, gilt nicht, wenn der Betreiber belegen kann, daß die besonderen Betreiberpflichten eingehalten worden sind und auch keine Störung des Betriebs vorgelegen hat. Die Unterlagen sind mindestens fünf Jahre aufzubewahren und können der Behörde im Rahmen ihrer Überwachungstätigkeit als wichtige schriftliche Unterlage dienen.

Die Aufzählung all dieser mehr störfallverhindernden Maßnahmen macht deutlich, daß einige einen Doppelcharakter haben und auch für die Begrenzung von Störfallauswirkungen relevant sind. Außerdem gibt es neben rein technischen Vorkehrungen auch Maßnahmen mit organisatorischem Einschlag. Dieser organisatorische Charakter kommt bei den begrenzenden Maßnahmen noch viel stärker zum Ausdruck.

6.1.5 Einzelpflichten zur Begrenzung von Störfallauswirkungen (§§ 5 und 6)

Die Einzelpflichten zur Begrenzung von Störfallauswirkungen sind neben zwei Vorschriften des § 6 12. BImSchV vor allem im § 5 12. BImSchV aufgeführt und werden ebenfalls im Anhang der 2. StörfallVwV beispielhaft erläutert. Es handelt sich um technische und organisatorische Schutzmaßnahmen, bautechnische Maßnahmen und den betrieblichen Alarm- und Gefahrenabwehrplan, die Unterweisung des Personals in denselben sowie die Beauftragung einer Person oder Stelle zur Begrenzung der Auswirkungen von Störfällen. Die drei letztgenannten Anforderungen gehören im übrigen zu den besonderen Sicherheitspflichten, die nur für Betreiber von Anlagen des Anhangs I 12. BImSchV mit Stoffmengen über den Mengenschwellen der Anhänge II und III 12. BImSchV gelten.

Wie in Abschnitt 6.1.3.2 (Störfallvorsorge) bereits ausgeführt, sollen die Maßnahmen zur Begrenzung Vorkehrungen gegen ein breites Spektrum von Störfallauswirkungen beinhalten. Sie sollen die Auswirkungen so gering wie möglich halten und decken nicht nur die Auswirkungen ab, die durch Störfälle verursacht werden, deren Störfallursachen vernünftigerweise nicht ausgeschlossen werden können und gegen die somit auch störfallverhindernde Maßnahmen gefordert werden. Es sind also auch Auswirkungen zu untersuchen, die sich aus „vernünftigerweise" ausgeschlossenen Störfallursachen entwickelt haben, d. h. Auswirkungen „exzeptioneller" Störfälle. Diese Maßnahmen sind überwiegend organisatorischer Art. Jede Maßnahme zur Begrenzung muß aus der Annahme einer Störung und ihrer Auswirkung entwickelt werden. Dafür ist u. a. die Sicherheitsanalyse eine wichtige Grundlage. Aber auch bei Anlagen, die nicht den erweiterten Sicherheitspflichten unterliegen, ist eine systematische Untersuchung der Abläufe von Betriebsstörungen notwendig, um die richtigen Maßnahmen zu treffen.

6.1.5.1 Bautechnische und andere technische Schutzmaßnahmen (§ 5 Abs. 1 Nr. 1 und 2)

Im Falle eines Störfalls sollen durch die Beschaffenheit der Fundamente und der tragenden Gebäudeteile keine zusätzlichen Gefahren hervorgerufen werden können, heißt es in der Vorschrift. Über die Auslegung der Anlage hinaus, die gemäß § 4 Nr. 1 12. BImSchV im Hinblick auf Störfallverhinderung ausgerichtet ist, sollen im Falle eines Versagens der störfallverhindernden Maßnahmen nicht noch zusätzlichen Gefahren durch einstürzende Teile der Anlage entstehen. Tragende Gebäudeteile sind z. B. gegen Brandeinwirkung durch entsprechende Verkleidung oder Isolierung zu schützen; feuerbeständige oder feuerhemmende Bauart ist anzuwenden.

Zu den technischen Schutzmaßnahmen, die allesamt anlagenbezogen sind, werden unter Ziffer 2.2 des Anhangs 2. StörfallVwV folgende Beispiele aufgezählt:

- Gaswarnanlagen innerhalb und außerhalb der Anlage,
- Auffangräume,
- Schutzmauern oder Schutzwälle,
- Wasserberieselungsanlagen, Wasser- und Dampfschleier,
- Schnellschlußeinrichtungen,
- konstruktive Gestaltung der Prozeßleitwarten gemäß VDI/VDE-Richtlinie 3546 Blatt 2.

Die Auffangräume sind z. B. auch als Löschwasserrückhaltebecken zu interpretieren. Bei der anstehenden Überarbeitung der 2. StörfallVwV sind entsprechende Ergänzungen zu erwarten.

6.1.5.2 Pflichten bzgl. der betrieblichen Alarm- und Gefahrenabwehrpläne (§ 5 Abs. 1 Nr. 3 und § 6 Abs. 1 Nr. 5)

Die Erstellung der betrieblichen Alarm- und Gefahrenabwehrpläne gehört zu den wichtigsten organisatorischen Störfallvorsorgepflichten, die der Begrenzung der Störfallauswirkungen dient.

Alarmplan und Gefahrenabwehrplan sind eng miteinander verzahnt und stellen betriebliche Handlungsanweisungen im Rahmen der Sicherheitsorganisation des Betriebes dar. Die Anfang 1994 noch als Entwurf vorliegende 3. Verwaltungsvorschrift zur 12. BImSchV wird sich inhaltlich schwerpunktmäßig mit der Erstellung der betrieblichen Alarm- und Gefahrenabwehrpläne befassen.

Nach der Erstellung der betrieblichen Alarm- und Gefahrenpläne sind diese mit den örtlichen Katastrophen- und Gefahrenabwehrbehörden abzustimmen und insofern die interne mit der externen Gefahrenabwehrplanung zusammenzuführen. Die Gefahrenabwehrplanung ist anlagenbezogen, während die Alarmpläne vor allem die funktionierende Meldekette im Auge haben. Dazu gehört auch die Alarmierung der Bevölkerung. Grundsätzlich ist dies Aufgabe der örtlichen Gefahrenabwehrbehörde, jedoch kann es bei großen Industriewerken auch sinnvoll sein, daß ein betreibereigenes Alarmierungssystem für die Nachbarschaft installiert wird, was allerdings eine sehr enge Abstimmung mit den Behörden voraussetzt.

Entscheidend für die Begrenzung von Störfallauswirkungen ist die umfassende und unmittelbare Information der Einsatzkräfte. Feuerwehr und Polizei müssen mit den möglichen Szenarien der Störfälle vertraut sein, wobei eine zu optimistische Lagebeurteilung von der Betreiberseite sehr kontraproduktiv sein kann.

Verantwortliche Stellen der Sicherheitsüberwachung der Hoechst AG haben ihre Lehren aus der „Störfallserie" des Jahres 1993 gezogen:

„Wir werden in Zukunft eher von einer Worst-case-Situation ausgehen. Unser grundlegender Fehler war, daß wir von innen nach außen gegangen sind, d. h. zuerst das Naheliegende und dann scheibchenweise das ferner Liegende betrachtet haben. Sowohl was die Warnung der Bevölkerung als auch die Abschätzung des Risikos betrifft, werden wir nun immer den Weg von außen nach innen gehen. Lieber später dann entwarnen, als allmählich zunehmende Informationen herausgeben." [9]

Es ist sicher der bessere Weg, die erste Abschätzung mit einem „pessimistischen Aufschlag" zu versehen, allerdings muß die Einschätzung an dem erkennbaren Ablauf des Störfalls orientiert bleiben. Dazu ist ein gewisser Katalog von denkbaren Szenarien einer bestimmten Bandbreite von Störfällen sehr nützlich. Dies gilt für den Betreiber der Anlage und die Gefahrenabwehrbehörden.

Die Abstimmung mit den Behörden gilt selbstverständlich auch für die Fortschreibung der Alarm- und Gefahrenabwehrpläne. In den Abstimmungsprozeß sind fallweise auch andere Fachbehörden mit einzubeziehen, denn nur so ist eine effektive, vorbeugende Gefahrenabwehr zu betreiben.

Der Betreiber hat gemäß § 6 Abs. 1 Nr. 5 12. BImSchV auch die betroffenen Beschäftigten über die für sie relevanten Verhaltensregeln zu unterweisen. Dazu gehören auch regelmäßige Übungen, in die bei größeren Werken die Beschäftigten von benachbarten Betrieben mit einbezogen werden müssen; die Arbeitnehmer von Fremdfirmen sind ebenfalls zu berücksichtigen. Aufgrund des Betriebsverfassungsgesetzes hat der Betriebsrat bei allen Fragen, die den Schutz der Arbeitnehmer betreffen, ein wichtiges Mitwirkungsrecht.

Eine geschützte Verbindung, die erst auf Anordnung der zuständigen Behörde eingerichtet werden muß, soll ein jederzeit verfügbarer Kommunikationsweg vom Betreiber zu einer „zentralen Leitstelle" der örtlichen Gefahrenabwehrbehörden sein. Sie dient der unverzüglichen Alarmierung und ist wegen der hohen Kosten und des Aufwandes sicherlich nicht allgemein gerechtfertigt. Für große Werkskomplexe mit mehreren Störfallanlagen bietet sich eine solche Verbindung allerdings an.

6.1.5.3 Beauftragte Person oder Stelle und Beratungspflicht (§ 5 Abs. 2 und 3)

Die Person oder Stelle, die vom Betreiber mit der Begrenzung von Störfallauswirkungen beauftragt wird und die dieser der zuständigen Behörde gegenüber zu benennen hat, ist nicht mit dem Störfallbeauftragten gemäß § 58a BImSchG zu verwechseln. Die Aufgaben sind unterschiedlich. Es spricht allerdings nichts dagegen, wenn der Störfallbeauftragte diese Funktion auch wahrnimmt.

Die Person oder Stelle soll u. a. den Ablauf der organisatorischen und technischen Gefahrenabwehrmaßnahmen sicherstellen und die Koordination der internen und externen Gefahrenabwehrkräfte unterstützen, wenn nicht sogar verantwortlich sicherstellen. Dazu muß die Person oder die Stelle mit den notwendigen Befugnissen ausgestattet sein. Bei großen Werken wird diese

Aufgabe zweckmäßigerweise von einem betrieblichen Lagezentrum wahrgenommen, um die notwendigen Informationen für die jeweilige Entscheidungsfindung bereitzustellen.

In diesem Zusammenhang ist auch die Beratungspflicht des Betreibers im Störfall zu sehen. § 5 Abs. 3 12. BImSchV ist 1988 mit der Novellierung eingefügt worden und beschreibt eine an sich selbstverständliche Pflicht, umfassend und sachkundig zu beraten. Die Ausgestaltung der Beratungspflicht ist auch integrativer Bestandteil des betrieblichen Gefahrenabwehrplans und setzt bereits im Vorfeld eine ausreichende und treffende Bereithaltung wichtiger Informationen voraus. Dazu gehört vor allem die Sicherheitsanalyse.

6.1.5.4 Lagerlisten, Erstellung und Fortschreibung (§ 6 Abs. 3)

Nach der verheerenden Brandkatastrophe 1986 bei der Firma Sandoz wurde endgültig deutlich, daß es für die Begrenzung von Störfallauswirkungen von entscheidender Bedeutung ist, bei der Schadensbekämpfung unmittelbare Kenntnis vom Lagergut zu haben. Die Listen der gelagerten Stoffe müssen natürlich auf einem aktuellen Stand sein und sollen stoffspezifische Unterlagen, wie z. B. Sicherheitsdatenblätter, in schnell erfaßbarer Aufbereitung enthalten. Die Aktualisierung ist wöchentlich oder bei wesentlichen Änderungen des Lagerguts vorzunehmen. Die Aufbewahrung ist so sicher zu gestalten, daß im Brandfall des Lagers die Zugänglichkeit und Bereitstellung der Unterlagen jederzeit gewährleistet ist.

Diese Verpflichtung betrifft alle selbständigen Läger und solche, die Nebeneinrichtung einer anderen genehmigungsbedürftigen Anlage sind, soweit diese unter den Anwendungsbereich der 12. BImSchV fallen.

6.1.6 Die Sicherheitsanalyse (§§ 7, 8 und 9)

Ein Kernstück der besonderen Sicherheitspflichten ist die Risikoermittlung und die schriftliche Dokumentation aller sicherheitsrelevanten Betrachtungen in Form einer Sicherheitsanalyse. Neben den Sicherheitspflichten zur Störfallvermeidung und zur Minderung bzw. Minimierung von eventuellen Störfallauswirkungen, stellt die Sicherheitsanalyse eine Dokumentationspflicht dar, durch die der Anlagenbetreiber darlegen soll, daß er sich systematisch und analytisch mit den technischen und organisatorischen Sicherheitseinrichtungen und -bedingungen auseinandergesetzt hat, also seine Anlage systematisch im Hinblick auf das Sicherheitskonzept und mögliche Gefahren untersucht hat. Die Sicherheitsanalyse ist somit vor allem ein Kontrollinstrument des Betreibers und in zweiter Linie eine wichtige schriftliche Unterlage für die Überwachungstätigkeit der Behörde.

Die Sicherheitsanalyse muß aus sich heraus verständlich sein und gemäß § 7 12. BImSchV folgende Angaben enthalten:

6.1 Störfallvermeidung und -begrenzung im Immissionsschutzrecht

- Beschreibung der Anlage und des Verfahrens,
- Beschreibung der sicherheitstechnisch bedeutsamen Anlagenteile, Gefahrenquellen und Störfalleintrittsvoraussetzungen,
- Stoffbeschreibung (Bezeichnung, Menge, Zustand),
- Darlegung, wie die Sicherheitspflichten der §§ 3 bis 6 erfüllt werden und
- Angaben über die möglichen Störfallauswirkungen.

Die 2. StörfallVwV beinhaltet hauptsächlich Vorschriften, die von der zuständigen Behörde bei der Prüfung der Sicherheitsanalyse zu beachten sind.

In Anlehnung an die einzelnen Unterüberschriften zu Ziff. 3.2 der 2. StörfallVwV, Angaben in der Sicherheitsanalyse, hat sich im Laufe der vergangenen 10 Jahre die inhaltliche Struktur der erstellten Sicherheitsanalyse ergeben, obwohl dies keine verbindliche Maßgabe für die Gliederung und den Aufbau darstellt.

Trotzdem lehnen sich die meisten Sicherheitsanalysen an die Systematik der Verwaltungsvorschrift an und erleichtern so auch den Prüfvorgang. Die Gliederungspunkte lauten wie folgt:

- Beschreibung der Anlage und des Verfahrens (Ziff. 3.2.1),
- Stoffbeschreibung (Ziff. 3.2.2),
- Beschreibung der sicherheitstechnisch bedeutsamen Anlagenteile (Ziff. 3.2.3),
- Beschreibung der Gefahrenquellen (Ziff. 3.2.4),
- Beschreibung der Störfalleintrittsvoraussetzungen (Ziff. 3.2.5),
- Darlegung der störfallverhindernden Vorkehrungen (Ziff. 3.2.6),
- Angaben über Störfallauswirkungen (Ziff. 3.2.7) und
- Darlegung der störfallbegrenzenden Vorkehrungen (Ziff. 3.2.8).

Die Erstellung und Erarbeitung einer derartig umfassenden Sicherheitsanalyse, die bei komplexen Chemieanlagen mehrere Ordner umfassen kann und viele Personenmonate Teamarbeit von Spezialisten auf Seiten des Betreibers erfordert, ist in der Regel durch die damit verbundene gedankliche Durchdringung mit einem echten Sicherheitsgewinn für die Anlage und die damit verknüpfte Sicherheitsorganisation verbunden. Das gilt vor allem für die sogenannten Altanlagen, für die seit 1980 bzw. 1988 und 1991 bei den entsprechenden Änderungen der 12. BImSchV und der damit verbundenen Erweiterung des Anwendungsbereichs, ebenfalls die Pflicht zur Erstellung einer Sicherheitsanalyse entstand. In vielen Fällen stieß man bei der systematischen und gründlichen Analyse der Anlage auf sicherheitstechnische Mängel oder Systemfehler, die teilweise, wenn sie schwerwiegender waren, im Zuge von wesentlichen Änderungen abgestellt wurden. Die sicherheitstechnischen Unterlagen wurden auf den neuesten Stand gebracht, was sowohl für den Betreiber als auch für die Überwachungsbehörden immer ein Gewinn darstellte.

Wenn allerdings die Sicherheitsanalyse nur als lästige Dokumentationspflicht betrachtet wurde, konnte kein Nutzen aus ihrer Erstellung gezogen werden. Dies tritt allerdings erst durch eine behördliche Prüfung der Sicherheitsanalyse zu Tage. Da solche Prüfungen aufwendig sind und von den Behörden teilweise nur durch Einsatz eines Sachverständigen zu bewältigen sind, harren noch viele Sicherheitsanalysen in Deutschland ihrer Prüfung. Dies gilt allerdings wohl nur für Altanlagen, da bei Neuanlagen die Sicherheitsanalyse im Rahmen des Genehmigungsverfahrens als Teil der Antragsunterlagen mit zu prüfen ist. Dazu nähere Erläuterungen im Abschnitt 6.1.8.

6.1.6.1 Beschreibender Teil der Sicherheitsanalyse

Im beschreibenden Teil der Sicherheitsanalyse sind neben der Anlagen- und Verfahrensbeschreibung sowie der Stoffbeschreibung vor allem die Beschreibung der sicherheitstechnisch bedeutsamen Anlagenteile, der Gefahrenquellen und der Störfalleintrittsvoraussetzungen von wichtiger Bedeutung. Sicherheitstechnisch bedeutsame Anlagenteile können solche mit besonderem Stoffinhalt sein, d.h. in denen Störfallstoffe in sicherheitstechnisch bedeutsamen Mengen vorhanden sein können, z.B. größer als 1% der Menge der Spalte 1 des Anhangs II der 12. BImSchV. Ebenso gehören Schutzeinrichtungen wie z.B. Schnellschlußeinrichtungen, Auffangwannen, Wasserschleier oder Brandschutzanlagen und Einrichtungen zum Schutz vor Explosionswirkungen dazu. Nähere Angaben finden sich in der Ziffer 3.2.3 der 2. StörfallVwV, an denen man erkennen kann, daß es sich sowohl um verhindernde als auch um begrenzende Maßnahmen oder Einrichtungen handelt.

Bei der Beschreibung der Gefahrenquellen und der Störfalleintrittsvoraussetzungen treten manchmal Schwierigkeiten auf, diese Begriffe voneinander zu trennen [10]. Das hängt auch mit einer unlogischen Definition in Ziff. 3.2.5 2. StörfallVwV zusammen, in der Störfalleintrittsvoraussetzungen als Ereignisse definiert werden, die beim Wirksamwerden einer Gefahrenquelle eintreten [11].

Das ist natürlich falsch, denn die Ereignisse sind letztlich der Störfall und seine Auswirkungen und nicht seine Eintrittsvoraussetzungen.

Wietfeldt hat die Zusammenhänge zwischen Gefahrenquellen und den Störfalleintrittsvoraussetzungen an einem Beispiel deutlich gemacht:

> *„Sicherheitstechnisch bedeutsames Funktionselement:*
> – Rohrleitung,
>
> *Gefahrenquelle:*
> – Freisetzung eines Stoffes nach Anhang II infolge mechanischen Versagens,
>
> *Störfalleintrittsvoraussetzungen = Bedingungen zum Wirksamwerden der Gefahrenquelle:*
> – Korrosion, die sich noch, bezogen auf das Funktionselement, unterteilen läßt in innere und äußere Korrosion,
>
> *Störfallverhindernde Vorkehrungen:*
> – Mehrlagiger geeigneter Schutzanstrich oder Kunststoffüberzug, geeigneter korrosionsfester Werkstoff, Korrosionszuschlag zur Wanddicke, Innenbeschichtung, Eignungsnachweis für Werkstoffe, Wanddickenmessungen, kathodischer Korrosionsschutz u.a.m."

In dem einfachen Beispiel wird die logische Abfolge bei der Analyse einer Anlage und der Zusammenhang zwischen Störfalleintrittsvoraussetzungen

6.1 Störfallvermeidung und -begrenzung im Immissionsschutzrecht 185

und den technischen, störfallverhindernden Vorkehrungen aufgezeigt. Die Gefahrenquelle ist potentiell nach wie vor vorhanden [12].

6.1.6.2 Darlegung der Erfüllung der Anforderungen aus den Sicherheitspflichten

Die vollständige Darlegung aller Gefahrenquellen und deren Bedingungen zum Wirksamwerden ist die wichtigste Grundlage für den Anlagenbetreiber, das gesamte Spektrum der möglichen Störfälle zu erfassen und durch systematische Methoden diesem Spektrum die entsprechenden störfallverhindernden Maßnahmen von dennoch stattfindenden Störfällen entgegen zu stellen. Deswegen ist das Herzstück jeder Sicherheitsanalyse die Darlegung der Erfüllung der Anforderungen aus den Sicherheitspflichten zur Abwehr und Verhinderung von Störfällen und zur Begrenzung ihrer Auswirkungen. Dabei hat es von je her bei der Erstellung von Sicherheitsanalysen Schwierigkeiten bereitet, nach der Darlegung der störfallverhindernden Maßnahmen diese bei der Beschreibung der störfallbegrenzenden Maßnahmen teilweise gedanklich zu negieren; diese Schwierigkeiten sind noch größer bei der Beschreibung der Störfallauswirkungen und werden zur Zeit leider noch durch inkonsequente, die 12. BImSchV einengende Formulierungen in der Ziffer 3.2.7 2. StörfallVwV verstärkt. Letzter Satz im 1. Absatz der Ziffer 3.2.7 lautet: „Bei der Beschreibung der Störfallauswirkungen können die Vorkehrungen berücksichtigt sein, die in der Anlage zur Begrenzung von Störfallauswirkungen getroffen sind."

Im Rahmen der organisatorischen Sicherheitspflichten zur Begrenzung der Auswirkungen ist besonders auf den betrieblichen Alarm- und Gefahrenabwehrplan einzugehen und auch die Abstimmung mit den örtlichen Katastrophen- und Gefahrenabwehrbehörden zu berücksichtigen.

6.1.6.3 Auswirkungsbetrachtung

Ein wichtiges, aber bis heute strittiges Kapitel der Sicherheitsanalyse ist die Beschreibung der Störfallauswirkungen. Endgültige Klärung werden hoffentlich die Neufassungen der 2. und die 3. StörfallVwV bringen.

Entsprechend der Logik des § 3 12. BImSchV sind sowohl diejenigen Auswirkungen von Störfällen zu berücksichtigen, deren Ursachen „vernünftigerweise" *nicht* auszuschließen sind, als auch diejenigen, deren Störfallursachen zwar vernünftigerweise ausgeschlossen werden können, für die aber gleichwohl Vorsorge getroffen werden müssen, und sei es durch die bloße Kenntnis der möglichen Auswirkungen eines exzeptionellen Störfalls für die Katastrophen- und Gefahrenabwehrbehörden.

Nur gegen das erste Spektrum der Störfallauswirkungen hat der Betreiber Sicherheitspflichten sowohl verhindernder als auch begrenzender Art zu erfüllen. Gegen vernünftigerweise auszuschließende Störfallursachen und deren Auswirkungen sind „nur" störfallbegrenzende Maßnahmen vorzuhalten. Diese sind überwiegend organisatorischer Art. Die Genehmigungsfähigkeit einer Anlage wird durch die Auswirkungsbetrachtungen exzeptioneller Störfälle, die vor allem der Katastrophenschutzplanung dienen, nicht berührt. Dies gilt unter der Voraussetzung, daß zuvor in einem iterativen Prozeß die Anlage hinsichtlich aller Störfälle, deren Eintrittsursachen vernünftigerweise nicht ausgeschlossen werden können, untersucht und entsprechend ausgelegt worden ist. Auch hier fehlt es noch an mancherlei Konventionen, sowohl was die anzunehmenden Quellterme bei der Anlage betreffen, als auch die Störfallbeurteilungswerte der Auswirkungen, seien es Konzentrationsleitwerte für Störfallstoffe, Explosionsdrücke oder die Intensität der Wärmestrahlung.

Für die Auswirkungsbetrachtungen exzeptioneller Störfälle werden zur Zeit im Rahmen des Entwurfes der 3. StörfallVwV Randbedingungen entwickelt. Die Szenarien sind auf der Grundlage von Quelltermen zu erstellen, wobei die individuellen Bedingungen der Anlage und ihrer Umgebung ebenso zu berücksichtigen sind, wie die chemischen und physikalischen Gesetzmäßigkeiten bei der Freisetzung und Ausbreitung. Auf der Grundlage dieser anlagen- und stoffspezifischen Szenarien sind Gefährdungsbereiche zu ermitteln, die als Planungsgrundlage insbesondere für die Katastrophen- und Gefahrenabwehrbehörden dienen sollen [13]. Man wird den Werdegang der 3. StörfallVwV, die vor Erlaß noch das Bundeskabinett und den Bundesrat passieren muß, mit Interesse verfolgen.

6.1.6.4 Fortschreiben und Bereithalten der Sicherheitsanalyse

Mit dem §8 12. BImSchV ist eine dynamische Fortschreibungspflicht des Betreibers bezüglich seiner Sicherheitsanalyse begründet. Bei Fortschreiten des Standes der Sicherheitstechnik im Hinblick auf die Anlage, wenn wesentliche neue Erkenntnisse, die für die Beurteilung von Gefahren von Bedeutung sind und wenn die tatsächlichen Verhältnisse der Anlage sich geändert haben, ist die Sicherheitsanalyse fortzuschreiben. Nur dann hat die Sicherheitsanalyse als ständige Dokumentation für Betreiber und Behörde einen fortwährenden Wert.

Gemäß §9 12. BImSchV hat der Betreiber die Sicherheitsanalyse ständig gesichert bereitzuhalten und seit 1988 auch eine Ausfertigung bei der zuständigen Behörde zu hinterlegen. Im Falle einer Betriebsstörung oder eines Störfalls ist es besonders wichtig, daß jederzeit und unmittelbar ein Zugriff auf die Sicherheitsanalyse möglich ist, weil die dort in konzentrierter Form niedergelegten, sicherheitsrelevanten Daten von entscheidender Bedeutung bei der Beratung der Einsatzkräfte und Gefahrenabwehrbehörden sein können.

6.1.7 Melde- und Informationspflichten (§§11 und 11a)

Im Rahmen der Meldepflicht gemäß §11 12. BImSchV hat der Betreiber der zuständigen Behörde unverzüglich

6.1 Störfallvermeidung und -begrenzung im Immissionsschutzrecht

1. den Eintritt eines Störfalls oder
2. eine Störung des bestimmungsgemäßen Betriebs, bei der durch Störfallstoffe entweder
   - außerhalb der Anlage Schäden eingetreten sind oder
   - Gefahren für die Allgemeinheit oder die Nachbarschaft nicht offensichtlich ausgeschlossen werden können

mitzuteilen.

In der amtlichen Begründung der Bundesregierung von 1980 (Bundesratsdrucksache 108/80, S. 35) heißt es dazu, daß die unverzügliche Meldung für eine erfolgreiche Gefahrenabwehr der zuständigen Behörde unerläßlich ist und diese in die Lage versetzen soll, alle zur Bekämpfung des Störfalls erforderlichen Maßnahmen rechtzeitig vornehmen zu können. Die Begründung geht zumindest teilweise an der Realität vorbei, da die „zuständigen Behörden" in den meisten Ländern die Überwachungsbehörden, z. B. Gewerbeaufsichtsämter, sind, die zwar mehr oder weniger eine Rufbereitschaft eingerichtet haben, aber von ihrer Aufgabenstellung her nicht die Funktion von Gefahrenabwehrbehörden im engeren Sinn darstellen und bei der Schadensbekämpfung stets im zweiten Glied stehen. Hier sind die Feuerwehrkräfte, Polizei und ggf. die Katastrophenabwehrkräfte gefordert, die in der Regel über die Telefonnummern 112 und 110 durch eine sofortige, d. h. unmittelbare Alarmierung des Betreibers auf den Plan gerufen werden. Diese leiten, ggf. mit werkseigenen Feuerwehrkräften, die notwendigen Sofortmaßnahmen zur Störfallbekämpfung ein.

Die durch die unverzügliche, nicht sofortige Störfallmeldung aktivierten Überwachungsbehörden können den Einsatzkräften unter Umständen beratend zur Verfügung stehen, tunlichst in enger Abstimmung mit dem verantwortlichen Anlagenbetreiber. Auch müssen die Überwachungsbehörden möglicherweise Anordnungen treffen, die z. B. die zeitweilige Stillegung der Anlage beinhalten können.

Die unverzügliche Mitteilung ist spätestens nach einer Woche vom Betreiber schriftlich zu bestätigen und beim Vorliegen neuer Erkenntnisse unverzüglich zu ergänzen oder zu berichtigen. Für die Mindestanforderungen, die an die schriftliche Bestätigung der Mitteilung gestellt werden, ist der Anhang V der 12. BImSchV maßgeblich.

Diese Mitteilungen werden bundesweit zentral der beim Umweltbundesamt angesiedelten zentralen Melde- und Auswertestelle für Störfälle (ZEMA) über die obersten Länderbehörden zugeführt, dort ausgewertet und einerseits einer zentralen Einrichtung der Europäischen Union in Ispra weitergeleitet und andererseits den Ländern und damit auch den zuständigen Überwachungs- und Genehmigungsbehörden im Rücklauf insgesamt zur Verfügung gestellt.

Das stellt ein Stück Störfallvorbeugung dar und wird durch Dokumentation und Auswertung der Schadensursache, die in geeigneter Form auch Dritten zugänglich gemacht werden soll, den Stand der Sicherheitstechnik vorantreiben und verbessern helfen.

Zu der Gesamtthematik der Erfassung, Aufklärung und Auswertung von Störfällen und Störungen des bestimmungsgemäßen Betriebs im Sinne der 12. BImSchV hat der Länderausschuß für Immissionsschutz (LAI) 1993 eine Richtlinie herausgebracht; diese ist abgedruckt bei Uth, Störfallverordnung [14].

Die Informationspflicht gemäß §11a 12. BImSchV gehört zu den besonderen Pflichten und wurde 1991 in die 12. BImSchV im Zuge der Umsetzung der Seveso-Richtlinie aufgenommen. Es ist eine Sicherheitspflicht des Betreibers, die er gegenüber den Personen, die von einem Störfall betroffen werden könnten, und der Öffentlichkeit in geeigneter Weise zu erfüllen hat. Die Informationen betreffen Sicherheitsmaßnahmen und das richtige Verhalten im Falle eines Störfalls. In der Verordnung werden nähere Angaben über die geforderten Informationen durch den Anhang VI gegeben. Mittlerweile sind hierzu Handlungsempfehlungen erschienen, die einem Forschungsbericht des Umweltbundesamtes entnommen sind.

Da hier nicht näher auf diese Informationspflicht des Betreibers eingegangen werden soll, wird auf den Abdruck der Handlungsempfehlungen zur Umsetzung des §11a 12. BImSchV bei Uth verwiesen [15].

6.1.8 Prüfung der Sicherheitspflichten im Rahmen des Genehmigungsverfahrens, der behördlichen und betreibereigenen Überwachung

Die Einhaltung der Sicherheitspflichten zur Störfallvermeidung und -begrenzung unterliegen der Prüfung durch die Behörden. Die erste und wichtigste Prüfung wird im Rahmen des Genehmigungsverfahrens durchgeführt.

Die Errichtung und der Betrieb der Anlage unterliegen sowohl der betreibereigenen als auch der behördlichen Überwachung, wobei die originäre Eigenverantwortlichkeit des Anlagenbetreibers für den sicheren Betrieb seiner Anlage natürlich die größere Bedeutung hat und grundsätzlich auch nicht teilbar ist.

Doch auch die Behörden tragen Verantwortung und haben im Rahmen ihrer Zuständigkeit eine nicht unerhebliche Garantenpflicht, die auch strafrechtlich bewehrt ist. Zur Verantwortlichkeit der staatlichen Überwachungsbehörden, zu denen auch im weitesten Sinne die Genehmigungsbehörden gezählt werden können, für den sicheren Betrieb genehmigungsbedürftiger Anlagen hat der Länderausschuß für Immissionsschutz (LAI) ein Thesenpapier auf seiner 76. Sitzung im Oktober 1990 verabschiedet. Diese elf Thesen wurden vom Hessischen Umweltministerium im Rahmen eines Erlasses am 14.10.1993 für die Immissionsschutzbehörden zur Berücksichtigung eingeführt [16]. Im folgenden wird sinngemäß daraus zitiert.

6.1.8.1 Genehmigungsverfahren

Im Genehmigungsverfahren kommt den Behörden eine hohe Verantwortung zu, und die Genehmigungsunterlagen, zu denen bei den Störfallanlagen mit besonderen Sicherheitspflichten auch die Sicherheitsanalyse gehört, sind sorgfältig zu prüfen.

Die Behörde muß zu einem begründeten Urteil gelangen, daß die Genehmigungsvoraussetzungen gemäß §6 BImSchG erfüllt sind. Dabei kann sie sich im Rahmen des §13 der Verordnung über das Genehmigungsverfahren (9. BImSchV) auch unabhängiger Sachverständiger bedienen. Sachverständigengutachten zu Sicherheitsanlaysen sind regelmäßig zur Beurteilung der Anlagen nach §7 12. BImSchV notwendig. Die Kosten dafür sind gemäß §52 Abs. 4 BImSchG vom Antragsteller zu tragen.

6.1.8.2 Behördliche Überwachung

Die hoheitliche oder behördliche Überwachung ist neben der originären Eigenverantwortlichkeit des Betreibers für einen sicheren Betrieb ein wichtiges Element zur Erfüllung der Garantenstellung des Staates im Hinblick auf den Schutz sowohl Dritter als auch der Umwelt. Die Überwachungsbehörden sind zur Befolgungskontrolle angehalten und müssen sich dabei eine „eigene Überzeugung" bilden, ob der Betrieb der Anlage (noch) im Einklang mit Recht und Gesetz und der Genehmigung erfolgt. Die Überwachungsbehörden können dabei die Verantwortung nicht auf Stellen außerhalb der staatlichen Verwaltung auslagern. Das bedeutet allerdings nicht den Verzicht auf externen Sachverstand; sondern die „eigene Überzeugung" bedeutet die Fähigkeit der Angehörigen der Behörde, die richtigen Fragen zu stellen, sachgerechte Vorgaben für Sachverständigengutachten zu geben, sowie die Antworten und Gutachten kritisch zu würdigen und die richtigen Schlußfolgerungen für das Verwaltungshandeln daraus zu ziehen.

6.1.8.3 Betreibereigene Überwachung durch Sachverständige und Störfallbeauftragte

Neben der betreibereigenen Überwachung der Anlage durch Kontrolleinrichtungen und Wartungspläne u.ä. zählt auch die sicherheitstechnische Prüfung gemäß §29a BImSchG durch Sachverständige, die von der obersten Landesbehörde bekanntgegeben worden sind, im Einzelfall auch durch den eigenen Störfallbeauftragten.

Diese sicherheitstechnischen Prüfungen oder auch Prüfung von sicherheitstechnischen Unterlagen, speziell Sicherheitsanalysen, müssen von der Behörde gesondert angeordnet werden. Trotzdem zählt man diese Prüfungen zur betreibereigenen Überwachung. Dazu gehören auch die Tätigkeiten des Störfallbeauftragten gemäß §§58a bis 58d BImSchG [17].

Die Anordnungsmöglichkeiten der Behörde gemäß §29a BImSchG steht selbständig und alternativ neben der Überwachungsmöglichkeit aufgrund des §52 BImSchG und dem Recht der Genehmigungsbehörde, sicherheitstechnische Prüfungen in Nebenbestimmungen des Genehmigungsbescheides festzulegen.

Mit der Novelle des Bundes-Immissionsschutzgesetzes 1990 ist durch die §§58a bis 58d BImSchG die Person des Störfallbeauftragten eingeführt worden. Er soll den Bereich der Eigenüberwachung des Betreibers deutlich verstärken und ist nach dem Erlaß der Verordnung über Immissionsschutz- und Störfallbeauftragte (5. BImSchV) verbindlich für Störfallanlagen zu bestellen, die den besonderen Sicherheitspflichten gemäß §1 Abs. 2 12. BImSchV unterliegen. In welchem Umfang der Störfallbeauftragte auch sicherheitstechnische Prüfungen gemäß §29a BImSchG übernehmen kann, ist noch nicht durch Rechtsvorschrift festgelegt. Die zur Zeit in Vorbereitung befindliche „Sachverständigen-Merkmale-Verordnung" u. a. aufgrund der Ermächtigung in §29a Abs. 2 BImSchG wird vielleicht zur Klärung beitragen.

6.1.9 Ausblick

Die Kommission der Europäischen Union bereitet zur Zeit eine grundlegende Revision der sogenannten Seveso-Richtlinie von 1982 (82/501/EWG) vor, die bereits 1987 und 1988 novelliert wurde. Mit der Überarbeitung soll die Wirksamkeit der geltenden Rechtsvorschriften zur Abwehr schwerer Unfälle aus Industrietätigkeiten im Zusammenhang mit gefährlichen Stoffen verstärkt werden.

Der Vorschlag der Kommission (Rats-Dokument Nr. 5543/94) greift wesentliche Grundsätze der geltenden Richtlinie auf und führt Maßnahmen ein, die auf Grundregeln des Risikomanagements basieren und dem Sicherheitsmanagementsystem, das sich auf den gesamten Betrieb erstrecken soll, große Bedeutung beimessen. Neben den technischen Sicherheitsaspekten sollen mit dieser Richtlinie vor allem die organisatorischen Merkmale hervorgehoben werden. Dazu zählen auch Regelungen zu einem behördlichen Inspektionssystem. Die Öffentlichkeit soll bei der Ausführung der externen Alarm- und Gefahrenabwehrpläne beteiligt werden und neben regelmäßigen Informationen über Sicherheitsmaßnahmen auch Zugang zu den Sicherheitsberichten bzw. Sicherheitsanalysen erlangen.

Die einschneidensten Änderungen für das deutsche Recht, in das die neue Richtlinie nach ihrer endgültigen Rechtskraft – wohl nicht vor 1995 – transformiert werden muß, stellt die grundsätzliche Abkehr der Richtlinie vom festen Anlagenbegriff dar. Der Entwurf der Richtlinie bezieht das gesamte Areal des Betriebes ein und eliminiert die bisherigen Anhänge der Richtlinie, die zwischen Prozeßanlagen und Lägern unterscheiden.

Damit wird der deutsche Gesetzgeber in große Schwierigkeiten mit seinem bisherigen Rechtsgefüge des Bundesimmissionsschutzgesetz kommen, da die genehmigungsbedürftige Anlage neben den Störfallstoffen dann nicht mehr ein eindeutiges Kriterium für den Anwendungsbereich der Störfallverordnung bilden kann. Die damit verbundene Erweiterung des Anwendungsbereiches ist zur Zeit noch nicht absehbar und wird einschneidende Konsequenzen für die Umsetzung der Richtlinie haben, die vom Bundesimmissionsschutzgesetz allein wohl gar nicht aufgefangen werden können. Zu der bevorstehenden Änderung der Seveso-Richtlinie siehe auch Uth [18]. Insgesamt ist zu dieser Reform des europäischen Störfallrechts aber zu sagen, daß darin trotz vieler, teilweise grundsätzlicher, noch auszumerzender Ungereimtheiten, eine große

Chance für ein fortschrittliches Anlagensicherheitsrecht enthalten ist, die bei richtiger Nutzung die nationale Situation verbessern und die europäische Integration auf diesem wichtigen Sektor vorantreiben hilft.

Literatur

1. Wefers/Reimers (1993) Die neue Störfall-Verordnung
2. Jochum (1993) cav-spezial, Oktober 1993, S 6–8
3. Darimont (1994) Tü Technische Überwachung, Bd 35 Nr 1, S 8–10
4. Landmann, Rohmer, Hansmann. Umweltrecht I
5. Feldhaus, Vallendar, Wietfeldt. Bundes-Immissionsschutzrecht. Bd 2 Nr 2.12
6. Jarass (1993) Bundes-Immissionsschutzgesetz Kommentar. 2. Aufl, § 5 Rn. 5
7. Hansmann, Landmann, Rohmer. Umweltrecht I. Nr 2.12, § 3 Rn. 21
8. Hansmann, Landmann, Rohmer. Umweltrecht I, Nr 2.12, § 3 Rn. 24
9. Jochum (1993) cav-spezial, Oktober 1993, S 6–8
10. Wietfeldt (1994) Tü Technische Überwachung Bd 34, S 303 f.
11. Hansmann, Landmann, Rohmer. Umweltrecht I, Nr 2.12, § 7 Rn. 19
12. Wietfeld, Vallendar, Feldhaus. Bundes-Immissionsschutzrecht, Bd 2 Nr 2.12, § 7 Nr 59
13. Entwurf der 3. Allgemeinen Verwaltungsvorschrift zur StörfallV (Stand 22.12.1993)
14. Uth (1994) Störfall-Verordnung Kommentar, 2. Aufl, Anhang 9
15. Uth (1994) Störfall-Verordnung Kommentar, 2. Aufl, Anhang 10
16. Erlaß des HMUB vom 14.10.1993, IIAl-53e401 (§ 52)
17. Jarass (1993) Bundes-Immissionsschutzgesetz Kommentar. 2. Aufl, vor § 26 Rn. 2
18. Uth (1994) Störfall-Verordnung Kommentar, 2. Aufl, S 105 f

6.2 Gefahrenabwehrplanung und Stabsarbeit zur Gefahrenabwehr in Betrieben und Behörden

G. A. Müller

6.2.1 Störfallvorsorge und Katastrophenschutz – zwei Aufgabengebiete mit unterschiedlichen Zielen und unterschiedlichen Anforderungen

6.2.1.1 Die Unterschiede

Krisenmanagement bei Störfällen setzt voraus, daß zunächst ein Krisenmanagement der Vorbereitung auf Störfälle stattgefunden hat. Das Krisenmanagement der Vorbereitung auf Störfälle verlangt von den Anlagenbetreibern und ihren Beauftragten ein Umdenken. Dieses Umdenken ist deshalb notwendig, weil bei der Vorbereitung auf Störfälle ein breiteres Gefahrenspektrum berücksichtigt werden muß, als beim Betrieb der Anlage unter Beachtung der durch die Störfallverordnung [1] auferlegten Sicherheitspflichten. Die Sicherheitspflichten nach der Störfallverordnung sind dadurch eingeschränkt, daß Gefahren, die vernünftigerweise ausgeschlossen werden können, unberücksichtigt bleiben. Diese bewußte Inkaufnahme der Möglichkeit von Störfällen muß hingenommen werden, weil sonst keine Anlage genehmigt und betrieben werden könnte. Der Betreiber und seine Beauftragten müssen sich jedoch darauf einstellen, daß trotz Einhaltung der erforderlichen Sicherheitsvorkehrungen Störfälle eintreten können. Sie müssen sich darüber im klaren sein, daß bei der Aufstellung der betrieblichen Alarm- und Gefahrenabwehrpläne und bei ihrer Mitwirkung zur Aufstellung der außerbetrieblichen Alarm- und Gefahrenabwehrpläne auch solche Gefahren berücksichtigt werden müssen, die nach der Störfallverordnung als vernünftigerweise ausgeschlossen angesehen werden. Dies ergibt sich aus der unterschiedlichen Zielsetzung der Störfallverordnung einerseits und der Katastrophenschutzvorschriften der Länder andererseits.

Nach §3 der Störfallverordnung hat der Betreiber einer Anlage nach Art und Ausmaß der möglichen Gefahren die erforderlichen Vorkehrungen zu treffen, um Störfälle zu verhindern. Bei der Erfüllung dieser Pflicht sind betriebliche und umgebungsbedingte Gefahrenquellen sowie Eingriffe Unbefugter zu berücksichtigen, es sei denn, daß diese Gefahrenquellen oder Eingriffe als Störfallursachen vernünftigerweise ausgeschlossen werden können. Es wird also keine absolute Anlagensicherheit angestrebt, vielmehr wird die Möglichkeit von Störfällen bewußt in Kauf genommen. Der Betreiber hat jedoch nach der Störfallverordnung Vorsorge zu treffen, um die Auswirkungen von Störfällen so gering wie möglich zu halten; diese Vorsorge gehört zu den Anforderungen an die Anlagensicherheit. Bei Erfüllung dieser Anforderungen an die Anlagensicherheit wird die Anlage genehmigt und darf betrieben werden.

Nach den Katastrophenschutzgesetzen der Länder haben die Katastrophenschutzbehörden Vorbereitungen zur Bekämpfung aller denkbaren und naturgesetzlich möglichen Schadensfälle zu treffen, insbesondere auch der Störfälle, die nach den in der Störfallverordnung und den dazu erlassenen allgemeinen Verwaltungsvorschriften enthaltenen Anforderungen an die Anlagensicherheit nicht ausgeschlossen werden können. Die Katastrophenschutzbehörden haben grundsätzlich davon auszugehen, daß alle aktiven und passiven Sicherheitsvorkehrungen versagen können und deshalb trotz Erfüllung der in der Störfallverordnung enthaltenen Anforderungen an die Anlagensicherheit Störfälle eintreten können.

Die unterschiedliche Betrachtungsweise aus der Sicht der Störfallvorsorge einerseits und des Katastrophenschutzes andererseits wird besonders deutlich bei den Annahmen über den Gefährdungsbereich. Da bei der Betrachtung der Anlagensicherheit davon ausgegangen wird, daß die vorhandenen aktiven und passiven Sicherheitsvorkehrungen funktionieren, endet der in der Sicherheitsanalyse dargestellte Gefährdungsbereich in aller Regel an der Werksgrenze. Da aus der Sicht des Katastrophenschutzes davon ausgegangen werden muß, daß alle aktiven und passiven Sicherheitsvorkehrungen versagen können, geht der Gefährdungsbereich, den die Katastrophenschutzbehörde ihren Planungen zugrunde zu legen hat, in aller Regel über die Werksgrenzen weit hinaus.

6.2 Gefahrenabwehrplanung und Stabsarbeit zur Gefahrenabwehr

6.2.1.2 Beispiele

Die in der Zweiten Allgemeinen Verwaltungsvorschrift zur Störfallverordnung [2] enthaltenen Anforderungen an die Sicherheitsanalyse machen die – durchaus gebotene – unterschiedliche Betrachtungsweise der für die Anlagensicherheit zuständigen Immissionsschutzbehörden und Gewerbeaufsichtsämter und der für den Katastrophenschutz zuständigen Katastrophenschutzbehörden deutlich. Dies soll an folgenden Beispielen aufgezeigt werden:

a) Nach Nr. 3.2.4 der 2. StörfallVwV können bei der Beschreibung der Gefahrenquellen „in der Regel ausgeschlossen sein
   – das gleichzeitige Wirksamwerden verschiedener, voneinander unabhängiger umgebungsbedingter Gefahrenquellen, wie Erdbeben und Hochwasser,
   – das gleichzeitige, voneinander unabhängige Freiwerden von Stoffen, die erst im Zusammenwirken einen Stoff nach Anhang II zur Verordnung bilden können."

   Die Katastrophenschutzbehörde hat derartige Gefahrenquellen beim vorbereitenden Katastrophenschutz grundsätzlich zu berücksichtigen. Sie hat derartige Gefahrenquellen ausnahmsweise dann zu vernachlässigen, wenn das Risiko (Produkt aus Gefahrenpotential und Eintrittswahrscheinlichkeit) im konkreten Einzelfall so gering ist, daß durch die Forderung nach Schutzmaßnahmen der Grundsatz der Verhältnismäßigkeit verletzt würde.

b) Nach Nr. 3.2.4.2 b) der 2. StörfallVwV kann bei der Beschreibung der umgebungsbedingten Gefahrenquellen der Verkehr durch Flugzeuge als Gefahrenquelle u.a. dann außer Betracht bleiben, wenn eine Anlage bei Flughäfen innerhalb des Anflugsektors mehr als 4 km vom Beginn der Landebahn entfernt liegt.

   Der Verkehr durch Flugzeuge kann unter den hier genannten Voraussetzungen nur hinsichtlich der Anlagensicherheit, nicht jedoch hinsichtlich des Katastrophenschutzes als Gefahrenquelle außer Betracht bleiben. So muß z.B. beim vorbereitenden Katastrophenschutz für eine Anlage, die innerhalb des Anflugsektors eines Flughafens 5 km vom Beginn der Landebahn entfernt liegt, die Gefahr eines Flugzeugabsturzes auf die Anlage zweifellos in Betracht gezogen werden.

c) Nach Nr. 3.2.7 der 2. StörfallVwV „können bei der Beschreibung der Störfallauswirkungen die Vorkehrungen berücksichtigt sein, die in der Anlage zur Begrenzung von Störfallauswirkungen getroffen sind."

   Nach dieser Bestimmung kann bei der Beurteilung der Anlagensicherheit von der Funktionsfähigkeit der in der Anlage zur Begrenzung von Störfallauswirkungen getroffenen Vorkehrungen ausgegangen werden.

   Die Katastrophenschutzbehörden müssen im vorbereitenden Katastrophenschutz jedoch davon ausgehen, daß erfahrungsgemäß alle Sicherheitsvorkehrungen versagen können.

6.2.1.3 Folgerungen

Für die Katastrophenschutzplanung in der Umgebung von Anlagen, die der Störfallverordnung unterliegen, ergibt sich daraus folgendes:

a) Der Anlagenbetreiber hat der Katastrophenschutzbehörde geeignete Angaben zur Beurteilung der Auswirkungen einer Gefahrenpotentialfreisetzung und insbesondere der Abgrenzung des Gefährdungsbereichs zu machen. In Baden-Württemberg ist die Rechtsgrundlage hierfür in § 30 des Landeskatastrophenschutzgesetzes [3] gegeben.
Die Abgrenzung des Gefährdungsbereichs dient der Planung und Vorbereitung der erforderlichen Gefahrenabwehrmaßnahmen, insbesondere der Maßnahmen zur Warnung und Information der Bevölkerung. Deshalb ist der Abgrenzung des Gefährdungsbereichs hinsichtlich der Gefahrenpotentialfreisetzung, der meteorologischen Bedingungen und der Art des Schadensereignisses (z. B. Leckage mit Brand oder ohne Brand) der ungünstigste Fall zugrundezulegen.

b) Die Warnung und Information der Bevölkerung muß bei Störfällen im Hinblick auf die Ausbreitungsgeschwindigkeit toxischer Gase so schnell wie möglich erfolgen. Deshalb müssen die gesetzlichen Voraussetzungen dafür geschaffen werden, um dem Betreiber die Pflicht auferlegen zu können, „sprechende" Sirenen auf dem Werksgelände und erforderlichenfalls auch außerhalb des Werksgeländes aufzubauen und bei Störfällen selbst auszulösen. Falls gemeindeeigene Sirenen zur Warnung der Bevölkerung vorhanden sind (z. B. vom Bund übernommene Zivilschutz-Sirenen), muß der Betreiber verpflichtet werden können, die technischen Einrichtungen zur Auslösung der Sirenen von der Alarmzentrale des Werkes aus zu schaffen. Der Betreiber hat dafür zu sorgen, daß nach der Warnung der Bevölkerung die erforderlichen Rundfunkdurchsagen erfolgen. Er ist selbstverständlich auch verpflichtet, die zuständigen Behörden über den Störfall zu unterrichten.

6.2.2 Anforderungen an den betrieblichen Alarm- und Gefahrenabwehrplan und an die betriebliche Stabsarbeit zur Gefahrenabwehr

6.2.2.1 Anforderungen an den betrieblichen Alarm- und Gefahrenabwehrplan

Nach der Störfallverordnung haben die Betreiber von Anlagen, für die Sicherheitsanalysen anzufertigen sind, auch betriebliche Alarm- und Gefahrenabwehrpläne aufzustellen. Diese Pläne müssen mit den für Katastrophenschutz und allgemeine Gefahrenabwehr zuständigen Behörden abgestimmt sein.

Das Bundesumweltministerium hat den Entwurf einer Dritten Allgemeinen Verwaltungsvorschrift zur Störfallverordnung erstellt, in dem im einzelnen geregelt ist, welche Anforderungen die betrieblichen Alarm- und Gefahrenab-

6.2 Gefahrenabwehrplanung und Stabsarbeit zur Gefahrenabwehr

wehrpläne erfüllen müssen. Der Unterausschuß „Katastrophenschutz und Zivilverteidigung" der Arbeitsgemeinschaft der Innenministerien der Länder hat zu diesem Entwurf Stellung genommen und dabei den Wunsch geäußert, daß dieser Allgemeinen Verwaltungsvorschrift das Muster eines betrieblichen Alarm- und Gefahrenabwehrplans, das von einem Arbeitskreis in Nordrhein-Westfalen erarbeitet wurde [4], als Anlage beigefügt wird.

Grundsätze

Nach dem genannten Entwurf des Bundesumweltministeriums ist der betriebliche Alarm- und Gefahrenabwehrplan eine Beschreibung von Art und Ablauf der organisatorischen und technischen Maßnahmen nach Erkennen einer Gefahrensituation. Er legt die für seine Durchführung verantwortlichen Personen oder Stellen fest.

Die Alarm- und Gefahrenabwehrplanung sieht sowohl Vorkehrungen zur Verhinderung von Störfällen als auch Maßnahmen zur Begrenzung von Störfallauswirkungen vor. Der betriebliche Alarm- und Gefahrenabwehrplan muß mit dem außerbetrieblichen Alarm- und Gefahrenabwehrplan abgestimmt sein und mit diesem ein integriertes Planungssystem bilden. Die Vorantwortung für den betrieblichen Alarm- und Gefahrenabwehrplan liegt bei dem Betreiber der Anlage; der außerbetriebliche Alarm- und Gefahrenabwehrplan liegt im Verantwortungsbereich der zuständigen Katastrophenschutzbehörde.

Betrieblicher Alarmplan

Alarmfälle

Im Alarmplan sind zunächst die Alarmfälle festzulegen. Dabei ist zu unterscheiden zwischen

- Ereignissen, die Maßnahmen des Betriebs erforderlich machen, insbesondere beim Freiwerden von Stoffen, bei einem Brand oder einer Explosion, und
- Ereignissen, die gemäß den für den Betrieb geltenden gesetzlichen Vorschriften und Vereinbarungen meldepflichtig sind.

Nach § 30 des Landeskatastrophenschutzgesetzes Baden-Württemberg sind die Betreiber von Anlagen mit besonderem Gefahrenpotential verpflichtet, der Katastrophenschutzbehörde Störereignisse in der Anlage, die ohne das Wirksamwerden aktiver Sicherheitseinrichtungen zur Freisetzung des Gefahrenpotentials oder eines Teils davon führen können oder bei denen eine Beurteilung des Anlagenzustandes oder des Emissionsverhaltens nicht möglich ist, unverzüglich zu melden; von der Meldung kann nur abgesehen werden, wenn unter Anlegung strenger Maßstäbe bei den Annahmen über den weiteren Verlauf abzusehen ist, daß das Ereignis beherrscht wird und dabei nicht mehr freigesetzt wird, als den dafür festgesetzten Jahresabgaben in die Umgebung entspricht.

Alarmstufen

Im Alarmplan sind außerdem die Alarmstufen festzulegen
- entsprechend dem Ausmaß der zu erwartenden Ereignisentwicklung und
- entsprechend der mit der Katastrophenschutzbehörde abgeschlossenen Vereinbarung über Vorabmeldungen.

Das bereits genannte Muster für einen betrieblichen Alarm- und Gefahrenabwehrplan enthält ein Formular für Vorabmeldungen, außerdem folgenden Auszug aus einer Vereinbarung über Vorabmeldungen:

- *Stufe D1:*
  Ereignisse, bei denen zwar eine Gefahr außerhalb des Werkes objektiv nicht besteht, die aber von der Nachbarschaft des Werkes wahrzunehmen sind (Geräusche, Gerüche, optische Eindrücke) und bei verständiger Abwägung für gefährlich gehalten werden können, sowie Ereignisse, bei denen offensichtlich bzw. nach den bisherigen Erfahrungen eine Entwicklung zur Stufe D2 zu erwarten ist.
- *Stufe D2:*
  Ereignisse, bei denen eine Gefährdung von Gebieten außerhalb des Werkes nicht mit Sicherheit ausgeschlossen werden kann und erste Maßnahmen nach Absprache erforderlich werden können.
- *Stufe D3:*
  Ereignisse, bei denen eine Gefährdung von Gebieten außerhalb des Werkes bereits eingetreten ist oder wahrscheinlich ist und Maßnahmen der Stadt gemäß dieser Vereinbarung erforderlich sind.
- *Stufe D4:*
  Ereignisse, bei denen eine Gefährdung von Gebieten außerhalb des Werkes bereits eingetreten ist oder wahrscheinlich ist und Maßnahmen nach dem Katastrophenschutzgesetz des Landes erforderlich sind.

Alarmierungsablauf

Der Betrieb muß eine Alarmzentrale besitzen, die rund um die Uhr besetzt ist, Gefahren- und Schadensmeldungen entgegennimmt und je nach Meldung

- betriebsinterne Einsatzkräfte,
- den Werksleiter vom Dienst,
- zusätzliche betriebsinterne Stellen
- und – falls externe Hilfe erforderlich ist – die Feuerwehrleitstelle

alarmiert.

Die Alarmzentrale dokumentiert jede eingegangene Meldung und die darauf erfolgte Alarmierung in einer Alarmierungsliste.

6.2 Gefahrenabwehrplanung und Stabsarbeit zur Gefahrenabwehr

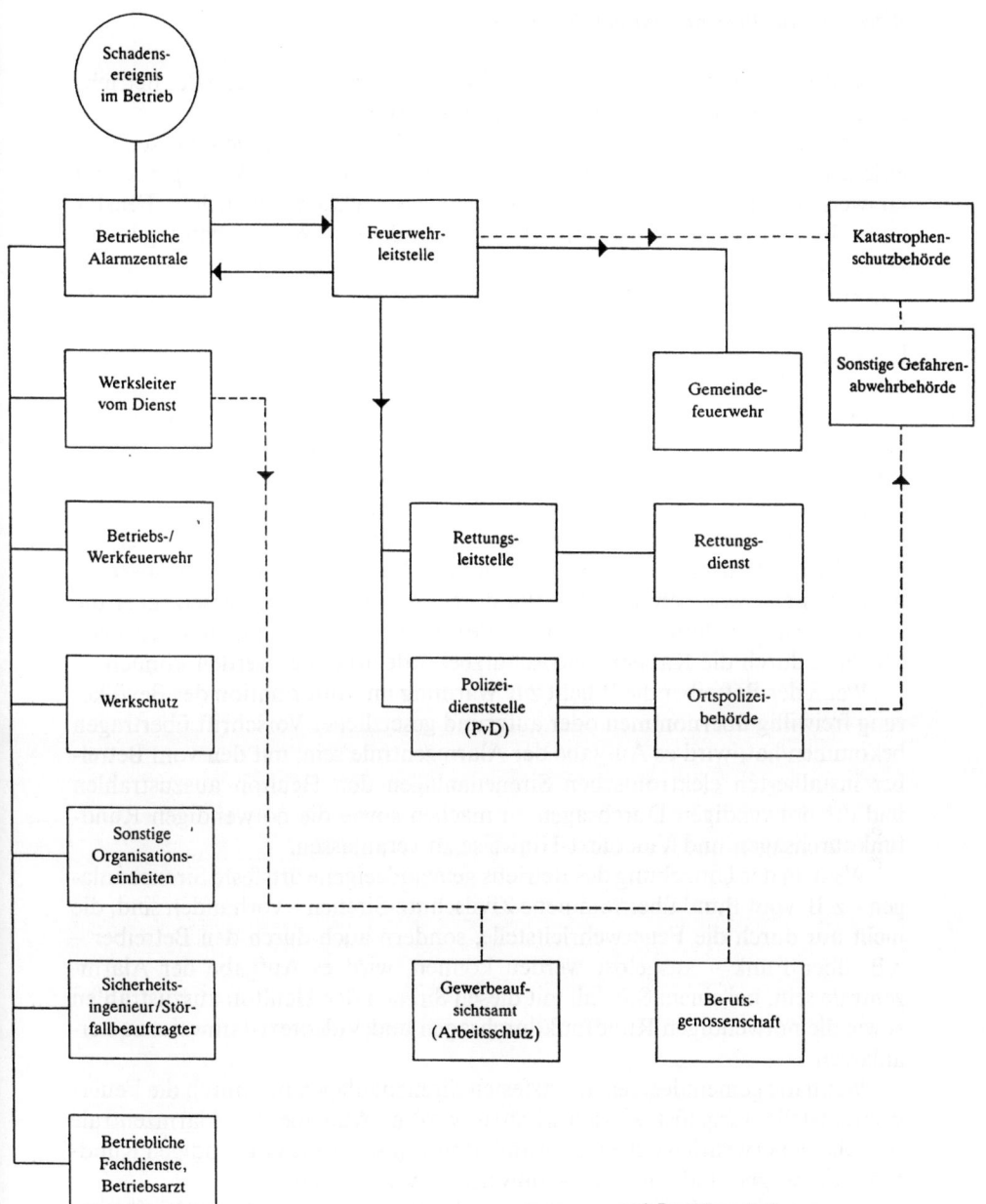

Abb. 6.1. Alarmierungs- und Weiterbenachrichtigungsschema – Muster – [5]

Warnung und Information der Bevölkerung

Die Warnung und Information der Bevölkerung in der Umgebung des Betriebs ist Aufgabe der Gemeinde als Ortspolizeibehörde.

Sind Schadensfälle mit kurzen Vorwarnzeiten nicht ausgeschlossen, bei welchen als Erstmaßnahme eine sofortige Warnung der Bevölkerung mit dem Hinweis auf besondere Schutzmaßnahmen (z. B. Gebäude aufsuchen, Fenster und Türen schließen!) notwendig ist, und befindet sich Wohnbebauung in der Nähe des Betriebs, sollte die Befugnis und die Pflicht, sofortige Warnungen und Hinweise an die Bevölkerung zu geben, dem Betreiber übertragen werden. Diese Forderung hat die Innenministerkonferenz bereits 1986 in den von ihr beschlossenen „Leitlinien für Planungen und Maßnahmen bei betrieblichen Schadensereignissen" [6] erhoben.

Die Aufgabe der Warnung und Information der Bevölkerung bei Störfällen kann vom Anlagenbetreiber freiwillig übernommen werden. So hat z. B. die Firma Merck in Darmstadt auf ihrem Werksgelände „sprechende" Sirenen aufgebaut, die sie bei einem Störfall selbst auslöst [7].

Da nicht damit gerechnet werden kann, daß alle Anlagenbetreiber die Aufgabe der Warnung und Information der Bevölkerung freiwillig übernehmen, müssen – wie bereits auf S. 194 dargelegt – vom Landesgesetzgeber die Voraussetzungen dafür geschaffen werden, daß den Betreibern entsprechende Pflichten durch die Katastrophenschutzbehörde auferlegt werden können.

Wenn der Betreiber die Pflicht zur Warnung und Information der Bevölkerung freiwillig übernommen oder aufgrund gesetzlicher Vorschrift übertragen bekommen hat, wird es Aufgabe der Alarmzentrale sein, mit den vom Betreiber installierten elektronischen Sirenenanlagen den Heulton auszustrahlen und die notwendigen Durchsagen zu machen sowie die notwendigen Rundfunkdurchsagen und Videotext-Hinweise zu veranlassen.

Wenn in der Umgebung des Betriebs gemeindeeigene ortsfeste Sirenenanlagen – z. B. vom Bund übernommene Zivilschutz-Sirenen – vorhanden sind, die nicht nur durch die Feuerwehrleitstelle, sondern auch durch den Betreiber – z. B. über Funk – ausgelöst werden können, wird es Aufgabe der Alarmzentrale sein, bei einem Störfall mit diesen Sirenen den Heulton auszustrahlen sowie die notwendigen Rundfunkdurchsagen und Videotext-Hinweise zu veranlassen.

Wenn die gemeindeeigenen ortsfesten Sirenenanlagen nur durch die Feuerwehrleitstelle ausgelöst werden können, wird es Aufgabe der Alarmzentrale sein, die Feuerwehrleitstelle hierzu aufzufordern sowie die notwendigen Rundfunkdurchsagen und Videotext-Hinweise zu veranlassen.

Wenn ortsfeste Sirenen zur Warnung der Bevölkerung nicht zur Verfügung stehen, wird es Aufgabe der Alarmzentrale sein, den Einsatz von mobilen Sirenen und Lautsprecherwagen des Betreibers, der Polizei oder der Feuerwehr zu veranlassen, ebenso der notwendigen Rundfunkdurchsagen und Videotext-Hinweise.

Die Alarmzentrale hat in jedem Fall außerdem die zuständigen Behörden über den Störfall und die bereits getroffenen Maßnahmen zur Warnung und Information der Bevölkerung zu unterrichten.

6.2 Gefahrenabwehrplanung und Stabsarbeit zur Gefahrenabwehr   199

Zur zusätzlichen Information der Bevölkerung hat die Firma Merck in Darmstadt eine Telefon-Service-Nummer eingerichtet, über die der Bevölkerung die mit Hilfe der „sprechenden" Sirenen ausgestrahlten Durchsagen sowie weitere Informationen mitgeteilt werden. Ein solcher Telefon-Service erscheint jedoch bedenklich, weil massenhafte Anrufe zur Blockade des Telefon-Ortsnetzes führen können, das dann den Behörden und Einsatzkräften nicht mehr zur Verfügung steht. Ein besserer Weg zur zusätzlichen Information der Bevölkerung neben Sirenen- und Rundfunkdurchsagen ist Videotext. Auf diesem Weg können die über Sirenen und Rundfunk ausgestrahlten Durchsagen auf die Bildschirme der Fernsehgeräte geholt werden. Hierfür bieten sich die 3. Fernsehprogramme der öffentlich-rechtlichen Rundfunkanstalten an. In Rheinland-Pfalz und Baden-Württemberg [8] wurden mit dem Rundfunk bereits Vereinbarungen über eine entsprechende Nutzung des Videotext-Programms getroffen.

Betrieblicher Gefahrenabwehrplan

Der Gefahrenabwehrplan muß die inner- und außerbetrieblichen Gefahrenpotentiale berücksichtigen; er basiert insbesondere auf den möglichen anlagen-, verfahrens- und stoffspezifischen Gefahrensituationen, deren Entwicklungen und Auswirkungen innerhalb der Anlage sowie auf die Umgebung. Für anlagen- und stoffspezifische Szenarien sind mindestens folgende mögliche Ereignisse zu betrachten und zu dokumentieren:

- Szenario 1: Auswirkungen einer Freisetzung,
- Szenario 2: Auswirkungen eines Brandes,
- Szenario 3: Auswirkungen einer Explosion

unter Zugrundelegung der für Ausbreitung, Brand oder Explosion in der Anlage vorhandenen Mengen und unter Beachtung der physikalischen Gesetzmäßigkeiten. Dabei ist für die Beurteilung der Gefahren unerheblich, ob in der Anlage aktive oder passive Sicherheitseinrichtungen vorhanden sind, die bei Störereignissen in der Anlage bestimmungsgemäß eine Freisetzung des Gefahrenpotentials verhindern sollen. Deshalb sind auch Ereignisse zu berücksichtigen, die nach § 3 Abs. 2 der Störfallverordnung vernünftigerweise ausgeschlossen werden können.

Im Regelfall wird anhand der Szenarien der Gefährdungsbereich ermittelt und von der Katastrophenschutzbehörde festgelegt. Der Gefährdungsbereich ist vom Betreiber in den betrieblichen Gefahrenabwehrplan zu übernehmen.

Der betriebliche Gefahrenabwehrplan muß insbesondere enthalten:

- Allgemeine Angaben über den Betrieb und seine Umgebung, z.B. Pläne über Energieversorgung, Rohrbrücken, Abwasserkanäle,
- betriebliche Gefahrenpotentiale, z.B. Feuerwehrplan nach DIN mit entsprechenden Eintragungen,
- stoffspezifische Angaben, insbesondere Sicherheitsdatenblätter nach DIN,
- Angaben über den Störfallbeauftragten und die Personen, die bei einem

Störfall die für die Gefahrenabwehr zuständigen Behörden und die Einsatzkräfte zu beraten haben,
- die betrieblichen Einheiten, Kräfte und Einrichtungen zur Gefahrenbekämpfung.

6.2.2.2 Anforderungen an die betriebliche Stabsarbeit zur Gefahrenabwehr

Bei der Führung im Katastrophenschutz unterscheidet man zwischen

- dem Katastrophenschutzstab der Katastrophenschutzbehörde unter der Leitung des Behördenleiters oder seines Beauftragten mit der Aufgabe der organisatorischen Leitung und
- dem technischen Leiter des Einsatzes vor Ort mit der Aufgabe der taktischen Führung.

Ebenso unterscheidet das baden-württembergische Feuerwehrgesetz [9] bei Feuerwehreinsätzen zwischen

- der organisatorischen Oberleitung durch den Bürgermeister und
- der technischen Einsatzleitung durch den Feuerwehrkommandanten.

Es erscheint sinnvoll, auch bei der Gefahrenabwehr und Schadensbekämpfung in Betrieben entsprechende Führungseinrichtungen vorzusehen.

Als oberste Führungskraft des Werks ist der Werksleiter vom Dienst für alle übergeordneten Aufgaben und Entscheidungen zuständig und verantwortlich. Im Ereignisfall bildet er einen Stab von Mitarbeitern, die ihn bei der Erfüllung seiner Aufgaben beraten und unterstützen. Stabsmitglieder werden der Störfallbeauftragte, der Sicherheitsingenieur und andere Sicherheitsfachkräfte sein, außerdem je nach Art des Ereignisses der Immissionsschutzbeauftragte, der Gefahrgutbeauftragte, der Strahlenschutzbeauftragte, der Beauftragte für Abwasser und Abfall und weitere Fachkräfte. Die Weisungsbefugnisse des Werksleiters vom Dienst gegenüber allen im Werk anwesenden Personen, sofern sie nicht öffentliche Einsatzkräfte sind, müssen eindeutig geregelt sein. Der Werksleiter vom Dienst kann den einzelnen Stabsmitgliedern bestimmte Aufgaben zur eigenständigen Erledigung einschließlich der entsprechenden Weisungsbefugnisse übertragen. Diese Stabsarbeit muß vorgeplant und eingeübt sein, damit sie im Ernstfall ohne Zeitverlust funktioniert.

In dem betrieblichen Alarm- und Gefahrenabwehrplan muß festgelegt sein, wo der Stab zusammentritt. Hierfür ist ein geeigneter Konferenz- oder Büroraum auszuwählen, der in dem bereits erwähnten Muster für einen betrieblichen Alarm- und Gefahrenabwehrplan als Koordinierungsstelle bezeichnet wird. Die Koordinierungsstelle sollte nach Möglichkeit in unmittelbarer Nähe zur Alarmzentrale liegen. In dieser Koordinierungsstelle werden alle Meldungen über den aktuellen Stand des Ereignisses gesammelt. Von hier aus werden Informationen eingeholt, Anweisungen erteilt, dienstfreies Personal ins Werk gerufen und alle in Frage kommenden internen und externen Stellen alarmiert bzw. benachrichtigt. Die Koordinierungsstelle muß mit den für die Leitung und Koordinierung der Schadensbekämpfung erforderlichen Einrichtungen und Unterlagen ausgestattet sein. Es sollte jederzeit möglich sein, von der Koordinierungsstelle aus über Telefon und ein Funkrufsystem mit den am Schadensort tätigen Einsatzkräften Verbindung aufzunehmen.

6.2.3 Anforderungen an die behördlichen Alarm- und Gefahrenabwehrpläne und an die behördliche Stabsarbeit zur Gefahrenabwehr

6.2.3.1 Besondere Gefahrenabwehrplanungen des Katastrophenschutzes

Planungen der unteren Katastrophenschutzbehörden

Die unteren Katastrophenschutzbehörden sind verpflichtet, für den Fall von Katastrophen in ihrem Zuständigkeitsbereich allgemeine Katastrophen-Alarm- und Einsatzpläne aufzustellen, die bei jeder Art von Katastrophe angewandt werden können.

Nach den von der Innenministerkonferenz 1986 beschlossenen „Leitlinien für Planungen und Maßnahmen bei betrieblichen Schadensereignissen" sind für Anlagen mit großem Gefahrenpotential besondere Gefahrenabwehrplanungen des Katastrophenschutzes dann notwendig, wenn in der Anlage selbst oder in ihrer Umgebung besondere Gefahren auftreten können, zu deren wirksamen Bekämpfung weder die betrieblichen Alarm- und Gefahrenabwehrplanungen noch die Feuerwehreinsatzplanungen der Gemeindefeuerwehr noch die allgemeinen Katastropheneinsatzplanungen ausreichen. Bei Anlagen, die der Störfallverordnung unterliegen und für die eine Sicherheitsanalyse erstellt werden muß, ist dies regelmäßig der Fall; über diesen Kreis hinaus kann es weitere Betriebe geben, für die eine besondere Katastropheneinsatzplanung notwendig ist.

Die besonderen Gefahrenabwehrplanungen für betriebliche Schadensereignisse müssen nach diesen Leitlinien als Teil des gesamten Planungssystems in die allgemeinen Katastropheneinsatzplanungen eingebunden und mit den betrieblichen Alarm- und Einsatzplanungen abgestimmt werden. Sie ergänzen einerseits die allgemeinen Katastropheneinsatzplanungen um konkrete, auf die besonderen Gefährdungen in der Umgebung des Betriebes abgestimmte Schutzmaßnahmen (beispielsweise um Sammelpunkte für Evakuierungsmaßnahmen), andererseits enthalten sie wichtige betriebsspezifische Informationen zur Gefahrenbekämpfung innerhalb des Betriebes. Die besonderen Gefahrenabwehrplanungen werden oft auf entsprechenden Feuerwehreinsatzplänen aufbauen können; sie müssen jedoch darüber hinaus den Bedürfnissen des Katastrophenschutzes in führungsmäßiger und organisatorischer Hinsicht Rechnung tragen. Je nach den Besonderheiten des Einzelfalles kann es für diese Planungen ausreichen, die vorhandenen allgemeinen Katastrophenschutzplanungen betriebsbezogen zu ergänzen, oder notwendig sein, eigene Katastropheneinsatzpläne zu erstellen.

Da der betriebliche Alarm- und Gefahrenabwehrplan bei Aufstellung und Fortschreibung mit der Katastrophenschutzbehörde abzustimmen ist, kann die Katastrophenschutzbehörde bei ihren Planungen auf den betrieblichen Planungen aufbauen. Die Katastrophenschutzbehörde ist aufgrund des betrieblichen Alarm- und Gefahrenabwehrplans darüber informiert, welche gefährlichen Stoffe in dem Betrieb vorhanden sind oder bei nicht bestimmungsgemäßem Betriebsablauf entstehen können und welche Gefahren mit der Freisetzung dieser Stoffe verbunden sind. Sie hat aufgrund dieser Kenntnisse den Gefährdungsbereich festzulegen, innerhalb dessen die Bevölkerung in der Umgebung des Betriebs gefährdet ist und deshalb bei einem Störfall erforderlichenfalls gewarnt werden muß.

Planungen der kreisangehörigen Gemeinden als Ortspolizeibehörden

Sofern die Gemeinden nicht selbst Katastrophenschutzbehörden sind – in Baden-Württemberg trifft dies nur für die neun Stadtkreise zu – sind die Gemeinden als Ortspolizeibehörden nach dem baden-württembergischen Landeskatastrophenschutzgesetz verpflichtet, im Rahmen ihres Aufgabenbereichs im Katastrophenschutz mitzuwirken. Die Mitwirkung der kreisangehörigen Gemeinden im Katastrophenschutz umfaßt insbesondere die Verpflichtung, Alarm- und Einsatzpläne für notwendig werdende eigene Maßnahmen in Abstimmung mit den Alarm- und Einsatzplänen der Landratsämter als Katastrophenschutzbehörden auszuarbeiten und weiterzuführen.

Für den Katastrophenschutz in der Umgebung von Anlagen mit besonderem Gefahrenpotential bedeutet dies vor allem, daß die Gemeinden verpflichtet sind, Alarm- und Einsatzpläne für die rechtzeitige Warnung und Information der Bevölkerung im Gefährdungsbereich um die Anlage aufzustellen. Im Interesse einer schnellstmöglichen Warnung der Bevölkerung ist allerdings anzustreben, daß der Anlagenbetreiber selbst die Aufgabe der Warnung und Information der Bevölkerung übernimmt.

Die Gemeinden sind außerdem verpflichtet, Alarm- und Einsatzpläne für die Evakuierung der Bevölkerung im Gefährdungsbereich um die Anlage auszuarbeiten. Im Katastrophenfall ist die Evakuierung nicht von der Gemeinde, sondern von der Katastrophenschutzbehörde anzuordnen; die Durchführung der angeordneten Evakuierung obliegt jedoch der Gemeinde.

Die Katastrophenschutzbehörde muß sich darüber im klaren sein, daß die Evakuierung der Bevölkerung vor einer möglichen Freisetzung von toxischen Gasen unter Umständen eine riskante Maßnahme ist, weil möglicherweise die Gefahr besteht, daß die Evakuierung nicht vor der Freisetzung der Giftgaswolken abgeschlossen werden kann. Im Hinblick darauf, daß das Aufsuchen von Gebäuden und das Schließen der Fenster und Türen in aller Regel einen ausreichenden Schutz gegen toxische Gase bietet, sollte entsprechenden Hinweisen an die Bevölkerung in der Regel der Vorzug vor der Evakuierung der Bevölkerung gegeben werden. Es kann jedoch auch Fälle geben, wo die Evakuierung der Bevölkerung sinnvoll und notwendig ist; die Evakuierung von

6.2 Gefahrenabwehrplanung und Stabsarbeit zur Gefahrenabwehr

220 000 Einwohnern der Stadt Mississauga in Kanada im Jahr 1979 ist ein Beleg dafür.

Die von der kreisangehörigen Gemeinde ausgearbeiteten Alarm- und Einsatzpläne sind nicht nur Anschlußpläne zu den Planungen der Katastrophenschutzbehörde, sondern zugleich eigenständige und unabhängig von den Planungen der Katastrophenschutzbehörde anzuwendende Pläne. Wenn die Katastrophenschutzbehörde bei einem Störfall keinen Katastrophenalarm auslöst, weil sie die Voraussetzungen einer Katastrophe nicht als gegeben ansieht, muß die von dem Störfall betroffene Gemeinde die erforderlichen Maßnahmen aufgrund ihrer Alarm- und Einsatzpläne eigenständig und eigenverantwortlich treffen. Das gleiche gilt für den Zeitraum vor der Auslösung des Katastrophenalarms.

6.2.3.2 Anforderungen an die behördliche Stabsarbeit zur Gefahrenabwehr

Katastrophenschutzstab und Einsatzstab

Der Katastrophenschutzstab ist die Führungseinrichtung der Katastrophenschutzbehörde zur organisatorischen Leitung der Gefahrenabwehr und Schadensbekämpfung im Falle einer Katastrophe.

Die Katastrophe wird im baden-württembergischen Landeskatastrophenschutzgesetz wie folgt definiert:

„Katastrophe im Sinne dieses Gesetzes ist ein Geschehen, das Leben oder Gesundheit zahlreicher Menschen, erhebliche Sachwerte oder die lebensnotwendige Versorgung der Bevölkerung in so ungewöhnlichem Maße gefährdet oder schädigt, daß es geboten erscheint, ein zu seiner Abwehr und Bekämpfung erforderliches Zusammenwirken von Behörden, Stellen und Organisationen unter die einheitliche Leitung der Katastrophenschutzbehörde zu stellen."

Aus dem zweiten Teil dieser Definition ergibt sich die Aufgabe des Katastrophenschutzstabes: Sie besteht in der einheitlichen Leitung des zur Gefahrenabwehr und Schadensbekämpfung erforderlichen Zusammenwirkens von Behörden, Stellen und Organisationen. Die Katastrophenschutzbehörde hat gegenüber diesen Behörden, Stellen und Organisationen im Katastrophenfall Weisungsbefugnisse.

Durch die Bildung eines Katastrophenschutzstabes wird es möglich,

- die bei einer Katastrophe anfallenden zahlreichen Informationen zu verarbeiten,
- die Erkenntnisse aus verschiedenen Fachgebieten oder Zuständigkeitsbereichen zu einheitlichen oder abgestimmten Entscheidungen zu verbinden,
- alle Abläufe zur Entscheidungsfindung besonders schnell abzuwickeln und
- eine einheitliche Information aller beteiligten Behörden und der Öffentlichkeit sicherzustellen.

Dem Katastrophenschutzstab gehören die Stabsbereiche

204 G. A. Müller

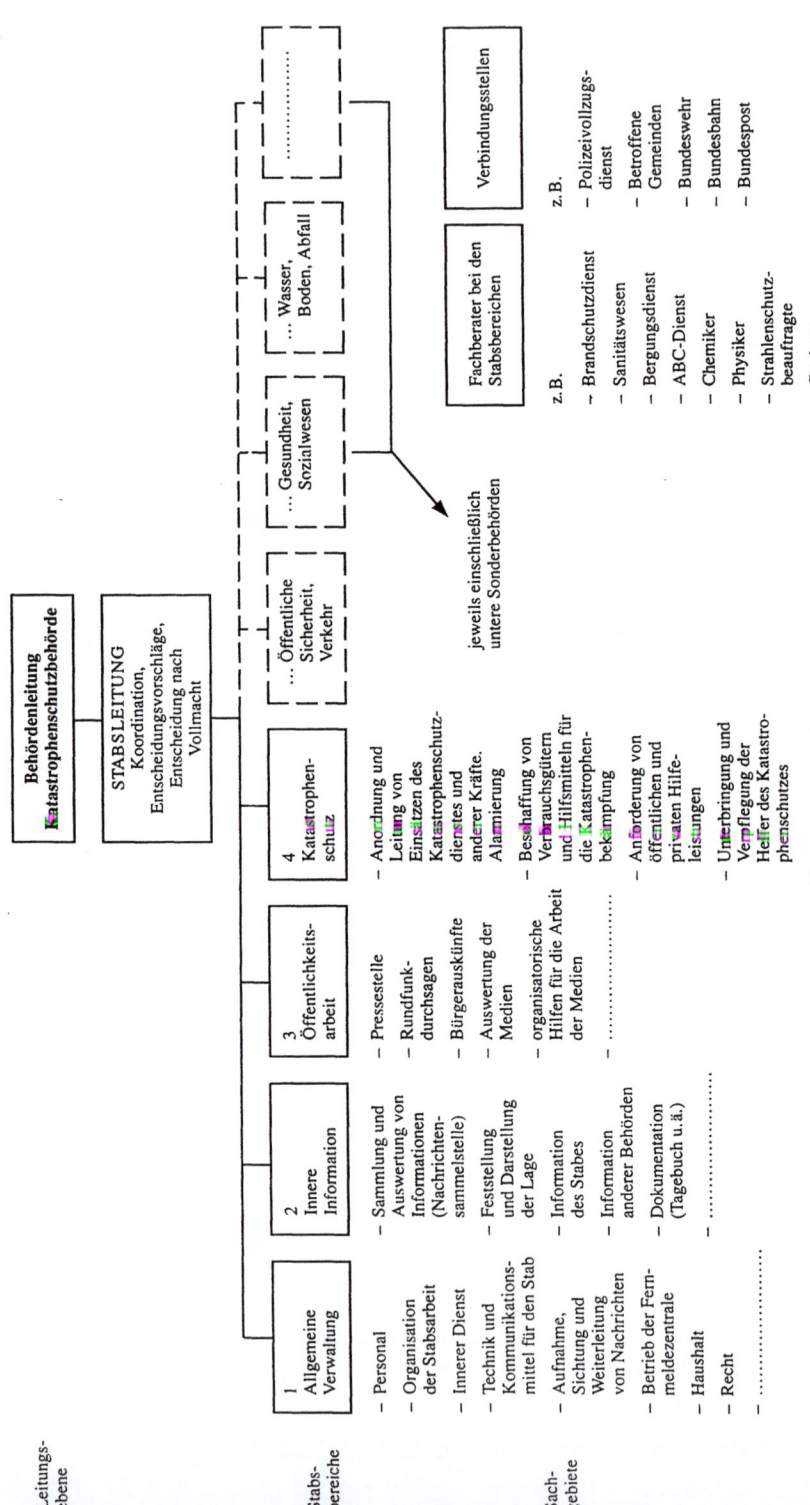

Abb. 6.2. Katastrophenschutzstab [11]

- Allgemeine Verwaltung,
- Innere Information,
- Öffentlichkeitsarbeit und
- Katastrophenschutz,

außerdem Fachberater und Verbindungsstellen an.

Bei einem Störfall in einem chemischen Betrieb werden ein Chemiker und Vertreter des Betriebs dem Katastrophenschutzstab als Fachberater angehören. Außerdem werden die betroffene Gemeinde und der Polizeivollzugsdienst Verbindungsleute in den Katastrophenschutzstab entsenden.

Die Katastrophenschutzbehörde bestellt einen technischen Leiter des Einsatzes, der nach ihren Weisungen die Katastrophenbekämpfung am Einsatzort leitet. Der technische Einsatzleiter bildet einen Einsatzstab und zieht Fachberater zu seiner Unterstützung hinzu. Betrifft die Katastrophe einen chemischen Betrieb, so zieht er Vertreter dieses Betriebs hinzu.

Arbeitsstab der kreisangehörigen Gemeinde

Der Bürgermeister der betroffenen kreisangehörigen Gemeinde bildet zweckmäßigerweise einen Arbeitsstab, der die Aufgaben der Gemeinde als Ortspolizeibehörde entsprechend dem Alarm- und Einsatzplan durchführt. Ist die Gemeindefeuerwehr zur Bekämpfung des Störfalls im Einsatz, kann der Bürgermeister dem Arbeitsstab auch die Aufgaben der organisatorischen Oberleitung für den Feuerwehreinsatz übertragen.

Literatur

1. Zwölfte Verordnung zur Durchführung des Bundes-Immissionsschutzgesetzes (Störfall-Verordnung) i.d.F. vom 20.09.1991 (BGBl. I S. 1891)
2. 2. StörfallVwV vom 27.04.1982 (GMBl. S. 205)
3. Gesetz über den Katastrophenschutz (Landeskatastrophenschutzgesetz – LKatSG) i.d.F. vom 19.05.1987 (GBl. S. 213)
4. NRW-Arbeitskreis „Alarm- und Gefahrenabwehrplan": Betrieblicher Alarm- und Gefahrenabwehrplan – Muster –
5. Anhang 1 zu den Hinweisen des Innenministeriums Baden-Württemberg für die Planung von Einsatzmaßnahmen bei Schadensereignissen in Anlagen mit einem besonderen Gefahrenpotential vom 17.08.1988 (GABl. S. 881)
6. Beschluß der Ständigen Konferenz der Innenminister und -senatoren der Länder am 03.10.1986 unter TOP 21
7. Vgl. Lindner J, Leistner R, Florian Hessen 9/93 S. 16
8. S. Richtlinien über Gefahrenhinweise im Videotext-Programm bei Katastrophen und anderen erheblichen Gefahren vom 16.07.1993 (GABl. S. 946)
9. Feuerwehrgesetz (FwG) i.d.F. vom 10.02.1987 (GBl. S. 105)
10. Anlage 2 zu den Hinweisen des Innenministeriums Baden-Württemberg zur Bildung eines Katastrophenschutzstabs bei den Katastrophenschutzbehörden und zur Bildung von Stäben für besondere Aufgaben vom 20.03.1989 (GABl. S. 850)

7 Praxiserfahrungen

7.1 Sicherheitsorganisation in einem Chemiebetrieb

J. Steinbach

7.1.1 Einleitung

Die chemische Industrie hat seit ihren Geburtsjahren als eigenständiger Industriezweig die Aufgabe, durch Forschung, Entwicklung und Produktion, Wertstoffe der Gesellschaft bereitzustellen, die die Lebensqualität und -erwartung der Gesellschaft erhöhen. Wie jeder anderen, so ist es auch der chemischen Industrie eigen, daß ihr Handeln mit Risiken für den einzelnen Mitarbeiter, Menschen, die in der Nähe von Industrieunternehmungen wohnen, Umwelt und Sachgütern verbunden ist. Die zunehmende Komplexität der durchgeführten Arbeitsschritte und nach Art und Umfang der hergestellten Produkte haben die Anforderungen an den Betreiber derartiger Standorte an die zu treffenden Maßnahmen, um das erwähnte Risiko auf ein gesellschaftlich akzeptiertes Restrisiko zu reduzieren, ähnlich exponentiell ansteigen lassen, wie die industrielle Entwicklung selbst verlaufen ist. Trevor Kletz hat diesen Sachverhalt vor einigen Jahren bildhaft verdeutlicht: „Vom Beginn der Industrialisierung bis vor gar nicht langer Zeit lebten wir nach dem Motto: jeder Hund darf einmal beißen. Wenn es dann geschah, konnte man immer behaupten, man hat nicht wissen können, daß der Hund beißen würde. Heute halten wir uns Hunde, die mit einem Biß gleich mehrere Menschen töten können. Dieser Umstand läßt ein dem alten Motto folgendes Weiterhandeln heute nicht mehr zu" [1].

Folgerichtig haben Universitäten und die Industrie selbst sehr viele Aktivitäten unternommen, um Methoden und Bewertungskriterien zu erarbeiten, die im Vorfeld der Durchführung eines chemischen Verfahrens oder einer physikalischen Grundoperation eine Gefahrenerkennung und Festlegung geeigneter ereignisverhindernder oder auswirkungsbegrenzender Maßnahmen erlauben. Dieses muß auch mit nicht nachlassender Intensität fortgeführt werden!

Gleichzeitig, und dieses ist ein Aspekt, der erst seit kurzem größere öffentliche Aufmerksamkeit gefunden hat, besteht jedoch die Anforderung, durch geeignete Aufbau- und Ablauforganisation die wirksame Implementierung dieser Methoden innerbetrieblich sicherzustellen. Da das gesamte Gebiet der Anlagensicherheit, der Störfallvorsorge und -beherrschung bislang allein der technischen, chemisch/physikalischen Fakultät zugeordnet war, erscheinen Organisationsaspekte zunächst etwas artfremd. Deshalb soll im folgenden der Versuch unternommen werden, die wesentlichen Begriffe betrieblicher Sicherheitsorganisation für den Chemiebetrieb anzusprechen und Lösungsansätze zu formulieren, die in der Praxis Vorhandenes möglichst umfassend nutzen.

7.1.2 Grundbegriffe betrieblicher Anlagensicherheit

Die betriebliche Anlagensicherheit ruht auf drei tragenden Säulen: der organisatorisch gewährleisteten Anlagensicherheit, bestehend aus den Elementen Aufbau- und Ablauforganisation, und der mehr methodisch zu sehenden technischen Anlagensicherheit. Bei der Aufbauorganisation sind dabei im wesentlichen drei Komponenten zu betrachten: die Linienorganisation für den Normalbetrieb, die Beauftragtenorganisation als Instrument der betrieblichen

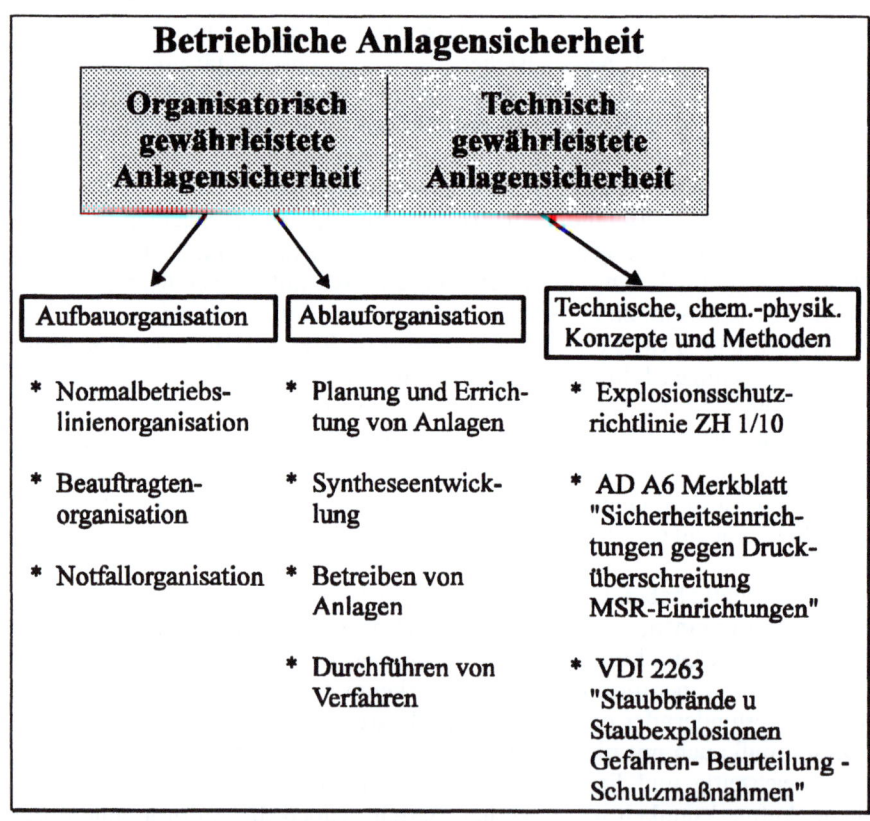

Abb. 7.1. Stützen der betrieblichen Anlagensicherheit

Eigenüberwachung und die Notfallorganisation für den Ereignisfall. Ihnen gemeinsam ist einerseits die Festlegung von Aufgaben für Personen und/oder Funktionen sowie der zugehörigen notwendigen Qualifikation zur Ausübung dieser Aufgaben, andererseits die Festlegung von Delegationsrechten und -pflichten. Damit erfolgt gleichzeitig auch die Zuordnung von Entscheidungskompetenzen bzw. -zuständigkeiten.

Im Bereich der Ablauforganisation gilt es, betriebliche Prozesse zu identifizieren und zu definieren, wie z. B. das Planen und Errichten von Anlagen, die Modifizierung von Verfahrensschritten o. ä., und die damit notwendigerweise durchzuführenden Handlungen, wie z. B. Prüfen, Freigeben, Dokumentieren, festzulegen.

Die technische Anlagensicherheit ist weitestgehend durch das technische Regelwerk bestimmt und stellt Methoden und Konzepte bereit, um Anlagen und Verfahren nach dem Stand der Sicherheitstechnik zu gestalten und zu betreiben bzw. durchzuführen. Dieses Konzept der betrieblichen Anlagensicherheit ist auch graphisch in Abb. 7.1 wiedergegeben.

Im weiteren sollen nun die ersten beiden Säulen näher analysiert werden. Die technische Komponente wird als tägliches Handwerkszeug des Ingenieurs und Chemikers als bekannt vorausgesetzt.

7.1.3 Zuordnung der Organisationskomponenten zu Bilanzkreisen

Das Betreiben einer chemischen Entwicklungs- oder Produktionsanlage kann heute nicht mehr isoliert vom komplexen Zusammenwirken der verschiedenen Teilnehmer an dem Gemeinwesen einer Gesellschaft und seiner Umwelt gesehen werden. Entsprechend muß der äußere Bilanzkreis einer adäquaten betrieblichen Sicherheitsorganisation die Schnittstelle zwischen der Anlage oder dem gesamten Werk mit den Menschen, der Umwelt und den Sachgütern in einer von einem Ereignis möglicherweise betroffenen Nachbarschaft beschreiben. Sie stellt damit den Ursprung für die Linienorganisation des Normalbetriebes dar. Nach außen gilt es, den obersten Betreiber der Anlage – §52a BImSchG – zu benennen, nach innen die Aufbauorganisation festzulegen, die es diesem obersten Betreiber überhaupt ermöglicht, seine Aufgabe verantwortungsvoll wahrzunehmen (s. Abb. 7.2).

Zusätzlich müssen diesem Bilanzkreis die Notfallorganisation als „Aufbaukomponente" und die zur betrieblichen Gefahrenabwehr gehörenden Tätigkeiten als „Ablaufkomponenten" zugeordnet werden.

Die nächst größeren inneren Teilmengen des Gesamtbilanzraumes grenzen einzelne betriebliche Teilanlagen gegeneinander ab. Ihre Schnittflächen werden hauptsächlich durch Planung und Errichtung neuer oder Modifizierung bestehender Betriebsteilanlagen beeinflußt. Grund hierfür sind die möglicherweise hiermit verbundenen Änderungen in Art und Auswirkung von Wechselwirkungen im Ereignisfall. Dieses gilt gleichermaßen bei Einführung neuer oder Modifizierung bereits zur Produktionspalette gehörender chemischer Verfahren oder physikalischer Grundoperationen. Abgesehen von einigen

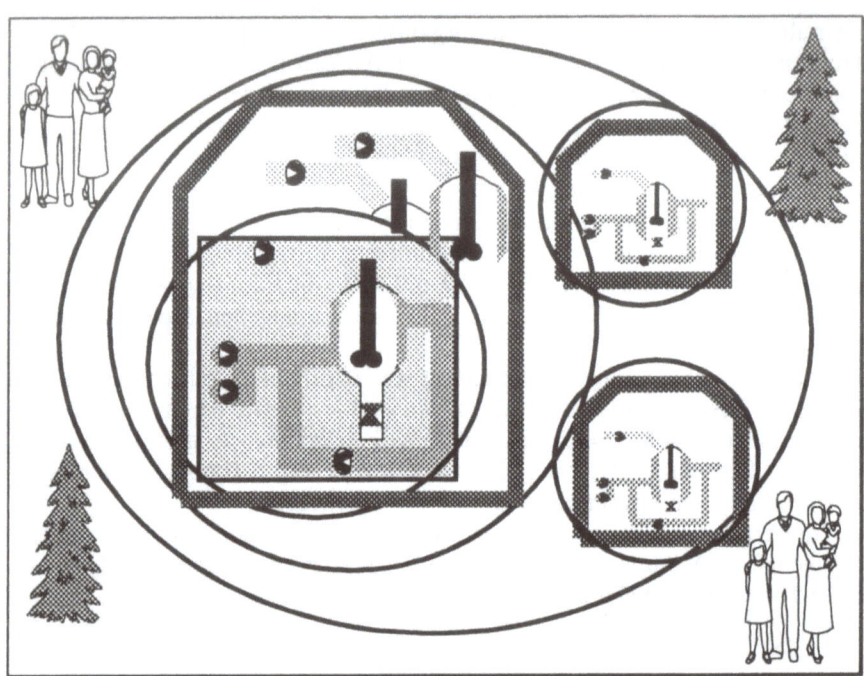

Abb. 7.2. Die Bilanzkreise

Überlegungen zur Leitung und Aufgabenverteilung im Rahmen zugehöriger Projekte ist dieses hauptsächlich ein Bereich, aus dem Anforderungen an die Ablauforganisation zu verschiedenen hiermit verbundenen Tätigkeiten resultieren.

Schließlich läßt sich eine weitere innere Teilmenge definieren, die, bildlich gesprochen, das einzelne Rührwerk in ihrem Mittelpunkt hat. Obwohl der kleinste der drei Bilanzkreise, so beinhaltet er doch nahezu die größte Vielfalt an sowohl aufbau- als auch ablauforganisatorischen Aspekten mit Festlegungs- bzw. Regelungsbedarf. Beispiele, die im weiteren näher ausgeführt werden, sind die innerbetriebliche Aufbauorganisation, die Veranlassung sicherheitstechnischer Überprüfungen von Anlagen und Verfahren, die Organisation des Wartungs- und Instandhaltungsgeschehens, die regelmäßige Unterweisung und Weiterbildung von Mitarbeitern, die Regelung des Verhaltens bei unerwarteten Abweichungen vom Normalbetrieb und vieles mehr. Alleine diese Aufzählung mag die Komplexität betrieblicher Sicherheitsorganisation als Teil der Anlagensicherheit verdeutlichen.

Es mag an dieser Stelle überraschen, daß die Beauftragtenorganisation in den vorstehenden Ausführungen keine explizite Erwähnung gefunden hat. Aufbauorganisatorisch ist die Bilanzkreiszuordnung einfach; sie gehört eindeutig zu dem äußeren Gesamtbilanzkreis als Ergänzung zur §52a Betreiberorganisation. Ablauforganisatorisch hingegen sind die Hinwirkungs- und Berichtspflichten aber in allen Bilanzkreisen wirksam (s. Abb. 7.3).

7.1 Sicherheitsorganisation in einem Chemiebetrieb

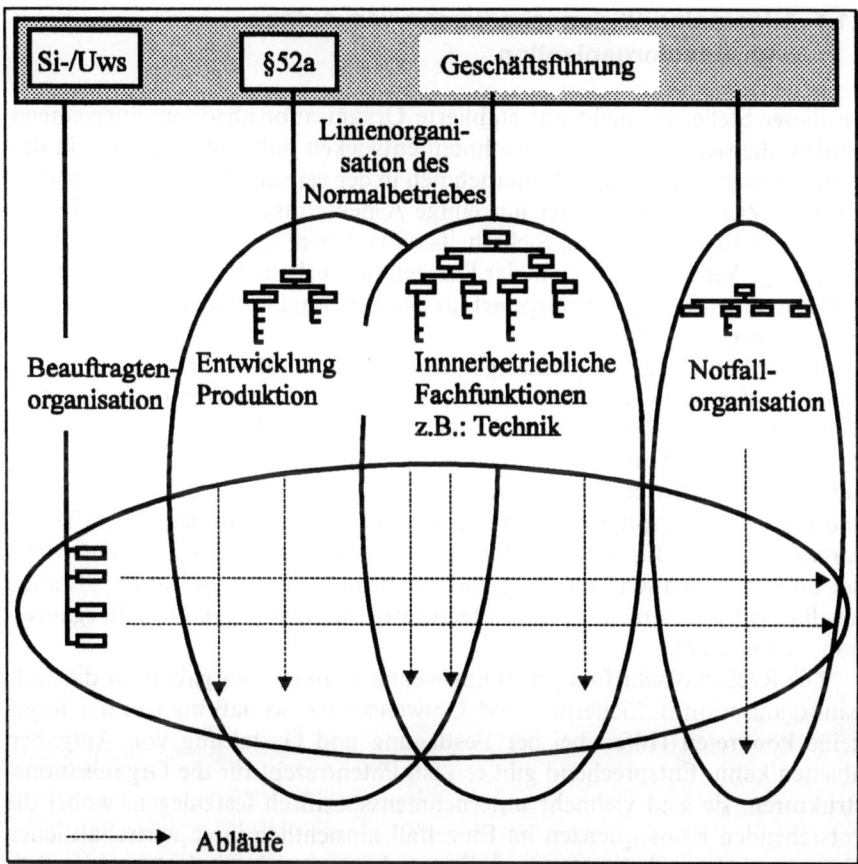

Abb. 7.3. Zusammenwirken von Aufbau- und Ablauforganisation

Die Formulierung „Ergänzung zur §52a Betreiberorganisation" weist dabei auf die Problematik der Anbindung der Beauftragtenorganisation an die Geschäftsführung hin. Prinzipiell sind bei Firmen, bei denen innerhalb der Geschäftsführung eine Aufgabentrennung zwischen den Betreiberaufgaben und der Zuständigkeit für Sicherheit und Umweltschutz möglich oder implementiert ist, zwei Möglichkeiten der Anbindung gegeben. Die Beauftragten können entweder dem obersten Betreiber oder dem für Sicherheit und Umweltschutz zuständigen Geschäftsführungsmitglied zugeordnet werden. Die Rechtsprechung und das gesetzliche Regelwerk mit seinen Kommentaren geben weder für die eine noch die andere Variante verbindliche Vorgaben. Hinweise für Vorteile lassen sich nur aus den Wirkmechanismen von Aufbau- und Ablauforganisation gewinnen, auf die im nächsten Abschnitt näher eingegangen werden soll.

7.1.4 Allgemeine Wirkmechanismen von Aufbau- und Ablauforganisation

An dieser Stelle soll nicht auf etablierte Organisationstheorien eingegangen werden, die sich seit vielen Jahrzehnten entwickelt haben und die sich in der Führungsorganisation aller Unternehmen in der verschiedensten Form widerspiegeln. Vielmehr sollen hier nur einige Aspekte diskutiert werden, die von besonderer Relevanz für das Sicherheitsmanagement sind. Diese mögen daher auch einige Vereinfachungen in der Darstellung enthalten, die den Spezialisten auf dem reinen Organisationsgebiet als etwas gewagt erscheinen, die aber der Transparenz dienlich sind.

Die dokumentierte Aufbauorganisation soll gewährleisten, daß jeder im Unternehmen seine Aufgaben kennt, aus denen das fachliche Anforderungsprofil an den Ausübenden hinsichtlich seiner Qualifikation ableitbar und nachvollziehbar ist, und die Zuständigkeiten sowohl hierarchisch „nach oben" hinsichtlich der Berichtspflicht als auch „nach unten" bezüglich der Kontroll- und Überwachungspflichten transparent und eindeutig werden. Diese Transparenz ist sowohl für das betriebliche Normalgeschehen, als Zusammenspiel der Linien-Normal-Organisation und der Beauftragtenorganisation, als auch für das hoffentlich nicht eintretende negative Ereignis – die Notfallorganisation – zu erreichen.

Die Rechtsvorschriften geben nur wenige konkrete Vorgaben für die Aufbauorganisation in Sicherheit und Umweltschutz, so daß man in der Regel keine konkreten Hilfen bei der Festlegung und Gestaltung von Aufgaben ableiten kann. Entsprechend gibt es kein Patentrezept für die Organisationsstrukturen; sie sind vielmehr unternehmensspezifisch festzulegen, wobei die entstehenden Konsequenzen im Einzelfall hinsichtlich ihrer wirtschaftlichen Vertretbarkeit zu überprüfen sind. Dennoch lassen sich mindestens drei allgemeine „Spielregeln" herausstellen, die beachtet werden sollten.

Regel 1: Man stelle sicher, daß gleichzeitig übertragene Aufgaben (Funktionen) an eine Person einen Interessenkonflikt ausschließen.

Aus dieser Regel lassen sich verschiedene Überlegungen ableiten. Der oberste Betreiber einer Anlage hat seine Vorgehensweise u.a. an vier gleichberechtigten Zielen auszurichten: Wirtschaftlichkeit, Qualität, Sicherheit und Umweltschutz. Oftmals scheinen gegenläufige Maßnahmen zum Erreichen der Ziele notwendig. Er befindet sich somit in einem Interessenkonflikt. Die Versuchung liegt daher nahe, dem einen oder anderen Ziel Vorrang einzuräumen. Dem kann entgegenwirkend Rechnung getragen werden, wenn der direkte disziplinarische Zugriff auf den unbequem wirkenden Teilbereich durch Einführung einer parallelen Aufbauorganisation ausgeschlossen wird. Dieses ist das wesentliche Argument für diejenigen, die eine Trennung der Zuständigkeiten für Produktion einerseits und Sicherheit und Umweltschutz andererseits bereits auf der Geschäftsführungsebene empfehlen. Im weiterführenden Gedanken der betrieblichen Eigenüberwachung gehören dann die gesetzlich geforderten Beauftragten eindeutig dem für Sicherheit und Umweltschutz zuständigen Geschäftsführungsmitglied aufbauorganisatorisch zugeordnet.

Dieser Argumentation wird entgegengehalten, daß die Gesamtverantwortung letztlich dem obersten Betreiber der Anlage obliegt. Diese ist auch nicht wegzudiskutieren. Auch die Beratungsverantwortung der Beauftragten und anderer betroffener Fachfunktionen bleibt letztendlich von der Aufbauorganisation unberührt.

Die letzte Entscheidung über die zu wählende Variante ist somit in erster Linie von der gelebten Unternehmenskultur und der Integrität der Handelnden abhängig. Wirtschaftliche Randbedingungen sowie die vorhandene personelle Kapazität sind zusätzlich maßgebend. Hat man jedoch die Freiheit, mögliche menschliche Schwächen berücksichtigen zu können, empfiehlt sich nach heutigen Verständnis die Zuständigkeitstrennung.

Selbst wenn auf der Geschäftsführungsebene diese Trennung nicht wünschenswert oder wirtschaftlich nicht vertretbar erscheint, so sollte sie doch auf der Hierarchieebene der Beauftragten möglichst konsequent durchgehalten werden. Verfügt ein Unternehmen z. B. über eine biologische Kläranlage und überträgt dem Betriebsleiter, der im Sinne des Delegationsprinzips auch der Betreiber der Anlage ist, gleichzeitig die Aufgabe des Gewässerschutzbeauftragten, so ist die Interessenkollision, besonders unter Vernachlässigung der Beauftragtentätigkeit, vorprogrammiert. Nimmt man diese Trennung von Aufgaben als Betreiber und Beauftragter nicht vor, so drohen dem Unternehmen auch strafrechtliche Folgen für die Unternehmensleitung, insbesondere wenn ordnungswidrige Zustände geduldet oder gar gedeckt werden. Dieses Beispiel kann direkt auch auf die Rolle des Störfallbeauftragten übertragen werden.

Regel 2: Gelebte Sicherheit und praktizierter Umweltschutz sind heute nicht mehr alleinige Aufgabe in der operativen Ebene (Betriebsleiter).

Mit Einführung des §52a BImSchG ist das Gesamtgebiet zur „Chefsache" geworden, der zwar die Durchführung delegieren, aber die Überwachung der Einhaltung aller gesetzlichen und selbstauferlegten Regeln in Sicherheit und Umweltschutz und die Bereitstellung notwendiger Mittel selbst kontinuierlich durchzuführen hat. Dieses ist als wesentliche Hilfe für die Betriebsleiter zu sehen. Die konkrete Festlegung von Aufgaben und Zuständigkeiten im Rahmen der gesamten Linienhierarchie bringen hier die notwendige Transparenz. Auch die Beauftragtenstellung wird in diesem Zusammenhang deutlich, da die Aufgabenbeschreibung für den Störfallbeauftragten eindeutig darstellen muß, daß er zur einen Hälfte Berater des Betriebsleiters in Fachfragen und zur anderen Hälfte ein Instrument der gesetzlich gestützten, betrieblichen Eigenüberwachung für die Geschäftsführung ist.

Eine weitere entscheidende Feststellung an dieser Stelle ist, daß die Delegation einer Aufgabe den Delegierenden nicht von der Gesamtverantwortung entbindet. Man könnte sogar behaupten, die Delegation einer Aufgabe wird durch gleichzeitige Übernahme einer Vielzahl anderer Aufgaben erkauft. Beispielhaft seien hier genannt:

- Auswahl von für die Durchführung qualifizierten Personals, um überhaupt die Voraussetzung für die Delegation zu schaffen;
- klare Formulierung der delegierten Aufgabe und damit übertragener Entscheidungszuständigkeiten;
- Festlegung der Berichtspflicht des Aufgabeübernehmenden gegenüber dem Delegierenden;
- Überwachungspflicht des Delegierenden gegenüber dem Auftragübernehmenden bezüglich der adequaten Durchführung der Aufgabe.

Speziell aus dem ersten und letzten Punkt dieser Aufzählung resultiert nahezu zwangsläufig das Anforderungsprofil an den Ausübenden sowohl der delegierenden als auch der übernehmenden Funktion.

Regel 3: Die beste Aufbauorganisation ist wertlos, wenn sie nicht durch klare Regelungen in den Abläufen vervollständigt wird.

Für die verschiedenen Geschäftsprozesse, wie z.B. Verfahrens- und Anlagenfreigabe, der Planung und Errichtung von Anlagen und ihres Betreibens unter Berücksichtigung der Anforderungen aus Sicherheit und Umweltschutz, sind klare Zuständigkeiten im Sinne von Durchführung, Hinwirkung durch Beauftragte und Überwachung durch Vorgesetzte zu formulieren. Im weiteren sollen daher einige Grundelemente der zu definierenden Abläufe skizziert und Lösungswege angesprochen werden.

Zuvor soll jedoch noch etwas detaillierter auf die aufbauorganisatorischen Besonderheiten der Notfallorganisation eingegangen werden.

7.1.5 Die betriebliche Gefahrenabwehrorganisation und ihre Besonderheiten

Die betriebliche Gefahrenabwehrorganisation (BGO) zeichnet sich durch drei Besonderheiten aus:
1. sie spiegelt i.A. keine vorhandene Struktur der Normalbetriebsorganisation wider;
2. ihre Funktionstüchtigkeit muß bewußt geübt werden, da sie hoffentlich nur selten praktisch gefordert wird;
3. sie hat operative wie auch strategische Bedeutung.

Die erste Besonderheit wird am ehesten deutlich, wenn man die nach heutigen Kenntnis- und Erfahrungsstand empfohlene Aufbaustruktur der BGO betrachtet (s. Abb. 7.4).

Der Standortverantwortliche, oft auch als Werksleiter bezeichnet, sollte der BGO-Leiter sein. Zu seiner Unterstützung sind vier Sachgebiete im Rahmen der BGO abzudecken. Da diese Fachgebiete funktional homogen, aber organisatorisch im Sinne der Normalbetriebsorganisation heterogen zusammengesetzt sind, hat die Personalauswahl sich nicht an vorhandene Hierarchien und Funktionen zu orientieren, sondern muß individuell die Fähigkeit

7.1 Sicherheitsorganisation in einem Chemiebetrieb

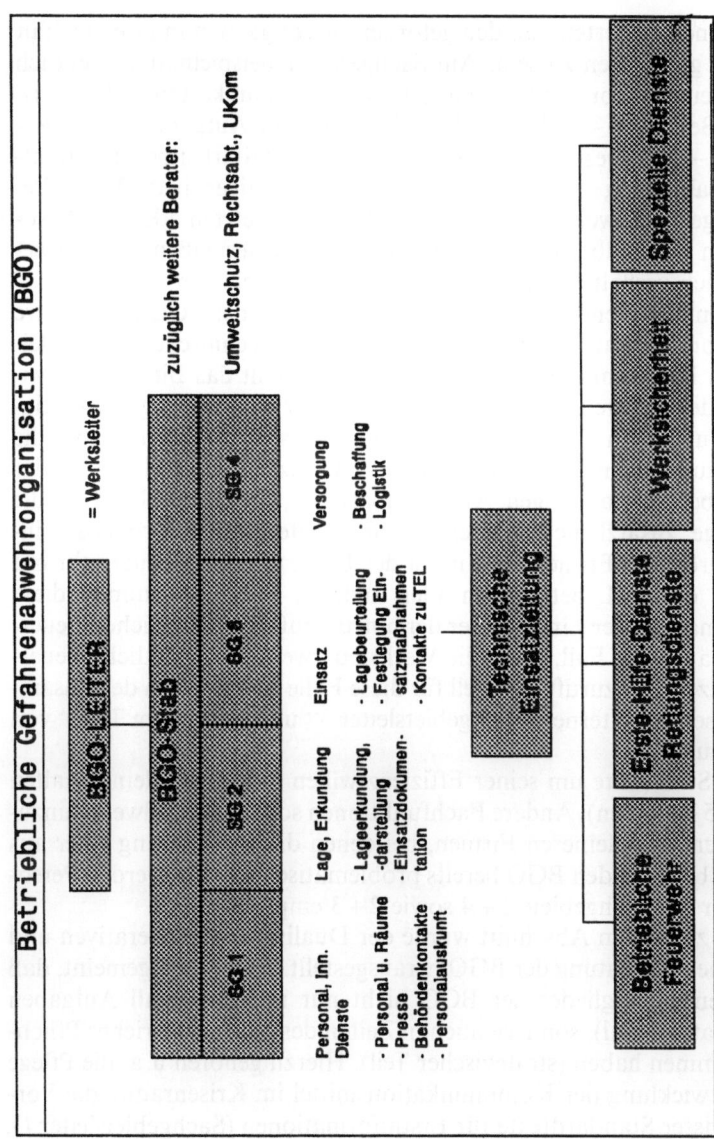

Abb. 7.4. BGO-Aufbauorganisation

einzelner Personen bewerten, um den geforderten Tätigkeiten in ihrer Vielfalt im Ereignisfall gewachsen zu sein. Am Sachgebiet 1 beispielhaft verdeutlich heißt dies, daß eine Person benötigt wird, die die Kommunikation im Ereignisfall sowohl zu Behörden – im Normalbetrieb oftmals die Aufgabe der Konzessionsabteilung –, der Presse – im Normalbetrieb ein Mitarbeiter der Öffentlichkeitsarbeitsabteilung – und zu Angehörigen etwaiger betroffener Betriebsangehöriger – fallweise durch den direkten Vorgesetzten oder die Personalabteilung im Normalbetrieb wahrgenommen – gleichermaßen adequat beherrscht. Ähnlich verhält es sich mit den andern Sachgebieten.

Weiterhin entscheidend für die Funktionstüchtigkeit der BGO ist die klare Abgrenzung von Stabsaufgaben und Aufgaben der „Technischen Einsatzleitung" vor Ort. Der technische Einsatzleiter (TEL) stellt das Bindeglied zwischen den mit der direkten Gefahrenbeseitigung oder -begrenzung beschäftigten Einheiten und dem BGO-Stab dar. Dabei ist seine Hauptaufgabe, die Einsatzkräfte zu koordinieren und zu führen. Gleichzeitig ist er aber auch der einzige, der über den alleinigen Ansprechpartner „Sachgebietsleiter 3" die BGO über Lage, zusätzliche Erfordernisse und weitergehende Prognosen informiert. Bei größeren Firmen wird meist der Leiter der Werksfeuerwehr mit den Aufgaben des TEL betraut. In allen anderen Fällen übernimmt diese Aufgabe automatisch der Einsatzleiter der hinzugerufenen öffentlichen Feuerwehr. Dies ist auch der Fall, wenn die Werksfeuerwehr die öffentliche Feuerwehr unterstützend hinzuruft. Speziell für diese Fälle ist das Üben der Zusammenarbeit zwischen „internem Sachgebietsleiter 3" und „externem TEL" von großer Bedeutung.

Der BGO-Stab sollte um seiner Effizienz willen möglichst klein gehalten werden (ideal 5 Personen). Andere Fachfunktionen sollten nur fallweise hinzugezogen werden. Bei kleineren Firmen, bei denen die Realisierung einer aus fünf Personen bestehenden BGO bereits problematisch scheint, werden Personalunionen für die Sachgebiete 1+4 sowie 2+3 empfohlen.

Einleitend zu diesem Abschnitt wurde der Dualismus der operativen und der strategischen Bedeutung der BGO herausgestellt. Hiermit ist gemeint, daß die verschiedenen Mitglieder der BGO nicht nur im Einsatzfall Aufgaben besitzen (operativer Teil), sondern auch in Zeiten des Normalbetriebes Pflichten nachzukommen haben (strategischer Teil). Hierzu gehören u.a. die Pflege und Weiterentwicklung der Kommunikationsmittel im Krisenraum, die Vorbereitung gewisser Standardtexte für Erstinformationen (Sachgebietsleiter 1), Erstellung von Formblättern o.ä. für die Lage- und Einsatzdokumentation (Sachgebietsleiter 2), Vorsorge für Unterbringungsmöglichkeiten betroffenen Personals, für die Verpflegung der Einsatzkräfte im Falle längerer Einsatzzeiten (Sachgebietsleiter 4) und vieles mehr. Eine Vielzahl der notwendigen Maßnahmen und Tätigkeiten können [2] entnommen werden. Für diesen oft übersehenen Teil der Aufgaben einer BGO hat sich der BGO-Leiter ein eigenes ablauforganisatorisches Instrumentarium zu schaffen, das ihm aufbauorganisatorisch die Ausübung seiner Überwachungspflichten gegenüber seinen Sachgebietsleitern 1 bis 4, an die er diese Aufgaben ganz oder teilweise delegiert hat, ermöglicht. Dieses kann ein Berichtswesen mündlicher Art im Rahmen

7.1 Sicherheitsorganisation in einem Chemiebetrieb

regelmäßiger Zusammenkünfte der BGO sein oder auch ein schriftliches Informations-, Berichts- und Dokumentationswesen.

Übungen kommen auf diesem Gebiet eine besondere Bedeutung zu. Die Qualität dieser Übungen und damit der Erfolg eines optimalen Zusammenspieles aller im Ereignisfall betroffenen Funktionen hängt jedoch elementar davon ab, inwieweit die geübten Szenarien dem hoffentlich nicht eintretenden Realfall nahegekommen sind. Um dieses zu erreichen, muß eine sorgfältig durchgeführte Standortanalyse bezüglich der drei wesentlichen Gefahrenfelder: Brand, Explosion, toxische Emission, durchgeführt werden. Derartige Betrachtungen sind bei allen Anlagen in der chemischen Industrie, die den erweiterten Pflichten der Störfallverordnung unterliegen, im Rahmen der Sicherheitsanalysenerstellung mindestens bereits einmal erfolgt. Dieses darf aber nicht darüber hinwegtäuschen, daß sich die Randbedingungen für den Anlagenbetrieb häufig ändern. Diese Änderungen können neue Gebäude auf einem Werksgelände sein, die vielleicht gar nicht unter ein immissionsschutzrechtliches Genehmigungsverfahren fallen, aber auch Änderungen in der Nachbarschaft der Anlage oder des Werkes, die entweder andere Vorsorgebetrachtungen nötig machen oder Versorgungsengpässe zur Folge haben können. So können sich z.B. Anfahrzeiten für Rettungsfahrzeuge deutlich verändern. Entsprechend sind die Übungsszenarien diesen veränderten Randbedingungen regelmäßig anzupassen.

7.1.6 Einführung in die Ablauforganisationsthemen der betrieblichen Sicherheitsorganisation

Generell ist das Geschehen in einem chemischen Betrieb gekennzeichnet von dem Zusammenwirken eines physikalischen oder chemischen Prozesses und einer verfahrenstechnischen Anlage. Beide, Prozeß und Anlage, haben einen eigenen Lebenszyklus, die nur für einen vergleichsweise kurzen Zeitraum gemeinsam verlaufen (s. Abb. 7.5).

Auf ihren Lebenswegen haben unterschiedliche Fachfunktionen an der jeweiligen Weiterentwicklung mitgearbeitet. Alle diese Funktionen, seien es Ingenieurfunktionen für die Anlage oder physikochemische, toxikologische oder synthetisch arbeitende Funktionen für den Prozeß, tragen eine Verantwortung für die in ihrem Zuständigkeitsbereich durchgeführten Tätigkeiten und die Qualität der resultierenden Arbeitsergebnisse. Entscheidend für das sichere Betreiben einer Anlage wird somit die Qualität und damit die Nachvollziehbarkeit der Dokumentation über alle diese Lebensschritte von Anlage und Prozeß.

Mit Ankündigung der Übernahme eines neuen chemischen Verfahrens in einen vorhandenen Betrieb muß der Betriebsleiter ein Instrumentarium in der Hand haben, das es ihm erlaubt, Kompatibilität von Verfahren und Anlage zu überprüfen. Ein Weg, dem Betriebsleiter diese Kompatibilitätsprüfung zu ermöglichen, ist die Einführung eines sogenannten Anlagen- oder Betriebshandbuches, das die Gesamtheit aller Dokumente, von der ersten Entwurfsplanung

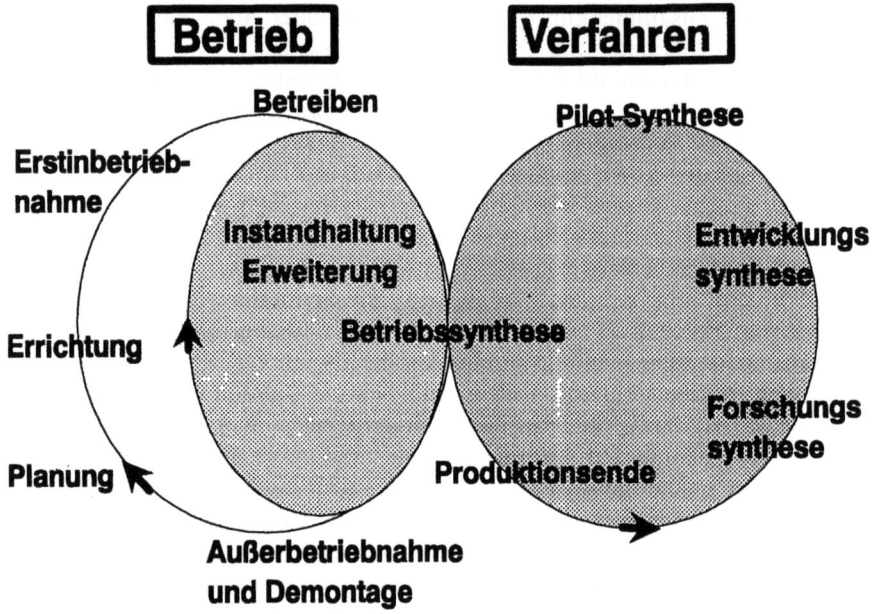

Abb. 7.5. Lebenszyklen von Anlagen und Verfahren

bis zur Genehmigungsurkunde, von der anlagebezogenen Sicherheitsanalyse bis zu den Protokollen über die Instandhaltung und sicherheitsrelevante Anlageänderungen bzw. -erweiterungen usw., immer auf dem aktuellen Stand enthält. Parallel gehört dazu die prozeßbezogene Verfahrensakte, die alle Dokumente über die Synthese enthält. Sie wird bereits in der Forschung angelegt und enthält zu diesem Zeitpunkt neben der ausführlichen Synthesebeschreibung u. a. Hinweise, die aus Beobachtungen im Labor resultieren und bereits sicherheitsrelevant sind. Als Beispiel sei die Beobachtung des Farbwechsels von weiß nach schwarz bei der Bestimmung des Schmelzpunktes angeführt, was offensichtlich auf einen Zersetzungsvorgang am Schmelzpunkt hinweist. Diese Verfahrensakte ist ebenfalls in allen Phasen der Prozeßentwicklung zu aktualisieren. Der Vergleich der Angaben in beiden Dokumentationen erlaubt nun die notwendige Kompatibilitätsprüfung.

Beide Dokumentationen sind grundsätzlich im ablauforganisatorischen Sinne mit einer Bringepflicht für den Übergebenden verbunden.

7.1.7 Freigaben, ein ablauforganisatorisches Spezialthema der betrieblichen Sicherheitsorganisation

An vielen Stellen beim Betreiben chemischer Anlagen stößt man auf Schnittstellenprobleme. Eine organisatorische Einheit, z.B. die Projektierung mit

7.1 Sicherheitsorganisation in einem Chemiebetrieb

Projektleiter und seinem Projektteam, ist für die Planung und Errichtung einer neuen Anlage oder der Modifizierung einer bestehenden Anlage zuständig, der Betriebsleiter für das zukünftige Betreiben. Eine Entwicklungsabteilung hat eine Synthese bis zur Betriebsreife entwickelt. Hierfür war ein Projektleiter dieser Abteilung zuständig, für die Betriebssynthese ist es der Betriebsleiter. Diese Schnittstellen sind also mit einem Wechsel der Zuständigkeit verbunden.

Formal ist eine solche Übergabe durch die Schritte: Bereitstellung des zu übergebenden Objektes, Übernahme und schließlich Verwendung des übergebenen Objektes gekennzeichnet. Als besondere Anforderung aus der Sicherheitstechnik kommt die Notwendigkeit des Doppelchecks hinzu. Hieraus folgt zwangsläufig die zusätzliche Aufteilung einiger der genannten Schritte in „Bereitstellung" und „Freigabe" des zu übergebenden Objektes und „Übernahme" und „Freigabe" durch den zukünftigen Ver- bzw. Anwender des übergebenen Objektes. Dieses Thema sei an den beiden eingangs aufgeführten Beispielen etwas genauer betrachtet, da sie in der Praxis meist mit einer nicht unerheblichen „pragmatischen Unschärfe" verbunden sind.

7.1.7.1 Freigaben von Anlagen bzw. Anlagenteilen bei Planung, Errichtung, Modifizierung und Instandhaltung

Die wesentliche Anforderung, der Doppelcheck, wurde bereits herausgestellt. Für die Umsetzung in der Praxis bedeutet dies, daß z.B. bei Errichtungs-, Modifizierungs- oder Instandhaltungsarbeiten in einem ersten Schritt der Projektverantwortliche die Durchführung der notwendigen Funktionsprüfungen und deren Dokumentation an einen entsprechend qualifizierten Mitarbeiter delegiert. Dieser stellt nach erfolgreich abgeschlossener Prüfung die Anlage bzw. Teilanlage oder Funktionseinheit zur Übergabe bereit. Aufgabe des Projektleiters ist, in Ausübung des Doppelchecks, die Überprüfung aller dieser Dokumente und der Anlage. Verläuft auch diese Überprüfung erfolgreich, gibt er das Objekt zur Übergabe frei. Der übernehmende Betriebsleiter führt die Übernahme im allgemeinen selbst durch, da eine Delegation aufgrund der Qualifikationsanforderungen an diese Aufgabe sich meist ausschließt. Nach Überprüfung dieser „Übernahme" gibt der Vorgesetzte des Betriebsleiter anschließend die Anlage „frei".

Ein Problemkreis in diesem Zusammenhang stellt der sogenannte „Probebetrieb" dar. Hierunter soll der Betrieb verstanden werden, während dessen, nach erfolgreich abgeschlossenen Druck- und Dichtigkeitsprüfungen mit Wasser oder Druckluft und erfolgter Abnahme durch ggf. Behörden, Sachverständige oder interne Prüfinstanzen, die technische Validierung der Anlage oder Funktionseinheit mit Chemikalien durchgeführt wird. Hat nun die vorher gerade beschriebene Übergabe vor Beginn oder nach erfolgreich abgeschlossenem Probebetrieb zu erfolgen?

Diese Frage ist im Prinzip sekundär, solange das notwendige Rollenverständnis von Projektingenieur und Betriebsleiter in der einen oder anderen Variante eindeutig festgelegt ist. Wichtig ist, daß zu jeder Phase der Bearbeitung nur eine Person die Gesamtverantwortung und damit die abschließende

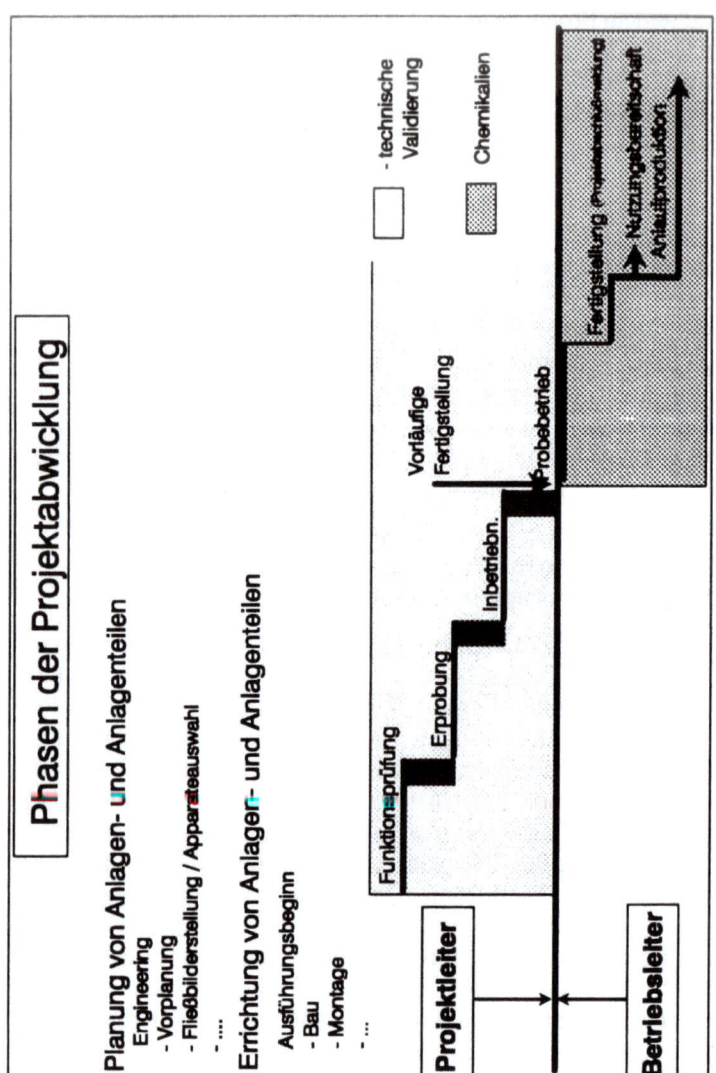

Abb. 7.6. Zuständigkeiten während der Phasen eines Technikprojektes

Entscheidungskompetenz besitzt. Wird die Variante bevorzugt, daß die Übergabe erst nach erfolgreich abgeschlossenem Probebetrieb erfolgt und braucht der Projektleiter aus fachlichen Gründen der Qualifikation im Umgang mit Chemikalien den Betriebsleiter zur Durchführung des Probebetriebes, so ist er dem Projektleiter für diese Projektphase unterstellt. Entsprechend umgekehrt verhält es sich bei der anderen Variante, die dann eine vorläufige Fertigstellung des Projektes vor der Übergabe voraussetzt (s. Abb. 7.6).

Ein anderes Problemfeld ist der häufig beklagte administrative Aufwand, der mit dem beschriebenen Freigabeprozedere verbunden ist. Dieses wird um so intensiver diskutiert, je geringfügiger die Art der Anlagenmodifizierung oder der durchgeführten Instandsetzungsarbeit erscheint. Zwangsläufig entsteht so der Ruf nach Definition für große und kleine Anlagenänderungen, dem sogenannten „management of minor and major changes".

In amerikanischen Richtlinien zum Management der Anlagensicherheit, die vom Center of Chemical Process Safety (CCPS) in den vergangenen Jahren veröffentlicht worden sind [3], geht man sehr vorsichtig mit dem Begriff der geringfügigen Änderung um, mit dem Ziel, Verantwortung für eine Freigabeentscheidung innerhalb der Linienhierarchie sehr weit nach oben zu schieben.

So sind für Anlageänderungen geringfügige Änderungen auf baugleiche und/oder funktionsgleiche Ersatzteile beschränkt – „100% replacement in kind" / „like for like replacement" –. Alle anderen Änderungen bedürfen einer sicherheitstechnischen Begutachtung, an der neben dem Nutzer entsprechende Fachfunktionen nachweislich, d. h. mit entsprechender Dokumentation, zu beteiligen sind. Streng übertragen bedeutet das, daß die Zuständigkeit für Entscheidungen über Anlagenmodifizierungen vom Betriebsleiter – dem letzten Glied in der gesetzlichen Delegationskette des Betreibers – nur für die eingeschränkte Gruppe der bau- und/oder funktionsgleichen Ersatzteile im Rahmen von Wartungs- bzw. Instandhaltungsarbeiten an den Betriebsingenieur oder Tages- bzw. Schichtmeister delegiert werden darf. Bei Anlagenmodifizierungen, die über diesen eingeschränkten Bereich hinausgehen, sind Abläufe festzulegen, die von der Antragstellung über zu beteiligende Fachfunktionen bis hin zum Doppelcheck die Freigabe einer solchen Modifizierung eindeutig regeln.

7.1.7.2 Freigaben von Verfahren und Verfahrensmodizifzierungen

Wie in einem der vorhergehenden Abschnitte bereits erläutert, sollte die Grundlage für eine Verfahrensfreigabe die bei der Übernahme durchzuführende Kompatibilitätsprüfung von Anlage und Verfahren sein und die notwendigen Verfahrensinformationen sollten in Form einer Verfahrensakte vom Übergebenden zusammengestellt werden. Die Bewertung einzelner Aspekte der Kompatibilitätsprüfung mag aber ein nicht generell voraussetzbares Spezialwissen erfordern. In diesem Falle ist der Betriebsleiter verpflichtet, sich die entsprechende „expert opinion" von einer Fachfunktion einzuholen. Dem übernehmenden Betriebsleiter verbleibt die Zuständigkeit, das Beratungsergebnis im Rahmen seiner durch seine Ausbildung ableitbaren Qualifikation auf Plausibilität hin zu prüfen. Ist diese gegeben, sitzen, vereinfacht ausgedrückt, alle Berater mit dem Betriebsleiter im selben Boot der Verantwortung.

Weiterhin sind im Rahmen der Übernahme neuer Verfahren in einen Betrieb die Stellungnahmen der gesetzlich geforderten Beauftragten einzuholen und deren Inhalt bei der Freigabe des Verfahrens zu berücksichtigen. Diese Tatsache sollte vom Betriebsleiter ebenfalls als Hilfe angenommen werden. Bei dem sich ständig wandelnden Umfeld gesetzlicher Rahmenbedingungen und des technischem Regelwerks, stellen diese Stellungnahmen ein wichtiges Instrument betrieblicher Eigenüberwachung dar, das den Betriebsleiter in seiner Betreiberverantwortung unterstützt.

Auch bei einer weiteren Tätigkeit im Rahmen der Übernahme eines neuen Verfahrens gilt es, die nun bereits mehrfach dargestellte Philosophie anzuwenden. Die Festlegung von zu ergreifenden Maßnahmen im Fall auftretender Abweichungen vom Normalbetrieb ist im Sinn der Abdeckung der möglichen Fälle und Szenarien eine Team-Anstrengung, im Sinn von Zuständigkeit und Verantwortung aber klar hierarchisch zu gliedern. Die Zuständigkeit, entsprechende Maßnahmen festzulegen, liegt unteilbar beim Betriebsleiter. Da derartige Festlegungen Teile der freizugebenden betrieblichen Herstellungsvorschrift sind, erfolgt der Doppelcheck durch den disziplinarischen Vorgesetzten des Betriebsleiters. Beide tragen – ggf. noch unter Einbeziehung von beratenden Fachfunktionen – die Verantwortung für die Richtigkeit der festgelegten Maßnahmen und die adequate Ausbildung der Betriebsmannschaft, daß sie in der Lage ist, in der von ihr erwarteten Art und Weise reagieren zu können. Die Schichtmeister und ihre Mitarbeiter sind zuständig, die festgelegten Abläufe konsequent zu beachten und falls notwendig umzusetzen.

Sind schließlich alle Prüfungen und Tätigkeiten im Rahmen der Übernahme erfolgreich abgeschlossen, so kann, im Sinne des Doppelchecks, durch den nächst höheren Vorgesetzten nach nochmaliger Prüfung die Freigabe erfolgen.

In gleicher Weise, wie der Ablauf des vorher geschilderten Freigabeprozederes festgelegt werden muß, gilt es, den Ablauf und die Zuständigkeiten für kleine und große Verfahrensänderungen zu definieren. In diesem Falle ist es noch schwieriger, eine verantwortungsvolle Definition des Begriffes einer kleinen Verfahrensmodizifzierung zu finden. Ein möglicher Ausweg kann hier darin bestehen, in Abhängigkeit von der Art der betriebenen Chemie – Spreng- oder Explosivstoffe, Bulk-Chemikalien, Feinchemikalien, organische Spezialitätenchemie – die gehandhabten Mengen mit zu berücksichtigen. So kann man z. B. sagen, daß in einem Entwicklungslabor, in dem ein Laborant unter Beachtung aller Maßnahmen der Arbeitssicherheit 0,5–1 g Ansätze in einem geschlossenen Abzug durchführt, die meisten Änderungen, die der Laborant aufgrund seiner Beobachtung vornimmt, im chemischen Sinne zwar durchaus gravierend, im sicherheitstechnischen Sinne jedoch durchaus als in ihrer Wirkung geringfügig einzustufen sind. Die gleichen Änderungen – z. B. „ein wenig mehr Lösemittel hinzuzufügen", „die Temperatur um 5 K höher steigen zu lassen", „die Dosierung zu beschleunigen" – können auf Betriebsebene gravierende Konsequenzen zur Folge haben, für die selbst gut ausgebildete Facharbeiter überfordert sind, sie im voraus zu erkennen und zu beurteilen. Hieraus läßt sich ableiten, daß das Gebiet der kleinen Verfahrensänderungen auf den Laborversuch mit geringen Mengen beschränkt bleibt. Auf Betriebsebene – unabhängig ob Entwicklungs- oder Produktionsmaßstab – ist für eine Verfahrensmodifizierung ein eindeutiger Ablauf festzulegen, der als letzte freigebende Instanz den Betriebsleiter vorsieht. Ihm bleibt es überlassen, ggf. Fachfunktionen vor seiner Entscheidung einzubinden.

7.1.8 Instandhaltung

Die Instandhaltung ist ein elementarer Baustein in der betrieblichen Störfallvorsorge und soll deshalb hinsichtlich der ablauforganisatorischen Fragestellungen, die mit ihr im Zusammenhang stehen, an dieser Stelle besondere Erwähnung finden. Wichtig hierbei ist zunächst die Feststellung, das Instandhaltung, mit ihren Elementen Inspektion, Wartung und Instandsetzung, mehr umfaßt, als allgemein unter den Tätigkeiten der Technischen Überwachung verstanden wird.

Am deutlichsten wird dieser Gedanke, wenn man folgende Kategorien unterscheidet: gesetzlich bedeutsame Teilanlagen oder Funktionseinheiten (GBT), sicherheitstechnisch wichtige (SWT) und schließlich produktionsbedeutsame Teilanlagen oder Funktionseinheiten (PBT). Es wurde bewußt der Begriff „sicherheitstechnisch wichtig" gewählt und nicht der näherliegende, gesetzlich vorbestimmte Begriff, was später noch erläutert werden soll. Alle drei Gruppen stellen Teilmengen des insgesamt von Instandhaltung betroffenen Geschehens dar (s. Abb. 7.7).

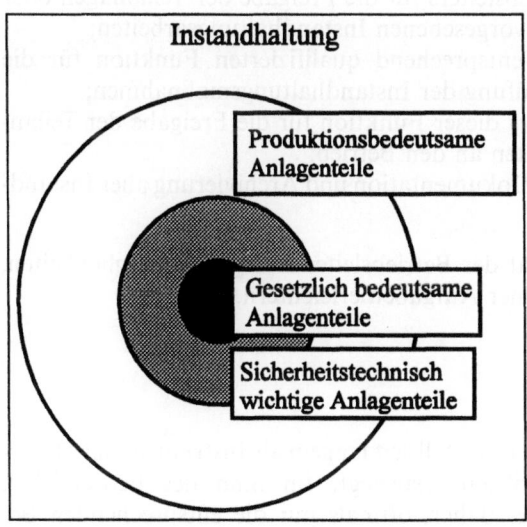

Abb. 7.7. Ganzheitliches Instandhaltungskonzept

Unter der ersten Gruppe, GBT, seien alle Teilanlagen oder Funktionseinheiten zu verstehen, für die im technischen Regelwerk Art, Umfang und Häufigkeit der Instandhaltung, festgelegt sind. Die SWT umfassen in jedem Fall alle in Sicherheitsanalysen als sicherheitstechnisch bedeutsam identifizierte Teilanlagen oder Funktionseinheiten. Ein leicht zu übersehendes Problem stellen an dieser Stelle alle die Anlagen dar, die nicht den erweiterten Pflichten oder überhaupt nicht der Störfallverordnung unterliegen. Auch für Anlagen dieses Typs sollte im Rahmen von Sicherheitsbetrachtungen geprüft werden, ob nicht auch diese Anlagen Teilanlagen oder Funktionseinheiten enthalten, die sicherheitstechnisch wichtig sind. Diese sind dann in dieselbe Kategorie aufzunehmen, wie die sicherheitstechnisch bedeutsamen Teilanlagen oder Funktionseinheiten. Somit ist die Gruppe SWT umfassender definiert.

Die Technische Überwachung nimmt i.a. die notwendigen Tätigkeiten für diese ersten beiden Kategorien entweder ganz oder teilweise wahr.

PBT umfassen alle Teilanlagen oder Funktionseinheiten, deren Ausfall zwar keine Konsequenzen für die Anlagensicherheit mitsichbringt, aber die für die wirtschaftlich wichtige Verfügbarkeit der Anlage bedeutsam sind.

Für alle drei Kategorien sind im ablauforganisatorischen Sinne beispielhaft folgende Punkte festzulegen:

- die Zuständigkeit des Betriebsleiters für den ordnungsgemäßen Zustand der Anlage und damit für das Instandhaltungsgeschehen;
- die Zuständigkeit des Betriebsleiters für die Veranlassung der Instandhaltungsarbeiten;
- die Zuständigkeit des Betriebsleiters für das Vorhandensein betrieblicher Arbeitsvorschriften für alle mit der Bereitstellung der Teilanlagen oder Funktionseinheiten in Zusammenhang stehenden Arbeitsschritte;
- die Zuständigkeit eines entsprechend qualifizierten Mitarbeiters für die Bereitstellung der Anlage;
- die Zuständigkeit des Betriebsleiters für die Freigabe der Teilanlagen oder Funktionseinheiten für die vorgesehenen Instandhaltungsarbeiten;
- die Zuständigkeiten einer entsprechend qualifizierten Funktion für die Durchführung und Überprüfung der Instandhaltungsmaßnahmen;
- die Zuständigkeit des Leiters dieser Funktion für die Freigabe der Teilanlagen oder Funktionseinheiten an den Betrieb;
- die Zuständigkeiten für die Dokumentation und Archivierung aller Instandhaltungstätigkeiten.

Bei Teilen dieser Aufgaben hat der Betriebsleiter Delegationsmöglichkeiten, die ihm die Wahrnehmung seiner Aufgaben erleichtern.

7.1.9 Zusammenfassung

Die Aufbauorganisation ist im Regelfall seit langem als Instrument der Unternehmensführung betriebsspezifisch festgelegt. Im Sinn des betrieblichen Sicherheitsmanagements gilt es daher, oftmals nur die entsprechenden Beschreibungen von Zuständigkeiten und Aufgaben zu ergänzen. Dieses gilt insbesondere für die Delegation von Betreiberpflichten. Spezifisch gilt es, den Neuerungen durch die intensive Einführung von gesetzlich geforderten Beauftragten Rechnung zu tragen. Ein eigenständiges Organisationsthema bleibt die Notfallorganisation mit ihren besonderen Eigenschaften. Alle Festlegungen und Beschreibungen der Aufbauorganisation bleiben Muster ohne Wert, wenn nicht die zugehörigen Abläufe ebenfalls definiert werden. Durch die schriftliche Festlegung aller Abläufe und den erhöhten Dokumentationsbedarf im Leben dieser Abläufe, wird die Menge bewegten Papiers unstreitbar größer. Das wirft die beliebte Frage auf: Kann mehr Papier mehr Sicherheit bringen? Vordergründig natürlich nicht. Aber diese formalisiertere Arbeitsweise läßt dem beliebtesten Gehilfen von Murphy's Law, dem Zufall, weniger Chance. Auswertungen von einer Vielzahl von Ereignissen durch unterschiedliche Institutionen kommen übereinstimmend zu der Aussage, daß als klein eingestufte Anlagen- oder Verfahrensmodifizierungen sowie nicht vollständig durchdachte Instandhaltungsarbeiten zu den häufigsten Unfallursachen gehören. Das oftmals als pragmatisch gelobte „eben mal schnell Handeln" wird eindeutig erschwert. Und dies muß als ein Gewinn für die Anlagensicherheit gewertet werden.

Die Gesamtorganisation eines chemischen Betriebes wird von einer Vielzahl von Komponenten mitbestimmt. Hierzu gehören u.a. Größe, Produktpalette, Schichtorganisation, Einbindung in die Infrastruktur des Standortes. Für einen Teilaspekt – dem Sicherheitsmanagement durch betriebliche Ablauf- und Aufbauorganisation – wurde versucht, Grundprinzipien und Lösungsmöglichkeiten aufzuzeigen. Die operative Umsetzung wird und muß firmenspezifisch erfolgen. Es darf jedoch nicht unterschätzt werden, daß speziell dieses Kapitel, verantwortungsvoll behandelt und umgesetzt, die wesentliche Voraussetzung ist, daß die Folgemaßnahmen, wie z.B. betriebliche Gefahrenabwehrorganisation, hoffentlich nie wirksam werden müssen.

Literatur

1. Kletz T (1986) HAZOP & HAZAN. The Institution of Chemical Engineers, Rugby
2. Steinmetz J, Merz E (1992) Umweltschutz und Gefahrenabwehr. Richard Boorberg Verlag, Stuttgart, München, Hannover, Berlin, Weimar
3. CCPS (1989) Technical Management of Chemical Process Safety. AIChemE, New York

7.2 Bausteine betrieblicher Sicherheitsorganisation für ein flexibles Krisenmanagement

J. Steinmetz

7.2.1 Moderne Instrumentarien für Gefahrenreaktionskonzepte

Die topographische Lage, das natürliche und soziale Umfeld eines Industriestandortes sowie dessen bauliche und funktionelle Umgebung reflektieren sich in der Risikosituation und in der Ein- und Durchführung von Schutzmaßnahmen gegen Gefahren aus betrieblichen Tätigkeiten, vorsätzlichen Handlungen, politischen Akten, Naturgewalten oder sonstigen gravierenden Einflüssen. Die Sicherung komplexer und wertintensiver Einrichtungen und Systeme gegen Schadenereignisse (Abb. 7.8) erfordert nicht zuletzt operative Maßnahmen zur Risikobewußtseinsbildung im Rahmen der Personalentwicklung, Aufbau- und Ablaufplanungen der Sicherheitsorganisation sowie flexible Handlungsstrategien für das Krisenmanagement [1].

7.2.1.1 Ressourcenplattform des betrieblichen Risikomanagements

Modernes Risikomanagement setzt sich, schon allein aufgrund der gesetzlichen Regelungsdichte sowie der Formulierung von Leitlinien und Schutzzielen, aus zahlreichen Facetten zusammen und baut damit eine breite strategische Plattform innerbetrieblicher Sicherheitsorganisation auf, die für die operative Durchführung nutzbar ist.

Dieses Informations-Netzwerk ermöglicht die *Beurteilung und Bewertung von Unternehmensabläufen* durch

- das Erkennen von Risikopotentielen in baulichen Anlagen / Organisationen / Verfahren / Produkten bzw. bei Mitarbeitern / Störfällen oder im Rahmen der Entsorgung mittels einer Schwachstellenanalyse
- die Plausibilitätsprüfung der ursprünglichen Annahmen und der Resultate der Risikoanalyse

und durch

- die Integration einer effektiven Risikovorsorge als Querschnittsfunktion und als integrierter Bestandteil der Unternehmenspolitik.

Bausteine des Informations-Netzwerkes für das Risikomanagement sind dabei u.a.:

- *Instrumente der Sicherheitsanalyse für Verfahren, Gebäude und Anlagen*, z.B.
    - Check- und Matrixlisten,
    - DIN-Sicherheitsanalysen,
        - DIN 25448 / Ausfall-Effekt-Analyse,
        - DIN 25419 / Störfall-Ablaufanalyse,

7.2 Bausteine betrieblicher Sicherheitsorganisation

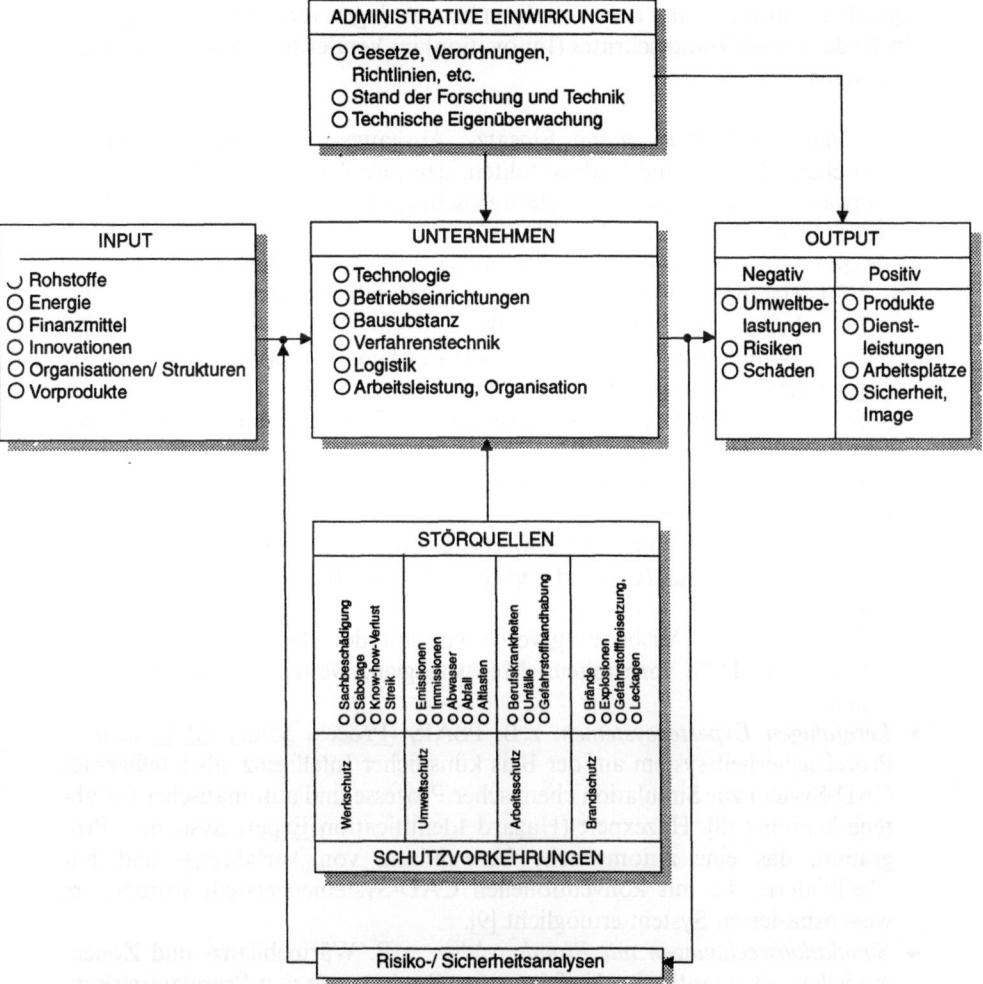

Abb. 7.8. Kybernetisches System: Die wichtigsten Störquellen und das betriebliche Sicherungssystem

- DIN 25424 / Fehlerbaum-Analyse,
- DIN 18230 V / Baulicher Brandschutz im Industriebau,
- Operabilitäts-Analyse nach dem Hazard and Operability Study- (HAZOP) bzw. PAAG-Verfahren (Prognose, Auffinden der Ursachen, Abschäzen der Auswirkungen, Gegenmaßnahmen) [2],
- Nutzwertanalyse [3],
- Verfahren nach BImSchG / Sicherheitsanalyse nach der Störfallverordnung (Unterlagen aus Genehmigungsverfahren).

Entscheidend für die Auswahl des Verfahrens ist das zu bewertende Gefahrenpotential, die Komplexität des Verfahrens, der Anlage oder des Gebäudes, vorliegende Erfahrungen mit dem Verfahren bzw. Anlagen vergleichbaren Typs, die Größe des Entwicklungsschrittes (Innovation) im Vergleich zu bestehenden Einrichtungen.

- *Verfahrensbeschreibungen* mit Einsatz-, Ausgangs- und Hilfsstoffen sowie Zwischen-, Neben- und Endprodukten, den physikalischen und chemischen Umwandlungen, sonstigen Verfahrensschritten (Abgase, Abwässer, Reststoffe) in Form von *Verfahrensfließbildern*.
- *Prognosen zur Ausbreitung von Gaswolken*, z.B. auf der Basis der
  - VDI-Richtlinie 3783 „Ausbreitung von störfallbedingten Freisetzungen – Sicherheitsanalyse" (Gauß-Modell),
  - Notfall-Management-System SAFER (Systematic Approach for Emergency Response) [4],
  - System COMPAS (Computergestütztes Meß- und Rechen-Programm zur Analyse von Störfällen) [5],
  - EIS/CHARM – Emergency Information System ™/Complex Hazardous Air Release Model [6],
  - Richtlinie zur Messung und Bewertung von Schadstoffkonzentrationen im Feuerwehreinsatz (Entwurf), vfdb-Richtlinie 10/01 [7],

  bzw.
  - Ermittlung des Ausbreitungsverhaltens auf der Basis der Umgebungskarten mit Hilfe vorbereiteter Meßstrategien, Wetterdaten und Schablonen.
- *Lernfähigen Expertensystemen*, z.B. PSAIS (Process Safety AI System) – Prozeßsicherheitssystem auf der Bais künstlicher Intelligenz, als intelligentes CAD-System zur Simulation chemischer Prozesse und automatischer Gefahrenerkennung [8]; Hazexpert (Hazard Identification Expert System) – Programm, das eine automatische Verwendung von Verfahrens- und RI-Fließbildern, die mit konventionellen CAD-Systemen erstellt wurden, im wissensbasierten System ermöglicht [9].
- *Simulationsrechnungen mit Brandmodellen*, z.B. Wärmebilanz- und Zonenmodellen, als quantitative Verfahren zur Bestimmung von Brandauswirkungen bzw. Brandlastberechnungen nach DIN 18230 V.
- *Objektplanungen* auf der Basis von
  - DIN 14095 / Feuerwehrpläne für bauliche Anlagen,
  - DIN 14096 / Brandschutzordnung (Teile A, B, C),
  - DIN 14011 / Einsatzpläne,
  - DIN 14090 / Aufstell- und Bewegungsflächen für die Feuerwehr,
  - Flucht- und Rettungswegpläne nach §55 der Arbeitsstättenverordnung,
  - Planungen für Gebäuderäumungen / Alarmordnung,
  - Angaben zur Löschwasserver- und -entsorgung (Kanalpläne),
  - Energieversorgungsplänen (Netze, Neben- und Hilfsanlagen, Notstromversorgung),
  - Rohrleitungs-, -trassenpläne (Kennzeichnung von nicht erdverlegten Rohrleitungen nach DIN 2403),
  - Lageplänen der betrieblichen Alarm- und Warneinrichtungen,

7.2 Bausteine betrieblicher Sicherheitsorganisation

- Erkenntnissen aus der gesetzlichen Brandverhütungsschau bzw. aus den Begehungen der Sachversicherer,
- Regelkreismodelle für die Führung im Feuerwehreinsatz,
- Checklisten und Hinweise für Sanierungsarbeiten (Erstmaßnahmen) nach einem Schadenfall,
- Entsorgungsschemata.
• *Informationen über Gefahrstoffe*, z. B. aus
- DIN 52900 / Sicherheitsdatenblatt,
- Handbuch Stoffdaten zur StörfallVO des Umweltbundesamtes,
- Internen und Externen Datenbanken, z. B. Produktschriften, Gefahrstoffschnellauskunft (GSA) des Bundes und der Länder beim Umweltbundesamt oder IGS-fire-Software (Fachinformationszentrum NRW/ Siemens-Nixdorf Informationssysteme AG) [10, 11, 12],
- 24-h-Bestandslisten innerhalb der Materialwirtschaft, z. B. aus SAP-Anwendungen,
- Betriebsanweisungen gemäß TRGS 555,
- $\underline{T}$ransport-$\underline{U}$nfall-$\underline{I}$nformations- und Hilfeleistungs-$\underline{S}$ystem (TUIS) der chemischen Industrie bzw. ICE-System ($\underline{I}$nternational $\underline{C}$hemical $\underline{E}$nvironment) [13].
• *Informationen aus Integrierten Gefahrenmeldesystemen*, z. B. aus
- Anlagen der Haus- und Prozeßleittechnik,
- Sicherheits-Informations- und Managementsystemen (Brandmeldetechnik, Rettungsweg-Leitsystem, Automatische Ansteuerung von Schutzeinrichtungen [Löschanlagen, Feuerschutzabschlüsse, Explosionsunterdrückungsanlagen, Rauch- und Wärmeabzugsanlagen, Löschwasserrückhaltesysteme etc.]),
- Automatischen Zugangskontrollsystemen (Soll-/Ist-Vergleich der Anwesenheit), Kameraüberwachungssystemen,
- Innerbetrieblichen Umweltinformationssystemen.
• *Wissen und Erfahrungen der betrieblichen Beauftragten*, z. B. Störfallbeauftragter gemäß § 5 StörfallVO, Gefahrgutbeauftragter, Umweltschutzbeauftragter, Sicherheits-Koordinator für die Zusammenarbeit von Beschäftigten verschiedener Unternehmen (Fremdfirmen) etc.
• *Kontakte zu / Wissen und Erfahrung von externen Unternehmen* (Idealerweise mit betriebsspezifischen know-how):
- Beistellung von Spezial- und Großgerät,
- Sanierungs-, Aufräum- und Instandsetzungsarbeiten,
- Verwertung und Entsorgung von Abstoffen.
• *Nachrichtentechnische Infrastruktur*, z. B.
- Mobiltelefon mit Fax-Anschluß / Laptop mit Modem-Anbindung,
- Aufzeichnungsgeräte mit Langzeitspeicher und Zeittaktgeber,
- Bildübertragung / Videokonferenzen / Telefonkonferenzschaltungen über ISDN,
- Telefoncomputer für reibungslose und rationelle Alarmierung,
- Rechnergestütztes $\underline{N}$achbarschafts-$\underline{I}$nformations-$\underline{S}$ystem (NIS) [14].

- *Ergebnisse aus Technik-, Organisations-, Qualitäts- oder Management-Audits:*
  - Zusammenstellung von rechtlichen Rahmenbedingungen,
  - Erfassung der umweltrelevanten Anlagen, Produkte und Aktivitäten,
  - Qualitätssicherungssysteme auf der Basis von DIN ISO 9001 [15].
  - Feuerbetriebsunterbrechungsanalysen (Bottle-neck-Analysen) der Sachversicherer,
  - Darstellung der Aufbau- und Ablauforganisation im Rahmen der Strukturorganisation des Unternehmens,
  - Dokumentation und Zertifizierung von Verfahren.

Zur systematischen Überprüfung von Lager- und Produktionsanlagen mit hohem Gefahrenpotential entwickelte u.a. der TÜV Rheinland eine *Checkliste*, mit deren Hilfe die sicherheitstechnisch bedeutsamen Anlagenteile und Gefahrenquellen analysiert und strukturierte Daten für Dokumentationen im Sinne der Anforderungen des Umwelt-Haftungsgesetz (UmweltHG) gewonnen werden können [16]. Der Checklisteninhalt läßt sich verkürzt wie folgt zusammenfassen:

- Generelle, auf die Anlagentechnik bezogene Gefahrenquellen:
  - Freisetzung gefährlicher Stoffe durch mechanisches Versagen der Umschließung von Funktionselementen;
  - Freisetzung gefährlicher Stoffe durch Entstehung oder unkontrollierten Übergang in andere Teilanlagen;
  - Unmittelbare Freisetzung gefährlicher Stoffe oder Freisetzung durch unkontrollierten Übergang in andere Teilanlagen infolge von menschlichem Fehlverhalten;
  - Freisetzung gefährlicher Stoffe durch Bildung zündfähiger Atmosphäre, Zündung innerhalb der Funktionselemente und Versagen der Umschließung;
  - Zündung einer zündfähigen Atmosphäre außerhalb von Funktionselementen nach Freisetzung brennbarer Stoffe aufgrund des Wirksamwerdens einer der ermittelten Gefahrenquellen.
- Generelle, auf das Störfallereignis bezogene Gefahrenquellen:
  - Schädigung durch Brand innerhalb der Anlage;
  - Schädigung durch Brand außerhalb der Anlage;
  - Schädigung durch Versagen von Brandbekämpfungsmaßnahmen;
  - Schädigung durch Versagen von Explosionsschutzmaßnahmen;
  - Schädigung durch Versagen von Einrichtungen zur Überwachung von Schadstoffkonzentrationen;
  - Schädigung durch Versagen von Stoffrückhaltesystemen;
  - Schädigung durch Versagen von Einrichtungen zur Schadstoffbeseitigung;
  - Keine Störfallbekämpfung infolge Unzugänglichkeit des Standortes;
  - Versagen der Störfallbekämpfung durch die Beschäftigten.

7.2 Bausteine betrieblicher Sicherheitsorganisation

- Generelle, auf Einwirkungen aus der Umgebung bezogene Gefahrenquellen:
  - Beschädigung der Anlage durch Einwirkungen auf die Aufstellung;
  - Beschädigung der Anlage durch Einwirkungen von Wärme/Energie;
  - Beschädigung der Anlage durch Einwirkungen von festen Körpern;
  - Beschädigung der Anlage durch Eingriffe Unbefugter;
  - Beeinträchtigung der Störfallbekämpfung durch Einwirkungen von außen;
  - Fehlverhalten der Hilfskräfte im Störfall.

Mit wirtschaftlich vertretbarem Aufwand läßt sich die Aufbau- und Ablauforganisation der Sicherheitsorganisation nur mittels DV-Einsatz realisieren. DV-Lösungen sollten dabei folgende allgemeine Leistungsmerkmale erfüllen:

- Akzeptanz der thematischen Gliederung, Form und Inhalt durch die zuständige Behörde (gilt insbesondere für Gefahrenabwehr und Feuerwehreinsatzpläne);
- Verfügbarkeit aller Standardschnittstellen, um vorhandene Datenbestände (z.B. Gefahrgut- oder CAD-Daten) übernehmen zu können. Verfügbarkeit von Systembibliotheken.
- Verknüpfungsmöglichkeiten für Informationen und Programme je nach den Erfordernissen der Sicherheitslage. Detaillierungsmöglichkeiten. Einprägsame Menütechnik. Autorisierte Zugriffsberechtigung.

Als derzeitiger Idealzustand ist hierbei die Verknüpfung von relationalen Datenbanken (SQL-Abfragetechnik) mit CAD-Systemen (z.B. Programmpaket Dispatch-System der Firma Intergraph) anzusehen [17].

Der Einsatz von DV-Systemen für die Erstellung und Fortschreibung von Sicherheitsanalysen leistet u.a. einen Beitrag zur

- Transparenz und Systematik in der Bearbeitung,
- leichteren Aktualisierbarkeit,
- leichteren Überprüfung auf Vollständigkeit und Plausibilität.
- Steigerung der Bearbeitungseffizienz und Durchlässigkeit über alle Bearbeitungsstufen hinweg.

Computergesteuerte integrierte *Sicherheits-Informations- und Managementsysteme* unterstützen das Notfallmanagement mit speziell für den Alarmfall aufgearbeiteten Dateien in folgenden elementaren Funktionen:

- Gefahrenerkennung durch detaillierte, punktuelle Auswertung der Meldung (z.B. Pulsmeldetechnik),
- Automatische Ausgabe gefahrenspezifischer Gegenmaßnahmen (Übersichtslisten, Handlungsanweisungen etc.),
- Automatische An- und Ablaufsteuerung von Schutzsystemen (z.B. Maschinenabschaltungen, Feuerschutzabschlüsse, Rauch- und Wärmeabzuganlagen, Löschwasserrückhaltesysteme etc.),
- Alarmorganisation (Benachrichtigung von internen / externen Hilfskräften und Mitarbeitern),

– Protokollierung aller Meldungen und Aktivitäten der Einsatzbearbeitung (Logbuch).

Computerverstärkte Zusammenarbeit verändert menschliche Interaktionen und bewirkt eine neue Qualität der Konzentrationsfähigkeit für die volle Nutzung (Schnelligkeit und Kapazität) der Informationstechnologien [18]. Die Erstellung von Informationsnetzwerken für Gefahrenreaktionskonzepte erfordert Kosten für Man-Power (internes und externes Fachwissen), Inspektionen, Schulungen/Übungen und Betriebsstoffe, die mindestens einmal jährlich im Rahmen der Budgetplanung zur Diskussion stehen, in der Regel vor dem Hintergrund, Man-Power (im Rahmen von Rationalisierungsmaßnahmen) durch (preiswerte!?) Technik zu ersetzen. Sicherlich belastet Sicherheitsorganisation die Budgets. Ereignisse machen jedoch immer wieder bewußt, daß echte Rationalisierungseffekte bzw. die Chance für einen kurzfristigen Wiederanlauf nur in der durchdachten Kombination von Technik und Organisation zu erzielen sind.

7.2.1.2 Betriebliche Katastrophenschutzorganisation (BKO) Katastrophenschutz als staatliche Ordnungsaufgabe

Das unerwartete, plötzliche Auftreten einer hohen Schadwirkung (Not-/Störfall) aufgrund angewachsener, aber oft unbeachtet oder ungeregelt gebliebener Belastungsfaktoren hat die Bezeichnung „Katastrophe" als ranghöchsten Schadensbegriff der sicherheitswissenschaftlichen Terminologie zur Folge, anwendbar auf alle Mensch-Technik-Natur-Systeme. Die Anwendung des Begriffs ist allerdings bis heute verschiedenartig und wenig präzise.

Vor allem fehlen:

– Ausreichend verallgemeinerbare Aussagen zum Ablauf einer Katastrophe, insbesondere zu den Wirkzusammenhängen in den frühen Phasen „katastrophaler" Entwicklungsabläufe.
– Qualitative Beschreibungen der zeitlichen Entwicklung einer Katastrophe auf der Basis charakterisierender, prozeßbegleitender Parameter.
– Quantitative Beschreibungen des Gefährdungs- und Schadenzustandes (Relativierung zur Belastbarkeit des Systems), d.h. Angabe von Verlusten an Menschen, Finanzeinheiten und Funktionsleistungen als absolutes Katastrophenmaß im Hinblick auf die Regeneration des Systems.
– Planbare Steuerungsmöglichkeiten für elementare Reaktionen des Individuums bzw. von Menschenmassen in Extremsituationen (Kommt es hier zu Fehlverhalten, können selbst technisch perfekte Schutzmaßnahmen in Wert und Wirksamkeit gemindert werden.).

Die Katastrophenschutzgesetze der Länder, z.B. das Gesetz über den Katastrophenschutz Baden-Württemberg i.d.F.v. 19.05.1987, definieren: „Katastrophe im Sinne dieses Gesetzes ist ein Geschehen, das Leben oder Gesundheit zahlreicher Menschen, erhebliche Sachwerte oder die lebens-

7.2 Bausteine betrieblicher Sicherheitsorganisation

notwendige Versorgung der Bevölkerung in so ungewöhnlichem Maße gefährdet oder schädigt, daß es geboten erscheint, ein zu seiner Abwehr und Bekämpfung erforderliches Zusammenwirken von Behörden, Stellen und Organisationen unter die einheitliche Leitung der Katastrophenschutzbehörde zu stellen."

Entsprechend dem förderativen Staatsaufbau der Bundesrepublik Deutschland obliegt der Katastrophenschutz in Friedenszeiten der Länderhoheit, im Krisen- oder Verteidigungsfall dem Bund. Mit dem Gesetz über den erweiterten Katastrophenschutz hat der Bund diese Zivilschutzaufgabe an die Länder übertragen, d.h., die Hauptverwaltungsbeamten (HVB) der kreisfreien Städte/Landkreise sind generall für die Durchführung des Katastrophenschutzes zuständig.

Parallel hierzu verfügt der Polizeivollzugsdienst per Gesetzesdefinition über sämtliche Befugnisse einer Katastrophenschutzbehörde (incl. Auslösung von Katastrophenalarm), wenn und solange Gefahr im Verzug ist und ein rechtzeitiges Tätigwerden der zuständigen Katastrophenschutzbehörde nicht erreichbar ist.

Grundlage für „Führung und Einsatz" im Katastrophenschutz ist die Katastrophenschutz-Dienstvorschrift (KatS-Dv) 100 des BMI i.d.F.v. 21.12.1981, die als Rahmenrichtlinie einen breiten, länderspezifischen Interpretationsspielraum beläßt. Ihr liegt das von der Ständigen Konferenz der Innenminister/-senatoren der Länder am 22.06.1979 verabschiedete bundeseinheitliche Modell einer Katastrophenschutzleitung (KatSL) für die Kreisstufe und der Technischen Einsatzleitung (TEL) zugrunde. Vollziehendes Ausführungsorgan der HVB sind die nahezu flächendeckend eingerichteten Brandschutz- bzw. Rettungsdienstleitstellen der Landkreise/Städte, ausgestattet mit den relevanten Dienstanweisungen, Ausrückeordnungen, Einsatzplänen, Alarmierungs-, Koordinierungs- und Kommunikationsmöglichkeiten. Ihre Kapazitäten, Erfahrungen und Kompetenzen sorgen dafür, daß die Schwelle der Improvisation, d.h. des situativ gesteuerten Einsatzes, kontinuierlich höher rückt. Ergänzt wird die Tätigkeit der stationären Leitstellen durch die Technischen Einsatzleitungen (TEL) vor Ort, die sich in der Regel aus den Führungskräften der Feuerwehren rekrutieren. Sie sind legitimiert, für jede Eskalationsstufe eines Schadensereignisses die notwendigen Führungsebenen zu installieren und einen stetigen Übergang zu gewährleisten. Immer häufiger setzt sich in Großstädten und Bundesländern die Ansicht durch, daß Professionalisierung der Einsatzleitungen nicht immer weiter durch verbreiterte Ausbildung, sondern wesentlich konsequenter durch die Mobilisierung von Spezialisten erzielt werden kann, die, assistiert von ortskundigen Beratern, den Einsatz bestimmen [19, 20, 21].

1972 veröffentlichten die Spitzenorganisationen der gewerblichen Wirtschaft Empfehlungen (Sonderdurck der Beilage zum Bundesanzeiger Nr. 105 vom 09.06.1972) über den Aufbau einer „betrieblichen Katastrophenschutzorganisation (BKO)", vereinnahmten damit Wortbedeutung und staatliche Katastrophendefinition und übertrugen – unkritisch – die öffentlichen Katastrophenschutzstrukturen auf die betriebliche Ebene. Veröffentlichungen, wie das „Handbuch Betrieblicher Katastrophenschutz" fanden, im Rahmen der Umsetzung der Empfehlungen, in zahlreichen Unternehmen Resonanz, obwohl die BKO bis heute ohne gesetzliche Legitimation blieb und lediglich ein Gebilde im Rahmen der Werkschutzorganisationstheorien darstellt [22].

Am „Modellwerk Neustadt" wurde die Aufbau- und Ablauforganisation der BKO dargestellt und erleichtert. Auch wenn die Notwendigkeit zur betriebsspezifischen Anpassung mehrfach betont wird, vermitteln die generalklauselartigen Regelungen doch die vermeintliche Illusion der perfekten Funktion und Kontrolle der Abwehrmechanismen im Ereignisfall. Muten viele Details unter modernen Aspekten vorsintflutlich an, stellen andererseits Elemente wie der „Werks und Gefahrenstellenplan" in Kombination mit dem empfohlenen Aufbau des „Katastrophenschutz-Alarmierungsplanes" und den ereignisbezogenen „Maßnahmenkatalogen" eine hervorragende Ausgangsbasis für die Weiterentwicklung zu heutigen Brandschutz-, Feuerwehreinsatz- bzw. Gefahrenabwehrplänen dar.

Analog zum staatlichen Katastrophenschutz blieben diese Aufbau- und Ablauforganisationen Papiertiger, die mit erheblichen Personal- und Materialaufwand gepflegt wurden, aber, außer im Übungsfall, nicht zur Anwendung kamen. Sie sind überholt, nicht weil im industriellen Bereich keine Schäden auftraten (über das Gegenteil geben die Statistiken der Sachversicherer beredt Auskunft), sondern weil, ebenfalls in Analogie, die Art der Ereignisse, ihre Dimension oder der Faktor Zeit nicht der BKO-Theorie entsprechen. Nicht zuletzt haben gut funktionierende Ausbildung, Technik und Organisation der hauptberuflichen betrieblichen Gefahrenabwehr (Werk-/Brandschutz, Werkarzt, Umweltschutz etc.) oder der zuständigen öffentlichen Feuerwehren und Rettungsdienste immer wieder bewiesen, daß für eine BKO nach dem „Model Neustadt" kein Bedarf mehr besteht. Zahlreiche Unternehmen definieren innerbetriebliche Ereignisse zwischenzeitlich allenfalls als „Großschadenfall" um eine eindeutige Differenzierung zum öffentlich-rechtlichen Katastrophenschutz zu erreichen.

7.2.1.3 Gefahrenmanagement im Rahmen der Störfallverordnung

Umfassende Anforderungen an die Begrenzung von Störfallauswirkungen (Durchgängig für verschiedene Dimensionen und weit über die Anforderungen der klassischen BKO hinaus) definiert die 12. Verordnung zur Durchführung des Bundesimmissionsschutzgesetzes, die sogenannte Störfallverordnung. Hintergrund ist die ganzheitliche Betrachtung (Vorsorgegrundsatz) einer Anlage mit hohem Gefährdungspotential, incl. einer Standortbetrachtung (systematische Untersuchung der Wechselwirkungen zwischen Anlage und Umgebung) sowie der Kommunikation mit der Bevölkerung. Kernstück der StörfallVO und entscheidende Unterlage für die Gefahrenabwehrplanung ist die Sicherheitsanalyse (Beschreibung der Anlage, der Verfahrenstechnik, der sicherheitstechnisch bedeutsamen Anlagenteile, der Gefahrenquellen, der Störfallvoraussetzungen, der eingesetzten Stoffe, der Sicherheitsanforderun-

7.2 Bausteine betrieblicher Sicherheitsorganisation

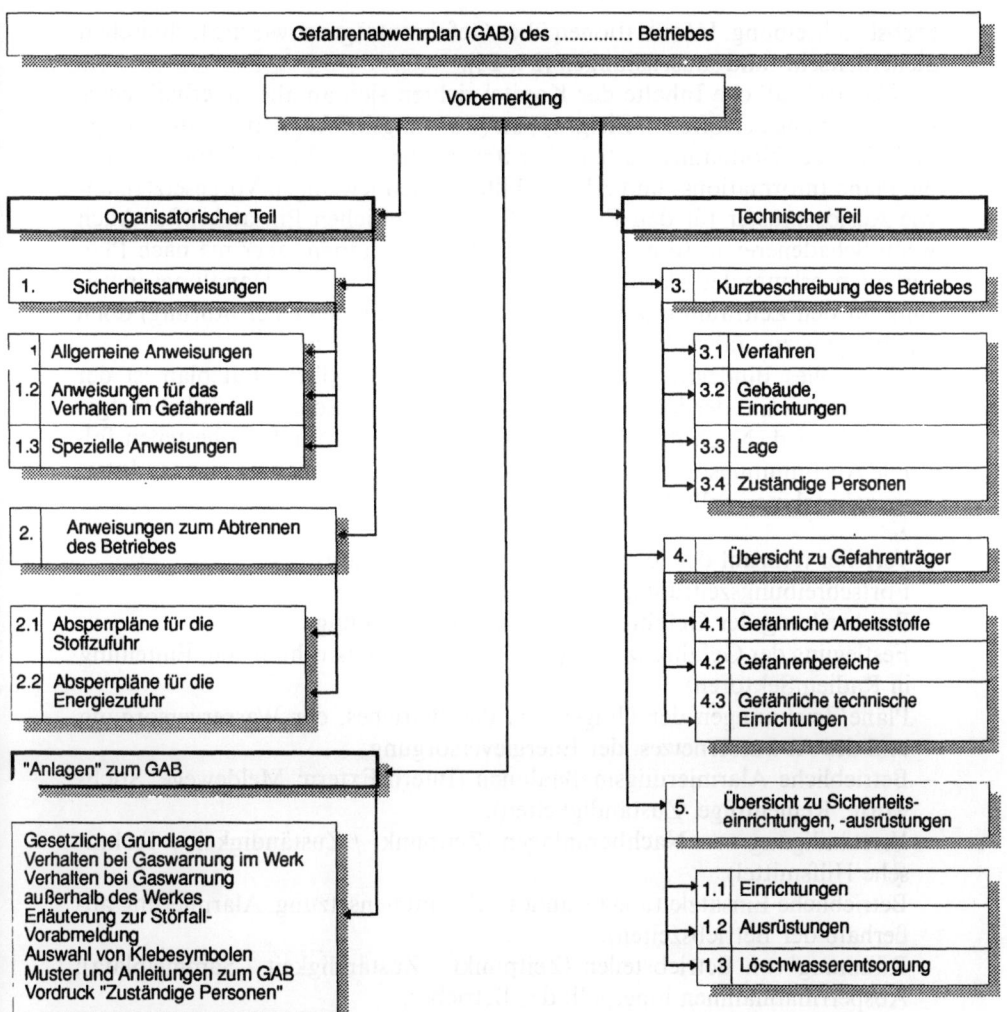

Abb. 7.9. Muster-Gefahrenabwehrplan/Quelle: Steuer, 1990

gen), die – als Kontrollinstrument des Betriebes – diesen zwingen soll, sich systematisch mit den Sicherheitaspekten einer Anlage zu befassen [23].

Im *Alarm- und Gefahrenabwehrplan* (Szenarien: Brand, Explosion, Freisetzung von Gasen. Abhandlung jeweils incl. Maßnahmenkatalog) des Betriebes werden die Resultate der Sicherheitsanalyse zusammengefaßt. Die Planhierarchie (Abb. 7.9) gliedert sich in einen organisatorischen und einen technisch-informatorischen Teil sowie notwendige Anlagen. Teilaspekte der Organisation sind Sicherheitsanweisungen und Instruktionen für das Betriebspersonal im Gefahrenfall. Inhalte des technisch-informatorischen Teils sind die Betriebsbeschreibung, Informationen über Gefahrenträger sowie die technischen Sicherheitsein- und -ausrüstungen [24, 25].

Unterschiedliche Inhalte der Kapitel richten sich an alle innerhalb eines Unternehmens betroffenen Zielgruppen (Führungskräfte, Betriebsangehörige und -fremde, Notmannschaften, Werkfeuerwehr etc.). Im Gefahrenfall sind die Pläne Informations- und Aktionshilfe für den jeweiligen Vorgesetzten sowie Auslösemuster für den Einsatz aller erforderlichen Einsatzkräfte. Auch wenn Schadenereignisse nach allen möglichen Kriterien, aber nie nach Plan verlaufen, erlaubt der Alarm- und Gefahrenabwehrplan (als Handlungsanweisung für den Zeitraum unmittelbar nach dem Erkennen einer Störung) doch das Ereignis zu „fahren" und richtig zu kommunizieren.

Sinnvolles Bindeglied zum öffentlichen Katastrophenschutzplan ist der *Sonderschutzplan*, der jährlich von den Katastrophenschutzbehörden fortgeschrieben wird. Nach dem Entwurf der 3. StörfallVwV (1993) bestehen folgende Abstimmungsnotwendigkeiten (die das Unternehmen im eigenen Interesse wahrnehmen sollte):

- Verteiler (Anzahl der fortzuschreibenden Exemplare),
- Fortschreibungszeitraum,
- Beschreibung der Gefahrenpotentiale der Umgebung,
- Festlegung der Gefahrenzonen (Basis: Ausbreitungsrechnungen, Einteilung in Radien/Sektoren),
- Pläne/Zeichnungen der Umgebung, des Betriebes, der Wasserversorgung und des Abwassernetzes, der Energieversorgung,
- Betriebliche Alarmierungsmaßnahmen (Intern/Extern; Meldewege, Stichworte, Reihenfolge, Zuständigkeiten),
- Verständigung von Nachbaranlagen (Zeitpunkt / Zuständigkeit / Technische Hilfsmittel),
- Betriebliche Einsatzleitung (Standort, Zusammensetzung, Alarmierung außerhalb der Betriebszeiten),
- Räumung von Betriebsteilen (Zeitpunkt / Zuständigkeit / Sammelplatz); Absperrmaßnahmen innerhalb des Betriebes,
- Einsatzkräfte (Stärke / Ausstattung / Verfügbarkeit), Möglichkeiten und Strategien der Gefahrenbekämpfung,
- Öffentliche Erstmaßnahmen: Meldekopf, Alarmierung, Anfahrtwege, Lotsenstellen, Bereitstellungsräume, Informationsbeschaffung, Fachberater,
- Technische Einsatzleitung (Standort / Zusammensetzung / Erreichbarkeit),
- Absperrmaßnahmen und -grenzen, Verkehrslenkung durch die Polizei,
- Warnung betriebsfremder Bereiche (Art / Hilfsmittel / Texte für Durchsagen / Zuständigkeiten / Zeitpunkt),
- Öffentliche Einsatzkräfte und Gefahrenbekämpfung,
- Öffentliche Folgemaßnahmen (Räumung, Unterbringung und Betreuung von evakuierten Personen, Medizinische Versorgung, Information der Öffentlichkeit).

7.2 Bausteine betrieblicher Sicherheitsorganisation

Im Rahmen der betrieblichen Gefahrenabwehr sind – als Schnittstellen zum Katastrophenschutz – in Baden-Württemberg z. B. folgende Regelungen beachtenswert:

- *Hinweise des Innenministeriums für die Planung von Einzelnaßnahmen bei Schadenereignissen in Anlagen mit einem besonderen Gefahrenpotential sowie über Aufgaben der Katastrophenschutzbehörde und Betreiber von Anlagen i. S. von § 30 LKatS-Gesetz* (17. 08. 1988)
(Für welche Objekte die Regelungen gelten, entscheiden die zuständigen Fachbehörden [Gewerbeaufsichtsamt, Wasserwirtschaftsamt, Baurechtsbehörde u. a.]. Sie verfügen auch über geeignete Maßnahmen zur Durchsetzung der Betreiberpflichten bzw. der Begutachtung von Angaben.);
- *Hinweise des Innenministeriums für die Planung von Evakuierungen* (15. 06. 1983);
- *Gemeinsame Richtlinien des Innenministeriums, des Ministeriums Ländlicher Raum, des Sozialministeriums und des Umweltministeriums über Gefahrendurchsagen der öffentlich-rechtlichen Rundfunkanstalten und der privaten Rundfunkveranstalter bei Katastrophen und anderen erheblichen Gefahren* (09. 05. 1990);
- *Gemeinsame Richtlinien des Innenministeriums, des Ministeriums Ländlicher Raum, des Sozialministeriums und des Umweltministeriums über Gefahrenhinweise im Videotext-Programm bei Katastrophen und anderen erheblichen Gefahren* (16. 07. 1993).

Sämtliche Kosten für die Erarbeitung und Vorhaltung geeigneter Gefahrenabwehrpläne trägt der Betreiber, ebenso die Kosten für notwendiges technisches Gerät und andere Ausstattungs- und Ausrüstungsgegenstände, wenn diese nicht allgemein dem Katastrophenschutz zur Verfügung stehen (z. B. stationäre und mobile Meß- und Warneinrichtungen, Absperr- und Beschilderungsmaterial, Medikamente mit spezifischen Wirkstoffen, Spezialbekämpfungsmittel).

Auch mehr als ein Jahrzehnt nach ihrer Einführung stellt die Störfallverordnung immer noch eine Herausforderung an Industrie und Behörden dar, wenn es darum geht, die Störfallvorsorge im Unternehmen zu organisieren und dauerhaft umzusetzen (Sicherheitsorganisation). Entscheidend für den Erfolg der Notfallorganisation ist die Identifizierung des Betriebs- und Führungspersonals mit deren Zielen.

7.2.2 Flexibles Krisenmanagement als Instrument der Zukunft

Unternehmenspolitik wird heute im Sinn eines vernetzten ganzheitlichen Denkens, das konkurrierende oder ergänzende Faktoren und Beziehungen im Spannungsdreieck Unternehmen-Mensch-Umwelt integriert, Phänomene von den verschiedensten Seiten her betrachtet und Wirkungsnetze aufzeigt, verstanden. Zielsetzung ist, die horizontale Bildung von Partnerschaften (Auflösung von Hierarchien) und projektorientierten Netzen. Vernetztes Denken fordert teamorientiertes Arbeiten, da es selbst Schachweltmeistern kaum gelingt, weiter als 10–12 Züge vorauszudenken [26].

Der Wirkungsgrad von Schadenverhütungsmaßnahmen liegt in der Praxis oft unerwartet niedrig, wenn technische Investitionsmaßnahmen nicht die damit arbeitenden Menschen und die zugrunde liegenden Organisationen berücksichtigen. Zielorientierte Verhaltensbeeinflußung (= Führung) der Mitarbeiter, eingebettet in eine durchdachte Organisation, ist deshalb existentiell und gegenüber technischen Lösungen als gleichwertig zu betrachten.

Um Denkfehler im Umgang mit komplexen Problemsituationen zu vermeiden, empfiehlt sich die Beachtung folgender Schritte des ganzheitlichen Problemlösens [27]:

- *Problemabgrenzung* — Definition aus verschiedenen Blickwinkeln,
- *Ermittlung der Vernetzung* — Erfassung und Analyse von Beziehungen und Wirkungen,
- *Erfassung der Dynamik* — Ermittlung der zeitlichen Aspekte und Darstellung im Netzwerk,
- *Interpretation der Verhaltensmöglichkeiten* — Entwicklungspfade erarbeiten und Möglichkeiten simulieren,
- *Lenkungsmöglichkeiten* — Lenkbare, nichtlenkbare und überwachende Aspekte analysieren,
- *Gestaltung der Lenkungseingriffe* — Durch Regeln einen optimalen Wirkungsgrad erzielen,
- *Weiterentwicklung der Problemlösung* — Veränderungen in Form lernfähiger Lösungen vorwegnehmen.

7.2.2.1 Anpassung an Organisationsstrukturen der Unternehmen

Jeder Mensch handelt in drei Ebenen. Durch seine Sensorik und die damit verbundenen Merkmalsanordnungen gewinnt er durch Training Signale, die er direkt in intuitiven Handeln umsetzt. Ferner handelt der Mensch auf der Basis von Regeln, die er über einen Erkennungsvorgang und das Assoziieren von Zustand und Aufgabe auswählt. In zielabhängige Entscheidungen fließen in der dritten Ebene Wissen und Erfahrung ein, die wiederum neue Regeln für das Handeln erzeugen. Im Hinblick auf den Grenznutzen technischer und organisatorischer Sicherheitsmaßnahmen ist es im Mensch-Maschine-Kommunikationsprozeß wesentlich, die intuitive Ebene kontinuierlich mit Informationen zu unterstützen, nicht nur unter objektiv-fachlichen Aspekten, sondern auch unter Berücksichtigung psychologischer Gesichtspunkte (sozialer Kontakt). Sicherheitsorganisation braucht Akteure, die mehr an den Tag legen als eine rein technische Kompetenz, die verhältnismäßig leicht zu vermitteln und zu kontrollieren ist, aber auch die Gefahr des sich Nicht-Verstehens und damit des Auseinanderstrebens im Ereignisfall in sich birgt.

7.2 Bausteine betrieblicher Sicherheitsorganisation

Primär müssen bei der Umsetzung von Sicherheitsorganisation in Unternehmen heute vier Tendenzen bedacht werden:

– Der rasche Fortschritt in Wissenschaft und Technik hat eine hochgradige Spezialisierung zur Folge. Nach dem Synergieprinzip wächst damit auch die Aufgabe, diese, oft sogar externen Spezialisten im Sinne der Gesamtaufgabe zu formieren und zu koordinieren.
– Gleichzeitig bedingt die Abkehr von (Ein- und Mehr)-Linien- bzw. Stab-Linien-Hierarchien und die Einführung horizontaler, ggf. projektorientierter, Matrixorganisationen, daß Mitarbeiter – über funktionelle oder organisatorische Schranken hinweg – gemeinsame Aufgaben erfüllen.
– Die immer stärkere Gliederung der Unternehmen in Profit- und Cost-Center reduziert die bisherige Selbstverständlichkeit der Umsetzung von Sicherheit und erfordert ein ausgeprägtes Dienstleistungsprofil der Stabsstelle „Sicherheit" im eigenen Haus.
– Letztlich bedingen striktes Lean- und Kosten-Management eine wachsende Aufgabenkonzentration in kleineren Organisationseinheiten.

Das arbeitsteilige Zusammenwirken im Unternehmen erfordert die Beachtung der – laut Bundesgerichtshof – grundsätzlichen Organisationspflichten für Unternehmen, um zu vermeiden, daß in Schadensituationen ein kausaler Zusammenhang zwischen einem Organisationsmangel und dem konkreten Schadenereignis hergestellt werden kann (und hieraus zivil- oder strafrechtliche Folgen erwachsen).

Die Umsetzung der

– *Anweisungspflichten* (Bestellungsschreiben, Handbücher, Checklisten, Gefahrenabwehrplanung),
– *Auswahlpflichten* (Auswahlkriterien; Qualifikations- und kapazitätsmäßige Betrachtung der Aufgabenerledigung der Mitarbeiter) und
– *Überwachungspflichten* (Kontrollen, Berichtswesen, Audits)

erfolgt durch die Dokumentation der Aufbauorganisation (Stellenfunktionen und Zuständigkeiten) bzw. deren logisch-zeitlicher Ablauforganisation (Zweck, Zuständigkeit und Maßnahmen). Philosophien, Unternehmensgrundsätze oder Leitlinien der Unternehmensleitungsebene müssen dabei von der Managementebene in produkt-, abteilungs- oder projektneutrale Richtlinien und auf der Durchführungsebene in spezifische Arbeitsanweisungen umgesetzt werden.

Die Feststellung von Organisationsdefiziten bezogen auf die Sicherheitsorganisation ist in der Regel einfacher, als die Erarbeitung zweckmäßiger Änderungsvorschläge, zudem, wenn bestehende Organisationen ein großes Trägheitsmoment aufweisen. Die Fixierung auf Gegebenheiten, Detailaufgaben und Anforderungen des Tagesgeschäftes, vermeintlich nicht zu ändernde Rahmenbedingungen oder auch die tagtägliche Konfrontation mit Gefahren, landläufig als „Betriebsblindheit" charakterisiert, führen häufig zu einem engen Blickwinkel und zur Akzeptanz bzw. Verdrängung von Tatsachen und Problemen, die „immer schon so bestanden", ohne sie nochmals zu reflektieren. Bei der Ursachenanalyse für vorgefundene Risikosituationen sind Moderationsgeschick und Einfühlungsvermögen bei den Gesprächen mit den Betroffenen notwendig.

7.2.2.2 Risikobewußtseinsbildung im Rahmen der Personalentwicklung

Das Risikobewußtsein von Mitarbeitern und Führungskräften, aber natürlich auch von Fremdpersonal im Unternehmen, gliedert sich in drei Komponenten:
- *Risikoinformation,*
- *Risikobeurteilung,*
- *Handlungsbereitschaft.*

Unter Risikoinformation wird das Wissen über die bestehenden Gefährdungspotentiale und die vorhandenen Sicherheitseinrichtungen und Schadenverhütungsanweisungen verstanden. Die Risikobeurteilung ergibt sich aus der subjektiven Bewertung der gegebenen Gefährdung durch den Menschen, dessen Haltung zum Schutz von Personen, Objekten und Interessen, einschließlich der Umwelt. Die Handlungsbereitschaft beschreibt die Stärke des persönlichen Wollens der Mitarbeiter zur Umsetzung von Schadenverhütungsmaßnahmen und eventuell daraus resultierenden persönlichen Einschränkungen. Handlungsbereitschaft wird wesentlich durch das positive Verhältnis zum jeweiligen Vorgesetzen, respektive Auftraggeber, geprägt. Gerade ein negatives Verhältnis zum oder gar die Furcht vor dem Vorgesetzten kann dazu führen, das Schäden im Anfangsstadium vertuscht werden und sich dadurch erst zum Großschaden entwickeln. Informationsströme dürfen deshalb nicht durch falsch verstandene Autorität oder Kompetenzgerangel blockiert sein. Die Einstellung der Unternehmensleitung zum Risiko beeinflußt entscheidend das Risikobewußtsein der Mitarbeiter (top-down-Strategie).

Im Bewußtsein, daß Sicherheitsfragen und der Umweltschutz neben Arbeit und Kapitel zu einem dritten Produktionsfaktor geworden snd, haben zahlreiche Firmen, als strategische Zielsetzung, Leitlinien verabschiedet, die Mitarbeitern gemeinsame Normen- und Wertvorstellungen sowie Denk- und Verhaltensmuster bei Entscheidungen und Aktivitäten nahebringen und so auch zur Entwicklung einer Unternehmenskultur beitragen sollen [28].

7.2.2.2.1 Mitarbeiterqualifikation

Schwerpunktansatz bei der Vermeidung und Abwicklung von Störfällen bleibt die Ausschaltung menschlicher Handlungsfehler. Da in der Praxis nicht alle Fehler im Vorfeld analysiert und kompensiert werden können, müssen für Notfallsituationen im Produktionsablauf Trainingsmaßnahmen, z. B. im Rahmen der betrieblichen Weiterbildung, ergriffen werden.

Ziel ist „Betroffene zu Beteiligten zu machen", durch:

- Die *Förderung der persönlichen Einstellung und Verantwortung* für eine gewissenhafte Durchführung der Arbeitsaufgaben. Favorisierung der Selbständigkeit.

- Die systematische *Wahrnehmung und Klassifizierung von kritischen Situationen* (Notfall) im Produktionsablauf.
- Die *Vermeidung von Handlungsfehlern* aufgrund fehlerhaften Umgangs mit Informationen.
- Die *Entwicklung und Umsetzung persönlicher bzw. teamorientierter Maßnahmen* zur Vermeidung von Handlungsfehlern in kritischen Situationen (Streß).

Ein Aus- oder Weiterbildungserfolg liegt dann vor, wenn die Mitarbeiter ihren Gestaltungsfreiraum selbstverantwortlich wahrnehmen und Leistung sich aus den 3 Dimensionen

- *Leistungsbereitschaft,*
- *Leistungsfähigkeit,*
- *Leistungsmöglichkeit*

zusammensetzt [29]. Hierzu gehört auch, exakte Rahmenbedingungen (Freiraum, Konsequenzen) für die gegenseitigen Erwartungen bei der Erfüllung von Aufgaben zu schaffen. Zu viele oder zu eng gefaßte Richtlinien wirken demotivierend (Blockade der Energie).

Die Stärkung der Eigenverantwortung der Beschäftigten in überschaubaren Einheiten darf jedoch nicht verwechselt werden mit der Notwendigkeit der regelmäßigen arbeitsplatz- oder tätigkeitsbezogenen Unterweisung.

7.2.2.2.2 Motivation zum Denken

Das heutige sicherheitstechnische Anspruchsniveau läßt sich dauerhaft nur mit dem Willen der Mitarbeiter zum permanenten Lernen gewährleisten. Dabei ist zu bedenken, daß der überwiegende Teil des Bedarfs an Weiterbildung im Betrieb durch Selbstqualifikation in Formen des Alleinlernens oder des Lernens im Gruppenverband gedeckt wird [30].

Instrumente der Motivation zum Denken, nicht nur zum Handeln innerhalb eines offenen Informations- und Erfahrungsaustausches (z. B. bei der Erarbeitung von Gefahrenreaktionslisten) sind u.a.:

- Kooperative Selbstqualifikation von Mitarbeitern durch
  - Interaktives Lehren und Lernen in Workshops,
  - Verhaltenstraining in der Planspiel-Praxis,
  - Arbeiten mit Fallstudien,
  - selbstgesteuerte Qualifikation mit PC-Programmen,
  - Konfliktbewältigung und Gruppenkultur als Basis eines kooperativen Organisationsstils,
  - Lernen mit Hilfe des Supervisings,
  - Brainstorming (Ideenmanagement) innerhalb der Gruppe,
  - einen kontinuierlichen Verbesserungsprozeß.

Besonderes Merkmal der kooperativen Selbstqualifikation ist das partnerschaftliche Verhalten von Menschen mit unterschiedlichen Kenntnissen und

Erfahrungen, die an neuen Aufgabenstellungen gemeinsam in der Gruppe voneinander und miteinander lernen, und sich gegenseitig helfen, die dabei bestehenden und entstehenden Konflikte zu bewältigen. Der Prozeß des Qualifikationserwerbs ist dabei unmittelbar gekoppelt mit der Qualifikationsnutzung. Kooperative Selbstqualifikation vergrößert somit die humane Basis persönlicher Autonomie und verstärkt die soziale Effizienz. Die notwendigen Schlüsselqualifikationen können eingebracht oder aber im Umgang mit komplexen Tätigkeiten erworben bzw. verstärkt werden.
- Erfahrungsaustausch in installierten Umweltschutz-, Arbeitsschutzausschüssen oder in Qualitätszirkeln des Total Quality Management (TQM) bzw. in regelmäßigen Mitarbeitergruppengesprächen. Gezielte Nutzung externer Weiterbildungsangebote.
- Aktionen des Betrieblichen Vorschlagswesens oder regelmäßige Fehlerquellenhinweis-Programme (FQH-Aktionen).
- Interne Berichte, z.B. in der Werkzeitung (Multiplikatorwirkung).

In langfristigen Ausbildungsrahmenplänen können notwendige Schlüsselqualifikationen gezielt gefördert werden:

- *Organisation und Ausführung von Arbeitsaufgaben*
  (Arbeitsplanung, -ausführung, Bewertung):
  - Schlüsselqualifikationen, u.a.
    - Organisationsfähigkeit,
    - Systematisches Vorgehen,
    - Genauigkeit, Sorgfalt,
    - Selbstbewertung,
  - Qualifikation, u.a.
    - Sichtkontrollen durchführen,
    - Toleranzen prüfen,
    - Arbeitsabläufe nach sicherheitstechnischen Kriterien planen, abstimmen und festlegen.
- *Kommunikation und Kooperation*
  (Verhalten in der Gruppe, Kontakt zu Mitarbeitern):
  - Schlüsselqualifikationen, u.a.
    - Ausdrucksfähigkeit,
    - Sachlichkeit der Argumentation,
    - Abstraktionsvermögen,
  - Qualifikationen, u.a.
    - Ergebnisse dokumentieren und auswerten,
    - Arbeitsplatz-, Sicherheitsunterweisungen,
    - Berichterstellung, Dokumentation von Änderungen.
- *Anwenden von Lerntechniken:*
  - Schlüsselqualifikation, u.a.
    - Verstehen und Umsetzen von Zeichnungen und Schaltplänen,
    - Denken in Systemen,
    - Problemlösendes Denken,

7.2 Bausteine betrieblicher Sicherheitsorganisation

- Qualifikationen, u.a.
  - Instandhaltungsanweisungen anwenden,
  - Funktionszusammenhänge feststellen, prüfen und einstellen,
  - Störungen und Fehler auf mögliche Ursachen untersuchen.
- *Selbständigkeit und Verantwortung:*
  - Schlüsselqualifikation, u.a.
    - Sicherheitsbewußtsein,
    - Entscheidungsfähigkeit,
    - Erkennen eigener Grenzen,
  - Qualifikationen, u.a.
    - Wirksamkeit von Schutzmaßnahmen prüfen,
    - Störungen beheben oder Behebung veranlassen.
- *Belastbarkeit:*
  - Schlüsselqualifikation, u.a.
    - Konzentrationsfähigkeit,
    - Aufmerksamkeit bei abwechslungsarmen Beobachtungsvorgängen,
    - Ausdauer bei wiederkehrenden Arbeiten,
  - Qualifikationen, u.a.
    - Probebetrieb von Geräten durchführen / Inbetriebnahme,
    - Störungen durch systematische Fehlereingrenzung bestimmen und beheben,
    - Produktionsablauf / Qualität überwachen.

Trotzdem bleibt der Mensch ein (insbesondere im Notfall) nur in begrenztem Umfang kalkulierbarer Betriebsfaktor. Insofern muß parallel eine Arbeitsumgebung geschaffen werden, die Irrationalität, Irrtümer und Fehler als Merkmale menschlichen Handelns zuläßt, ohne daß sie gleich „katastrophale" Folgen haben (fehlertolerante Technik).

Führungskräfte müssen in komplexen, dynamischen und unsicheren Situationen oft schnell weitreichende Entscheidungen treffen. Durch Auswahl (und ggf. Training, z.B. mit Simulationen, in denen die Teilnehmer für interaktive Szenarien Entscheidungen treffen müssen) der Entscheidungsträger muß gewährleistet sein, daß sie

- komplexe, sich wandelnde Lagen differenziert wahrnehmen und verfolgen können;
- zur Bewältigung von besonderen Situationen eine organisatorische Regelungsbereitschaft entwickeln und Disziplinlosigkeit unterbinden;
- auftretende Ereignisse in ihren Zusammenhängen erkennen und getroffene Entscheidungen (Lösungswege) als Voraussetzungen für nachfolgendes Handeln nutzen;
- Initiative ergreifen, teamorientiert arbeiten, Auseinandersetzungen mit der Problemstellung flexibel betreiben und krisenbedingten Streß überwinden.

Das *Programmpaket „SMS-Strategische Management Simulationen"* dient dem Training und der Auswahl von Entscheidungsträgern. Teilnehmer (Einzelpersonen/Teams) können in interaktiven, computersimulierten Szenarien (Testdauer 6–8 Stunden) Entscheidungen nach ihrem eigenen Ermessen treffen. Die Merkmale, die das Entscheidungsverhalten der Teilnehmer charakterisieren (in komplexen, dynamischen und unsicheren Realitätsbereichen unter Anwendung der exekutiven Kontrollprozesse), werden norm- und kriteriumsorientiert graphisch dargestellt. Für das Sicherheitswesen wird das Szenario „Kreis Woodline" eingesetzt, in dem die Teilnehmer, nach Ernennung zum „Beauftragten für den Zivilschutz", Leben und Besitz der Einwohner in einer Umweltkrise zu sichern haben. Zur Gültigkeit des Konzeptes liegen Validitätskoeffizienten vor. In Untersuchungen wurden für Führungskräfte mit einem Alter >35 Jahre und abgeschlossenem Studium multiple Korrelationen von $R = 0,6$ und höher festgestellt [31].

Kernzelle der betrieblichen Gefahrenabwehr ist die Einsatzleitstelle. Sie agiert bereits im Vorfeld aller anderen Strukturen. Angesichts der Vielfältigkeit heutiger Gefahrenmeldungen, ist bei der Aus- und Weiterbildung der Leitstellenbesatzung die Kreativität zur Entwicklung von Lösungsmechanismen aber auch zur spontanen Abwicklung von Ausweichstrategien zu fördern. Automation und Technik dürfen dem Mitarbeiter keinesfalls das Gefühl der Perfektion geben, da hiermit ein Verlust an Eigeninitiative, Selbstvertrauen, Motivation und aktiver Denkleistung verknüpft wäre. Andererseits muß die Technik jedoch trotzdem vertrauensbildend sein.

7.2.2.3 Projekt: Sicherheitsorganisation

7.2.2.3.1 *Organisation von Genehmigungsverfahren*

Zum Engpaßfaktor für Unternehmen entwickeln sich immer mehr die notwendigen Genehmigungsverfahren. Diese sind heute sehr komplex und kompliziert und erfordern die Etablierung eines gesonderten, teamorientiert und vernetzt denkenden Projektmanagements. Die Genehmigungserlangung führt nur schnell zum Ziel, wenn sie professionell geplant, durchgeführt und kontrolliert wird.

Eine effiziente Sicherheitsorganisation setzt bereits in diesem Stadium ein, kann die Dauer der Genehmigungsverfahren abkürzen und die Ergebnisse weitgehend vorhersehbar machen. Wichtige Aspekte sind:

– die Erstellung vollständiger Sätze von Antragsunterlagen in genügender Anzahl für alle unmittelbar und mittelbar beteiligten Behörden;
– der Rückgriff auf Informationen, die den Behörden aus früheren Verfahren bereits vorliegen;
– die Verwendung prüffähiger standardisierter Formulare;
– die Nutzung informeller Kontakte zur Genehmigungsbehörde bereits im Vorfeld der Antragstellung.

Zur Beschleunigung des Verfahrens oder aus anderen Gründen heraus bietet sich für das Unternehmen auch die Möglichkeit, im Rahmen der freiwilligen Selbstverpflichtung zu erwartende behördliche Auflagen vorwegzunehmen.

7.2.2.3.2 Leitlinien für Notfallorganisationen

Hierarchien bewirken bei Führungskräften oft die „Illusion der Kontrolle". Beispiel: Eine Führungskraft, die alles weiß, die von zahlreichen (Stabs-)-Mitarbeitern umgeben ist, die mit Berichten, Analysen, Kennzahlen etc. eingedeckt wird, glaubt an die totale Kontrolle ihres Bereiches. In Realität kommt die Qualität ihrer Kontrolle in etwa der eines Planers in einer dirigistischen Wirtschaft gleich, werden Initiativen, über den Tellerrand der Zuständigkeiten zu blicken, blockiert und positive Fähigkeiten sowie praktische Ansätze durch Richtlinienkompetenzen erstickt [32].

Wie können (Notfall-)Organisationen möglichst effizient strukturiert werden? Leitlinien sind hierbei:

- *Kombination von Querschnittswissen mit Fachwissen*, da der größte Teil der „Wertschöpfung" (Koordination, Führung, Entscheidungsfindung) aus Kopf-/Geistes- und Wissensarbeit resultiert. Hierfür müssen alle Ressourcen genutzt werden.
- *Reduzierung der Organisation* auf maximal zwei Führungsebenen: Strategisch denkender Projektleiter (= HVB); taktische Entscheidungen fällende Werkfeuerwehr oder Ingenieurtechnik (= TEL). Sonstige Hierarchieebenen sollten nur gleichgeschaltet im Rahmen von Projektgruppen mitwirken.
- Zeitnahe, flexible *Beratung durch Experten* oder Projektgruppen (Fachberater, Stäbe), die ein Feeling (Begreifen funktionsübergreifender Tätigkeiten, Konsens-Management) für die Gesamtaufgabe entwickeln. Kein Vetorecht für individuelles Abteilungsdenken oder auch (arrogantes) Expertenwissen.
- Bildung einer *Atmosphäre des Vertrauens* (Transparenz und Offenheit) im Hinblick auf die Notfallautonomie, die Kontakte zu Externen (Behörden / Medien / Bevölkerung / Belegschaft), die gegenseitige Abhängigkeit.
- *Reorganisierung des Notfallteams*, d.h. Hinzuziehen oder Herauslösen von Mitgliedern, in Abhängigkeit der Schadenentwicklung, der Zeit und der zu bewältigenden Aufgaben. Der Kern des Teams sollte schlank und flexibel bleiben und primär aus Integratoren bestehen.
- Konsequenter *Nutzen der Informationstechnologie* (Zugang zu unentbehrlichen Daten in Echtzeit, Verfügbarkeit von Kommunikationsnetzen) als Gegenpol zu endlosen Besprechungen und als Bindeglied zwischen Unternehmen und Öffentlichkeit. (Wichtig: Vorab umfassende Kommunikationsanalyse, nicht bloßes Überstülpen von Informationstechnologie über alte Strukturen.)
- Frühzeitige *Einbindung externer Dienstleister* (z.B. Gutachter/Sachverständige, Sanierungsfirmen, neutralen Laboratorien etc.) für Spezialaufgaben.
- Regelmäßige *Feedbackschleifen* im Notfallteam oder der Organisation zur Überprüfung (Hinterfragen) der Bewertungsansätze/Lösungsmodelle/ Wiederanlaufplanung.
- *Rückkehr zur Normalorganisation* und Rückgabe von Sonderkompetenzen zum frühestmöglichen Zeitpunkt.

7.2.2.3.3 Praktische Aufgaben des Projektmanagements

Treffen außerordentliche Ereignisse (Notfall, Krise etc.) ein Unternehmen, können Abwehrmaßnahmen nicht allein von den originär mit diesen Aufgaben befaßten Personen oder traditionellen Strukturen getroffen werden. Gefragt ist vielmehr effizientes Projektmanagement, ein ad-hoc-Team, das als übergeordnete Instanz neben oder über die Normalorganisation tritt. Schlüsselfigur ist dabei, als Denkpromotor, der *Projektleiter*.

Vom Projektleiter „Notfall" wird erwartet, daß er

- sich selbstlos und ohne Egoismus (Prestigedenken) in die äußerst anspruchsvolle und komplexe Aufgabenstellung einbringt;
- Zivilcourage (Charakter) zeigt und auch unbequeme Meinungen vorträgt (Transparenz und Offenheit statt fadenscheiniger Ausflüchte);
- Toleranz, Kooperationsbereitschaft und Kraft zum Ausgleich (z. B. wenn Mitarbeiter wegen abgelehnter Beiträge gekränkt sind) besitzt;
- weniger technokratische sondern vielmehr kommunikative Fähigkeiten aufweist (auch Zuhören kann);
- Aufgaben weitgehend delegiert, aber auch autokratisch führt und präzise Befehle erteilt oder Termine setzt, wenn es darauf ankommt;
- Anregungen (Impulse) vermittelt, wo keine direkten Anweisungen möglich sind (Dies setzt die Beherrschung unzähliger, langweiliger Details – fundiertes Grund- und Spezialwissen – voraus!);
- geduldig Aktivitäten, Informationen, Beziehungen, Sinnzusammenhänge zusammenführt und neu ordnet und nicht unnötigen Aktionsfanatismus entwickelt;
- seinen Mitarbeitern notfalls (auch innerbetrieblich) den Rücken freihält;
- ein emotional positives Klima erzeugt;
- diese Fähigkeiten auch bei den Mitgliedern seines Teams fordert und fördert.

Letztlich gilt auch hier die These, daß ein Projektleiter seine größtmögliche Wirkung nicht über das eigene Wissen, sondern über die Fähig- und Fertigkeiten anderer erzielt.

Elementare Aufgabe des Krisenstabes ist die rasche Wiederherstellung geordneter betrieblicher Verhältnisse zu optimalen Bedingungen und die effiziente Überbrückung der Notfallphase.

Selbst in der Extremsituation eines Schadenereignisses kann dabei ein Beharren auf Wiederherstellung des früheren Zustandes nicht immer die klügste und zukunftsorientierteste Alternative darstellen. Parallel sind vielmehr alle Varianten zu betrachten, die mittel- und langfristig vielversprechende Wege aufzeigen oder vielleicht längst überfällige Entscheidungen auf den Weg bringen. Zu den Aufgaben des Notfallmanagements zählt nicht die Suche nach der Schadenursache oder dem Verursacher. Dies kommt (ohne Zeitdruck) nachgeordneten Institutionen (Behörden, Sachverständigen etc.) zu [33].

Praktische Teilaufgaben des Krisenmanagements sind vielmehr:

- Abklären der aktuellen Lage und verläßlichen Abschätzen der Auswirkungen des Ereignisses,

- Festlegung von Entscheidungsgrundlagen, Diskussion von Alternativen unter ganzheitlichen Aspekten der Unternehmensstrategie,
- Treffen von realistischen und zukunftsgerichteten Entscheidungen (Wiederanlaufplanung),
- Koordinierung der Zusammenarbeit aller betrieblichen und externen Fachkräfte,
- Aufbereitung und Zusammenfassung von Ergebnissen,
- Bereitstellung finanzieller Mittel,
- Auswärtsvergabe von Aufträgen, Kooperation mit Wettbewerbern,
- Förderung und Kontrolle der geordneten praktischen Umsetzung von Entscheidungen,
- Kommunikation und Information mit internen und externen Ansprechpartnern.

Ein leistungsfähiges Krisenmanagement bedarf eines kurzfristig darstellbaren, nachgeordneten, zuarbeitenden Instrumentariums (Unterlagen, leistungsfähige Kommunikationsmittel, Sekretariate etc.). Ist mit einer längeren Dauer der Arbeit zu rechnen, empfiehlt es sich, die Bereitschaftsgrade nach Minimal-, Normal- und Vollbesetzung zu differenzieren.

7.2.2.3.4 Informationsketten und Reaktionslisten – Ablauforganisation im Notfall

Grundlage von Informationsketten und Reaktionslisten bleibt eine umfassende Risiko-, im Idealfall eine Sicherheitsanalyse nach dem Muster der Störfallverordnung. Reaktions-(Check-)listen treffen keine Entscheidungen und befreien das Notfallmanagement auch nicht vom problemorientierten Nachdenken. Für die gesamte Ablauforganisation gilt darum der nachstehende Regelkreis (Abb. 7.10) [34]. Angesichts der heutigen Sensibilisierung von Behörden und Öffentlichkeit ist hinsichtlich der Lagebeurteilung und -meldung stets die Strategie der Deeskalation (d. h. Herabstufen einer Schadensmeldung) statt der Notwendigkeit der schrittweisen Eskalation anzuraten.

Mustergliederungen für Informationsketten und Merkpunkte für Reaktionslisten beinhalten (meist im Anhang) zahlreiche Gesetze, Verwaltungsvorschriften oder Ausarbeitungen von Verbänden. Ihre Umsetzung (in einem Notfallhandbuch) muß unter den spezifischen Gegebenheiten des Unternehmens und seines Umfeldes in Form von Ablaufdiagrammen, Netzplantechnik, Photographischen Darstellungen, Plänen etc. erfolgen.

Als sehr übersichtliche Art der Darstellung der Ablauforganisation oder der Überprüfung von Wechselwirkungen im Ereignisfall, die auch Synergieeffekte im Vorfeld aufzeigt, hat sich die Matrixform (Zuständigkeiten/ Maßnahmen oder Stoffe/Umgebungszustände) herausgestellt. Bei konsequenter Anwendung genügt es im Idealfall (zumindest für die Vielzahl banaler Aktivitäten), im Rahmen der Lagebeurteilung, die Unterschiede zwischen vorgedachten Lösungen und den realen Schadenereignissen festzustellen und nur die notwendigen Änderungen nachzuregeln.

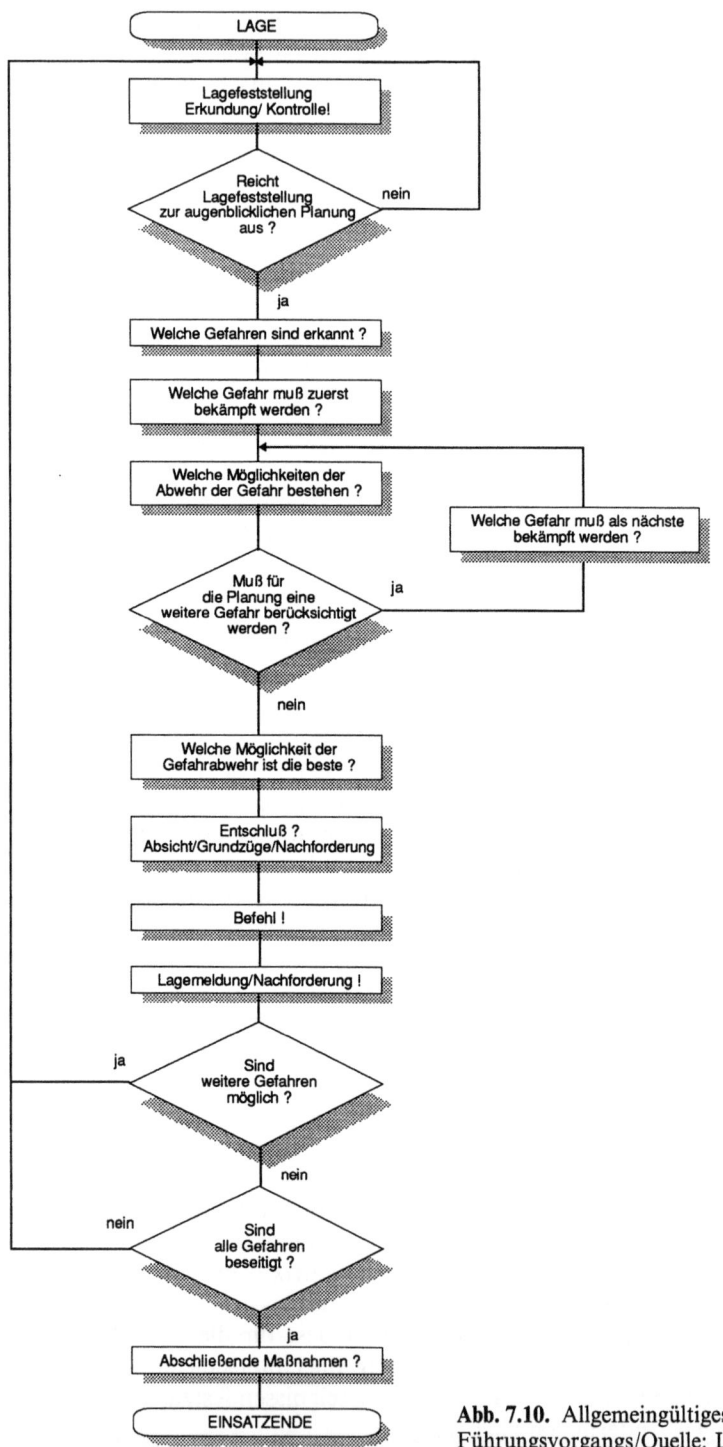

Abb. 7.10. Allgemeingültiges Modell des Führungsvorgangs/Quelle: LFS BW, 1991

7.2 Bausteine betrieblicher Sicherheitsorganisation

Zielgruppen der Informationsketten sind Behörden, Medien, Bevölkerung, Belegschaft und – nachrangig – Kunden und Lieferanten. Derzeit am vollständigsten sind auch diesbezüglich die Regelungen der StörfallVO, mit den Verpflichtungen zum abgestuften Meldeverfahren gegenüber Behörden (Stufen 1–4), präventiver Information der Bevölkerung (§ 11a) und Alarmordnungen für die Belegschaft.

Der *Ablaufplan für die Kommunikation mit Medien* sollte berücksichtigen:

- Benennung eines Kommunikationsbeauftragten (Pressesprechers) für das Unternehmen, ggfs. im Bereitschaftsmodus. Präventive Bekanntgabe an Kontaktpartner in den Medien.
- Festlegung, wie die Leitstelle oder die TEL bei Medienanfragen reagieren soll.
- Vorhaltung von Adressen/Telefon-/FAX-Nr. der Pressestellen von Behörden, Agenturen, Medien, Verbänden als Möglichkeit gezielt und rechtzeitig über Art und Umfang eines Ereignisses zu informieren.
- Vorbereitung vorformulierter (modulare Fragmente) Texte, (Rundfunk-)-Durchsagen, Kommuniques, die nur um die aktuellen Daten ergänzt werden müssen.

Es empfiehlt sich – über die gesetzlichen Regelungen hinausgehend – einen ausgewählten Vertreter des Unternehmens bereitzuhalten, der im Notfall als sachkundiger Verbindungsmann zur Behörde abgestellt wird und in einem Notfallkoffer sämtliche wichtigen Informationen für die Beratungen im Krisenstab mitführt. Verfügbar sein sollten parallel im Unternehmen die Organigramme betroffener Behörden. Für das Image des Unternehmens kommt dem Aspekt des abgestimmten Handelns mit den Behörden (auf der Basis gleicher Unterlagen, Vereinbarungen und Informationen) oberste Bedeutung zu. Unabdingbar im Vorfeld ist hierfür ein permanenter Dialog [35].

Sicherheitsorganisation ist, salopp ausgedrückt, ein „alter Hut". Sie soll verhindern, daß Menschen emotional und irrational auf technische Störungen reagieren. Damit steht sie im Brennpunkt der Kommunikation zwischen Menschen und Systemen, ist sensibel in jeder Hinsicht, das organisatorische Bindeglied zwischen präventiver Sicherheitsanalyse, Technik und Gefahrenabwehrplanung. gleichzeitig aber ist sie banal und stur in ihren Forderungen und geprägt von der Notwendigkeit durchgängiger Akzeptanz von oben und unten.

Unternehmen, die auf den sich ständig ändernden Märkten der Zukunft nicht nur überleben, sondern auch erfolg haben wollen, müssen ihre Strukturen permanent überprüfen und anpassen. Diese Regel gilt nicht zuletzt auch für das Notfallmanagement. Ihre Umsetzung gewährleistet – zusammen mit den Ressourcen des betrieblichen (Risiko-)Managements – die Basis für eine flexible Handlungsfähigkeit im Schadenfall. Anders als das für (normale) Manager ungewohnte Denken in (Katastrophenschutz-)Stäben, stellt tagtägliche praktiziertes (eingeübtes) Projektmanagement im Notfall eine qualitativ hochwertige Chance für das Überleben einer Krise dar.

7.2.3 Anhang

Literatur

1. Steinmetz, Merz (1992) Umweltschutz und Gefahrenabwehr. Boorberg Verlag, Stuttgart
2. Der Störfall im chemischen Betrieb – Verhütung durch Prognose, Auffinden der Ursachen, Abschätzen der Auswirkungen, Gegenmaßnahmen (1980) Berufsgenossenschaft der chemischen Industrie, Heidelberg
3. Rinzer, Schmitz (1977) Nutzwert-Kostenanalyse. VDI-Verlag, Düsseldorf
4. Produktbeschreibung SAFER-System. Du Pont SAFER Emergency Systems Inc., Westlake Village, 1993
5. Produktbeschreibung COMPAS. Brenk Systemplanung, Aachen, 1992
6. Produktbeschreibung EIS/CHARM. disce GmbH, Gütersloh, 1993
7. Richtlinie zur Messung und Bewertung von Schadstoffkonzentrationen im Feuerwehreinsatz – Entwurf – vfdb-Richtlinie 10/01, Juni 1992. In: vfdb-Zeitschrift (1992) 4:181
8. Produktbeschreibung PSAIS. Expert Informatik GmbH, Berlin, 1992
9. Göring, Schecker (1993) TÜ 4:169
10. Pfafferott, Brömme (1990) Brandschutz 5:215
11. Anwenderinformation IGS-fire. Siemens Nixdorf Informationssysteme AG, Duisburg, 1993
12. Heins (1992) Gefährliche Ladung 6:288
13. TUIS-Handbuch. Verband der Chemischen Industrie (VCI), Frankfurt/M, 1993
14. Lindner, Leistner (1993) Florian Hessen 9:16
15. Adams (1993) Erhöhung der Sicherheit durch Qualitätssicherung bei Planung, Bau und Betrieb von chemischen Produktionsanlagen. Umweltbundesamt, Texte 18/93, Berlin
16. Haferkamp, Jäger (1993) TÜ 1:8
17. Produktbeschreibung Dispatch-System. Intergraph (Deutschland) GmbH, Dreieich-Sprendlingen, 1993
18. Steinmetz (1990) 8. Internationales Brandschutz-Seminar, Karlsruhe 1990, Band II, S. 97
19. Franke (1992) Brandschutz 1:17
20. Farrenkopf in: Kurzfassung der Vorträge zur Jahrestagung der vfdb, 1993
21. Plattner in: Kurzfassung der Vorträge zur Jahrestagung der vfdb, 1993
22. Hammacher, Riester (1993) Handbuch Betrieblicher Katastrophenschutz. Kriminalistik-Verlag, Heidelberg
23. Elter (1991) TÜ 4:160 und 5:195
24. Steuer (1990) vfdb-Zeitschrift 1:22
25. Herger, Foetzke, Becker, Dombrovsky, Ohlendiek, Kast (1993) Erarbeitung von Alarm- und Gefahrenabwehrplänen und Anforderungen an Art und Umfang der Information der Bevölkerung in der Nachbarschaft störfallrelevanter Anlagen. Umweltbundesamt, Texte 43/93, Berlin
26. Adams (Hrsg) (1990) Sicherheitsmanagement – Die Organisation der Sicherheit im Unternehmen. FAZ-Blick durch die Wirtschaft, Frankfurt/M
27. Hopfenbeck (1990) Umweltorientiertes Management und Marketing. Verlag Moderne Industrie, Landsberg/Lech
28. Steger (Hrsg) (1992) Handbuch des Umweltmanagements – Anforderungs- und Leistungsprofile von Unternehmen und Gesellschaft. C.H. Beck'sche Verlagsbuchhandlung, München
29. Sprenger (1991) Mythos Motivation – Wege aus einer Sackgasse. Campus-Verlag, Frankfurt/M
30. Heidack (Hrsg) (1989) Lernen der Zukunft. Kooperative Selbstqualifikation – die effektivste Form der Aus- und Weiterbildung im Betrieb. Lexika-Verlag, München
31. Produktbeschreibung SMS (Strategische Management Simulation). disce GmbH, Gütersloh, 1993
32. Peters (1993) Jenseits der Hierarchieen – Liberation Management. Econ-Verlag, Düsseldorf
33. Dammert (1988) io Management-Zeitschrift 10:466

34. Schröder (1991) Brandschutz 45/2:79
35. Wiedemann (1993) Krisenkommunikation – Ein Leitfaden für das Management bei Problemfällen. RKW-Nr. 1100, Eschborn

Abkürzungen

BImSchG	Bundesimmissionsschutz-Gesetz
BKO	Betriebliche Katastrophenschutz-Organisation
CAD	Computer aided design
COMPAS	Computergestütztes Meß- und Rechen-Programm zur Analyse von Störfällen
DV	Datenverarbeitung
EIS/CHARM	Emergency Information System / Complex Hazardous Air Release Model
FQH	Fehlerquellenhinweis
GSA	Gefahrstoffschnellauskunft des Bundes und der Länder beim Umweltbundesamt
HVB	Hauptverwaltungsbeamter
ICE	International Chemical Environment
ISDN	Integrated Services Digital Network
KatSDV	Katastrophenschutz-Dienstvorschrift
KatSL	Katastrophenschutz-Leitung
LKatG	Landeskatastrophenschutz-Gesetz
NIS	Nachbarschafts-Informations-System
PSAIS	Process-Safety-AI-System
SAFER	Systematic Approach for Emergency Response
SAP	Systeme, Anwendungen, Produkte in der Datenverarbeitung
SQL	Structured Query Language
TEL	Technische Einsatzleitung
TQM	Total Quality Management
TRGS	Technische Richtlinien Gefahrstoffe
TUIS	Transport-Unfall-Informations- und Hilfeleistungssystem
VDI	Verein Deutscher Ingenieure
vfdb	Vereinigung zur Förderung des Deutschen Brandschutzes e.V.

7.3 Sicherheitszirkel:
Betroffene zu Beteiligten machen –
Erfahrungen mit Arbeitsschutzzirkeln
bei der Henkel KGaA [1]

P. Müller-Demary, M. Przygodda

7.3.1 Ausgangssituation

In den letzten Jahren konnten durch systematische Sicherheitsarbeit und vor allem umfangreiche technische Sicherheitsmaßnahmen die Unfallzahlen in der gewerblichen Wirtschaft deutlich gesenkt werden. Doch seit einigen Jahren stagnieren die Unfallzahlen, ja z. T. mußten sogar leichte Anstiege verzeichnet werden.

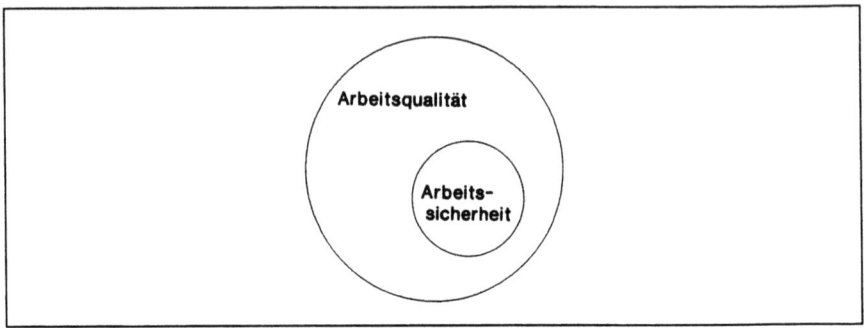

Abb. 7.11. Ziel des Arbeitsprozesses

Dabei spielt die Verhaltenskomponente bei den Unfallursachen eine immer größere Rolle. Damit ist nicht nur das direkte Verhalten der Person gemeint, die den Unfall erleidet (z. B. wenn die persönliche Schutzausrüstung nicht getragen wurde), sondern auch Technik und Organisation sind letztendlich von Menschen gestaltet und die Wirksamkeit technischer und organisatorischer Sicherheitsmaßnahmen hängt mit von dem Verhalten der anwendenden Menschen ab.

Wird Arbeitssicherheit und unfallfreies Arbeiten nicht als ein isoliertes Ziel, sondern als ein Teilziel der Arbeitsleistung und des ungestörten Betriebsablaufes verstanden (Abb. 7.11), ist es naheliegend sich mit Konzepten zu beschäftigen, die der Leistungsmotivation, Fehlervermeidung und Qualitätssteigerung allgemein dienen.

Ein moderner Ansatz sind hierbei Problemlösungsgruppen. Problemlösungsgruppen (auch Qualitätszirkel, Werkstattkreise usw. genannt) haben in den letzten 10 Jahren einen geradezu boomartigen Einzug in deutsche Unternehmen gehalten. Grundidee des Konzepts ist es, Mitarbeiter der ausführenden Ebene in Entscheidungsprozesse einzubeziehen und an der Lösung von Problemen zu beteiligen.

Dabei wird von folgenden Zielsetzungen ausgegangen (vgl. u. a. [2, 3, 4]):

– Probleme und Schwachstellen können am ehesten dort erkannt und beseitigt werden, wo sie auftreten. Aufgrund ihres Erfahrungswissens sind die Mitarbeiter für ihren Arbeitsplatz und das praktizierte Arbeitsverhalten die eigentlichen Experten.
– Mit dem Erfahrungswissen und der Kreativität der Mitarbeiter vor Ort können praxisnähere Problemlösungen gefunden und eine höhere Produkt- und Arbeitsqualität erreicht werden.
– Ein kooperativer Arbeitsstil in der Gruppe und das persönliche Kennenlernen der Kollegen untereinander führen zu mehr Verständnis und Akzeptanz. Erreicht wird damit eine Verbesserung der Zusammenarbeit und des innerbetrieblichen Informationsaustausches.

– Die Mitwirkungsmöglichkeiten bei der Arbeitsgestaltung (im weitesten Sinne), wirken sich positiv auf die Arbeitsmotivation aus und führen zu einer höheren Akzeptanz der umgesetzten Lösungen.
– Um Probleme kompetent lösen zu können, müssen vielfach Informationen gesammelt und neue Kenntnisse erworben werden. Ein solches erfahrungsorientiertes Lernen hat den Vorteil, daß das Gelernte eine höhere Akzeptanz erfährt und eher umgesetzt wird, als durch rein rezeptives Lernen.

In diesem Beitrag soll der Frage nachgegangen werden, ob Problemlösungsgruppen auch für die Verbesserung der Arbeitssicherheit genutzt werden können.

7.3.2 Sicherheitszirkel

In einem Unternehmen der chemischen Industrie wurde in einigen Produktionsabteilungen und Betriebswerkstätten Problemlösungsgruppen zur Verbesserung der Arbeitssicherheit (Sicherheitszirkel) eingeführt.

An den Sicherheitszirkeln nahmen jeweils 5–9 Mitarbeiter und Mitarbeiterinnen einer Abteilung teil. Die Mitarbeit in der Gruppe war freiwillig. Es wurde aber bei der Zusammenstellung der Gruppe darauf geachtet, daß die unterschiedlichen Tätigkeitsbereiche der Abteilung repräsentiert waren, um ein breites Spektrum an Informationen und Erfahrungen zu berücksichtigen. In den Teams war auch jeweils ein(e) Sicherheitsbeauftragte(r) vertreten. Vorgesetzte nahmen nur nach Einladung durch die Teammitglieder an den Gruppensitzungen teil.

Die Teams wurden von Mitarbeitern aus den jeweiligen Abteilungen geleitet, die an einer betriebsinternen Moderatorenausbildung teilgenommen hatten. In ca. 14-tägigem Abstand wurden innerhalb der Arbeitszeit Gruppensitzungen von ein- bis zweistündiger Dauer durchgeführt. Insgesamt fanden etwa 10 Sitzungen in jeder Gruppe statt.

7.3.3 Durchführung der Sicherheitszirkel

In der ersten Sitzung wurde den Teilnehmerinnen und Teilnehmern das Ziel der Sicherheitszirkel und der geplante Ablauf erläutert. Es wurden folgende *„Spielregeln"* der Zusammenarbeit mit der Gruppe festgelegt:

– *Ziel* des Projekts ist die Verbesserung der Arbeitssicherheit in der Abteilung.
– Alle Teammitglieder sind *gleichberechtigt*. Jede Meinung zählt gleich und soll von der Gruppe in der gemeinsamen Lösungsfindung berücksichtigt werden.
– Für eine konstruktive Zusammenarbeit ist es unbedingt notwendig, *fair* miteinander umzugehen (ausreden lassen!).
– Innerhalb der Gruppe eingebrachte Informationen werden *vertraulich* behandelt und nur nach Absprache an Außenstehende weitergegeben.

- Die Mitarbeit in der Gruppe ist *freiwillig*. Die freiwillige Entscheidung zur Mitarbeit in der Gruppe verpflichtet aber zur regelmäßigen Teilnahme an den Gruppensitzungen.

Eine Zusammenfassung des Problemlösungsprozesses ist in Abb. 7.12 graphisch dargestellt.

Als erster Schritt wurde die „Ist-Situation" analysiert. Dazu wurde ohne Einschränkung eine *Sammlung von Sicherheitsdefiziten und Gefährdungen* zusammengestellt. Leitfragen waren dabei:
- Welche Unfallschwerpunkte gibt es?
- Welche Beinaheunfälle haben sich ereignet?
- Wann gibt es gefährliche Situationen?

Auch Unfallstatistiken und -analysen wurden in dieser ersten Phase berücksichtigt.

Aus der Problemsammlung wurden ein oder mehrere Probleme ausgewählt, für die im Verlauf des Projekts Lösungen erarbeitet werden sollten. Auswahlkriterien für die Gruppe waren dabei zum einen die Dringlichkeit des Problems und zum anderen die subjektive Einschränkung, innerhalb der vorgegebenen Zeit einen umsetzbaren Lösungsvorschlag erarbeiten zu können (Erfolgserwartung). Die zuständigen Vorgesetzten wurden über das definierte Problem informiert.

Um ein *Ziel* für die Lösungssuche zu haben, wurde ein anzustrebender „Soll-Zustand" definiert. Dadurch entstand ein Maßstab, an dem die Lösungsvorschläge überprüft werden konnten.

Die *Lösungsfindung* gliederte sich in zwei Phasen. Zunächst wurden frei assoziativ viele Lösungsmöglichkeiten gesammelt. Um eine Entscheidung zugunsten einer Lösung kompetent treffen zu können, mußten von den Mitarbeitern vielfältige Informationen gesammelt werden. Dazu gehörte es, Kollegen und Vorgesetzte zu befragen, Experten (wie Betriebsfeuerwehr und Sicherheitsfachkräfte) hinzuzuziehen, Schriften (wie Unfallverhütungsvorschriften, Merkblätter, Betriebsvereinbarungen usw.) zu studieren, Informationsmaterial zu verschiedenen Angeboten einzuholen. Vielfach mußten aufgrund neuer Informationen bestehende Lösungsvorschläge verworfen und überarbeitet werden, bis eine Entscheidung für die vorzuschlagende Lösung getroffen wurde.

Die ausgearbeiteten Lösungsvorschläge wurden den Vorgesetzten *präsentiert*. Diese trafen die Entscheidung für die Umsetzung der Lösung. Die meisten Lösungsvorschläge wurden, z.T. in leicht modifizierter Form, angenommen.

Soweit dies möglich war, wurden die Lösungen von der Gruppe selber umgesetzt. Ansonsten wurde in der Präsentation festgelegt, wer für die Umsetzung verantwortlich ist (z.B. der zuständige Vorgesetzte).

Am Schluß jedes Projekts stand die *Erfolgskontrolle* durch die Gruppe. Dabei sollte überprüft werden, ob die Lösungen in der vorgeschlagenen Form umgesetzt wurden und zu dem erwarteten Erfolg (Zielerreichung) geführt haben.

7.3 Sicherheitszirkel: Betroffene zu Beteiligten machen

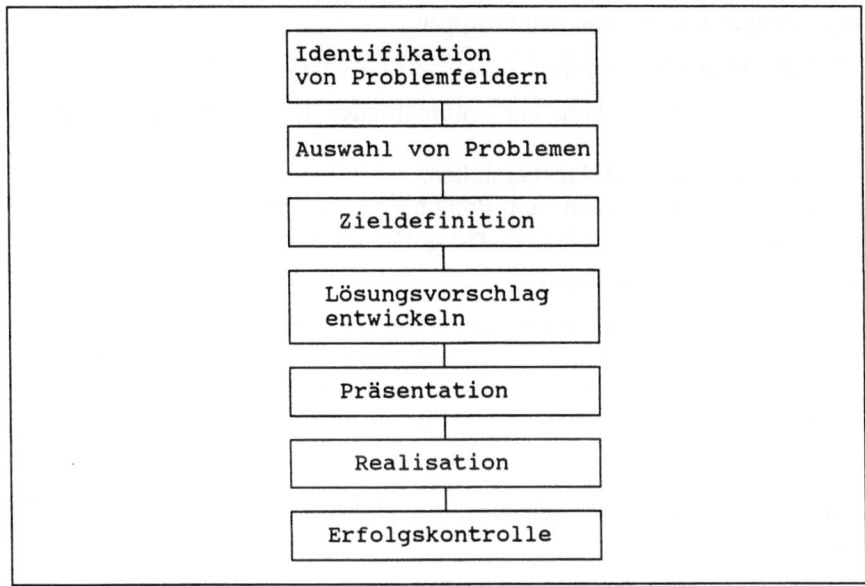

Abb. 7.12. Problemlösungsprozeß

7.3.4 Erfahrungen bei der Durchführung der Sicherheitszirkel

Gefährdungsbewußtsein

Ausgehend von den subjektiv erlebten Beinaheunfällen, kritischen Situationen und Belastungen haben sich die Sicherheitszirkel als geeignetes Instrument erwiesen, Gefährdungen auf direktem Weg zu ermitteln und Defizite in der Arbeitssicherheit aufzudecken. Im Verlauf der Gruppensitzungen veränderte sich bei den Teilnehmern die Wahrnehmung von Gefährdungen am Arbeitsplatz. Während zu Beginn der ersten Sitzung spontan erst wenige Gefährdungen genannt wurden, erkannten die Gruppenmitglieder in den späteren Sitzungen immer mehr Situationen bei der Arbeit, deren Verletzungsgefahr ihnen jetzt bewußt geworden war. Häufig wiesen sich die Teammitglieder auch gegenseitig auf das Risiko bei bestimmten Arbeiten hin.

Es war zu beobachten, daß durch die Sicherheitszirkel das bei den Mitarbeitern vorhandene Potential zur Erkennung von Gefährdungen gefördert wurde.

Lösungssuche

Bei der Bearbeitung der Projekte war eine wichtige Aufgabe, die notwendigen Informationen einzuholen, die für eine optimale Lösungsfindung notwendig waren. Nach eigener Einschätzung der Gruppenmitglieder wurden dabei viele neue Erkenntnisse über Zusammenhänge und bisher unbekannte Hintergrundinformationen gesammelt. Dadurch wurden bestehende Verhaltensanforderungen besser verständlich.

Vorgeschlagen wurden von den Gruppen

technische Maßnahmen, z. B.:

- Anbringen von Schabern zur automatischen Reinigung der Transportbänder,
- zusätzliche Tritte und Aufstiegshilfen,
- Verkürzung des Packarms, um Prellungen zu verhindern,
- Erweiterung der Schweißrauchabsaugung um einige Anschlüsse,

organisatorische Maßnahmen, z. B.:

- Verlagerung von Dreharbeiten, bei denen gesundheitsgefährdende Dämpfe entstehen können, in eine andere Werkstatt mit speziellen Absauganlagen,
- Aushang von Photos der Sicherheitsbeauftragten,
- Abstellplatz für Gas- und Sauerstoffflaschenwagen,

und verhaltensbezogene Maßnahmen, z. B.:

- ständiges Mitführen der Schutzbrille auch bei Arbeiten ohne Brillentragegebot.

Insgesamt betraf der überwiegende Teil der Lösungsvorschläge technische Maßnahmen.

Umsetzung der Lösungen

Die Verantwortung und Entscheidung zur Umsetzung verblieb bei den zuständigen Vorgesetzten. Da es sich bei den Vorschlägen um ausgereifte und durchdachte Lösungen handelte, wurden sie zum überwiegenden Teil angenommen und umgesetzt. Konnte die Umsetzung direkt von den Teammitgliedern selber vorgenommen werden, so erfolgte dies sehr kurzfristig. Aufwendige Veränderungen und Investitionen erforderten die Unterstützung der Vorgesetzten oder externer Fachabteilungen.

Werden Lösungen unbegründet abgelehnt oder die Lösungsumsetzung zu lange verzögert, so wird die Erwartung enttäuscht, durch persönliches Engagement die Arbeitssicherheit verbessern zu können. Eine geringe Ertragserwartung verringert die Motivation und Bereitschaft zu weiterem Engagement.

Weil letztendlich nicht die objektiven Sachverhalte (z. B. eine Pumpe ist nicht lieferbar), sondern die subjektive Wahrnehmung dieser Sachverhalte (z. B. der Zuständige bemüht sich nicht um die schnelle Lieferung der Pumpe) verhaltensrelevant werden, war es wichtig, hier Vorurteilen entgegenzuwirken und die Gruppenmitglieder über den Stand der Umsetzungsaktivitäten umfassen zu informieren. Dazu wurden einige Gruppensitzungen auch nach der Präsentation der Lösungen durchgeführt.

Information und Zusammenarbeit

Ein weiterer Effekt der Gruppenarbeit war die Intensivierung und Verbesserung des Informationsflusses. Die Projektbearbeitung erforderte von den Mitarbeitern eine stärkere aktive Informationsnachfrage, als dies im betrieblichen Alltag üblich ist. Damit waren nicht nur inhaltliche (z. b. zusätzliche Informationen über Gefahrstoffe) sondern auch soziale Lerneffekte (z. B.: Von wem erhalte ich welche Informationen?) verbunden, die die Zusammenarbeit nachhaltig verbesserten. Nach eigener Einschätzung der Mitarbeiter ist hierin ein wesentlicher positiver Effekt der Sicherheitszirkel zu sehen.

Die Arbeit der Sicherheitszirkel machte bisher unbekannte Vollzugsdefizite bei der Umsetzung von Sicherheitsanforderungen deutlich. Da betriebliche Arbeitsabläufe als Prozeß einer ständigen Veränderung unterliegen, ist es für die Arbeit der Sicherheitsfachkräfte wichtig, über die regelmäßigen Begehungen hinaus, über den aktuellen Sicherheitsstand der Arbeitsplätze informiert zu sein. Durch Sicherheitszirkel mit direkter Beteiligung der betroffenen Mitarbeiter vor Ort, kann hier ein neuer Informationsweg von „unten nach oben" installiert werden, der vorhandene Informationendefizite ausgleicht.

7.3.5 Sicherheitsmotivation

Ein wichtiges langfristiges Ziel der Sicherheitszirkel ist die Steigerung der Sicherheitsmotivation.

Sicherheitsmotivation umfaßt die Bereitschaft zu sicherem Verhalten. Dazu gehört

– zum einen das konkrete Arbeitsverhalten (z. B. Einhalten von Vorschriften, das Tragen persönlicher Schutzausrüstung),
– zum anderen das Engagement zur Verbesserung der Arbeitssicherheit (z. B. wenn Vorschläge zur Verbesserung der Arbeitssicherheit gemacht werden).

In folgender Weise sind positive Motivationseffekte durch Sicherheitszirkel zu erwarten:

1. Durch die aktive Mitarbeit an Sicherheitsmaßnahmen wird Arbeitssicherheit höher bewertet. Es besteht eine größere Identifikation mit dem Ziel unfallfrei zu arbeiten.
2. Allgemein bilden sich in Gruppen gemeinsame Normen und Werte aus, mit denen sich die Gruppenmitglieder mehr oder weniger identifizieren. Durch die Auseinandersetzung mit Arbeitssicherheit in der Problemlösungsgruppe wird die soziale Wertschätzung von sicherem Verhalten in der Gruppe größer.
3. Durch die aktive Auseinandersetzung mit der Arbeitssituation und den bestehenden Gefährdungen wird das Gefährdungsbewußtsein der Mitarbeiter gesteigert.
4. Die Problembearbeitung erfordert ein systematisches Erforschen von Ursache-Wirkungs-Zusammenhängen. Fatalistische Einstellungen, wonach Unfälle einfach „passieren" und nicht zu verhindern sind, werden so reduziert.
5. In der Gruppe werden Sicherheitsmaßnahmen erarbeitet und umgesetzt. Indem die Mitarbeiter erleben, welche Mitgestaltungsmöglichkeiten sie

haben, erhöht sich die subjektive Erfolgserwartung, auf die Arbeitssicherheit selber aktiv Einfluß ausüben zu können.

Zur Überprüfung dieser Hypothesen wurde ein Fragebogen zur Erfassung der Sicherheitsmotivation entwickelt. Dieser Fragebogen wurde vor und nach Durchführung der Sicherheitszirkel von den Zirkelteilnehmern und von nicht beteiligten Mitarbeitern beantwortet. Aus der Auswertung der Ergebnisse lassen sich folgende Schlüsse ziehen:

Verantwortlichkeit

Bei den an den Zirkeln beteiligten Mitarbeitern konnte die Verantwortlichkeit bezüglich Arbeitssicherheit signifikant verbessert werden.

Dieses Ergebnis ist so zu interpretieren, daß durch die positive Auseinandersetzung mit Ursache-Wirkungs-Zusammenhängen in den Sicherheitszirkeln fatalistische Einstellungen reduziert werden konnten.

In den Sicherheitszirkeln wurden Maßnahmen zur Lösung der erkannten Sicherheitsprobleme erarbeitet. Dadurch wurden die eigenen Handlungsmöglichkeiten zur Reduzierung von Gefährdungen erkannt und die Verantwortlichkeit jedes Einzelnen in der Arbeitsicherheit stärker wahrgenommen.

Bereitschaft zum Engagement

Die Zirkelteilnehmer zeigten nach der Durchführung der Sicherheitszirkel eine größere Bereitschaft, sich aktiv für die Arbeitssicherheit einzusetzen und Vorschläge zur Verbesserung der Arbeitssicherheit zu erarbeiten. Dies resultiert im wesentlichen aus dem in der Gruppenarbeit erlebten Erfolg. Es wurden hier Möglichkeiten wahrgenommen und erlebt, auf die Arbeitsbedingungen und die Sicherheit des eigenen Arbeitsplatzes gestaltend Einfluß zu nehmen. Hierbei wurde die Bereitschaft gefördert, diese Möglichkeiten auch tatsächlich zu nutzen.

Im Gegensatz dazu waren Motivationsverluste bei den nicht beteiligten Mitarbeitern zu beobachten. Sie sind durch Frustrationseffekte zu erklären, weil für die nicht beteiligten Mitarbeiter der Erfolg der Verbesserungsvorschläge nicht immer erkennbar war. Die Enttäuschung kann auch daher resultieren, daß Vorschläge von Gruppen tendenziell eher umgesetzt werden als Vorschläge einzelner Mitarbeiter. Zum einen, weil sie ausgereifter und besser durchdacht sind, zum anderen aber auch, weil ihnen durch den organisatorischen Rahmen mehr Gewicht beigemessen wird.

Für die Praxis sind daraus folgende Konsequenzen zu ziehen: Werden Sicherheitszirkel durchgeführt, so müssen die nicht-beteiligten Mitarbeiter mehr in die Zirkelarbeit einbezogen werden. Es ist beispielsweise möglich, die nicht-beteiligten Mitarbeiter mehr über die Arbeit der Gruppe und die Umsetzung der Lösungen zu informieren, und dadurch möglichen demotivierenden Effekten entgegenzuwirken.

7.3 Sicherheitszirkel: Betroffene zu Beteiligten machen

Soziales Ansehen von Arbeitssicherheit

Das soziale Ansehen von Arbeitssicherheit entwickelte sich in den einzelnen Sicherheitszirkeln unterschiedlich und konnte nur z. T. verbessert werden. Für die Praxis lassen sich daraus folgende Schlüsse ziehen:

Wie deutlich wahrgenommen wird, daß Arbeitssicherheit bei Kollegen und Vorgesetzten ein hohes Ansehen hat, ist ganz wesentlich von der Unterstützung der Sicherheitszirkel durch den Vorgesetzten abhängig. Es muß von Seiten der Vorgesetzten die Bereitschaft geben, die Vorschläge der Mitarbeiter aufzugreifen und umzusetzen. Damit gute Problemlösungen und Maßnahmen von den Gruppen vorgeschlagen werden, muß der Moderator auf ein systematisches Vorgehen achten und entsprechend ausgebildet werden.

Zusammenfassend läßt sich feststellen:

1. Sicherheitszirkel haben sich als ein geeignetes Instrument erwiesen, Gefährdungen auf direktem Weg zu ermitteln und die Mitarbeiter vor Ort aktiv einzubeziehen.
2. Das Erfahrungswissen der Mitarbeiter sollte bei Sicherheitsmaßnahmen mehr berücksichtigt werden und so praxisnahe Problemlösungen erarbeitet werden.
3. Die Sicherheitsmotivation der beteiligten Mitarbeiter kann gesteigert werden, indem
   – das Gefährdungsbewußtsein gefördert wird,
   – fatalistische Einstellungen durch die Problembearbeitung reduziert und die Verantwortlichkeit gesteigert werden,
   – die Bereitschaft sich aktiv für die Arbeitssicherheit einzusetzen und Sicherheitsmaßnahmen mitzugestalten verbessert wird.

Notwendige Voraussetzung dazu ist die Bereitschaft der Vorgesetzten, die von den Mitarbeitern vorgeschlagenen Problemösungen auch tatsächlich umzusetzen und die Hinweise auf Gefährdungen und Defizite ernst zu nehmen. Ansonsten kann durch Frustrationseffekte die Sicherheitsmotivation negativ beeinflußt werden.

Neben Sicherheitszirkeln gibt es weitere Maßnahmen, Mitarbeiter in die Gestaltung von Arbeitssicherheitsmaßnahmen aktiv einzubeziehen [5]. Die Entwicklung der oft vortragsartig abgehaltenen Sicherheitsunterweisungen hin zu mehr dialogorientierten moderierte Sicherheitsdiskussionen kann hier ein praktikabler Weg sein, bestehende Instrumente mit neuen Methoden zu verbinden.

Literatur

1. Entnommen aus: Krause/Zander (1993) Arbeitssicherheit, Gruppe S, Loseblatt, S. 263 ff, Haufe Verlag, Freiburg
2. Becker H, Langosch I (1984) Produktivität und Menschlichkeit. Organisationsentwicklung und ihre Anwendung in der Praxis. Stuttgart

3. Bungard W (1988) Arbeitsplatzorientiertes Lernen durch Qualitätszirkel. In: Meyr-Dohm P, Tuchtfeldt E, Wesner E (Hrsg): Der Mensch im Unternehmen. Bern
4. Rischar K, Titze Ch (1984) Qualitätszirkel – effektive Problemlösung durch Gruppen im Betrieb. Grafenau
5. Ritter A, Zink K (Hrsg) (1992) Gruppenorientierte Ansätze zur Förderung der Arbeitssicherheit. Berlin
6. Krieg B, Buchser D (1988) Der Weg zu neuen Traditionen. Wie Mitarbeiter zur dynamischen Kraft von Unternehmen werden. Basel
7. Müller-Demary P (1992) Effekte von Problemlösungsgruppen auf die Arbeitssicherheit: zur Motivationswirkung von Sicherheitszirkeln. Aachen
8. Zink KJ, Ritter A (1989) Verbesserung der Arbeitsqualität durch Problemlösungsgruppen. Bonn

7.4 Vorbereitung der Öffentlichkeit und Nachbarschaft auf Störfälle

F. Claus

7.4.1 Warum sollte die Öffentlichkeit auf Störfälle vorbereitet werden?

Kommunikation zwischen Anlagenbetreibern und der Öffentlichkeit ist aus verschiedenen Gründen sinnvoll und erforderlich. Das gilt für Betreiber störfallrelevanter Anlagen ganz besonders, als ein Teil von ihnen nach §11a der Störfallverordnung zur Weitergabe von Informationen verpflichtet ist. Da die alleinige *Information* für einige Teile der Öffentlichkeit erfahrungsgemäß unbefriedigend ist, sollte ein Konzept zur Information mit einem Konzept zur *Kommunikation* verbunden werden.

Im folgenden soll die Information zur Störfallvorsorge im Vordergrund stehen. Besonders zum Abschluß des Beitrags werden einige Ausblicke auf Kommunikationschancen eröffnet.

§11a der Störfallverordnung und der entsprechende Anhang VI geben Hinweise darauf, *wer worüber* zu informieren ist (vgl. Tabelle 5). Bei genauem Lesen stellt sich jedoch heraus, daß eine Interpretation des Verordnungstextes erforderlich ist. Diese Interpretation wird im Rahmen der 3. Verwaltungsvorschrift zur Störfallverordnung vorgenommen und befindet sich noch in der Abstimmung.

Wer jedoch über die reinen Pflichtaufgaben hinausgeht, sollte die hauptsächlichen Inhalte der Information unter ihrer eigentlichen Zielsetzung genauer betrachten.

Es lassen sich zwei Aspekte unterscheiden:

1. Sicherheitsinformation: hier geht es um Aufklärung über die störfallrelevante Anlage.
2. Individuelles Verhalten im Störfall: hier geht es um Tips für die Bevölkerung.

7.4 Vorbereitung der Öffentlichkeit und Nachbarschaft auf Störfälle

Hinter der Störfallverordnung steht das Ziel, bei der Bevölkerung allgemein ein Bewußtsein für die Risiken zu schaffen, mit denen sie in ihrem engeren oder weiteren Umfeld täglich lebt, und darüber hinaus konkret auf das individuelle Verhalten im Störfall vorzubereiten.

Folglich sollten die Informationen so beschaffen sein, daß

- das Verständnis über die Art der Anlagen gefördert,
- das Vertrauen in das Risikobewußtsein und die Vorsorgemaßnahmen des Betreibers nachhaltig erhalten oder verbessert und die Angst vor Störfällen möglichst gering gehalten wird.
- das Vertrauen in die Kontrolle und Einbindung der Behörden erhalten oder verbessert wird.

Dazu ist es erforderlich, daß zu den störfallrelevanten Anlagen eine Transparenz erreicht wird, die über das Mindestmaß hinausgeht. Ziel sollte die Umsetzung einer Angebotshaltung sein, mit der deutlich wird, daß Informationen bereitstehen und nicht zurückgehalten werden.

7.4.2 Wer ist „die Öffentlichkeit"? Wer sind „Betroffene"?

Die Störfallverordnung spricht davon, daß Öffentlichkeit und Betroffene über Störfallrisiken und über das angemessene Verhalten im Störfall zu informieren sind. Diese Vorschrift kann juristisch ausgelegt oder aus der Sicht der Kommunikation interpretiert werden.

Versucht man eine juristische Definition des Begriffs *Öffentlichkeit*, so wäre aus dem BImSchG abgeleitet mit EG-Perspektive die im EG-Raum lebende Bevölkerung zu informieren. Dies ist bei einer Bringschuld des Betreibers weder praktikabel noch sinnvoll.

Aus meiner Sicht sollten zur Definition der Öffentlichkeit andere Maßstäbe angelegt werden, die eher von einem nachvollziehbaren Interesse der Menschen an anlagenbezogener Störfall-Vorsorge-Information ausgeht. Dann wäre eine Einengung möglich nach Kriterien der Erreichbarkeit, der gesellschaftlichen Funktionen sowie des räumlichen Bezugs:

- **räumlich:** die Personengruppe der betreffenden Stadt (bzw. der betreffenden Städte bei Grenzlagen),
- **funktional:** die Träger öffentlicher Belange (Politiker, Parteien, Verbände, Vereine etc.),
- **erreichbar:** die Personengruppe, die mit der örtlichen Zeitung (oder lokalen Radiosender) informiert werden kann.

Unter der Zielsetzung einer Kommunikation mit der Öffentlichkeit mit freiwilliger Information wird vorgeschlagen, die Grenzen der jeweiligen Gebietskörperschaft als Informationsgrenze für die Bringschuld des Betreibers zu wählen. Die dort lebende Personengruppe sieht sich selbst am ehesten in Bezug zu dem Betreiber. Jedoch sollte bei Randlagen nicht formal an der Verwaltungsgrenze haltgemacht werden, obwohl womöglich die nahe Nachbarschaft auch die

Arbeitskräfte liefert. Denn nach meiner Auffassung gilt der *Grundsatz*, daß es im Sinne einer Angebotshaltung das Ziel der Information sein sollte, die Gruppen nicht zu eng abzugrenzen und *lieber zu viele als zu wenige eher zu ausführlich als zu dürftig zu informieren.*

Bei der Abgrenzung des Kreises der *Betroffenen* könnte – aus wissenschaftlich-technischer Perspektive – der Weg über die Festlegung von Wirkungsradien eines Störfalls beschritten werden. Dafür spricht, daß derartige Angaben in einigen Sicherheitsanalysen enthalten sind. Dagegen spricht die Vielzahl an Annahmen, die zugrunde gelegt werden müßten.

Die Faktoren einer Ausbreitungsrechnung sind sehr von individuellen Einschätzungen abhängig (worst-case oder Dennoch-Störfall; meteorologische Situation im Störfall; Störfall-Kombination etc.). Sollte es gelingen, sich auf „richtige" Faktoren zu einigen, wäre die nächste Schwierigkeit, die Grenzkonzentrationen (zwischen „betroffen" und „nicht betroffen") klar zu bestimmen. Zwar könnte man hierfür MAK-Werte oder IDLH-Werte (Immediately Dangerous To Life and Health) verwenden, beide Wertelisten haben jedoch eigentlich andere Ziele und gelten streng genommen nicht für die Abgrenzung der Störfall-Betroffenheit.

Halpaap [1] skizziert recht anschaulich die „Fragezeichen" bei der Bestimmung von akzeptablen Werten von „gefährlichen Konzentrationen". Die Zentralstelle für Gesamtverteidigung in der Schweiz [2] hat einen Leitfaden zur Abschätzung der Distanzen vorgelegt, bei denen „noch 10% der Bevölkerung mit gesundheitlichen Auswirkungen durch den freigesetzten Stoff reagieren können". Grundlage dieses Konzeptes sind IDLH-Werte, MAK-Werte, Giftklassen und LD/LC-Werte. Dabei sprechen die Autoren davon, daß „die Distanzen so ermittelt sind, daß die empfindlichen Bevölkerungsgruppen (Kinder, Kranke, ältere Personen) eingeschlossen sind".

Eine andere Vorgehensweise für die Abgrenzung könnte die Größe des Raumes sein, um sich daran zu orientieren, welches Gebiet Einsatzkräfte, Polizeifahrzeuge und Lautsprecherwagen in 20–30 Minuten betreuen können. Diese Methode ist für die Abgrenzung eines zu informierenden Raumes *im Störfall* vorgeschlagen worden. Hier steht jedoch ein anderer Zweck an: die Information soll ja zur *Vorsorge*, vor einem möglichen Störfall gegeben werden und dem Verhalten im Störfall ohne weitere Informationen dienen. Daher kann der Kreis der zu informierenden größer gezogen werden. Von einem Ergebnis, dessen Genauigkeit in einem vertretbaren Verhältnis zum Berechnungsaufwand steht, kann bei dieser Vorgehensweise jedenfalls keine Rede sein.

Fazit: Die *Betroffenen* sind in erster Linie diejenigen, die sich unter ungünstigen Umständen im Einflußbereich eines Störfalls befinden können (wohnen, arbeiten, erholen etc.). Offensichtlich ist die Abgrenzung dieser Gruppe nicht allein anhand von Bewohnern möglich. Vielmehr ist auch eine Betrachtung zeitlich befristeter Nutzungen erforderlich (z.B. Arbeitsstätte, Sportplatz, Stadion, Verkehrsbänder etc.). Darüber hinaus sind die Nutzungen unterschiedlich sensibel (Kindergarten oder Krankenhaus wegen der empfindlichen Personengruppe; Stadion wegen des Aufenthalts im Freien). Auf die sensiblen Nutzungen sollte besonderes Augenmerk gerichtet werden (s.u.).

7.4 Vorbereitung der Öffentlichkeit und Nachbarschaft auf Störfälle 263

Im Rahmen eines Forschungsvorhabens [3] zur Information der Öffentlichkeit wurde für ein entsprechendes Anwendungsbeispiel, das Werk Waldhof der Boehringer Mannheim GmbH, aus pragmatischen Gründen die Wahl eines Radius von 2 km um das Werk als Abgrenzung gewählt. Dabei wurde der Umkreis immer dort großzügig erweitert, wenn er einen Vorort von Mannheim zerschnitten hätte oder wenn eine Barriere (Bahndamm, Fluß etc.) in der Nähe ist. Geografische Kriterien ergänzen also den Radius.

7.4.3 Welche Informationen sollen Öffentlichkeit, Betroffene und Interessierte erhalten?

Für die Differenzierung der Informationen, die die drei Zielgruppen Öffentlichkeit, Betroffene und Interessierte erhalten, ist jenseits der Vorschriften der Störfallverordnung natürlich Spielraum vorhanden. Besonders wichtig erscheint die inhaltliche und grafische Gestaltung der Information für die Betroffenen (s. u.).

In Tabelle 7.1 ist die Gliederung der Information wiedergegeben, die für das Werk Waldhof der Boehringer Mannheim GmbH [4] benutzt wurde. Die laut Anhang VI der Störfallverordnung genannten Anforderung werden daneben aufgeführt.

Welche Informationen Betroffene und Öffentlichkeit jeweils ungefragt erhalten sollten und welche weiteren Informationsangebote gemacht werden sollten, ist der Tabelle 7.2 zu entnehmen.

Die Informationsebene 3 ist im Rahmen der Störfallverordnung besonders wenig konkretisiert worden. Empfänger sind Interessierte, die sich mit dem ausdrücklichen Wunsch nach zusätzlichen Informationen an den Betreiber wenden. Die Information dient dazu, das Vertrauen in die Betreiber der störfallrelevanten Anlagen zu verbessern bzw. zu erhalten, die Fragen zu beantworten und den konkreten Anlagebezug zu vertiefen. Voraussichtlich werden nur wenige Personen Nachfragen nach detaillierteren oder weiterführenden Materialien stellen. Hierzu gehören vermutlich

- Personen, die der chemischen Industrie besonders kritisch gegenüberstehen,
- Journalisten
- Lehrer,
- Personen, die in der Erwachsenenbildung tätig sind,
- Mitglieder von Umweltverbänden.

Gezielte Nachfragen (z. B. über ein Umwelttelefon) können auch gezielt beantwortet werden. Es ist jedoch denkbar, daß auch ungezielte Nachfragen nach „weiteren Informationen" gestellt werden. Für diesen Fall empfehlen sich individuell zusammengestellte weitergehende Materialien. Dabei kommt es auch darauf an, Fragen zu antizipieren und offen mit Information umzugehen.

Tabelle 7.3 enthält Vorschläge für die dritte Informationsebene.

Tabelle 7.1. Mustergliederung

Mustergliederung	Anforderungen der novellierten Störfall-Verordnung laut Anhang VI:	Umsetzung in der Musterbroschüre
	1. Name des Betreibers und Angabe des Standorts	Seite 1 (Text/Überschrift oben)
	2. Benennung und Stellung der Person, die Informationen gibt	Seite 1 (Text Kasten unten)
	3. Bestätigung, daß die Störfall-Verordnung Anwendung findet und die sich daraus ergebenden Mitteilungspflichten erfüllt sind	Seite 1 (Text, Kasten oben)
Was produziert das Werk?	4. Allgemeinverständliche Kurzbescheibung über Art und Zweck der Anlage	Seite 2
Was kann Störfälle verursachen?	5. Bezeichnung der Stoffe oder Zubereitungen, die einen Störfall verursachen können unter Angabe ihrer wesentlichen Gefährlichkeitsmerkmale	Seite 3 (Text und Schautafel)
Risiken des Werkes	6. Allgemeine Unterrichtung über die Art der Gefahr bei einem Störfall einschließlich möglicher Wirkungen auf Mensch und Umwelt	Seite 2/Seite 3 (Text und Schautafel)
Im Notfall Richtig Reagieren! Anhang: Alarmblatt	7. Hinreichende Auskünfte darüber, wie die betroffenen Personen gewarnt und über den Verlauf eines Störfalles unterrichtet werden sollen	Seite 4/externes Notfallblatt (Text und Piktogramme)
	8. Hinreichende Auskünfte darüber, wie die betroffenen Personen bei Eintreten eines Störfalles handeln und sich verhalten sollen	Seite 4/externes Notfallblatt (Text und Piktogramme)
Sicherheitsvorsorge im Werk	9. Bestätigung, daß der Betreiber geeignete Maßnahmen am Standort, einschließlich der Verbindung zu den für die allgemeine Gefahrenabwehr und den Katastrophenschutz zuständigen Behörden getroffen hat, um beim Eintritt eines Störfalles gerüstet zu sein und dessen Wirkungen so gering wie möglich zu halten	Seite 4 (Text oben)
	10. Hinweis auf den außerbetrieblichen Gefahrenabwehrplan, der für die Störfallauswirkungen außerhalb des Standortes ausgearbeitet wurde. Dieser sollte auch Ratschläge für die Zusammenarbeit der für die allgemeine Gefahrenabwehr und den Katastrophenschutz zuständigen Behörden bei einem Störfall enthalten	Seite 4 (Text oben)
	11. Einzelheiten darüber, wo unter Berücksichtigung der Geheimhaltungsauflagen weitere Informationen eingeholt werden können. Zu den geheimzuhaltenden Unterlagen zählen auch Betriebs- und Geschäftsgeheimnisse	Seite 1 (Text im Kasten unten)

7.4 Vorbereitung der Öffentlichkeit und Nachbarschaft auf Störfälle

Tabelle 7.2. Zielgruppen

Info-Ebene	Zielgruppe	Inhalte	Bring-/Holschuld	Informationsweg
1	Öffentlichkeit	Anhang VI	Bringschuld	Stadtillustrierte, Werbezeitschrift
2	Betroffene	Anhang VI und zusätzliche Informationen sowie Gestaltungselemente	Bringschuld	Postwurfsendung persönliches Anschreiben
3	Interessierte	Je nach Bedarf und Anfrage	Holschuld	Brief, Gespräch, Video, etc.
4	Kommunikation	Auseinandersetzung über Risiken und Maßnahmen	Holschuld	öffentliche Veranstaltung, Vortrag, Diskussion

Tabelle 7.3. Übersicht: Vorschläge für Inhalte der dritten Informationsebene (für Interessierte)

- Aktuelle Lagerliste
- Sicherheitsdatenblätter für relevante Stoffe
- Auszüge aus Sicherheitsanalysen (jeweils in Bezug zu dem einzelnen Betrieb)
- Hinweise auf Stoff-Datenbank
- ggf. grober Werksplan
- Informationsmaterial über Produkte und Leistungen des Unternehmens
- Auszüge aus Alarmplan
- Material über Leistungsfähigkeit der werkseigenen Feuerwehr oder sonstiger Schutzeinrichtungen
- Bilanz der Betriebsstörungen und Störfälle im Werk für die letzten 10 Jahre
- Einladung zum Tag der Offenen Tür o. ä.
- Angebot zu persönlichem Gespräch
- Hinweise auf Zuständigkeiten/Personen bei Behörden
- Daten über Emissionen des Werks im Normalfall
- Umweltschutz-Bericht des Unternehmens (Auszüge)

7.4.4 Welche Elemente sind zentral für Inhalt, Formulierung und Gestaltung?

Zentrale Grundlage der Information sind aktuelle Sicherheitsanalysen, die auch den Dennoch-Störfall enthalten. Dies ist derzeit leider nicht immer der Fall. Es erscheint jedoch nicht nur unsinnig, eine Information über nicht existierende Auswirkungen an die Bevölkerung zu geben, im Gegenteil wird eine derartige Mitteilung Mißtrauen hervorrufen.

Grundlage der Information ist ferner die Kommunikation mit den (mindestens Katastrophenschutz-)Behörden. Bei der Abstimmung mit den Behörden werden sehr unterschiedliche Erfahrungen gemacht. Manche Behörden nehmen eine aktive Rolle ein und formulieren Anforderungen an den Inhalt und den Umfang der Information. Andere verstehen ihre Funktion als passiv, so daß sie zu vorgelegten Unterlagen Stellung beziehen.

Ein heikler inhaltlicher Punkt wird häufig in der Nennung von Stoffen gesehen. Einige der bereits vorliegenden Informationsbroschüren nach §11a der Störfallverordnung geben keinerlei Stoffe an, obwohl das von Anhang VI gefordert wird. Die entsprechenden Betreiber halten es offenbar für ausreichend, die Gefährlichkeitsmerkmale zu nennen. Es kann jedoch nur von Nutzen sein, zumindest einzelne Stoffe aufzuführen, um die Risiken verständlicher werden zu lassen und die Informationsbereitschaft zu unterstreichen, um somit Vertrauen zu erzeugen.

Bei Anlagen aus dem Bereich der Energieversorgung ist es kein Problem, die wenigen und eindeutig beschreibbaren Stoffe zu benennen, über die auch meist Alltagserfahrung vorliegt. Anders ist das bei mittleren und ganz besonders problematisch bei großen Firmen aus der pharmazeutischen und der chemischen Industrie, wo jeweils eine Vielzahl von Substanzen gehandhabt werden, die störfallrelevant sein können. Dort werden daher in der Konsequenz bei den bisher vorliegenden Beispielen keine Stoffe genannt. Diese Vorgehensweise führt nicht zur Sensibilisierung, verzichtet auf die Verknüpfung mit Alltagswissen und stellt die Mündigkeit der Bürger in Frage.

Tabelle 7.4 veranschaulicht das Diskussionsergebnis im Anwendungsfall Boehringer Mannheim. Die Aussagen wurden in eine tabellarische Form gebracht, um den Lesefluß nicht zu hemmen. Gleichzeitig wurde auf die Verbindung von Text und Grafik (Gefährlichkeitsmerkmalen) geachtet, um eine unmittelbare Zuordnung zu ermöglichen.

Der Aufbau des Textes des Informationsblattes orientiert sich nicht an der Reihenfolge der Pflicht-Information des Anhangs VI. Vielmehr wird erst die Verantwortung des Unternehmens angesprochen, dann wird das Werk (anhand von Beispielen) in den Zusammenhang mit seinen Produkten gestellt, um einen Bezug zwischen Risiko und Nutzen herzustellen.

Zusätzliche Informationen, die über die Pflicht hinausgehen, werden beispielsweise bei der Erwähnung der Sicherheitseinrichtungen gegeben, um die Verantwortlichkeit des Unternehmens zu betonen.

Der Aufmacher der Störfall-Vorsorge-Information enthält bewußt einige Reizworte aus der Entstehungsgeschichte des §11a (s. Abb. 7.1). Diese Stichworte dienen auch dazu, damit die Leser das Papier in eine bestimmte Schublade sortieren und somit den Zweck schnell erkennen können (Störfall). Die Nennung dieser Reizworte soll außerdem zur Vertrauensbildung anregen: Wesentliche Punkte werden nicht verschwiegen, der Zusammenhang zwischen der Störfallverordnung und ihren Ursachen wird deutlich hergestellt.

Viele Überschriften sind in Frageform abgefaßt, um damit auf typische, erwartete Fragen der Empfänger einzugehen. Dies soll die Identifikation mit dem Thema erleichtern. Dazu dient auch eine Karte (Abb. 7.2), aus der sich der Empfängerkreis der Information entnehmen läßt.

Die verhaltenssteuernden Piktogramme (s. Abb. 7.3) sind an Verkehrszeichen orientiert, um über Assoziationen eine bessere Verständlichkeit hervorzurufen.

Die vier Seiten (DIN A4, gefaltet) umfassende Störfall-Vorsorge-Information ist von dem Alarmblatt (Abb. 7.3) getrennt. Beide Papiere orientieren sich

7.4 Vorbereitung der Öffentlichkeit und Nachbarschaft auf Störfälle

Tabelle 7.4. Stoffbezeichnungen

typische Stoffe	Phosphortrichlorid, Brom, Schwefelsäure (Konz., = Oleum)	Methyljodid, Ammoniak, Ethylenoxid, Methanol, Epichlorhydrin	Dimethylsulfat, Brom	Trichlorethylen, Natriummethylat	Ethylenoxid, organische Lösemittel wie Alkohol (Ethanol), Aceton, Methanol, Toluol
Gefährlichkeitsmerkmal	 C	 T	 T+	 Xi	 F
Hinweise	reagieren zum Teil mit Wasser, ätzend, Reizung der Atmungsorgane Kontakt von Haut und Schleimhaut mit diesen Stoffen vermeiden	giftig beim Einatmen, bei Berührung mit der Haut, beim verschlucken, reizt die Atmungsorgane und die Haut, irreversibler Schaden möglich Stoffe nicht einatmen oder verschlucken, nicht in die Augen bringen	sehr giftig, krebserzeugend, verursacht Verätzungen Stoffe nicht einatmen oder verschlucken, nicht in die Augen bringen	mindergiftig oder reizend, irreversibler Schaden möglich Stoffe nicht einatmen oder verschlucken, nicht in die Augen bringen	leichtentzündlich nicht rauchen, Zündfunken vermeiden

Die Symbole und die Formulierung der Gefährlichkeitsmerkmale sind der „Neufassung der Verordnung über gefährliche Stoffe – Gefahrstoffverordnung (GefStoffV)" vom 25.09.1991 entnommen

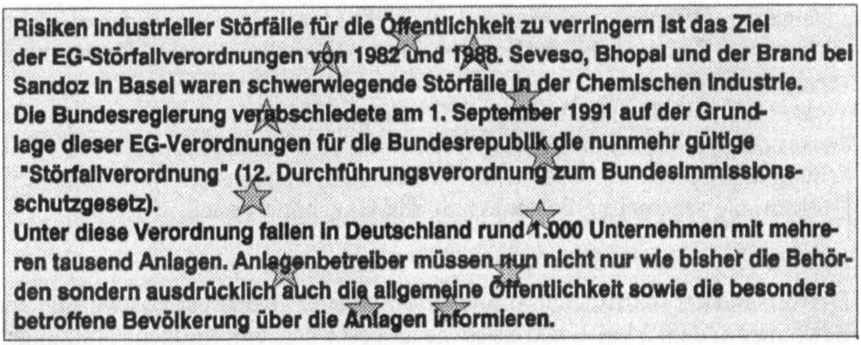

Risiken industrieller Störfälle für die Öffentlichkeit zu verringern ist das Ziel der EG-Störfallverordnungen von 1982 und 1988. Seveso, Bhopal und der Brand bei Sandoz in Basel waren schwerwiegende Störfälle in der Chemischen Industrie. Die Bundesregierung verabschiedete am 1. September 1991 auf der Grundlage dieser EG-Verordnungen für die Bundesrepublik die nunmehr gültige "Störfallverordnung" (12. Durchführungsverordnung zum Bundesimmissionsschutzgesetz).
Unter diese Verordnung fallen in Deutschland rund 1.000 Unternehmen mit mehreren tausend Anlagen. Anlagenbetreiber müssen nun nicht nur wie bisher die Behörden sondern ausdrücklich auch die allgemeine Öffentlichkeit sowie die besonders betroffene Bevölkerung über die Anlagen informieren.

Abb. 7.13. Aufmacher der Störfall-Vorsorge-Information bei der Boehringer Mannheim GmbH

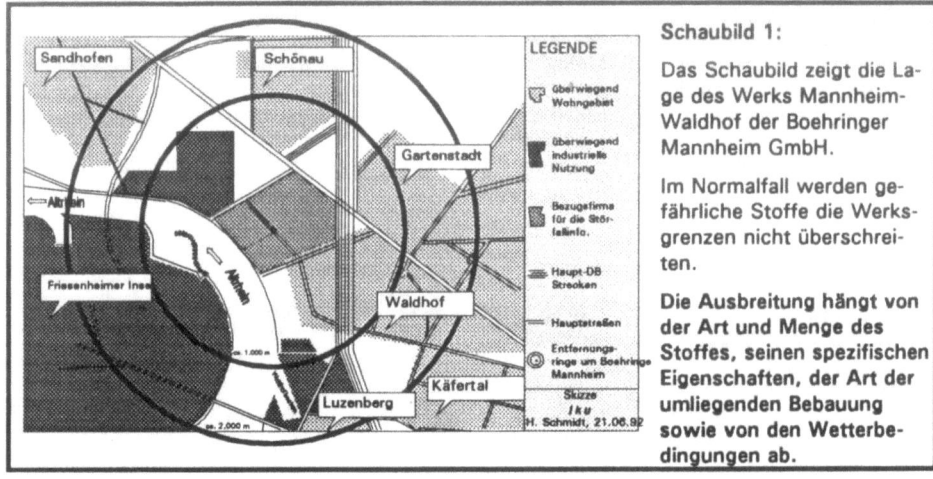

Abb. 7.14. Typische Lageskizze

farblich an bekannter „Achtung"-Symbolik (Infoblatt gelb, Alarmblatt orange). Das Alarmblatt ist auf stärkerem Karton gedruckt und hat links oben ein Loch (zum Aufhängen).

7.4.5 Wie soll die Vorsorge-Information verbreitet werden?

Informationsebene 1 (Öffentlichkeit)

Für die Öffentlichkeit müssen alle elf Punkte des Anhangs VI der Störfallverordnung abgedeckt werden. Der Anhang VI der Störfallverordnung verlangt umfangreiche Information, die nur über Printmedien erfolgen kann. Radio und Fernsehen (incl. eigenem Video oder Beitrag über den Offenen Kanal – In Hengelo wird eine Störfall-Vorsorge-Information der Stadtverwaltung regelmäßig monatlich im Offenen Kanal ausgestrahlt.) können insofern nur unterstützend wirken. Besonders Radio ist nur dafür geeignet, den Hinweis auf die Existenz schriftlicher Materialien zu geben. Die schriftliche Information der allgemeinen Öffentlichkeit muß jedoch nicht identisch sein mit der oben beschriebenen Konzeption. Auf auflockernde Elemente (Fotos, Karte) kann verzichtet werden.

Das Ziel, alle Haushalte einer Stadt zu erreichen, sollte zwar verfolgt werden, es wird jedoch kaum 100%ig erreicht werden. Häufig kann die Veröffentlichung der Störfall-Vorsorge-Information am besten in einer Werbezeitschrift erfolgen, die regelmäßig kostenlos an alle Haushalte verteilt wird.

Informationsebene 2 (Betroffene)

Der Versand der schriftlichen Informationsebene 2 erfolgt per Postwurf an alle Bewohner in dem 2 km-Umkreis sowie an besonders empfindliche Nutzungen

7.4 Vorbereitung der Öffentlichkeit und Nachbarschaft auf Störfälle

Im Notfall richtig reagieren!
Grundsätzliche Informationen und Handlungsempfehlungen bei industriellen Störfällen in Ihrer Umgebung

Wie werde ich alarmiert? - Durch Lautsprecherdurchsagen Durch Polizei und Feuerwehreinsatzfahrzeuge und in öffentlichen Gebäuden - Durch Rundfunk und Fernsehdurchsagen - Durch Sirenen: Eine Minute Heulton	
Wie erkenne ich die Gefahr? - Durch sichtbare Zeichen wie bspw. Feuer und Rauch - Durch Geruchswahrnehmung - Durch Reaktionen des Körpers wie Übelkeit und Augenreizung	
Was muß ich zuerst tun? 1. Suchen Sie geschlossene Räume auf! 2. Bleiben Sie in Ihrer Wohnung! 3. Schließen Sie alle Türen und Fenster und stellen Sie die Belüftung oder Klimaanlage ab. Berücksichtigen Sie das auch, wenn Sie sich im Auto befinden! 4. Nehmen Sie vorübergehend Mitbürger auf, wenn es nötig ist! Geschlossene Räume schützen zunächst wirkungsvoll vor Gasen oder drohenden Explosionen.	
Was mache ich danach? 1. Unternehmen Sie nichts auf eigene Faust, stattdessen warten Sie auf Nachrichten und Hinweise der zuständigen Behörden. Halten Sie sich an diese Ratschläge! 2. Schalten Sie das Radio ein, falls vorhanden auch den Fernseher. SDR "Kurpfalzradio" (104,1 MHZ), SWF 3 (101,1 MHZ), RPR (103,6MHZ), Radio Regenbogen (102,8 NHZ), Nachtprogramm der ARD! Schalten Sie den Fernseher auf das Regionalprogramm (in der Regel Kanal 3)! Die Stadt Mannheim hat am schnellsten den Überblick über den Störfall und wird kurzfristig und umfassend über die genannten Medien informieren.	
Kann ich sonst noch etwas tun? 1. Gehen Sie bei ungewohnten Gerüchen in ein oberes Stockwerk, da Gase meist schwerer als Luft sind und am Boden bleiben! 2. Vermeiden Sie wegen der Explosionsgefahr jedes offene Feuer (Rauchen!)! 3. Halten Sie sich bei lästiger Geruchswahrnehmung nasse Tücher vor Mund und Nase, um keine giftigen Stoffe einzuatmen! 4. Nehmen Sie Mitbürger auf, falls es notwendig ist.	
Was sollte ich auf keinen Fall tun? 1. Benutzen Sie nicht das Telefon, auch nicht um enge Verwandte anzurufen! Die Telefonleitungen werden für die Einsatzkräfte benötigt. 2. Verlassen Sie nicht unaufgefordert das Haus, um zu Fuß oder mit dem Auto zu flüchten. So gefährden Sie sich nur selber. Die Verkehrswege werden darüberhinaus von den Einsatzkräften benötigt.	

Abb. 7.15. Muster für Alarmblatt

und an Verbände und den politischen Raum sowie an Multiplikatoren (Medien).

Welche Einrichtungen in dem betreffenden Raum gesondert angesprochen werden sollten, ist ein Ergebnis des zu Arbeitsbeginn angefertigten Kommunalprofils (s.u.), in dem u.a. charakteristische Daten der Werksumgebung erhoben wurden. Auch die behördliche Gefahrenabwehrplanung kann dazu dienen. Natürlich wird es trotz aller Bemühungen Lücken in der Erreichbarkeit geben. Beispielsweise kann man zwar jeden Kleinstbetrieb erreichen, aber nicht jeden Beschäftigten.

Die Überschneidung von Gefährdungsradien mehrerer Betreiber muß kritisch beurteilt werden, wenn Betroffene nicht abgestimmte Informationen erhalten. Dieser Fall kann derzeit auftreten, da den Behörden keine koordinierende Funktion zugedacht ist. Ein Ausweg bestünde darin, daß in diesem Fall

- die Koordination der Mitteilungen über die zuständigen Behörden (Stadt Mannheim) erfolgen sollte,
- ein regionaler Bezug der Störfallverordnung hergestellt werden sollte, indem z.B. eine von den städtischen Behörden koordinierte, gemeinsame Broschüre aller zur Information verpflichteten Unternehmen herausgegeben wird. Dieses Vorgehen wird derzeit in Mannheim verfolgt.

7.4.6 Wie wirkt die Information auf die Empfänger?

Im Rahmen des Forschungsvorhabens wurde die Wirkung der Informationen auf die Empfänger an mehreren Bearbeitungspunkten evaluiert:

- Mit Beginn der Diskussion wurde auch ein Kommunalprofil erarbeitet. Aus diversen Interviews mit lokalen Schlüsselpersonen und mit Hilfe der Auswertung statistischer Materialien ergaben sich Hinweise darauf, welche Einstellungen zum Betreiber und zum Thema „Störfälle" in der Öffentlichkeit bestehen. Außerdem erfährt man aus einem Kommunalprofil die Bedeutung von Pendlerströmen, Ausländeranteile (Sprache der Information!), spezielle Ängste usw.
- Sehr frühzeitig wurden die ersten Arbeitsergebnisse in Focusgruppen abgestimmt. Hier erhält man Hinweise zur Verständlichkeit und zu möglichen Interpretationen benutzter Begriffe und Aussagen.
- Schließlich wurde die vorläufige Störfall-Vorsorge-Information an etwa 200 zufällig ausgewählten Haushalten in drei Befragungswellen getestet.

Aus dieser standardisierten Telefonbefragung lassen sich folgende Ergebnisse formulieren:

- Ungefähr zwei Drittel der Befragten haben die Information zur Kenntnis genommen.
- Die telefonische Erinnerung hat offensichtlich eine gesonderte Wirkung; dadurch werden zusätzliche Personen angeregt, die Unterlagen zu lesen.
- Die Verständlichkeit ist offensichtlich gegeben.

7.4 Vorbereitung der Öffentlichkeit und Nachbarschaft auf Störfälle

Die Untersuchung hat geklärt, daß die o. g. drei Anforderungen an die Information erfüllt werden:

- *Verbesserte Risikowahrnehmung:* Offenbar besteht kein großer Unterschied hinsichtlich der Einschätzung von Störfallrisiken zwischen den Informierten und Nichtinformierten. Die Information erzeugt also keine besondere Angst vor einem Störfall.
- *Erhöhtes Vertrauen:* Hier ergibt sich ein signifikanter Unterschied zwischen den Informierten und Nichtinformierten. Das Vertrauen ist bei den informierten Personen wesentlich höher.
- *Störfallangemessenes Verhalten:* Hier existiert eine drastische Differenz zwischen Informierten (bei 100% besteht ein Bewußtsein über Störfallverhalten) und Nichtinformierten (0% Bewußtsein über Störfallverhalten).

Natürlich zeigten sich in der Evaluation auch bei den informierten Personen Probleme, die jedoch nicht als gravierend einzuschätzen sind:

- Viele Befragte sehen ein hohes Todesrisiko als Störfallfolge.
Die Einschätzung der Wahrscheinlichkeit für Todesfälle wird zwar von den Fachleuten als überzogen dargestellt und die Sachschäden werden unterbewertet. Andererseits ist die Angst vor Todesfällen aus der individuellen Perspektive eine verständliche Reaktion. Außerdem harmoniert die Wahrnehmung wegen einzelner Begriffe im Text (Stichwort „Vergiftung") mit der gewählten Information. Es kann auch positiv bewertet werden, daß eine Sensibilisierung von Risiken erfolgt ist, weil das die wesentliche Grundlage für das Befolgen von Verhaltenstips ist – denn die Risiken werden ernst genommen.
- Ein nicht zu vernachlässigender Teil der Befragten meint, daß über Telefon gewarnt werde.
Man sollte diese Einstellung, über das Telefon gewarnt zu werden, nicht verändern, weil es durchaus vorstellbar ist, daß es in naher Zukunft eine automatische Telefonwarnung geben könnte. Außerdem werden einige Beteiligte bereits heute telefonisch informiert, wie z. B. die Firmen in der Nachbarschaft oder besonders empfindliche Einrichtungen.

Ein weiteres Ergebnis der Evaluation besteht in der Erkenntnis, daß die Einschätzung einer persönlichen Betroffenheit bei den Befragten signifikant abhängt von den Kriterien „Beschäftigter der Chemieindustrie" und „Alter". Ältere Leute glauben weniger, daß sie von einem Störfall betroffen sein könnten. Das Kriterium „Entfernung" spielt dabei erstaunlicherweise keine Rolle. Das Vertrauen gegenüber Boehringer Mannheim ist bei Chemiearbeitern insgesamt höher als in der allgemeinen Bevölkerung und hängt darüber hinaus bei anderen Personen signifikant ab von der Informiertheit.

Tabelle 7.5. § 11a der Störfallverordnung

„Der Betreiber hat die *Personen, die* von einem *Störfall betroffen* werden könnten, *sowie die Öffentlichkeit* in geeigneter Weise und unaufgefordert *über die Sicherheitsmaßnahmen* und das richtige *Verhalten im Falle eines Störfalles* zu informieren."
„Die Informationen enthalten die in *Anhang VI* aufgeführten Angaben."

Anforderungen der novellierten Störfall-Verordnung laut Anhang VI:
1. Name des Betreibers und Angabe des Standorts
2. Benennung und Stellung der Person, die die Informationen gibt
3. Bestätigung, daß die Störfall-Verordnung Anwendung findet und die sich daraus ergebenden Mitteilungspflichten erfüllt sind
4. Allgemeinverständliche Kurzbeschreibung über Art und Zweck der Anlage
5. Bezeichnung der Stoffe oder Zubereitungen, die einen Störfall verursachen können unter Angabe ihrer wesentlichen Gefährlichkeitsmerkmale
6. Allgemeine Unterrichtung über die Art der Gefahr bei einem Störfall einschließlich möglicher Wirkungen auf Mensch und Umwelt
7. Hinreichende Auskünfte darüber, wie die betroffenen Personen gewarnt und über den Verlauf eines Störfalles unterrichtet werden sollen
8. Hinreichende Auskünfte darüber, wie die betroffenen Personen bei Eintreten eines Störfalles handeln und sich verhalten sollen
9. Bestätigung, daß der Betreiber geeignete Maßnahmen am Standort, einschließlich der Verbindung zu den für die allgemeine Gefahrenabwehr und den Katastrophenschutz zuständigen Behörden getroffen hat, um beim Eintritt eines Störfalles gerüstet zu sein und dessen Wirkungen so gering wie möglich zu halten
10. Hinweis auf den außerbetrieblichen Alarm- und Gefahrenabwehrplan, der für die Störfallauswirkungen außerhalb des Standortes ausgearbeitet wurde. Dieser sollte auch Ratschläge für die Zusammenarbeit der für die allgemeine Gefahrenabwehr und den Katastrophenschutz zuständigen Behörden bei einem Störfall enthalten
11. Einzelheiten darüber, wo unter Berücksichtigung der Geheimhaltungsauflagen weitere Informationen eingeholt werden können. Zu den geheimzuhaltenden Unterlagen zählen auch Betriebs- und Geschäftsgeheimnisse

„Soweit die *Informationen zum Schutze der Öffentlichkeit* bestimmt sind, sind sie mit den für den *Katastrophenschutz* und die allgemeine Gefahrenabwehr *zuständigen Behörden* abzustimmen."
„Die Informationen sind *in angemessenen Abständen zu wiederholen und auf den neuesten Stand zu bringen;* Satz 1 gilt entsprechend."
„Die zuständige Behörde kann festlegen, *in welcher Weise* die Informationen *zu geben* sowie *zu wiederholen* und *auf den neuesten Stand* zu bringen sind."

7.4.7 Wie kann aus Information auch Kommunikation werden?

Die gesammelten Erfahrungen mit der Information über betriebsbezogene Störfallrisiken sind positiv. Auch die ersten dialogischen Ansätze, die über die Rollenverteilung von Sender und Empfänger hinausgehen, sind vielversprechend. Betreiber sollten daher zum gegenseitigen Nutzen gezielt kommunikative Elemente bei der Diskussion über Störfallrisiken verwenden.

In Deutschland liegen hierüber m.W. keine Erfahrungen vor. Anders ist das in den USA, wo sog. „Local Emergency Planning Committees" eingerichtet werden, die gemeinsam an der Analyse von Risiken, an Möglichkeiten für Gegen- und Begrenzungsmaßnahmen sowie an Art und Umfang von Bevölkerungsinformation arbeiten. In Randgesprächen mit einigen Teilen der Öffentlichkeit wurde mehrfach der Wunsch nach einer ähnlichen Vorgehensweise geäußert.

Ein anderer Weg zum Dialog mit Teilen der Öffentlichkeit besteht in der individuellen Auseinandersetzung mit Interessierten, seien es nun kritisch eingestellte Personen, z. B. aus den Umweltverbänden oder Multiplikatoren (Lehrer, Journalisten, Politiker). Dazu können gezielt auch Gelegenheiten vom Betreiber selbst geschaffen werden (was immer besser ist als dazu gedrängt zu werden), beispielsweise in Form von Pressekonferenzen (aus Anlaß der Verbreitung der Information) oder von öffentlichen Veranstaltungen, wie etwa der Darstellung der Ziele und Inhalte der Broschüre im politischen Raum (z. B. bei Gemeinde- oder Ortsbeiräten).

Es ist zu hoffen, daß in Zukunft über entsprechend erweiterte Erfahrungen mit der Kommunikation über Störfallrisiken näheres berichtet werden kann.

Literatur

1. Halpaap W (1986) Gefahrenabwehrmaßnahmen bei der Freisetzung toxischer Gase; Grundlagen und Beschreibung eines Konzeptes. Zivilschutz Magazin 7-8:23-28
2. Zentralstelle für Gesamtverteidigung (1991) Technischer Behelf für den Schutz bei C-Ereignissen; „MET" (Modell für Effekte mit toxischen Gasen). Bern
3. Claus F, Wiedemann PM et al. (1993) Anforderungen an Art und Umfang der Information der Bevölkerung in der Nachbarschaft störfallrelevanter Anlagen. UBA-Texte 34/1993. Berlin
4. Exemplare der kompletten Information sind bei *iku* sowie bei Boehringer Mannheim, Abteilung Sicherheit und Umweltschutz zu erhalten

Störfälle begrenzen –
Krisenmanagement

8 Grundlagen

8.1 Krisenmanagement in Unternehmen

W. R. Dombrowsky

8.1.1 Problem voraus...

Was schief gehen kann, geht schief. Zumindest darauf ist Verlaß. Man weiß nicht wann und wo, doch wenn es kommt, dann knüppeldick. Freitagnachmittag, kurz nach Feierabend, mit Notbelegschaft und Urlaubsvertretung, während der Umrüstung der Telefonzentrale und Wartungsarbeiten am Zentralcomputer. Die verantwortlichen Ressortleiter sind nicht erreichbar, die Sekretärin ist krank, vor dem Werkstor steht Greenpeace, eine Reporterrotte stürmt das Pförtnerhäuschen, das Fernsehen filmt genüßlich und die Aufsichtsbehörde drängt schon auf Erklärungen...

„Warum gerade jetzt, warum gerade ich?", fragt, wen es trifft, und wünscht: „Scotty, beam me up". Doch niemand und nichts verschwindet, vor allem nicht die Krise und das sie auslösende Ereignis. „Was tun?" Das in den Brunnen gefallene Kind muß gerettet werden, auch dann, wenn mit Brunnenstürzen nicht gerechnet und dafür nichts vorbereitet wurde. Für Risikophile mag solcherart Improvisation Kreislauftonikum und Bewährungsrausch sein, doch nährt andernorts jeder Brunnensturz den Verdacht auf Leichtsinn, Gleichgültigkeit, vielleicht sogar vernachlässigte Sicherheit oder bewußte Risikoabwälzung. Und schätzt nicht in der Tat die potentiell Betroffenen gering, wer sich um ihre Lage zu kümmern erst beginnt, wenn sie schon Schaden leiden? Manchen erscheinen in diesem Sinn Unternehmer zunehmend als Sozietät von Abenteurern und Hazadeuren, denen nicht über den Weg zu trauen und denen kein Wort zu glauben ist. Das macht dann die Krise perfekt.

Das improvisierend-reaktive, eher aus dem Ärmel geschüttelte Krisenmanagement startet an dieser Stelle. Und es startet notwendig mit hektischem Aktionismus. Krisen erscheinen dann automatisch als Überraschungskrisen, auch wenn sie sich ankündigten. Zwei Beispiele mögen die Abläufe und Unterschiede verdeutlichen: Der sogenannte „Flüssig-Ei-Skandal", der auch den Nudelhersteller Birkel traf und die „Undercover"-Sozialreportage Günter Wallrafs über die Thyssen Stahl AG:

Fall 1: „Türke Ali"
Als türkischer Leiharbeiter ließ sich der Schriftsteller Günter Wallraff bei der Thyssen Stahl AG einschleusen. In seiner Sozialreportage „Ganz Unten" (1985) berichtete er medienwirksam und in hohen Auflagen von „menschenverachtenden Ausbeutungspraktiken" vor allem gegenüber wehr- und rechtlosen Ausländern. Thyssen stand öffentlich als ausländerfeindlich am Pranger. Das Firmen-Image ging in den Keller.

Fall 2: „Flüssig-Ei-Skandal bei Birkel
Bei Routine-Untersuchungen stellte ein deutsches Gesundheitsamt 1985 in importiertem Flüssig-Ei Verschmutzungen fest. Ein darauf fußender Pressebericht löste einen Skandal aus: Angebrütete Eier, gar ausgebrütete Kükenteile würden in deutschen Nudeln verarbeitet. Klaus Birkel, Chef des gleichnamigen Nudelherstellers, beklagte, daß seit diesen Veröffentlichungen Mitarbeiter beschimpft wurden, Beleidigungsschreiben, Drohbriefe und sogar Bombendrohungen eingingen und der Einzelhandel Nudelprodukte im Millionenwert zurückschickte und Lieferungen stornierte.

Vergleicht man beide Fälle miteinander, so erkennt man, daß die aktuelle, ereignisbezogene Krisenkommunikation sehr unterschiedlich sein mußte. Im Falle Thyssen handelte es sich um eine tatsächliche Überraschungskrise: Das Leiharbeitsgeschäft stand nicht in der Diskussion, auch von den Gewerkschaften waren keine Warnsignale ausgegangen, die auf einen Konflikt hindeuteten. Ganz anders im Fall „Flüssig-Ei". Nach dem „Wein-Panscher-Skandal" und verschiedenen anderen Fällen von Rückständen in Lebensmitteln (Kälbermast, Arzneimittel, Farbstoffe) lag das Thema in der Luft. Im Prinzip also keine Überraschungskrise, sondern eine erwartbare Krise. Daß die Krise Birkel überraschte, muß als Managementfehler gewertet werden. Es fehlte an geeigneten Frühwarninstrumenten.

Doch auch die Rahmenbedingungen unterschieden sich drastisch. Während Thyssen nicht mit Endverbrauchern über Endprodukte, sondern rational über Arbeitsplatzangebote diskutierte und sich damit verteidigen konnte, daß deutsche Arbeitnehmer derartige Jobs gar nicht annehmen, stand Birkel emotional extrem aufgeladenen Verbrauchern gegenüber. Die unmittelbare Kundennähe wirkte sich sofort als Verlust von Marktanteilen aus.

Die taktischen Vorgaben bei der Gestaltung der aktuellen, ereignisbezogenen Krisenkommunikation ergaben sich aus diesen Unterschieden. Thyssen konnte mit Arbeitsplätzen argumentieren und (bewußt oder nicht, gewollt oder nicht) eine klammheimliche Schadenfreude darüber ausnutzen, daß die Dreckarbeit eben doch von anderen gemacht werden muß. Da sich auch die Gewerkschaften beim Thema Leiharbeit nicht stark machten, war keine wirkliche Konfliktfront zu befürchten. Da zudem nicht die Produktion, sondern „nur" ein Image-Segment betroffen war, ließ sich die gesamte Krisenkommunikation unabhängig vom normal weiterlaufenden Geschäftsgang abwickeln.

Für Birkel stellten sich grundlegend andere taktische Erfordernisse. Die Krise traf unmittelbar die Produktion und, über die verschiedenen Formen der Drohungen, auch die Belegschaft. Hygieneprobleme bei der Lebensmittelproduktion, ansonsten eher Gegenstand derber innerbetrieblicher Scherze, kehrten als Beschuldigungen von Außen zurück und polarisierten die Belegschaft. Man kannte „seinen Laden" und die „Leichen im Keller". Krisenmanagement mußte also auch nach innen hin argumentieren und Überzeugung und Identifikation mit dem Unternehmen zurückgewinnen. Nach außen hin mußte Krisenkommunikation den Verlust von Marktanteilen stoppen, die Konsumenten zurückgewinnen und glaubwürdig beweisen, daß bei Birkel keine verunreinigten Zutaten verwendet werden. Dies war ohne grundlegende und demonstrative Eingriffe in die gesamte Nudelproduktion nicht mehr zu erreichen.

Fazit: Die ereignisbezogene Krisenkommunikation kommt ohne Rückgriff auf gesamtgesellschaftliche Bezüge nicht aus. Welche Argumente in welcher Situation greifen, also wirksam sind, liegt nicht in der momentanen Krisensituation begründet, sondern in den Verhältnissen, in denen die Krise ausbricht. Deshalb erfordert ein erfolgreiches Krisenmanagement eine Krisenkommunikation, die sich auf eine langfristig angelegte Risikokommunikationsstrategie stützen kann. Sie dient als Früherkennungs- und Frühwarneinrichtung und als stabilisierendes Element, auf das in der aktuellen Krise zurückgegriffen werden kann.

8.1.2 Krisenkosten

Doch wird Krisenmanagement in diesem umfassenden Sinn gesehen und ernst genommen? Im Prinzip wohl überwiegend nicht – noch nicht. Ein Blick auf die Kosten von Krisen sollte jedoch genügen, um die Bedeutung und die Spannbreite von Krisenmanagement zu verstehen: Krisen schädigen das Image und damit verbunden auch die Marktchancen. Die mittelbaren Folgen in Form von Vertrauens- und Glaubwürdigkeitsverlusten, die sich auch mittel- und langfristig auswirken können (z.B. auf Börsenkurse, Behandlung durch Aufsichts- und Genehmigungsbehörden, Investoren), sind gewichtig, auch wenn sie sich nicht eindeutig ökonomisch erfassen lassen (vgl. [1]).

Zudem sollte bedacht werden, daß Krisenmanagement nicht nur nach außen, sondern auch nach innen hin immer wichtiger wird. Der Druck jeder Krise schlägt, wie Birkel anschaulich zeigte, auf die Belegschaft durch. Sie schließlich stehen am Pranger, wenn das Unternehmen in eine Krise gerät. Insbesondere die Kontroversen um die Kernenergie haben gezeigt, daß Themen, die die Gemüter erhitzen, vor niemanden haltmachen und allerorten geführt werden. Ob in der Kneipe, nach der Kirche, im Bekannten- und Freundeskreis, in der Familie, aber auch indirekt über die Kinder, überall und immer stehen die Mitarbeiterinnen und Mitarbeiter auf dem Prüfstand. So gesehen ist Krisenkommunikation Sache aller.

Nun wäre es allerdings fatal, wenn alle Beschäftigten ihre individuelle Krisenkommunikationsstrategie entwickeln sollten. Wenn denn „corporate identity" Sinn haben soll, dann doch diesen: Die Mitarbeiter rechtzeitig mit der Unternehmenspolitik vertraut machen, ihnen Entscheidungen transparent machen und nachvollziehbare Argumente an die Hand geben.

Wie müssen sich Mitarbeiter fühlen, wenn sie auf ihr Unternehmen angesprochen werden und sie dazu nichts wissen und nichts sagen können? Und wie müssen sich Mitarbeiter gar fühlen, wenn sie die wesentlichen Dinge aus der Zeitung erfahren, z. B. daß sie „freigesetzt" werden sollen, daß ihr Betrieb ein „unverantwortliches Risiko" bedeute oder daß Auflagen hintergangen worden seien? Zu Recht fühlen sich die Mitarbeiter übergangen und respektlos behandelt. Und zu Recht ist nicht zu erwarten, daß die so Behandelten das Unternehmen als *ihr* Unternehmen ansehen, für das sie sich engagieren und daß sie verteidigen.

In Krisen zeigt sich, wie die Mitarbeiter zu ihrem Unternehmen stehen. Gerade Krisensituationen erfordern ein hohes Maß an Identifikation. Wenn man für jemanden die Kastanien aus dem Feuer holen soll, muß man gute Gründe haben!

Krisenmanagement beginnt also nicht erst mit der Krise. Es braucht Mitarbeiter, die in der Krise an Bord bleiben – nicht nur wegen des Arbeitsvertrages, des Gehaltes oder aus Pflichtgefühl, sondern auch aus Überzeugung. Ohne eine gewissen Schnittmenge aus gemeinsam geteilten Überzeugungen wird es nicht möglich sein, in einer Krise ein überzeugendes und dadurch glaubwürdiges Krisenmanagement zu betreiben.

Überzeugende Krisenkommunikation benötigt Überzeugung bei den Krisenmanagern! Glaubwürdig überzeugen kann ein Unternehmen aber nur, wenn es zunehmend alles unternimmt, um auch den Gefahren, die mit seiner Tätigkeit verbunden sind, Herr zu werden. Menschen mögen sich die irrsinnigsten Risiken zumuten, doch sie reagieren zunehmend sensibler, wenn ihnen von Dritten Risiken zugemutet werden, über die sie nicht mitentscheiden können. Das Einverständnis in Risiken ist jedoch unverzichtbar. Jedes Industrieansiedelungs- und Genehmigungsverfahren zeigt, daß Risikobereitschaft zunehmend zu einer infrastrukturellen Ressource wird. Umgekehrt zeigen kollektive Risikoaversionen, daß dadurch im Extremfall ganze Produktlinien (z.B. Asbest) und Produktionsweisen (FCKWs) aufgegeben werden müssen. Risikobereitschaft entsteht jedoch nur, wenn diejenigen, die die Risiken mittragen sollen, davon überzeugt sind, daß

1. die Risiken um eines Vorteils willen gerechtfertigt sind („Ethikkomponente") und daß
2. Sorge für den Fall eines Schadeneintritts getragen wird („Schutzkomponente").

Diesen Anforderungen muß sich letztlich die Leitungsaufgabe „Krisenmanagement" stellen. Zukünftig werden „Sorge-Leistungen" zum vermarktungsnotwendigen Bestandteil von Produkten und Diensten werden: Sorgt sich das Unternehmen um die Umwelt, um die Menschen, um die Gesundheit, um Schutz und Sicherheit? (vgl. [2, 3, 4]). Ethische Komponenten und Schutzkomponenten werden langfristig bestimmende Imageattribute, Krisenmanagement wandelt sich von der Ausnahmefall-Leistung bei akuten Krisen zur dauerhaften Früherkennungseinrichtung für die Krisenprävention einerseits und zum „Begleitschutz" für unternehmerische Glaubwürdigkeit in den Bereichen Sorgfalt und Sorge andererseits. Krisenmanagement und Qualitätssicherung werden zusammenwachsen. So wie heute schon Qualitätssicherung nicht mehr nur Produkte und Dienste, sondern auch die Verfahren zu ihrer Erstellung erfaßt, werden in Zukunft auch externe und bisher oftmals externalisierte Momente der Produktion über das präventive Krisenmanagement internalisiert. Lebens- und Umweltqualität wird darüber zur Produkt- und Dienstqualität.

In einem solchen Kontext werden ausschließlich technische Vorkehrungen zur Beherrschung und Minimierung von Risiken, auch wenn sie international höchste Standards erfüllen, nicht mehr als ausreichend angesehen. Zunehmend möchten die Menschen gefragt werden (auch wenn sie dann nicht antworten), zunehmend möchten Menschen erklärt bekommen, was mit ihnen und um sie herum passiert (auch wenn sie es im Zweifelsfall doch nicht so genau wissen wollen). Insofern handelt es sich hochgradig um symbolische Kommunikation: Man möchte das Gefühl haben, ernst genommen und gefragt zu werden, man möchte als Mensch respektiert und nicht auf nackte Funktionen reduziert werden (z. B. zu „Stimmvieh") und man möchte, zumindest ansatzweise, „wichtig" sein, also nicht als Nummer, Kanonenfutter oder „Nobody" gelten.

8.1.3 Kommunikation im Krisenfall

Das Ziel von Kommunikation ist letztlich: wechselseitige Anerkennung und Verständnis durch Verständigung. Im Krisenfall, wenn jede Sekunde zählt und jeder Handgriff sitzen muß, sind die Alltagsfunktionen von Kommunikation problematisch. Krisenkommunikation soll eigentlich ausschließlich sachlicher Natur sein. Damit die Krise schnell überwunden wird, müssen alle Beteiligten zu einem Räderwerk verschmelzen, müssen ihre Maßnahmen zueinander passen, muß jeder genau wissen, was er zu tun und zu lassen hat. Deshalb sollten bei der Krisenkommunikation die sozialen Funktionen von Kommunikation in den Hintergrund treten und die sachlichen, funktionellen und instrumentellen Funktionen im Vordergrund stehen. Allein die Tatsache, daß bei jedem größeren Schadenereignis oder in jeder Katastrophe die meisten Probleme im Kommunikationsbereich auftreten, einschließlich emotionaler Ausbrüche bei den miteinander Kommunizierenden, läßt zweierlei deutlich werden:

1. Es gibt keine rein sachlich-funktionale Kommunikation,
2. Spontane Krisenkommunikation ist zum Scheitern verurteilt.

Auch aus diesen Gründen bedarf ein erfolgversprechendes Krisenmanagement intensiver Vorbereitung. Die Ansprechpartner sollten sich kennen – innerhalb und außerhalb des Unternehmens. Sie sollten gemeinsam üben und sich im sozialen wie im sachlich-funktionalen Sinne verständigen. Wie wichtig die

Herstellung von wechselseitigem Kennen und von Verständnis ist, läßt sich mit der Beantwortung der folgenden Fragen erahnen:

- Ob mir Herr/Frau X in der Katastrophenschutzbehörde vertraut?
- Ob sie mich ernst nehmen?
- Ob sie mich für kompetent halten?
- Ob sie meine Aufgabe im Ernstfall für nützlich ansehen?
- Ob sie meine Aufgabe hinreichend kennen?
- Was werden sie im Ernstfall von mir erwarten?

Aber auch in die Gegenrichtung sollte gefragt werden:

- Kann ich der Behörde X, Y vertrauen?
- Sind die Mitarbeiter überhaupt mit meinem Unternehmen vertraut?
- Kann ich die Kompetenz der Behörde beurteilen?
- Wissen sie überhaupt, welche Informationen ich in einem Ernstfall brauche?
- Kenne ich die Aufgaben und Leistungen der Behörde?

8.1.4 Gutes Krisenmanagement

Das Problem guter Krisenkommunikation besteht darin, daß es „gute" Krisenkommunikation nicht als Fertigprodukt gibt. Krisenkommunikation läßt sich nicht als abrufbare, standardisierte Anwendung aus der Schublade ziehen. Auch die Katastrophenabwehr-Kalender der Katastrophenschutzbehörden garantieren keine gute Krisenkommunikation. Sie sind nur ein Gerüst, an dem man sich entlanghangeln kann.

Aber auch eine andere Extremposition, nach der jede Krise anders ist und man sich daher grundsätzlich nicht darauf vorbereiten könne, ist grundfalsch. Richtig ist zwar, daß die Form des Krisenverlaufs, die beteiligten Variablen und die sie auslösenden Bedingungen immer neue Kombinationen ergeben, doch gerade dadurch ist Krise gleich Krise. Auch der Fluß bleibt Fluß, obgleich man nicht zweimal in den selben steigen kann. Er ist, solange er fließt, immer ein anderer, aber insgesamt eben doch Fluß. Steht einem das Wasser bis zum Halse, stellt sich jedoch weniger die Frage, ob man Philosoph werden möchte. Es genügt, wenn man ein guter Schwimmer ist!

Im Bereich von Krisenkommunikation gibt es also keine Lösungen, sondern nur Prozesse, die für eine zeitlich und örtlich gegebene Situation optimal angemessen sein können. Gerade in der sozialen Interaktion, wo es auch um Gefühle und Interessen geht, muß von einer Pluralität von Lösungsmöglichkeiten ausgegangen werden. Jeder weiß, daß z.B. Umweltaspekte in Zeiten großer Arbeitslosigkeit anders wahrgenommen, verhandelt und entschieden werden als in Zeiten großer Prosperität und Vollbeschäftigung. Oder man denke an Winston Churchill, der seinen Landsleuten im Zweiten Weltkrieg „Blut, Schweiß und Tränen" versprach und dennoch bejubelt wurde, weil er nicht beschwichtigte und verharmloste, sondern Härte und Klarheit zeigte.

So gesehen ist Krisenmanagement selbst Kommunikation: Die Beteiligten handeln eine Lösung aus, d.h. sie entwickeln eine optimale Lösung argumentativ. Genau hier unterscheidet sich Krisenmanagement grundsätzlich von anderen Managementformen: Es geht nicht um Maximierung oder Minimierung von Gewinn oder Kosten, sondern um die Zerlegung einer als Krise erscheinenden Fehlentwicklung in abarbeitbare und in kommunizierbare Teilprobleme und damit in sehr verschiedene, u. U. sogar in nicht zu vereinbarende Lösungsstrategien.

Von daher gibt es nicht „die" Krise und nicht „die" Lösung. Vielmehr werden bestimmte Ereignisse oder Abläufe von vielen verschiedenen Beteiligten aus sehr unterschiedlichen Gründen als Krise wahrgenommen und aus ebenso vielen Gründen, Motivationen und Interessen zu beeinflussen versucht. Schon frühzeitig sollte sich jeder Krisenmanager an den Gedanken gewöhnen, daß es auch Krisengewinnler gibt, Untergangs-Profiteure, denen gar nicht an einer schnellen Krisenbewältigung gelegen ist. Harrisburg (Three Mile Island) und Tschernobyl waren eben auch willkommene Argumente gegen die Kernkraft und nicht ausschließlich und für alle gleichermaßen Großschadenereignisse.

Deshalb gelten beim Krisenmanagement andere Gesichtspunkte als bei wirtschaftlichen, technischen oder administrativen Entscheidungen. Die Ziele und Mittel des Krisenmanagements leiten sich nicht einfach aus den allgemeinen Unternehmenszielen ab. Vielmehr ergeben sie sich aus den situativen Gesamtbedingungen und damit auch aus moralischen, politischen, sozialen, psychischen, emotionalen und ideologischen Einflüssen innerhalb und außerhalb des Unternehmens. Dies macht Krisenkommunikation komplex und schwierig.

Natürlich geht es bei jedem Krisenmanagement in erster Linie um die Prioritäten, die in einer freiheitlich-demokratischen Verfassung moralische Glaubwürdigkeit begründen: Um Leben und Gesundheit der Menschen, um die Bewahrung menschenwürdiger Lebensverhältnisse, um die Abwendung von Gefahr und Notlagen. Doch so klar sind die Prioritäten in der Praxis keineswegs. So wird die Rettung von Menschenleben ja erst dann zu einem Problem von Krisenkommunikation, wenn angesichts knapper Rettungsmittel ihre Verteilung zu begründen ist. Vielleicht ist dies das ganze Geheimnis eines guten Krisenmanagements: Entscheidungen treffen zu können, die nachträglich keiner Begründung bedürfen, weil alle Beteiligten in der Situation intuitiv oder qua Einsicht die Richtigkeit erkennen konnten ...

So gesehen geht es beim Krisenmanagement um ein Entscheiden unter spezifischen Bedingungen mit dem Ziel möglichst umfassender Akzeptanz. Doch die Chance, Akzeptanz zu finden, steigt mit dem Billigungsgrad, den die Gesamtheit aller Krisenmanagement-Maßnahmen bei ihrer Entwicklung gefunden haben. Deshalb muß Krisenmanagement Vorstandssache sein, aber von möglichst vielen innerhalb und außerhalb des Unternehmens konzipiert werden.

Gutes Krisenmanagement muß daher dreigleisig fahren. Im aktuellen Krisenfall muß es taktisch angemessen sein, d.h. es muß den Erfordernissen des Moments optimal Rechnung tragen können. Darüber aber darf nicht vergessen werden, daß die Erfordernisse des Augenblicks nicht mit den längerfristigen Entwicklungen und den strategischen Zielen des Unternehmens kollidieren dürfen. Und schließlich ist strikt darauf achten, daß die reine Einsatzkommunikation absolut nichts in der Öffentlichkeit zu suchen hat. Die operative Einsatzkommunikation ist zwar Bestandteil, aber nicht Gegenstand der Krisenkommunikation.

Krisenmanagement darf also nicht ohne die Einbettung in einer langfristig angelegte Risikokommunikationsstrategie und nicht ohne eine ausschließlich operative, instrumentell abzuwickelnde Einsatzkommunikation gesehen werden.

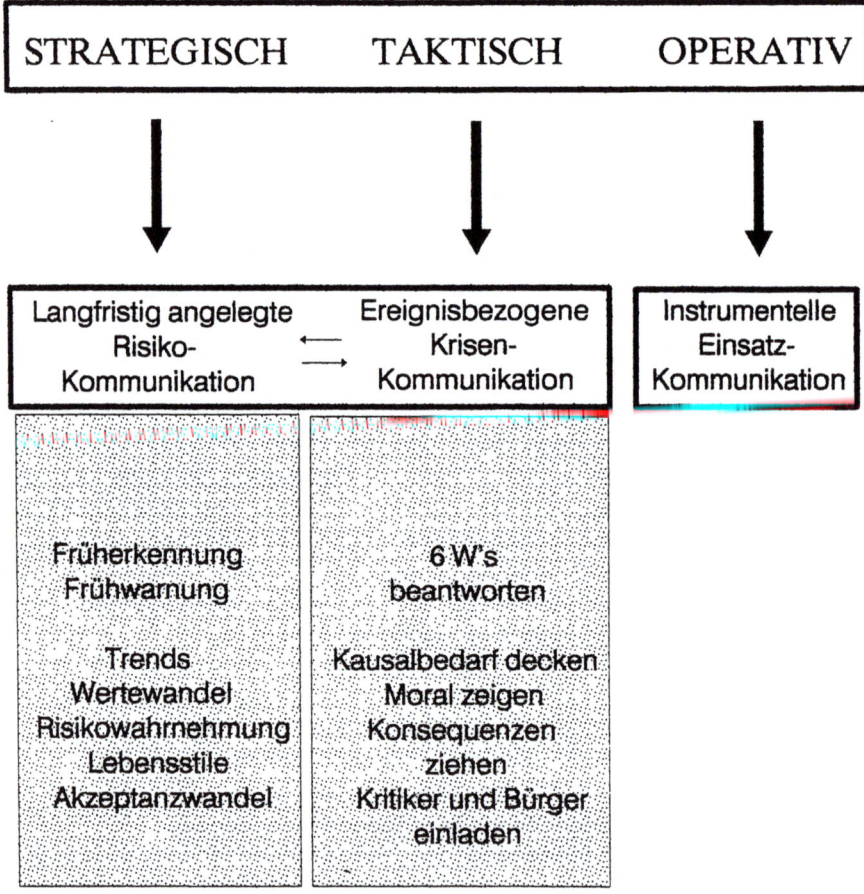

Abb. 8.1. Krisenmanagement Gesamtkonzept 1

Die Hauptaufgabe des unmittelbaren Krisenmanagement ist die ereignisbezogene, taktische Krisenkommunikation. Sie soll eine bestimmte Krise in einer bestimmten Situation nach Außen und nach Innen so darstellen, daß

8.1 Krisenmanagement in Unternehmen

Schaden abgewendet wird. Sie muß den aktuellen Bedürfnissen der Adressaten Rechnung tragen.

Dabei zeigt sich, daß einige Bedürfnisse grundlegenden menschlichen Reaktionsmustern entsprechen. Sehr allgemein kann man sagen, daß Menschen in Krisen zuerst immer die folgenden 6 Fragen beantwortet haben wollen:

Was wollen Menschen
bei einer Krise zuerst wissen?

1. **WAS** ist passiert?

2. **WAS** bedeutet das für mich?

3. **WAS** ist mit meinen Angehörigen?

4. **WIE** lange wird die Krise dauern?

5. **WANN** werden Maßnahmen ergriffen?

6. **WAS** kann ich tun?

Abb. 8.2. Die 6 W's

Nachdem diese grundlegenden Bedürfnisse gedeckt sind, erwarten Menschen kausale Erklärungen. Sie unterscheiden sich von probabilistischen Aussagen, weil hier das Unfaßbare faßbar gemacht werden soll: „Warum passiert das gerade hier, gerade heute, gerade uns?" Kausale Erklärungen sind der heikelste Punkt der Krisenkommunikation. Es soll nichts präjudiziert, keine vorschnelle Schuldanerkenntnis gegeben werden. Da aber vor allem die Betroffenen (insbesondere die Angehörigen von Geschädigten) eine moralische Stellungnahme erwarten, ist es eminent wichtig, hier vorbereitet zu sein. Moral zeigen bedeutet auch, Konsequenz deutlich werden zu lassen. Hier und heute muß etwas geschehen. Moral, Kraft zur Konsequenz und Respekt vor den Betroffenen kann vor allem dadurch gezeigt werden, daß Betroffene, Kritiker und Vertreter relevanter Institutionen und Gruppen eingeladen werden und man ihnen Rede und Antwort steht. Daß dies nicht ad hoc und von Jedermann/Frau der Unternehmensleitung bewältigt werden kann, sollte sich von selbst verstehen!

Das dritte Element guter Krisenkommunikation ist die Art und Abwicklung ihrer operativen Seite: Die instrumentelle Einsatzkommunikation wird nicht nur von der Qualität der Kommunikationsmittel bestimmt, sondern auch von den Menschen, die sie im Zusammenwirken mit den Einsatzkräften praktisch werden lassen.

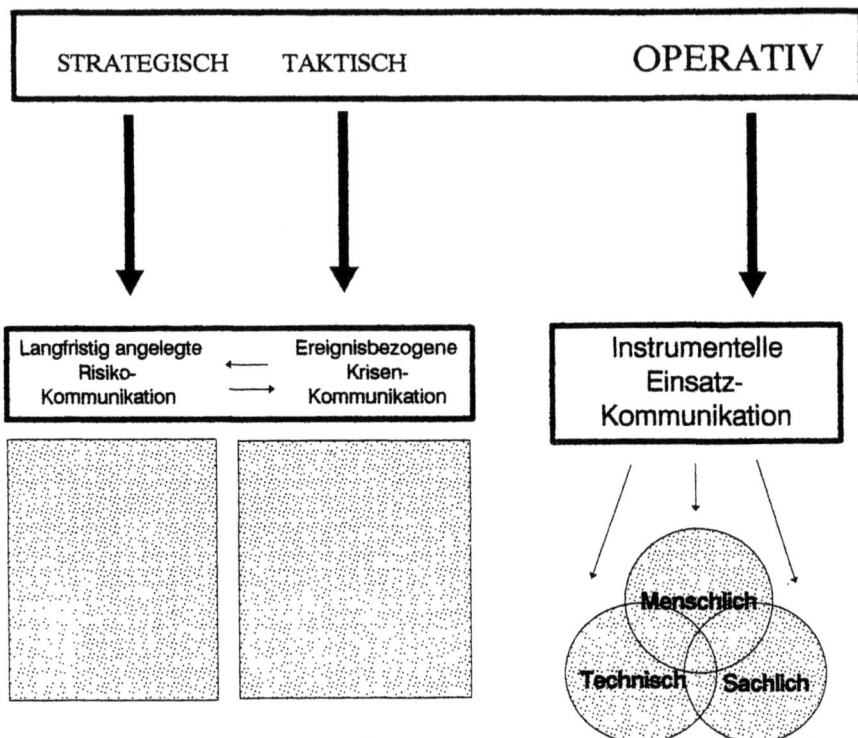

Abb. 8.3. Krisenmanagement Gesamtkonzept 2

Die operative Krisenkommunikation bewirkt letztlich das Klima, in dem Menschen in Notfällen Leben und Gesundheit für andere einsetzen. Sie ist nicht nur ein rein funktionales Führungsinstrument zur Befehlsausgabe und Datenübermittlung, sondern auch ein menschliches Führungsmittel zur psychischen Betreuung und Stabilisierung. Als Schnittstelle zu externen Dienststellen, Behörden, TÜV etc. ist sie zudem die „Nervenbahn" der Einsatzabwicklung. Mangelnde Kommunikationsdisziplin kann hier furchtbar auf die Nerven gehen, mangelnde Datensicherheit kann Informationen fehlleiten und Schaden stiften.

Zudem verzahnt die operative Krisenkommunikation (also die eigentliche Einsatzkommunikation) die innerbetriebliche Gefahrenabwehr mit der öffentlichen Gefahrenabwehr und mit der Öffentlichkeit. Die Gegebenheiten der Einsatzsituation führen zu Entscheidungen, die in zugehörigen Formen der Krisenkommunikation (einschließlich der allgemeinen Bevölkerungsinformation über die Medien) nach Außen gebracht werden müssen. Auch deshalb ist ein erfolgreiches Krisenmanagement nur in Kooperation mit allen beteiligten Kräften und mit der Öffentlichkeit möglich.

Betrachtet man Krisenmanagement von den drei Elementen der Krisenkommunikation aus, dann ist das Strategische, Taktische und Operative untrennbar verwoben. Ein erfolgreiches Krisenmanagement muß deshalb dafür sorgen, daß Krisenkommunikation als Gesamtkonzept entwickelt und verstanden wird. Eine ereignisbezogene Krisenkommunikation wird nämlich nur Akzeptanz finden, wenn sie nicht erst im Krisenfall und im Alleingang entwickelt wird. Ein gutes Krisenmanagement ist daher originär ein langfristiger Aushandelungsprozeß.

Im operativen Bereich müssen die Optionen des Krisenmanagements im buchstäblichen Sinne mit den beteiligten Akteuren ausgehandelt werden. Die Schnittstellen zwischen betrieblicher und öffentlicher Gefahrenabwehr, zwischen Unternehmen und Aufsichtsbehörden, zwischen Betreibern und externen Experten, aber auch mit den Medien und Vertretern der Öffentlichkeit sind zu definieren und in wechselseitigem Einverständnis arbeitsfähig einzurichten, zu testen und funktionsfähig zu halten.

Im taktischen Bereich findet die Aushandelung mittelbar und zumeist zeitlich versetzt statt. Die Adressaten sitzen nicht in Person am Tisch, wenn die für sie bestimmte Krisenkommunikation entwickelt wird. Doch sie sollten im Geiste präsent sein, sozusagen „simuliert" werden, damit es einem nicht geht, wie Hans Winkler, dem Verantwortlichen für Sicherheitspolitik und Öffentlichkeitsarbeit bei Sandoz AG, der sich vom Informationsbedürfnis der Öffentlichkeit überrumpelt fühlte und nach dem Unfall von Schweitzerhalle zugab: „Wenn wir versuchen, etwas zu erklären, wird der Inhalt unserer Aussagen oft mißverstanden".

Damit Mißverständnisse ausbleiben, sollten bei der Gestaltung der taktischen, ereignisbezogenen Krisenkommunikation folgende Fragen beantwortet werden:

- Wer sind die Adressaten?
- Was sind ihre Gemeinsamkeiten, was die Unterschiede?
- Wissen wir, was sie wissen wollen?
- Kennen wir die Ängste und Hoffnungen der Adressaten?
- Können die Adressaten unsere Sprache verstehen?
- Wollen sie uns verstehen?
- Vertrauen uns die Adressaten?
- Ist unsere Information für die Adressaten glaubwürdig?

Im strategischen Bereich schließlich kommt es darauf an, eine akzeptanzfähige Risikokommunikationsstrategie zu entwickeln. Dazu ist es erforderlich, das „Ohr am Puls der Zeit" zu halten und die Veränderungen in den Werten, Einstellungen und Lebensstilen zu erkennen. Eine bloße Auswertung der Tagespresse genügt dazu nicht.

8.1.5 Total Crisis Management

Angesichts der enormen Auswirkungen von Krisen sollte jedes Unternehmen frühzeitig erörtern, welche Ziele in einer Krise verfolgt und welche Prioritäten gesetzt werden sollen:

- Was will das Unternehmen in der Krise erreichen?
  Schadenbegrenzung? Öffentliche Anerkennung für umsichtiges Krisenmanagement? Gute Presse? Kooperation?
- Was will das Unternehmen in der Krise vermeiden?
  Produktionsausfall? Resignation bei den Mitarbeitern? Imageverlust? Schlechte Presse? Protestkundgebungen? Konfrontation mit Politik, Gewerkschaften etc.?
- Was will das Unternehmen nach der Krise erreichen?
  Imagewandel? Produkt-/Dienstleistungserneuerung?
- Was will das Unternehmen nach der Krise vermeiden?
  Schadenersatzforderungen? Auflagen? Innere Kündigung bei Mitarbeitern? Unternehmensüberprüfungen? Markteinbrüche? Negativ-Image? Produkt-/Dienstleistungsänderungen?

Über die Zielsetzung und die Prioritäten des Krisenmanagements hat selbstverständlich die Geschäftsleitung zu entscheiden. Dies ist und bleibt „Chef-Sache". Die Ideenvielfalt und Qualität der Lösungsvorschläge hängt jedoch davon ab, ob vor einer Krise schon gedacht werden durfte. Zielvorgaben sollten entwickelt und diskutiert werden. Ein gutes Krisenmanagement beginnt folglich mit einer Einladung zur Initiative.

- Welche Zielsetzung könnten in welcher Krise sinnvoll und nützlich sein?
- Für welche Ziele stehen welche Mittel zur Verfügung?
- Taugen die Mittel, um die angestrebte Zielvorgabe zu erreichen?
- Lassen sich alternative Ziele und innovative Mittel vorstellen?

Am Beispiel eines „Fünf-Jahres-Plan Krisenmanagement" läßt sich ein ausgehandeltes Krisenmanagementkonzept nachvollziehen, das Raum für innovative Entwicklungen und hohe Akzeptanzchancen bietet:

Die Kästen der ersten Spalte benennen die Aktivitäten der Unternehmensleitung. Sie haben mit der Initiative zu einer integrierten Gesamtstrategie zu beginnen, an deren Entwicklung all jene beteiligt werden sollen, die im Unternehmen mit Sicherheit im weitesten Sinne zu tun haben. Dazu sollte vom Werkschutz über die Werkfeuerwehr, die Sicherheitsingenieure und -beauftragten, die Umweltschutzbeauftragten bis hin zur Qualitätssicherung alles zur Mitwirkung motiviert werden.

Die Aufgaben sollten konventionell beginnen. Von den (hoffentlich) existierenden Sicherheitsanalysen und Alarmplanungen, den sicherheits- und qualitätsrelevanten Dokumentationen und Beschreibungen bis hin zu Ablauf- und Funktionsplänen sollten vereinheitlichte und hierarchisch integrierte Gesamtplanungen angefertigt werden.

Die Gesamtplanung muß sodann eingeführt werden. Dies sollte aus vielerlei Gründen in einem hochoffiziellen Akt vollzogen werden, damit alle Mitarbeiter das „neue Zeitalter" der Gefahrenabwehrplanung erkennen können. Zudem sollten die externen Ansprechpartner zugezogen und über das Vorhaben informiert werden. Dies ist auch deswegen nötig, um im nächsten Schritt

8.1 Krisenmanagement in Unternehmen

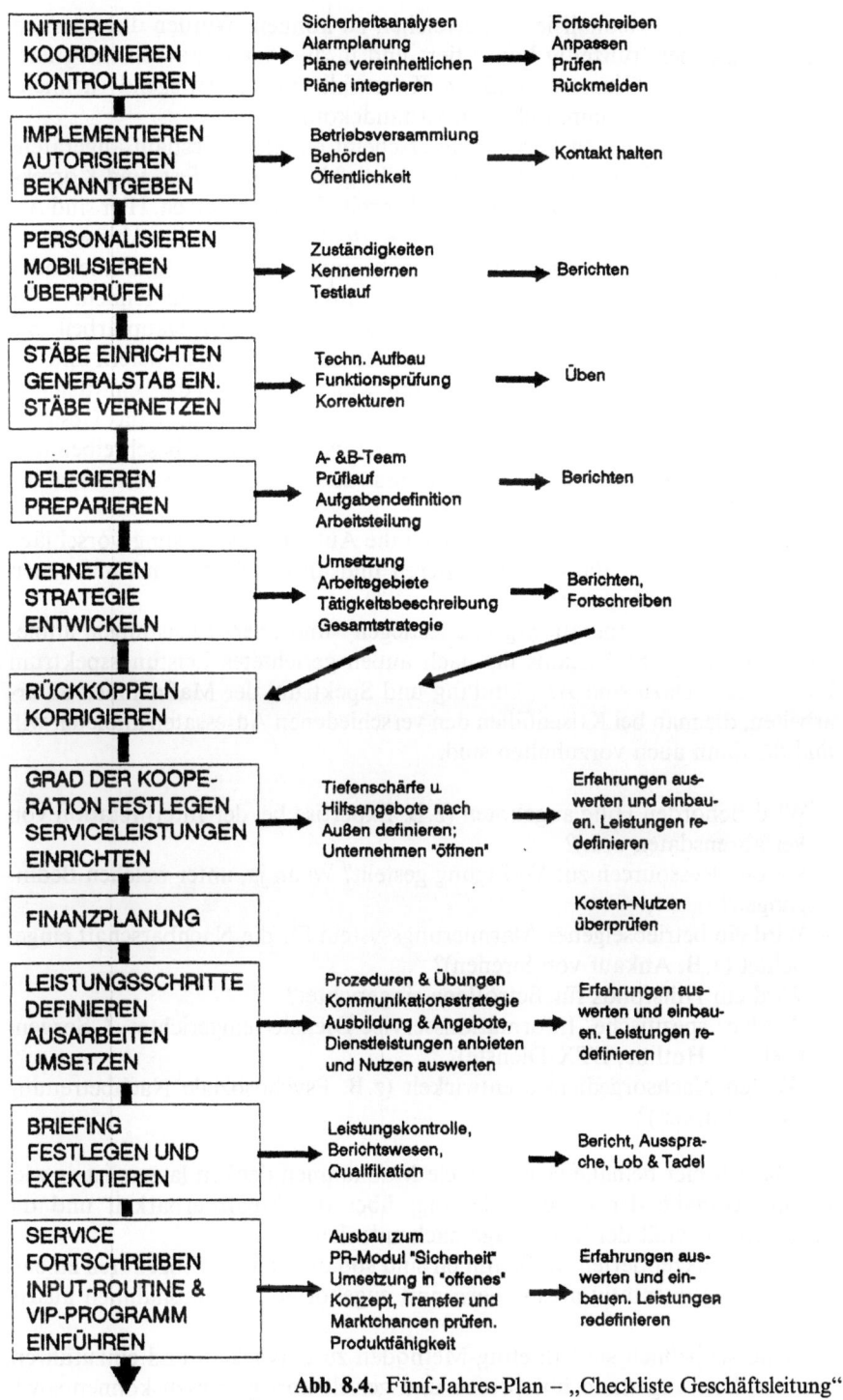

Abb. 8.4. Fünf-Jahres-Plan – „Checkliste Geschäftsleitung"

eine verläßliche Personalisierung erreichen zu können. Wurden die externen Ansprechpartner frühzeitig konsultiert und in die Planungsarbeit integriert, erhöhen sich die Chancen, daß im Krisenfall eine überwiegend sachlich-funktionale Einsatzkommunikation zustandekommt.

Nach der personellen Vernetzung erscheint ein erster Testlauf angeraten. Erweist sich das Konzept als funktionstüchtig? Nach einer Test- und Korrekturphase sind die Stäbe einzurichten und verbindlich zu besetzen. Hier sind A-, B- und C-Teams sinnvoll, um für den Krisenfall eingespielte Ablöseteams verfügbar zu haben, aber auch, um von Anbeginn für Ausfälle, Krankheit oder Urlaub die Nachrücker in den definierten Funktionsstellen zu kennen.

Sobald die Funktionsteams benannt sind, beginnt deren Hauptarbeit. Sie haben für ihre Funktionen exakte Tätigkeitsbeschreibungen zu liefern und die erforderlichen Kompetenzen zu definieren. Zugleich müssen die Schnittstellen nach „Oben", „Unten", „Innen" und „Außen" definiert und in das Gesamtkonzept eingepaßt werden. Ebenso sind die Arbeitsgebiete zu beschreiben und Szenarien für eine Krisenkommunikationsstrategie für erwartbare Krisenfälle zu entwickeln.

Der Geschäftsleitung obliegt danach die Aufgabe, die Lösungsvorschläge zu prüfen, gegebenenfalls zu korrigieren und an die Stabsteams mit neuen Direktiven zurückzugeben.

Im Schritt „Kooperationsgrade festlegen" und „Serviceleistungen anbieten" müssen die Stabsteams ihr nach außen gerichtetes Leistungsspektrum konzipieren. Dazu sind Art, Umfang und Spektrum der Maßnahmen zu erarbeiten, die man bei Krisenfällen den verschiedenen Adressaten anbieten will und die dann auch vorzuhalten sind:

– Wird Behörden Hilfe angeboten (z.B. Expertise bei der Interpretation von Verfahrensdaten o.ä.)?
– Werden Ressourcen zur Verfügung gestellt? Wenn ja, unter welchen Bedingungen?
– Wird ein betriebseigenes Alarmierungssystem für die Nachbarschaft eingerichtet (z.B. Ankauf von Sirenen)?
– Wird ein Hilfsfonds für Betroffene eingerichtet?
– Werden spezifische Informationsservice-Dienste eingerichtet („Sorgentelefon", Hotline, BTX-Dienste)?
– Werden Nachsorgedienste entwickelt (z.B. Psychosoziale Nachbetreuung wie in Borken)?

Da sich hier beinahe beliebig viele Maßnahmen denken lassen, ist es wiederum Aufgabe der Geschäftsleitung, über die Finanzierbarkeit und die Kosteneffektivität der Vorschläge nachzudenken.

Für die akzeptierten Maßnahmen sind sodann genaue Prozeduren zu entwickeln, argumentativ abzusichern und zugehörige PR-Maßnahmen auszuarbeiten.

Und schließlich sind Briefing-Methoden zu entwickeln und einzuführen, um den Leistungsstand überprüfen und gezielt korrigieren zu können sowie

Maßnahmen, um die nicht unerheblichen Beziehungen zu externen Ansprechpartnern organisieren, kanalisieren und pflegen zu können.

8.1.6 Die richtigen Schritte beim taktischen Krisenmanagement

Wenn man sich vor Augen führt, daß Krisen im Prinzip nichts anderes sind als Kontrollverluste, dann ist Krisenmanagement nichts anderes als der systematische Versuch, Kontrolle zurückzugewinnen. Ob es sich dabei um einen Zimmerbrand oder einen GAU handelt, ist dabei gleichgültig. Die Krise ist ja nicht ein Ereignis, sondern ein inadäquates Umgehen mit einem Ereignis.

Aus diesem Grunde ist es von äußerster Wichtigkeit, Zeit zu gewinnen. Zeit ist die Grundlage für Handlungssouveränität!

Um Zeit zu gewinnen, sollte ein Handlungsschema antrainiert werden, das man wie im Schlaf abspulen kann und das immer mit der simplen Basisfrage beginnt:

„Kann ich die Sache allein bewältigen und in welche Richtung muß ich aktiv werden?"

Eine ganze Reihe von Krisen oder auf Krisen zulaufende Störungen lassen sich allein, durch beherztes, schnelles und umsichtiges Handeln bewältigen. Die richtige Anordnung im richtigen Moment, die rechtzeitige Alarmierung von Einsatzkräften, manchmal sogar nur der entscheidene Knopfdruck, um eine Anlage ein- oder auszuschalten.

Der zweite Teil der Basisfrage ist schon differenzierter, weil dadurch Abfolgen berührt werden, die nicht ad hoc getroffen, sondern vorentschieden werden müssen:

„Hat sich meine Aktivität zuerst nach Innen oder zuerst nach Außen zu richten?"

Die Frage zielt auf die Richtung der Aktivität und auf ihre Hierarchisierung. Niemand kann alles gleichzeitig tun, also muß strukturiert werden, damit eine abarbeitbare Hierarchie von Aktivitäten entsteht (s. Abb. 8.5).

Diese Abbildung zeigt sofort, warum sich gegenwärtig im Krisenmanagement noch die Einzelgänger tummeln: Jede Kooperation erfordert vor dem Handeln die Planung. Man kann nicht delegieren, ohne genau abzustimmen, wer für welche Aufgabe mit welchen Kompetenzen zuständig und damit auch verantwortlich ist. Ein arbeitsteiliges, kooperatives Krisenmanagement schließt damit situatives ad hoc-Gewurstel aus. Dies bedeutet nicht, daß es keine Improvisation oder keine Spontanität geben kann (oder darf). Es bedeutet nur, daß jede weiterführende Delegation den vorgängigen Planungsaufwand überproportional erhöht. Die Planung ist nämlich im Gegensatz zur tatsächlichen Krise immer komplexer, weil mehr Möglichkeiten antizipiert und mehr Handlungsoptionen entwickelt werden müssen. Von daher empfiehlt sich ein Verfahren der planerischen Problemlösung, bei dem nach Routineteil und Analysebedarf unterschieden wird. Um schnell handlungsfähig zu werden, zerlegt man das Ereignis in Segmente und beginnt diejenigen abzuarbeiten, für die Sofortmaßnahmen bereitstehen. Segmente, auf die nicht so-

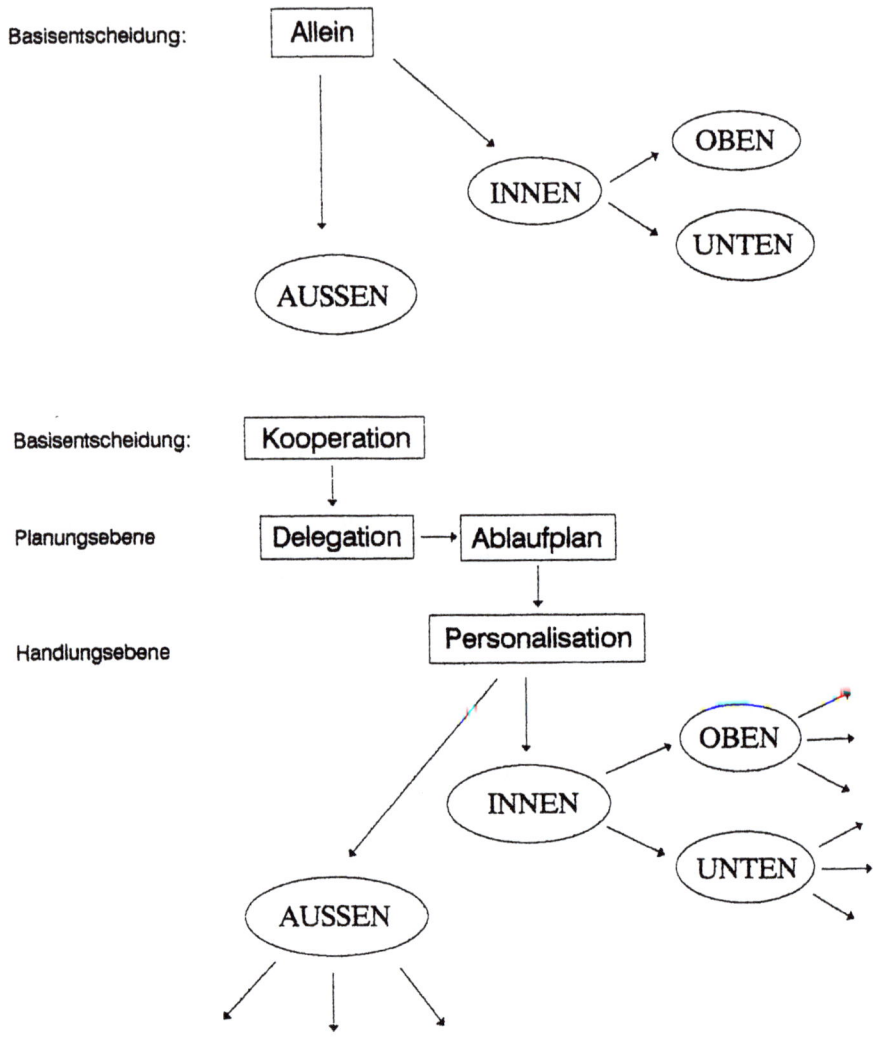

Abb. 8.5. First Steps

fort verfügbare Maßnahmen zu passen scheinen, werden im Schnellverfahren gerastert, um ihre Besonderheiten erfassen zu können. Die erkennbaren Besonderheiten werden mit Hilfe einer differenzierten Problemanalyse wiederum in Segmente zerlegt, für die verfügbare Routinen passen. Für den Rest bedarf es alternativer Lösungsmöglichkeiten (s. Abb. 8.6).

Bei jedem Schritt kommt es darauf an, das Gesamtproblem in Unterprobleme zu zerlegen und Routinebereiche zu entdecken, die mit Standardlösungen behandelt werden können. Für Unterprobleme, für die Standardlösungen

8.1 Krisenmanagement in Unternehmen

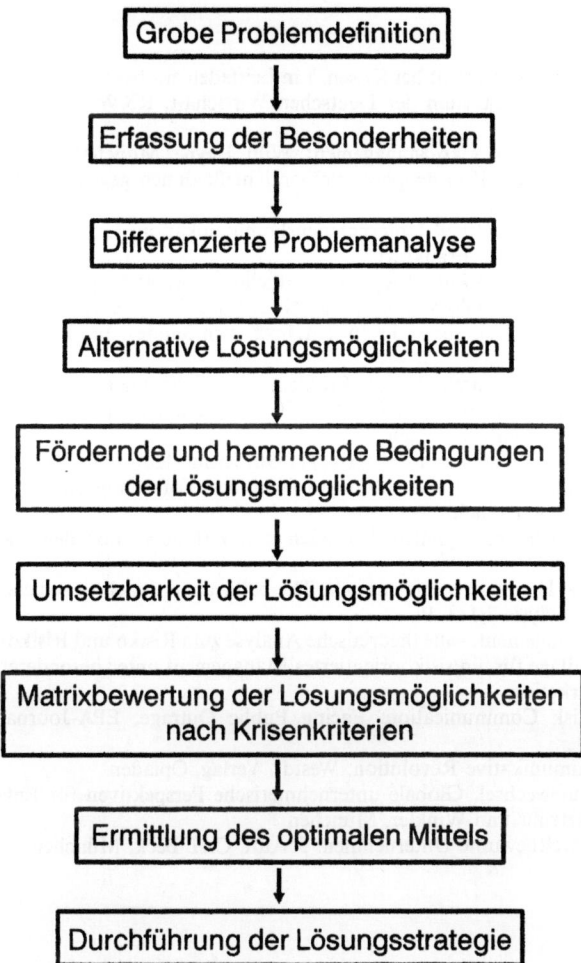

Abb. 8.6. Schritte der Problemlösung

nicht verfügbar sind oder unangemessen erscheinen, müssen dann gezielt umsetzbare Lösungsmöglichkeiten gefunden werden. In vielen Fällen entstehen Lösungen dadurch, daß man die Lösungssuche nach Außen hin öffnet und die Adressaten für Hilfe oder Kooperation selbst um Vorschläge bittet. Die genannten Vorschläge können dabei den Möglichkeiten oder Interessen des Krisenmanagement entgegenstehen. Sie müssen dann in einer Matrix aus Vor- und Nachteilargumenten bewertet und entsprechend kommuniziert werden. In der Praxis ergibt sich in den allermeisten Fällen ein optimales Mittel, ein Kompromiß, der allen Seiten gerecht wird und damit Maßnahme-Akzeptanz erzielt.

Literatur

1. Wiedemann P (1990) Öffentlichkeitsarbeit bei Krisen. Ein Leitfaden zur besseren Kommunikation. Rationalisierungskuratorium der Deutschen Wirtschaft. RKW-Nr. 1100, Eschborn
2. Braun S, Bauer K (1993) Stichwort Öko-Management. Wilh. Heyne, München
3. Apitz K (1987) Konflikte, Krisen, Katastrophen. Präventivmaßnahmen gegen Imageverlust. Gabler, Wiesbaden
4. Beger R, Gärtner HD, Mathes R (1989) Unternehmenskommunikation: Grundlagen, Strategien, Instrumente. Wiesbaden, Frankfurt
5. Clausen L, Dombrowsky WR (1990) Zur Akzeptanz staatlicher Informationspolitik bei Großunfällen und Katastrophen. Zivilschutzforschung Neue Folge Bd 1, Schriftenreihe der Schutzkommission beim Bundesminister des Innern, hrsg. vom Bundesamt für Zivilschutz, Bonn
6. Dombrowsky WR (1991) Krisenkommunikation. Problemstand, Fallstudien und Empfehlungen. Arbeiten zur Risiko-Kommunikation Heft 20 (Programmgruppe Mensch, Umwelt, Technik), Forschungszentrum Jülich
7. Jungermann H, Rohrmann B, Wiedemann PM (Hrsg) (1990) Risiko-Konzepte, Risiko-Konflikte, Risiko-Kommunikation. Reihe Monographien des Forschungszentrums Jülich Bd 3, Forschungszentrum Jülich
8. Krummenacher A (1981) Krisenmanagement. Leitfaden zum Verhindern und Bewältigen von Unternehmenskrisen
9. Rayner S, Cantor R (1987) How fair is safe enough? The cultural approach to societal technology choice, Risk Analysis 7/1:3–9
10. Schuy A (1989) Risiko-Management. Eine theoretische Analyse zum Risiko und Risikowirkungsprozeß als Grundlage für ein risikoorientiertes Management unter besonderer Berücksichtigung des Marketing
11. Sandman PM (1987) Risk Communication: Facing Public Outrage, EPA-Journal Nov. 1987
12. Wersig G (1985) Die kommunikative Revolution. Westdt. Verlag, Opladen
13. Schmidheiny S (1992) Kurswechsel. Globale unternehmerische Perspektiven für Entwicklung und Umwelt. Artemis und Winkler, München
14. Winter G (1993) Das umweltbewußte Unternehmen. 5. Aufl, C.H. Beck, München

9 Praxisbeispiele

9.1 Aktive Öffentlichkeitsarbeit in der Krise: Erfahrungen und Konsequenzen bei der Hoechst AG

L. Schönefeld

9.1.1 Einleitung

Medien sind grundsätzlich an allem interessiert, was für den Leser, Zuhörer oder Zuschauer einen Neuigkeitswert hat. Im aktuellen Tagesgeschäft berichten Journalisten nicht über das, was im Unternehmen normal ist, sondern über die Ereignisse, die den Alltag sprengen. Dazu gehören ganz selbstverständlich Betriebsstörungen und Störfälle, erst recht Katastrophen. Patentrezepte für das notwendige Krisenmanagement werden in großer Zahl angeboten. Ihre Bewährung in der Praxis ist eher bescheiden, weil sich die Managementlehre in Deutschland lange Zeit weder mit der Theorie der Krise noch mit empirischen Untersuchungen zu Krisenentstehung und -bewältigung in Unternehmen beschäftigt hat [1].

Im folgenden Beitrag wird versucht, einerseits die Ursachen der Vertrauenskrise gegenüber der chemischen Industrie am Beispiel der Hoechst AG zu analysieren. Andererseits soll gezeigt werden, daß eine intensive Vorbereitung der Organisation und regelmäßige Übungen der kommunikativen Abläufe unerläßliche Voraussetzungen für die Krisenkommunikation sind.

9.1.2 Unternehmen und Öffentlichkeit

Am 22. Februar 1993 ereignete sich im Werk Frankfurt-Griesheim der Hoechst AG ein Störfall, bei dem über zehn Tonnen eines Substanzgemisches unter hohem Druck aus einem Reaktor austraten und in der Umgebung des Werkes niedergingen. In 130 Jahren Unternehmensgeschichte hat kaum ein Ereignis die Menschen in der Nachbarschaft so bewegt wie dieser Produktaustritt. Etwa ein Prozent der Gesamtmenge war über den Main auf das südliche Mainufer getragen worden und dort niedergegangen. Die Gesamtschadensfläche umfaßte ein Gebiet von 108 Hektar, unter anderem auch ein Wohngebiet in Frankfurt-Schwanheim, in dem über 2500 Menschen leben.

Besonders hart wurde das Unternehmen schon am Nachmittag des 22. Februar 1993, also unmittelbar nach dem Griesheimer Störfall, dem Vorwurf der „mangelhaften Informationspolitik" ausgesetzt. Später zog sich der Verdacht der Verharmlosung und Vertuschung wie ein roter Faden durch die Berichte der Medien. Die verantwortlichen Führungskräfte traf das negative Urteil von Politik und Medien umso mehr, weil Hoechst Öffentlichkeitsarbeit als Mittlerfunktion zwischen dem Unternehmen und seinem gesellschaftlichen Umfeld versteht. Hoechst betrachtet dabei die Medien als zwar kritischen Partner, aber nicht als Gegner.

Wo lagen die Ursachen der Kritik? Konnte sich Hoechst ausreichend auf eine derartige Störfallsituation vorbereiten? Welche Erfahrungen hat das Unternehmen im Februar 1993 gemacht, und welche Konsequenzen hat es in bezug auf die Krisenkommunikation gezogen?

In Sachen Krisenkommunikation kann und darf sich heute kein Unternehmen allein auf die Rechtslage berufen. Zwar ist nach der Störfallverordnung eine Information der Nachbarschaft über das richtige Verhalten bei Unfällen in Anlagen, die der Störfallverordnung unterliegen, vorgesehen [2]. Die Warnung der Bevölkerung nach einem Störfall ist allerdings, sofern in kommunalen oder regionalen Katastrophenschutzplänen keine Sondervereinbarungen getroffen wurden, Sache von Polizei und öffentlicher Feuerwehr. Das Unternehmen selbst hat eine Anzeigepflicht gegenüber den Behörden.

Wenn aber Ereignisse, die ein Unternehmen zu verantworten hat, den Alltag der Nachbarn zeitweilig oder auf Dauer einschränken oder einzuschränken drohen, dann ist es Ausdruck unternehmerischer Moral, Informationen zu geben oder zu verweigern.

Kommunikation steht in einer engen Wechselbeziehung mit den Bedürfnissen und Regeln unserer Gesellschaft. Pluralistische Gesellschaften basieren auf Kommunikation [3]. Pressefreiheit ist deshalb ein Grundrecht jedes demokratischen Gemeinwesens, denn die Medien sind Partner und Vermittler im Kommunikationsgeschehen [4]. Die Mittlerfunktion der Öffentlichkeitsarbeit von Industrieunternehmen muß somit den Informationsabläufen und Strukturveränderungen des Medienmarktes Rechnung tragen.

Hoechst hat sich grundsätzlich für eine offensive Öffentlichkeitsarbeit entschieden. Die Zentralabteilung Öffentlichkeitsarbeit verfolgt mit aktiver Kommunikation das Ziel, zwischen dem Unternehmen und seinem gesellschaftlichen Umfeld ein Klima des Vertrauens und des Verständnisses aufzubauen, zu erhalten und zu pflegen [5]. Hoechst sucht den Dialog mit allen Gruppen der Gesellschaft, auch bei divergierenden Interessen.

9.1.3 Wertewandel und Generationswechsel

Im Wertesystem unserer Gesellschaft [6] hat der Schutz von Natur und Umwelt gegenüber früheren Jahrzehnten an Bedeutung gewonnen. Wir wissen, daß die natürlichen Ressourcen endlich sind und ein ungehemmter Verbrauch der ökologischen Reserven einhergeht mit dem Entzug der Lebensgrundlagen des Menschen. Darüber hinaus wird Natur intensiver erlebt als je zuvor im industriellen Zeitalter.

9.1.3.1 Natur als moralische Instanz

Wir schätzen und schützen die Natur einerseits aus Eigeninteresse: Denn der Zugewinn an freier Zeit, verbunden mit einem hohen Maß an Mobilität, ermöglicht uns die Flucht aus dem Alltag in scheinbar naturbelassene Lebensräume. Andererseits ist Natur weit mehr als nur ein synonym benutzter Begriff für unberührte Landschaften. Natur vermittelt, so Ortwin Renn, den Eindruck der Konstanz in einer Zeit der Kurzlebigkeit von Ideen und Lebensentwürfen. Natur bringt ein Element der Stabilität in die Schnellebigkeit der Zeit [7]. Ein Grund, so der Frankfurter Umweltjournalist Edgar Gärtner, für das Unbehagen der neuen Mittelschichten an der Moderne: „Ursache dieses Unbehagens ist die Orientierungslosigkeit der Anhänger pluralistischer bzw. extrem individualisierter und lustbetonter Lebensentwürfe, die sich im Gefolge der 68er-Revolte ausgebreitet hat. Die damit verbundenen Sinnkreise kompensierten diese Individuen bislang mit Ersatzbefriedigungen, die der Massenkonsum bot. An die Stelle des Konsumrausches trat deshalb bei einem Teil der neuen Mittelschichten, vor allem bei Ausübenden von Lehr- und anderen Dienstleistungsberufen, die Natur als vermeintlich dauerhafter Wert" [8].

Weil aber mit der Modernisierung der Gesellschaft die zunehmende Säkularisierung einhergeht, wird Natur nicht nur zum Ziel ethischen Handelns [9], sondern auch letzte moralische Instanz: „Wer sich der Natur verpflichtet fühlt, begründet damit eine moralische Überlegenheit gegenüber den bisher sinnstiftenden Institutionen wie Kirchen, politischen Parteien, Unternehmerverbänden und Gewerkschaften", so Gärtner [10].

Die mit Technik untrennbar verbundenen Risiken zerstören den Traum des Menschen von der unberührten Natur und enttäuschen die Sehnsucht nach einer sinngebenden integrativen Sozialordnung [11]. Daraus resultiert wahrscheinlich die Skepsis breiter Kreise der Gesellschaft gegenüber Großtechnologien wie der Chemie.

Die Rückbesinnung auf die Natur und das Natürliche als übergeordneten Wert wurde in den achtziger Jahren begünstigt durch einen in der Nachkriegszeit bislang einmalig hohen Standard in bezug auf materielle und soziale Sicherheit. Eine auf unmittelbare Befriedigung individueller Wünsche abgestimmte Konsum- und Freizeitgesellschaft löste die nach Produktivität und Effizienz strebende Industriegesellschaft ab, in der Selbstdisziplin, Selbstkontrolle und Fleiß in der Regel einhergingen mit dem Verzicht auf die Befriedigung individueller Bedürfnisse.

Im Wertesystem einer ganzen Generation, die die Not des Wiederaufbaus und die Anstrengungen der jungen Bundesrepublik zur Wiedererlangung wirtschaftlichen Prosperität nicht mehr erlebt hatte, verlor der volkswirtschaftliche Nutzen industrieller Tätigkeit seine sinnstiftende Bedeutung. Die Risiken von Technik und Industrieproduktion wurden zum Maßstab für Akzeptanz oder Kritik [12]. Ereignisse wie die Unfälle bei Hoechst gelten dabei, so der Soziologe Lothar Rolke, „in den Augen der Öffentlichkeit als Beweis für die ansonsten nur erahnbaren Umweltrisiken" [13].

Die Etablierung der aus der ökologischen Bewegung der siebziger Jahre hervorgegangenen Grünen Partei wurde zum Symbol der Abwendung vor allem junger Menschen von den traditionellen Werten der Industriegesellschaft. Für diese Generation aber war der Weg in Führungspositionen der Verwaltung und der Wirtschaft zunächst noch von der Nachkriegsgeneration versperrt. So engagierten sich viele in alternativen Tätigkeitsfeldern, die dem veränderten Weltbild entsprachen, etwa in der Friedens-, der Anti-Atomkraft- oder der Umweltbewegung.

Nach den Auseinandersetzungen um die Kernkraft führte der Wertewandel bei der jüngeren Generation auch zu Spannungen zwischen der chemischen Industrie und ihrem gesellschaftlichen Umfeld. Vor allem in Großunternehmen fand das Management nur schwer den Zugang zu den Argumenten der ökologischen Bewegung. Einerseits äußerte sich das Engagement derer, die zum Schutz der Umwelt antraten, in lautstarkem Protest und spektakulären Aktionen bis hin zu Sachbeschädigungen. Andererseits war die Berufsphilosophie der meisten Führungskräfte dem Gewinn- und Leistungsprinzip verpflichtet, während die jüngere Generation dem ökonomischen Nutzen die ökologischen Risiken entgegensetzte.

Ein deutlicher Wandel zeichnete sich Mitte der achtziger Jahre ab, als die „geburtenstarken Jahrgänge" in das Berufsleben eintraten, in Politik und Verwaltung, aber auch in der Wirtschaft. Sie waren einerseits geprägt von den Werten ihrer Eltern, die die Not des Krieges und die Entbehrungen der ersten Nachkriegsjahre noch erlebt hatten. In den weiterführenden Schulen hatten sie andererseits vielfach Lehrer, die ihnen in Fächern wie Sozialkunde und Gesellschaftswissenschaften die Ideen der Studentenbewegung vermittelt hatten.

In der Industrie hatte dieser Generationswechsel weitreichende Folgen. Denn die jungen Kräfte hatten aufgrund des altersbedingten Ausscheidens derer, die die Wirtschaft nach dem Krieg neu aufgebaut hatten, vergleichsweise gute Aufstiegschancen. Auch die Diskussion um Fragen des Umweltschutzes erhielt durch den hohen Anteil qualifizierter junger Mitarbeiter neue Nahrung. Inzwischen unterscheiden sich die Argumente des Managements kaum noch von denen der Umweltbewegung, und nicht allein für Hoechst stehen Sicherheit und Umweltschutz gleichrangig neben dem Ziel der Leistungsfähigkeit im internationalen Wettbewerb.

9.1.3.2 Der Wertewandel in den Medien

Lange Zeit fand die Umweltbewegung in der Industrie vergleichsweise wenig Akzeptanz. In der Presse aber gab es, wie der Mainzer Kommunikationswissenschaftler Hans Mathias Kepplinger nachweisen konnte, bereits in der zweiten Hälfte der sechziger Jahre deutliche Hinweise auf den bevorstehenden Wertewandel: „Insbesondere die Frankfurter Allgemeine Zeitung", so

9.1 Aktive Öffentlichkeitsarbeit in der Krise

Kepplinger, „zeichnete von 1970 bis 1972 ein zunehmendes kritisches Bild der Technik" [14]. In den folgenden Jahren habe das Blatt eine sehr uneinheitliche Linie verfolgt: „Keine andere Tageszeitung wies derart große Schwankungen zwischen Technikbefürwortung und Technikkritik auf" [15]. Die Rolle des Leitmediums habe dann die Frankfurter Rundschau übernommen: Sie „berichtete 1969 so positiv über Technik wie keine andere Tageszeitung ... Innerhalb von drei bis vier Jahren kippte die Berichterstattung in den negativen Bereich und war 1973 erstmals von einer substantiellen Technikkritik gekennzeichnet. Ab 1982 stellte die Frankfurter Rundschau die Technik negativer dar als jede andere Tageszeitung" [16]. Die Ölkrise des Jahres 1973 hatte, obwohl sie auf politische Entscheidungen zurückging, eine weltweite Diskussion über Rohstoffreserven und -preise, Energieträger und -einsparungen sowie die „Grenzen des Wachstums" in Gang gesetzt [17].

Der Umschwung von einer überwiegend positiven zu einer überwiegend negativen Bewertung von Technik in den Medien war das Ergebnis einer bereits in den fünfziger Jahren einsetzenden, langfristigen Entwicklung im westdeutschen Journalismus. Als die amerikanische und englische Besatzungsmacht im Rahmen der Reedukation das Presse- und Rundfunkwesen neu gestalteten, war, entsprechend der angelsächsischen Tradition, eine staatsfreie, neutrale und faire Presse ihr Ziel. Bericht und Kommentar waren streng zu trennen, ebenso wie die beruflichen Aufgaben des Journalisten und seine privaten Ansichten [18].

Inzwischen hat sich in den Medien ein tiefgreifender Wandel vollzogen, der sich bereits in der Nachrichtenauswahl niederschlägt. So stieg nach einer Studie der Mainzer Universität der Anteil der Meldungen über negative Ereignisse im Hessischen Rundfunk zwischen 1955 und 1985 von 20 Prozent auf 37 Prozent. Einen Höhepunkt hatte der Trend zum Negativen zwischen 1973 und 1977 mit 41 Prozent aller gesendeten Beiträge erreicht. Demgegenüber ging der Anteil der neutralen Meldungen seit 1955 von 59 auf 45 Prozent zurück, der der positiv gefärbten Beiträge von 21 auf 17 Prozent [19].

Im Gegensatz zum angelsächsischen Journalismus, bei dem das Motiv, sich selbst und andere zu informieren, überwiegt, tendieren deutsche Journalisten zunehmend dazu, „sich durch Schreiben mitzuteilen, Mißstände aufzudecken, die eigenen Interessen weiterzuentwickeln und politische Entscheidungen zu beeinflussen" [20].

Der Wunsch, politische Entscheidungen zu beeinflussen, ließ sich in den siebziger Jahren zunehmend auf einem neuen Politikfeld verwirklichen: dem Umweltschutz. Die ersten Umweltkrisen, über die damals Leitmedien wie der „Spiegel" berichteten, waren zumeist lokaler Natur, die Verantwortlichkeiten überschaubar [21]. Mitte der siebziger Jahre aber verlagerten sich die Konfliktlinie auf das Verhältnis zwischen politischen Entscheidungsträgern und Industrie. Dieser Trend hat sich bis heute gehalten, und es ist in diesem Zusammenhang bemerkenswert, daß 1992 in den alten Bundesländern 78 Prozent, in den neuen Bundesländern sogar 89 Prozent aller Journalisten der Meinung sind, daß der Umweltschutz Vorrang vor wirtschaftlichen Interessen haben sollte [22].

9.1.4 Zum Symbolwert der Hoechst AG

Im Frühjahr 1993 ereigneten sich nicht nur bei Hoechst Betriebsstörungen und schwere Zwischenfälle: Am 24. März brannte es in einer Raffinerie in Gelsenkirchen. Drei Mitarbeiter erlitten schwere Verletzungen. Brandgase und Ruß überzogen einen benachbarten Stadtteil. Weitere Zwischenfälle ereigneten sich in chemischen Werken in Mannheim (17. März), Köln (18. März), Leverkusen (23. März), Hanau (31. März und 20. April), Ludwigshafen (2. und 20. April) und Hürth (20. April). Von diesen Zwischenfällen fand kein einziger eine nur annähernd große Resonanz wie die Ereignisse bei Hoechst. Nur im Zusammenhang mit Hoechst wurde der Vorwurf der „mangelhaften Informationspolitik" erhoben.

Krisen entwickeln sich nicht über Nacht und sie sind nicht das Ergebnis einzelner Störfälle [23]. Es muß, abgesehen vom eigentlichen Schadenereignis, auch andere Gründe gegeben haben, die zu dem Imageverlust in den Medien führten. Wo lagen die Ursachen für die negative Medienresonanz? Warum ergriffen einige Leitmedien so deutlich Partei?

Hoechst hat frühzeitig die Bedeutung des Umweltschutzes erkannt. So enthielt der Geschäftsbericht des Jahres 1970 bereits ein Kapitel über Umweltschutz [24], während Umweltschutz in den Medien damals noch kein durchgängiges Thema war [25].

Mitte der siebziger Jahre geriet Hoechst dann erstmals mit einem Umweltthema in die Schlagzeilen. Der gerade veröffentlichte Rückblick des Frankfurter „Spiegel"-Korrespondenten Ulrich Manz verdeutlicht, wie tief die damaligen Ereignisse noch heute das Bild der Chemie bei einigen Journalisten prägen: „Da ließ ein großer Chemiebetrieb in einem Frankfurter Vorort ... Tausende Tonnen Salzsäure in den Fluß. ... Die Behörden machten brav mit ... Die Beamten ließen in augenzwinkernder Kumpanei mit der Industrie sogar ihren Minister wegen solcher Vorfälle bedenkenlos über die Klinge springen" [26].

Mit zunehmenden Erfolgen auf dem Gebiet des additiven Umweltschutzes verlagerte sich die öffentliche Diskussion in den achtziger Jahren auf Nutzen-Risiko-Debatten, in denen es nicht mehr allein um den konkreten Umweltschutz vor Ort ging, sondern vor allem auch um die Bewahrung der Schöpfung. Beispiele waren die Diskussionen um Tierversuche und Arzneimittel-Nebenwirkungen, den großtechnischen Einsatz der Gentechnologie in Medizin und Landwirtschaft sowie zuletzt die Auseinandersetzungen mit Greenpeace um den Ausstieg aus der FCKW-Produktion und der Chlorchemie.

Hoechst hat sich der gesellschaftlichen Diskussion in allen Fällen gestellt. Dieses Engagement wurde dem Unternehmen von den Mitarbeitern hoch angerechnet. Auch in Industriekreisen konnte Hoechst durch dialogorientierte Öffentlichkeitsarbeit Punkte sammeln. Aber das Unternehmen hat es offensichtlich über einige Zeit nicht verstanden, in allen Fällen die Sprache zu finden, die einen wirklichen Dialog mit der kritischen Öffentlichkeit gefördert hätte. Und es war vielleicht auch eine Fehleinschätzung, Kritikern in öffentlichen Diskussionen nicht immer ohne Vorbehalte, sondern nur zögerlich und in kleinen Schritten entgegenzukommen.

9.1 Aktive Öffentlichkeitsarbeit in der Krise

So wurde Hoechst häufig und vor allem, wenn es um die öffentliche Breitenwirkung ging, die Initiative aus der Hand genommen. Immer wieder nutzten Kritiker den Firmennamen als Symbol: „Hoch, höher, Hoechst" stiegen etwa die als „Ozonkiller" entlarvten FCKW auf den Protestplakaten von Greenpeace. In der Diskussion um die FCKW ging Greenpeace sogar so weit, den Vorsitzenden des Vorstands der HoechstAG, Professor Dr. Wolfgang Hilger, persönlich an den Pranger zu stellen. Damit war für bundesweite Aufmerksamkeit gesorgt: „Wird ein Unternehmen, werden Vorgänge oder Personen zum Gegenstand der Berichterstattung, so hat dies einen geradezu explosiven Multiplikationseffekt", so der ehemalige Chefredakteur des HR-Fernsehens, Manfred Buchwald. „Der Betroffene ist der Medienwirkung nahezu machtlos ausgeliefert" [27].

Als Hilger nach dem Störfall in Frankfurt-Griesheim nicht sofort in der Öffentlichkeit auftrat, schien sich das Vorurteil zu bestätigen, daß die Industrie, wenn es darauf ankommt, zum Dialog nicht bereit sei. So war es für unbeteiligte Außenstehende durchaus legitim, daß Hilger von der Boulevardpresse und den elektronischen Medien in ein Kreuzfeuer genommen wurde. Man warf ihm vor, seiner Verantwortung als Vorstandsvorsitzender in der Krise nicht sofort gerecht geworden zu sein [28]. Dieses war auch nicht dadurch zu kompensieren, daß tatsächlich mehrere Vorstandsmitglieder von Anfang an vor Ort waren. Was zählte, war der Symbolwert des Unternehmens Hoechst und seines Vorstandsvorsitzenden.

9.1.5 Zur Rolle Frankfurts als Medienstadt

Im Nachhinein betrachtet hat Hoechst in den achtziger Jahren viele kleinere und größere Kommunikationskrisen erlebt, trotz ernst gemeinter Dialogbereitschaft. Das Unternehmen hatte sich nicht darauf eingestellt, daß die naturwissenschaftlich-technische Argumentation immer seltener auf Akzeptanz stieß. Denn der ökologische Stimmungsumschwung hatte in der an Ökologie-Diskussionen interessierten Öffentlichkeit zu neuen Sichtweisen geführt.

Dieses gilt besonders für Hessen, wo sich der Perspektivenwechsel augenscheinlich auch in der politischen Kultur niederschlug: In Hessen haben die Akteure der früheren Studentenbewegung inzwischen Macht und Einfluß gewonnen, im Journalismus, aber auch in der kommunalen und staatlichen Verwaltung sowie in Politik.

Die Sonderrolle, die Hessen und insbesondere Frankfurt im gesellschaftlichen und politischen Spektrum der Bundesrepublik Deutschland einnehmen, findet in einem sowohl im Hinblick auf die politische Gewichtung als auch in bezug auf die inhaltliche Gestaltung stark differenzierten Medienangebot ihren Niederschlag. Die Eckpunkte des Medienspektrums sind die eher konservative Frankfurter Allgemeine Zeitung und die bürgerliche Frankfurter Neue Presse mit ihren Kopfblättern (Höchster Kreisblatt, Taunuszeitung) auf der einen Seite sowie der Hessische Rundfunk und die linksliberale Frankfurter

Rundschau auf der anderen Seite. Entsprechend weit gespannt ist das Spektrum der journalistischen Betrachtungsweisen.

In dieser ohnehin bemerkenswerten Presselandschaft ereigneten sich in den siebziger und achtziger Jahren heftige Verteilungskämpfe, die durch einen allgemeinen Trend zu lokaler Berichterstattung ausgelöst wurden:

- Anfang der siebziger Jahre richtete die Frankfurter Rundschau neue Bezirksredaktionen ein, unter anderem auch eine Redaktion für die westlichen Frankfurter Stadtteile und den Main-Taunus-Kreis in Frankfurt-Höchst. Die Ausstrahlung der Kultur- und Wirtschaftskraft Frankfurts ging bereits 1970 weit über die Stadtgrenzen hinaus. Damals sahen die für die Konzeption der Bezirksausgaben verantwortlichen Redakteure voraus, daß im Raum Frankfurt an die Stelle des alten Stadtbegriffes ein dynamischer Prozeß regionaler Entwicklung treten würde. „Die Zukunft Frankfurts...", so 1970 der heutige Ressortleiter Horst Wolf, „entscheidet sich außerhalb ihrer Grenzen" [29]. Mit den Bezirksredaktionen wollte die Frankfurter Rundschau auch in der Region für Transparenz bei kommunalpolitischen Entscheidungen sorgen. Damals richtete sich die Kritik gegen die willkürlich wachsenden Trabantenstädte: „Es erfordert ungewöhnliche Ideen", so Wolf, „sollen aus den Dörfern der Region nicht hastig zusammenzementierte Städte werden, in denen unmenschliche Lebensbedingungen zur Ursache gesellschaftlicher Konflikte werden" [30]. Die Frankfurter Rundschau sah ihre Aufgabe darin, den Dialog zwischen Bürgern und Politik geradezu herauszufordern [31]. Die Themen haben sich inzwischen verschoben, Neben Politik und Stadtentwicklung spielen heute auch Fragen des Umweltschutzes in den Lokalteilen der Bezirksredaktionen eine erhebliche Rolle.
- 1977 verstärkte der Berliner Springer-Konzern mit einer eigenen Lokalausgabe der Bild-Zeitung seine Position im Frankfurter Markt. Die etablierte Abendpost, das Boulevardblatt der Frankfurter Societäts-Druckerei, geriet unter heftigen Druck, der im Laufe der achtziger Jahre zunahm und im Dezember 1989 die Einstellung des Blattes zur Folge hatte.
- Als Antwort auf den zunehmenden Verlust lokaler Identität durch die Zusammenlegung selbständiger Gemeinden zu Kreisen, aber auch im Vorgriff auf die absehbare Zulassung privater Hörfunksender, regionalisierte der Hessische Rundfunk sein Hörfunk-Programm. Der betont regionale Bezug des Hörfunks war die Antwort auf die Orientierungslosigkeit, über die Journalisten und Bürger seit 1978, vor allem an der evangelischen Akademie Hofgeismar, intensiv diskutiert hatten [32]: Die Regionalisierung begann 1980 in Nordhessen, 1984 folgten Regionalstudios für das Rhein-Main-Gebiet und Südhessen, 1986 ein Studio in Fulda und 1987 ein Studio für Mittelhessen. Seit 1986 hat der Hessische Fundfunk für die regionalen Fensterprogramme dieser Studios eine eigene Welle, das Programm HR 4, geschaffen.
- In den achtziger Jahren führten steigende Mieten im Frankfurter Raum und der anhaltende Zuzug von Dienstleistungsunternehmen zu einem enormen Wachstum der Städte und Gemeinden zwischen Frankfurt, Wiesbaden und

9.1 Aktive Öffentlichkeitsarbeit in der Krise

Mainz. Gleichzeitig stieg die Mobilität, so daß das Rhein-Main-Gebiet immer enger zusammenwuchs. Sowohl die in Mainz erscheinende Allgemeine Zeitung als auch der Wiesbadener Kurier reagierten auf diese Entwicklung mit einer deutlichen Intensivierung ihrer regionalen Berichterstattung. In Rüsselsheim stärkte die Allgemeine Zeitung ihr dortiges Kopfblatt, die Main-Spitze. In Hofheim engagierte sich 1985 die Mainzer Verlagsanstalt bei der Hofheimer Zeitung und wertete das lokale Wochenblatt vorübergehend zu einer Tageszeitung auf. Inzwischen erscheint die Zeitung wieder zweimal wöchentlich. Der Wiesbadener Kurier weitete nach und nach die lokale Berichterstattung im Main-Taunus-Kreises aus und bietet seit 1993 eine eigene Lokalausgabe, den Main-Taunus-Kurier, an. Seit 1992 erscheinen die Allgemeine Zeitung, der Wiesbadener Kurier und das Wiesbadener Tagblatt unter einem neuen Dach, der Verlagsgruppe Rhein-Main. Veranstaltungshinweise aus dem Frankfurter Raum findet der Leser inzwischen in fast allen Lokalausgaben der Gruppe, von Worms im Süden bis zur nördlichen Grenze des Rheingau-Taunus-Kreises, von Bad Kreuznach im Westen bis Hofheim im Osten [33].
- Abgesehen von dem erheblichen Engagement der Zeitungshäuser aus Mainz und Wiesbaden entstanden in den Frankfurter Stadtteilen sowie in den Städten und Gemeinden des Main-Taunus-Kreises viele kleinere Tages- und Wochenzeitungen. Auch sie erheben einen Anspruch auf aktuelle lokale Berichterstattung.
- Aufgrund der Struktur des Rhein-Main-Gebietes beschäftigen sich nicht nur die Zeitungshäuser, sondern auch die elektronischen Medien im benachbarten Rheinland-Pfalz mit Ereignissen aus dem Frankfurter Raum. Schon seit den fünfziger Jahren berichten im Hörfunk sowohl der Hessische Rundfunk als auch das Studio Rheinland-Pfalz des Südwestfunks über das Rhein-Main-Gebiet [34]. Seit 1986 bringt auch ein privater Hörfunkanbieter aus Rheinland-Pfalz, Radio RPR, nicht nur Aktuelles aus Mainz und Umgebung, sondern auch aus Wiesbaden und Frankfurt [35].
- In Hessen trat im November 1989 der private Hürfunk-Sender Radio FFH an [36]. Zu den Zielen des neuen Senders gehörte, so FFH-Redakteur Andreas Kohl, insbesondere die „schnelle, aktuelle und akzentuiert hessische Berichterstattung aus dem Rhein-Main-Gebiet" [37]. In der Sendezentrale in Frankfurt-Rödelheim trat ein junges Team gegen den etablierten öffentlich-rechtlichen Rundfunk an.
- Inzwischen hat auch die „Hessenschau" des Hessischen Rundfunks Konkurrenz: Nicht nur der seit November 1990 in Frankfurt produzierte „Hessen-Report" von RTL, aus dem 1993 „Hessen Live" hervorging, macht den etablierten Frankfurter Lokalmedien unter dem Motto „Aus Hessen für Hessen" Konkurrenz [38]. Seit Januar 1990 strahlt auch der Mainzer Sender SAT 1 aktuelle Lokalnachrichten aus dem Frankfurter Raum in der Regionalsendung „Wir im Südwesten" aus, zunächst wöchentlich, vom März 1991 an täglich. Seit dem 1. Januar 1994 heißt die Sendung „Regional-Report" [39].

„In der Rhein-Main-Region", so der Frankfurter Journalist Hermann Wygoda, „gibt es so viele Zeitungen wie in keiner Region der Bundesrepublik. Und nirgendwo können so viele Hörfunk-Programme empfangen werden wie hier. Auch im Fernsehen ist Rhein-Main überdurchschnittlich gut vertreten" [40].

Zunehmend finden lokale Ereignisse auch im Landesdienst Hessen der Deutschen Presse-Agentur (dpa) Berücksichtigung, insbesondere im Zusammenhang mit Umweltthemen. Damit, so der Leiter des Landesbüros, Laszlo Trankovits [41], reagiere die Agentur auf das große öffentliche Interesse, das gerade solchen Themen im Rhein-Main-Gebiet entgegengebracht werde. Im allgemeinen will dpa dagegen weder im Landesdienst noch auf Bundesebene im Lokalen einen Schwerpunkt setzen [42].

Themen rund um die großen Wirtschaftsunternehmen der Regionen finden aufgrund der Medienvielfalt weitläufige Verbreitung. Viele lokale Ereignisse werden durch die Agenturen in ganz Deutschland publiziert. Das hat – auch für Hoechst – viele positive Seiten. Auf der anderen Seite sind Ereignisse, die sich in das Bild des Streites von David und Goliath einordnen lassen, nicht weniger attraktiv als Wirtschaftsmeldungen oder Meldungen aus dem politischen und gesellschaftlichen Bereich.

Eine Herausforderung für die Öffentlichkeitsarbeit von Hoechst: Denn Bürgerinitiativen, etwa die 1983 zur öffentlichen Kontrolle des Unternehmens angetretenen „Hoechster Schnüffler un' Maagucker", fanden, ebenso wie oppositionelle Betriebsräte, in den Medien zunehmend Berücksichtigung. Sie wurden zu gefragten Gesprächspartnern der Journalisten, insbesondere dann, wenn Störfälle und Betriebsstörungen ihre Kritik zu bestätigen schienen.

Hoechst begegnete diesen Herausforderungen mit der aus Unternehmenssicht notwendigen Gewissenhaftigkeit: Der Anspruch, Fragen der Medien im Detail zu beantworten, ging aber zwangsläufig einher mit dem Verlust von Spontanität. Denn die für die Erarbeitung von Stellungnahmen notwendige Zeit wurde von den Journalisten – oft aus Unkenntnis der Abläufe im Unternehmen – als Verzögerungs- oder Verschleierungstaktik gewertet. Die Skepsis gegenüber der Dialogfähigkeit der Chemie ergänzte auch den Nährboden für die Krise des Jahres 1993.

9.1.6 Krisenkommunikation im Wandel

Krisen, seien sie nun politischer Natur oder die Folge von Betriebsstörungen und Störfällen, haben Kosten für das betroffene Unternehmen. Zu Recht weist Peter M. Wiedemann vom Forschungszentrum Jülich darauf hin, daß es sich dabei nicht allein um materielle Kosten handelt: „Oft sind es die immateriellen Kosten, die die Handlungsfähigkeit des Unternehmens nachhaltig beeinflussen und zu Faktoren werden, die sein Überleben in Frage stellen können" [43]. Dazu zählen Vertrauensverluste in der Öffentlichkeit, bei Kunden, Investoren und den Mitarbeitern, Motivationsverluste bei den Mitarbeitern, Schwierigkeiten bei der Einstellung von qualifiziertem Personal, negative Auswirkungen auf Börsenkurse oder aber politische Auflagen und Beschränkungen durch die

9.1 Aktive Öffentlichkeitsarbeit in der Krise

Gesetzgebung [44]. Eingespielte Kommunikationsabläufe sind deshalb ein Guthaben, daß nicht unmittelbar, aber auf Dauer erhebliche Zinsen einbringt.

Bei Hoechst lag bis Ende der achtziger Jahre die Verantwortung für die technische und kommunikative Bewältigung eines Störfalls bei den Einsatzkräften der Werkfeuerwehr, der Werksärztlichen Abteilung, der Ressortgruppe Umwelt, den betroffenen Fachabteilungen sowie den öffentlichen Feuerwehren und der Polizei. Wie bei anderen vergleichbaren Großunternehmen regelte auch in Frankfurt ein mit den zuständigen Behörden abgestimmter Alarmierungs- und Gefahrenabwehrplan die Zusammenarbeit zwischen den Fachabteilungen im Unternehmen und den öffentlichen Sicherheits- und Rettungsdiensten.

Für Schadensfälle mit möglichen Auswirkungen auf die Nachbarschaft hatte Hoechst bereits in den siebziger Jahren mit dem Frankfurter Polizeipräsidenten und den Berufsfeuerwehren vereinbart, die Bevölkerung mit Lautsprecherwagen und vorbereiteten Meldetexten zu informieren [45]. In einer weiteren Vereinbarung wurden die Meldewege zwischen der Werkfeuerwehr Hoechst und der Frankfurter Berufsfeuerwehr festgelegt. Sie wurde regelmäßig aktualisiert, zuletzt im Dezember 1986 [46].

Hoechst hat sich in diesen Vereinbarungen freiwillig verpflichtet, die Leitfunkstelle Rhein-Main der Frankfurter Berufsfeuerwehr über folgende Ereignisse in den Frankfurter Werken unmittelbar zu informieren:

- Gasalarme, auch bei Alarmierungen, von denen nicht bekannt war, ob es sich um einen Fehlalarm handelte,
- Brände von mehr als werksinterner Bedeutung,
- Explosionen,
- andere Ereignisse, von denen für Außenstehende der Anschein einer Gefährdung entstehen kann.

Aufgrund der Benachrichtigung durch die Einsatzleitstelle der Hoechst AG war für Notfälle ein schnelles Eingreifen der Berufsfeuerwehr sichergestellt.

Nach dem Alarmierungs- und Gefahrenabwehrplan war eine Information der Medien nach Zwischenfällen auf dem Werksgelände selbstverständlich. Für die unmittelbare Information und Warnung der möglicherweise betroffenen Nachbarn spielte die Pressearbeit aber keine Rolle.

Der Hessische Rundfunk war – abgesehen von der Verkehrsredaktion – weder organisatorisch noch personell darauf ausgerichtet, unmittelbar auf Betriebsstörungen zu reagieren.

Für die lokalen Tageszeitungen kam eine Presse-Information, die nach Abschluß der Schadensbewältigung per Boten verteilt wurde, immer noch rechtzeitig vor Redationsschluß auf den Schreibtisch des zuständigen Redakteurs.

Als 1989 immer häufiger Anfragen von Hörfunk-Redakteuren unmittelbare Stellungnahmen am Telefon erforderten, reagierte Hoechst mit einer neuen Organisation der Krisenkommunikation.

Der entscheidende Schritt dazu war Anfang 1990 die unmittelbare Einbindung der Zentralabteilung Öffentlichkeitsarbeit.

Dazu wurden folgende organisatorischen Vorkehrungen getroffen:

- Schaltung einer Standleitung zwischen der Einsatzzentrale der Werkfeuerwehr und der Zentralabteilung Öffentlichkeitsarbeit,
- Einrichtung eines 24-Stunden-Bereitschaftsdienstes innerhalb der Zentralabteilung Öffentlichkeitsarbeit mit direkter Alarmierung durch die Einsatzzentrale der Werkfeuerwehr über Eurosignal,
- Ausarbeitung detaillierter Einsatzpläne für die Zentralabteilung Öffentlichkeitsarbeit, insbesondere in bezug auf die aktuelle und unmittelbare Information der Medien.

Darüber hinaus wurde in enger Abstimmung mit der Werkfeuerwehr und den Fachabteilungen ein verbindlicher Leitfaden für die Information der Medien erarbeitet, der weit über die gesetzlichen Richtlinien bezüglich der Meldung von Schadensereignissen an die Öffentlichkeit hinausging. So hat Hoechst seit Anfang 1990 Presse-Informationen grundsätzlich aktiv veröffentlicht.

- bei allen Betriebsstörungen, die optisch, akustisch oder durch Gerüche in der Öffentlichkeit wahrnehmbar waren, unabhängig davon, ob eine Meldepflicht bestand oder nicht, außerdem bei Ereignissen, die den Anschein einer Gefährdung erwecken könnten,
- Austritten von festen Stoffen (zum Beispiel Farbpartikeln),
- größeren Gasaustritten sowie
- allen meldepflichtigen Betriebsstörungen (Störungen mit einer Schädigung von Grund- und Oberflächengewässern, Störungen mit Auswirkungen auf die Atmosphäre, erheblichen Sachschäden, Personenschäden mit schweren Verletzungen und Todesfällen).

Im Hinblick auf die Verantwortung des Unternehmens als Nachbar in einer Bürgerschaft ist der erste Punkt von besonderer Bedeutung. Denn insbesondere die Kategorie der nicht meldepflichtigen Ereignisse ist es, die die Öffentlichkeit häufig verunsichert: Nicht meldepflichtige Brände etwa, die mit einer starken Rauchentwicklung einhergehen können und deren Bekämpfung einen großen Aufwand an technischem Gerät erfordert. Oder aber akustischen Störungen, die durch ein unvorhergesehenes Ansprechen der Wasserdampf-Überdruckventile am Kraftwerk verursacht werden können.

Auch ungewohnt starke Geruchsbelästigungen gehören seit 1990 zu den freiwillig veröffentlichten, aber nicht meldepflichtigen Ereignissen. Denn diese Belastungen, die noch vor wenigen Jahren zum Alltag im Umfeld chemischer Werke gehörten, sind aufgrund zahlreicher technischer Maßnahmen – etwa dem Bau moderner Abluftfilter – heute die Ausnahme. Selbst genehmigte Emissionen werden inzwischen von der Nachbarschaft als „Störfall" [47] empfunden und führen zu zahlreichen Anfragen oder Beschwerden.

Bei kleineren Personenunfällen, Büro- und Laborbränden sowie kleineren Bränden oder Stoffaustritten in Betrieben, die außerhalb des Werkes keinerlei Auswirkungen hatten, hat Hoechst seit 1990 eine „Presse-Information auf Anfrage" vorbereitet.

In den Presse-Informationen hat sich Hoechst bemüht, die klassischen Fragen, die den Journalisten bei seiner Recherche leiten, zu beantworten: Was? Wer? Wann? Wo? Wie? Warum? Bezogen auf die typische Betriebsstörung also die Fragen: Was ist passiert? Wer ist betroffen? Wann hat sich der Zwischenfall ereignet? Wo und wie ist es passiert? Warum konnte der Unfall nicht verhindert werden?

9.1.7 Krisenkommunikation auf dem Prüfstand

Im Frühjahr 1993 stand die Krisenkommunikation des Unternehmens wie nie zuvor auf dem Prüfstand. Innerhalb von sechs Wochen ereigneten sich in sechs Werken der Hoechst AG drei Störfälle sowie 15 Betriebsstörungen.

9.1.7.1 Die Störfälle in den Medien

Dem ersten und bedeutendsten Zwischenfall, dem Austritt des Farbstoff-Vorproduktes ortho-Nitroanisol im Werk Griesheim am 22. Februar 1993, war der Sendestart der privaten Nachrichtensender VOX und n-TV im Januar 1993 unmittelbar vorausgegangen. Im deutschen Medienmarkt verstärkten die neuen Fernsehanbieter die ohnehin schon harte Konkurrenz um aktuelle Meldungen. Hoechst bot VOX und n-TV eine erste Chance, Kompetenz und Schlagkraft mit einer nationalen Krisenberichterstattung unter Beweis zu stellen.

Der Frankfurter Journalist Edgar Gärtner sieht Deutschland 1993 am Übergang zur Mediengesellschaft, die den Medien einen „ständigen harten Kampf mit unzähligen konkurrierenden Informationsquellen um wenige Minuten Aufmerksamkeit des Publikums" abverlange: „Aufmerksamkeit erlangt man nur, wenn man Sensationen bietet. Und Sensationen liefern in der Regel nicht die guten Nachrichten, sondern Hiobsbotschaften". Insofern sei es nicht verwunderlich, daß Nachrichten über Störfälle in der chemischen Industrie in den Medien hoch gehandelt werden [48].

Einen Vorgeschmack hatte der amerikanische Nachrichtensender CNN bereits 1991 gegeben: Mit aktuellen Berichten vom Krieg am Golf lehrte der 1980 in Atlanta gegründete [49] und noch nach zehn Jahren von vielen Medienexperten unterschätzte Privatkanal die öffentlich-rechtliche Konkurrenz das Fürchten, nun nicht mehr nur in den Vereinigten Staaten, sondern weltweit.

Im Fall Hoechst wurde durch die hohe Frequenz der Nachrichtensendungen – auch bei kleinen Zwischenfällen – der Eindruck der „Störfall-Serie" erweckt. Den Höhepunkt erreichte die Berichterstattung in den elektronischen Medien am 15. März, als sich im Stammwerk Frankfurt-Hoechst eine Explosion ereignete, bei der ein Mitarbeiter zu Tode kam und ein weiterer schwer verletzt wurde: Rund 50 Prozent aller Berichte zu diesem Störfall entfielen auf Rundfunk und Fernsehen. Noch deutlicher wurde die Führungsrolle der elektronischen Medien bei einem Oleum-Austritt am 2. April. Über 70 Prozent aller Beiträge gab es im Fernsehen. Millionen von Zuschauern erlebten ein Katastrophen-Szenario, während die lokalen Printmedien zu einer realistischen Einschätzung der potentiellen Gefahren für die Öffentlichkeit kamen [50].

Daß die Berichtersstattung eine neue Qualität angenommen hatte, war an einem weiteren Indiz abzulesen: Im Laufe der Zeit entwickelte sich ein bemerkenswert enges Zusammenspiel zwischen Politik, Behörden, Umweltgruppen und bestimmten Medien [51]. In der Konsequenz mußten selbst wohlmeinende Außenstehende den Eindruck gewinnen, daß bei Hoechst grundsätzlich etwas nicht stimmt.

9.1.7.2 Hat Hoechst richtig und ausreichend kommuniziert?

Nach dem Störfall am 22. Februar 1993, der sich um 4.14 Uhr ereignet hatte, wurde nach dem Alarm- und Gefahrenabwehrplan des Werkes Frankfurt-Griesheim gegen 5.25 Uhr der Bereitschaftsdienst der Zentralabteilung Öffentlichkeitsarbeit informiert. Gegen 5.45 Uhr traf der zuständige Pressereferent im Werk Griesheim ein und informierte sich über das zu diesem Zeitpunkt bekannte Ausmaß des Schadens. Um 6 Uhr wurde die Leitung der Zentralabteilung Öffentlichkeitsarbeit in Kenntnis gesetzt. Als gegen 6.30 Uhr der Leiter des Werkes Griesheim eintraf, stand betreits fest, daß Hoechst noch am Vormittag eine Pressekonferenz für die Lokalpresse geben würde.

Entsprechend der von Hoechst grundsätzlich praktizierten aktiven Informationspolitik wurde gegen 6.30 Uhr, also sofort nach dem Eintreffen der Werksleitung, dem 1. Hörfunk-Programm des Hessischen Rundfunks das erste Statement angeboten. Das Interview wurde um 7.10 Uhr gesendet.

Unabhängig von Live-Interviews im Hörfunk – gegen 7.45 Uhr wurde das Statement von Hoechst auch in Radio FFH ausgestrahlt – wurde die Lokalpresse ab 7.20 Uhr zu einer Pressekonferenz für 9 Uhr in das Werk Frankfurt-Griesheim gebeten. An der Pressekonferenz, zu der Hoechst auch den Leiter der Frankfurter Berufsfeuerwehr eingeladen hatte, nahmen Vertreter der Lokalzeitungen – BILD Frankfurt, Frankfurter Allgemeine Zeitung, Frankfurter Rundschau, Höchster Kreisblatt – sowie Redakteure von Radio FFH, VOX und n-TV teil. Die Filmstelle der Frankfurter Berufsfeuerwehr zeichnete den Verlauf der Pressekonferenz auf. Die Teams der Fernsehsender hatten im Anschluß an die Pressekonferenz Gelegenheit, am Schadensort zu filmen [52].

Obwohl Hoechst bis Ende Januar 1994 im Zusammenhang mit den Störfällen vier großen Pressekonferenzen und drei Pressegesprächen vor Ort durchgeführt, 43 Presse-, 22 Mitarbeiter- und 20 Bürgerinformationen veröffentlicht sowie fünf Bürgerversammlungen veranstaltet hat, blieb der Vorwurf der „mangelhaften Informationspolitik" bis heute im Bewußtsein der Öffentlichkeit [53].

Dabei war der anfängliche Verdacht, Hoechst halte Informationen bewußt zurück, die Folge einer zufälligen Konstellation: Die Information, daß nicht nur das Werk und dessen direktes Umfeld, sondern auch Teile von Frankfurt-Schwanheim und -Griesheim von dem Störfall betroffen waren, erreichte alle

Beteiligten erst unmittelbar nach der Pressekonferenz. Berufsfeuerwehr und Mitarbeiter der Ressortgruppe Umwelt der Hoechst AG hatten die Stadtteile gemeinsam abgefahren und auf Schäden untersucht.

Der Werksleiter hatte sich gerade in bester Absicht den Nachfragen der zu spät gekommenen Journalisten gestellt. Die zurückkehrenden Hoechst-Mitarbeiter wollten ihn dabei nicht unterbrechen. So ergriff der Leiter der Frankfurter Berufsfeuerwehr spontan das Wort und gab die neue Nachricht an die Presse weiter. Bei den Journalisten, insbesondere bei denen, die sich später aus zweiter Hand informierten, mußte der Eindruck entstehen, daß erst die Berufsfeuerwehr der Stadt Frankfurt das Ausmaß des Schadens ermittelt habe [54].

9.1.7.3 Vertuschung oder Verharmlosung?

Hoechst wurde vorgeworfen, die tatsächliche Lage bewußt verheimlicht und später verharmlost zu haben. Der Anfangsverdacht der Vertuschung und Verharmlosung schien sich zu bestätigen, als die Deutsche Presse-Agentur (dpa) am Mittag des 22. Februar über eine amerikanische Studie berichtete, in der bei der ausgetretenen Leitsubstanz ortho-Nitroanisol im Tierversuch ein krebserregendes Potential gefunden worden sei. Demgegenüber hatte der Werksleiter und das Unternehmen den Stoff in den ersten Stellungnahmen mit dem wissenschaftlich korrekten und in der Gefahrstoffverordnung aufgrund definierter Grenzwerte festgelegten Begriff „mindergiftig" charakterisiert. Diese Bewertung entsprach dem damals aktuellen DIN-Sicherheitsdatenblatt. „Mindergiftig" aber konnte für den Laien nur „ungefährlich" heißen.

Dem Werksleiter war nicht bekannt geworden, daß am Wochenende vor dem Störfall eine Expertenrunde auf Veranlassung einer Fachabteilung des Stammwerkes Frankfurt-Höchst über den aus den Vereinigten Staaten gemeldeten Krebsverdacht diskutiert hatten. Nachdem die dpa-Meldung von Hoechst nicht sofort, sondern erst am nächsten Tag bestätigt wurde, verloren die Medien gänzlich das Vertrauen zu Hoechst [55].

9.1.7.4 Störfälle in Serie?

Nicht allein in den Medien wurde nun die Frage nach der Zuverlässigkeit des Unternehmens und seiner Mitarbeiter gestellt: Das Hessische Umweltministerium formulierte einen Anfangsverdacht auf Organisationsversagen des Sicherheitsmanagements. Erst sieben Monate nach dem Störfall in Griesheim wurde dieser Verdacht durch zwei Gutachter des Hessischen Umweltministeriums entkräftet.

Im Gegensatz zur veröffentlichten Meinung waren die Störfälle und Betriebsstörungen im Frühjahr 1993 auf völlig unterschiedliche Ursachen zurückzuführen. Diese Ursachen machten deutlich, daß es sich zwar um eine statistische Häufung, nicht aber um eine Serie aufgrund systematischer Fehlerquellen handelte [56].

Am wichtigsten für Hoechst war bei der Veröffentlichung der Gutachten am 22. September die objektiv von Dritten festgestellte Tatsache, daß es sich bei den Störfällen um Ereignisse im Bereich des Restrisikos gehandelt hat [57], die nicht auf organisatorische Mängel zurückgeführt werden konnten [58].

9.1.8 Konsequenzen für das Krisenmanagement

Die Ereignisse im Frühjahr 1993 überschnitten sich mit der Einführung einer überarbeiteten Version des „Alarmierungs- und Gefahrenabwehrplanes für das Werk Höchst". Über ein Jahr hatten Experten aus Fach- und Zentralabteilungen daran gearbeitet. Das Unternehmen wollte einerseits für die Einsatzkräfte eine bessere Transparenz der umfangreichen Abläufe im Alarmfall ermöglichen. Andererseits ging es dem Vorstand, der die Überarbeitung angeregt hatte, auch um eine einheitliche Richtlinie bezüglich der Kommunikation mit der Öffentlichkeit bei Betriebsstörungen.

Zwar war schon vor der Ausarbeitung des neuen Alarm- und Gefahrenabwehrplanes bei allen am Krisengeschehen beteiligten Fachleuten der moralische Anspruch der Öffentlichkeit auf Information unumstritten. Unklarheiten hinsichtlich der Relevanz der Ereignisse für die Öffentlichkeit führten aber bei der Einstufung von Schadenereignissen zu erheblichen Unsicherheiten.

9.1.8.1 Klare Einstufung von Schadenereignissen

Für den neuen Alarm- und Gefahrenabwehrplan wurde deshalb versucht, Schadenereignisse deutlicher als zuvor zu klassifizieren. Aus den Störfällen im Frühjahr 1993 hat Hoechst zusätzlich die Lehre gezogen, bei größeren Schadenfällen zunächst auch Auswirkungen außerhalb der Werksgrenzen zu unterstellen.

- Einsatzstufe 1:
  - Unfälle und Notfälle,
  - Schadensereignisse,
    - die von den ersten Einsatzeinheiten unter Kontrolle gebracht werden können,
    - die sich nicht über den Entstehungsort hinaus ausweiten,
    - die nicht zu Wahrnehmungen außerhalb des Werkes führen,
    - die keine Maßnahmen außerhalb des Werkes erfordern,
    - bei denen Gefahren für die Allgemeinheit oder die Nachbarschaft offensichtlich ausgeschlossen werden können.
- Einsatzstufe 2:
  - Schwere Unfälle,
  - Schadensereignisse,
    - bei denen zusätzliche Einsatzeinheiten erforderlich sind,
    - die sich über den Entstehungsort hinaus ausweiten,
    - die zu Wahrnehmungen außerhalb des Werkes führen können,
    - die Maßnahmen außerhalb des Werkes erfordern,

- bei denen Gefahren für die Allgemeinheit oder die Nachbarschaft nicht offensichtlich ausgeschlossen werden können,
- Meldungen besorgniserregender Wahrnehmungen außerhalb des Werkes,
- Bedrohungen,
• Einsatzstufe 3:
- Massenanfall von Verletzten,
- Großschadensfall,
- Störfall nach der Störfallverordnung,
- Katastrophenfall,
- Entführung.

In der Einsatzstufe 1 sind die Leitung des betroffenen Betriebes und die technischen Fachabteilungen – Technische Einsatzleitung (in der Regel Werkfeuerwehr), Werksärztliche Abteilung, Ressortgruppe Umwelt und Werkschutz – für das Notfallmanagement verantwortlich. Es ist aber sichergestellt, daß die Abteilungen, die bei einer Ausweitung der Situation ebenfalls eingreifen müssen, informiert sind, insbesondere die Abteilung Sicherheitsüberwachung und die Zentralabteilung Öffentlichkeitsarbeit.

In der Einsatzstufe 2 wird die Einsatzleitung vor Ort um einen Einsatzstab ergänzt. Diesem Stab steht ein Lagezentrum zur Verfügung, das über sämtliche Kommunikationseinrichtungen – fest installierte und mobile Telefone, Telefax-Anschlüsse, Zugriff auf EDV, usw. – verfügt. Neben den bereits in der Einsatzstufe 1 geforderten technischen Fachabteilungen schalten sich nun auch die Abteilung Sicherheitsüberwachung, die Zentralabteilung Öffentlichkeitsarbeit und Fachberater weiterer Einsatzeinheiten aktiv in das Krisenmanagement ein. Ein professionell geschulter Werkseinsatzleiter führt den Stab. Ihm obliegt die Gesamtleitung des Einsatzes. Unter anderem sorgt er auch dafür, daß die interne und externe Kommunikation reibungslos funktioniert.

Schadensereignisse der Einsatzstufe 3 erfordern die Bildung eines vom Vorstand geleiteten Lenkungsstabes. Neben dem Vorstand, dessen Mitglieder sich zu diesem Zweck ebenfalls für Bereitschaftsdienste zur Verfügung stellen, bilden die Leiter der Ressortgruppe Umwelt, der Abteilung Sicherheitsüberwachung, des Ressorts Ingenieurtechnik, des Personal- und Sozialwesens, des betroffenen Geschäftsbereiches oder Ressorts, der Zentralabteilung Öffentlichkeitsarbeit und der Rechtsabteilung den Lenkungsstab.

9.1.8.2 Eingespielte Abläufe

Im Hinblick auf die Erfahrungen vom Frühjahr 1993 wurde der Alarm- und Gefahrenabwehrplan nochmals überprüft und dann beschleunigt eingeführt. Notfallsituationen wurden simuliert, die notwendigen Kommunikationsabläufe im Unternehmen intensiv trainiert.

Auf der technischen Ebene hat eine Arbeitsgruppe von Fachleuten der hessischen Landesregierung, der Stadt Frankfurt, der Frankfurter Berufsfeuerwehr, der Polizei und der Hoechst AG das zuletzt im Dezember 1986 vereinbarte Meldeschema für die Information und Alarmierung der für den

Tabelle 9.1. Kategorisierung und Abgrenzung von Ereignisfällen nach D-Kategorien (Entwurf vom 24. März 1994) [59]

Kategorie	Charakterisierung und Abgrenzung der Ereignisse und deren Auswirkungen außerhalb der Werksgrenzen	Maßnahmen
D1	Keine Auswirkungen außerhalb der Werksgrenzen: dazu gehören auch Ereignisse, bei denen eine Gefahr außerhalb objektiv nicht besteht, die aber von der Nachbarschaft wahrzunehmen sind und für gefährlich gehalten werden können (zum Beispiel starke Geräusche, Abfackeln von Gasen, schwache, begrenzte Geruchseinwirkungen)	Gegenseitige Information von Anlagenbetreiber, Polizei und Feuerwehr: Keine Maßnahmen zur Gefahrenabwehr erforderlich.
D2	Auswirkungen außerhalb der Werksgrenzen nicht auszuschließen: dazu gehören auch Ereignisse, bei denen eine großflächige und anhaltende Geruchseinwirkung festzustellen ist, eine Gefährdung der Gesundheit aber nicht besteht	Feststellende Maßnahmen durch Polizei und Feurwehr. Gegebenenfalls abgestimmte Information an die betroffene Bevölkerung durch die Behörden. Begrenzte Maßnahmen der Behörden. Behördeninformation nach Plan.
D3	Gefährdung außerhalb der Werksgrenzen wahrscheinlich oder bereits gegeben	Maßnahmen wie D2. Warnung der betroffenen Bevölkerung durch die Behörden. Einsatz von Polizei, Feuerwehr und Rettungsdienst.
D4	Schwerer D3-Fall oder Katastrophenfall	Maßnahmen wie D3. Gegebenenfalls Maßnahmen nach Katastrophenschutzplan.

Katastrophenschutz verantwortlichen Behörden aktualisiert. Dabei wurden auch die Meldewege innerhalb der Behörde optimiert.

Die Erfahrung des letzten Jahres hat allen Beteiligten gezeigt, daß die Einschätzung der Außenwirkung bei vielen Schadensfälle schwierig ist. Damit nicht wertvolle Zeit verloren geht – etwa für eine notwendige Warnung der Bevölkerung –, erhalten die zuständigen Leitstellen der Feuerwehr und der Polizei von Werkfeuerwehr und Werkschutz nun selbst bei kleinen Ereignissen frühzeitige Lagebeurteilungen von der Einsatzstelle, in denen die Erstmaßnahmen der Werkfeuerwehr am Einsatzort beschrieben werden.

Ausgenommen von dieser freiwilligen Informationsverpflichtung der Hoechst AG sind Ereignisse, die eindeutig keine Maßnahmen der Behörden erfordern, zum Beispiel Fehlalarme, mittlere Brände ohne Auswirkungen außerhalb der Werksgrenzen, begrenzte Leckagen ohne Umweltgefährdung, Verkehrsunfälle ohne Umweltgefährdung, Wasserrohrbrüche oder auch Notrufe aus Aufzügen.

9.1 Aktive Öffentlichkeitsarbeit in der Krise

Basierend auf den Einsatzstufen des Alarm- und Gefahrenabwehrplanes der Hoechst AG und einem sogenannten „Rahmenplan" des Hessischen Umweltministeriums wird eine Kategorisierung und Abgrenzung von Schadensereignissen nach dem bereits in anderen Bundesländern bewährten „D-Schema" eingeführt.

9.1.9 Folgen für die Krisenkommunikation

Neben der Kommunikation auf der technischen Ebene kommt im Krisenmanagement der Hoechst AG der direkten Kommunikation zwischen dem Unternehmen und der Öffentlichkeit große Bedeutung zu. So mußten sowohl Hoechst als auch die zuständigen Behörden die Erfahrung machen, daß Medien die Öffentlichkeit schneller über vermeintliche „Störfälle" informieren konnten als Berufsfeuerwehr und Polizei:

- Bei einem Essigsäure-Austritt am 27. Oktober 1993 meldete eine international tätige Nachrichtenagentur acht Minuten nach dem Ausrücken der Werkfeuerwehr der Hoechst AG bundesweit einen neuen „Störfall" bei Hoechst. Andere Agenturen übernahmen die Meldung. Das Ereignis selbst war geringfügig und hatte keine Auswirkungen auf die Öffentlichkeit. Das Unternehmen benötigte aber fast den ganzen Tag, um Rundfunkstationen und Tageszeitungen aus dem gesamten Bundesgebiet davon zu überzeugen.
- Am 15. Februar 1994 verunglückte ein Mitarbeiter im Werk Frankfurt-Griesheim. Ein Hörfunksender recherchierte bereits nach drei Minuten bei der Zentralabteilung Öffentlichkeitsarbeit, verzichtete dann jedoch auf eine Nachricht, weil sich das Ereignis als zu unbedeutend herausstellte.

Während am 27. Oktober 1993 die Agenturmeldung vom „Störfall bei Hoechst" zunächst ohne weitere Recherche veröffentlicht und erst dann bei Hoechst und den zuständigen Behörden um nähere Details gebeten wurde, hat im zweiten Fall die Sendeleitung vor einer Meldung noch nachgefragt. Das aber ist (noch) nicht die Regel, und vor allem kann und darf Hoechst sich nicht darauf verlassen: Die Konkurrenz unter den Nachrichtenagenturen und den Hörfunksendern ist in den letzten Jahren härter geworden [60]. Mehr als die Qualität der Nachrichten zählt meist die Geschwindigkeit, mit der sie transportiert werden: „Gerade in einer Zeit zunehmenden Wettbewerbs auf dem Medienmarkt", so der Chefredakteur des Fernsehens beim Süddeutschen rundfunk, Ernst Elitz, „verursacht durch eine Vielzahl neuer Fernseh- und Radioprogramme und durch Machtkämpfe der Medien-Giganten, ... ist die Exklusivität von Information noch stärker als zuvor zum kommerziellen Faktor geworden. ... So kommt es heute angesichts der Angst vor der Konkurrenz durchaus zu Veröffentlichungen, die eine beträchtliche Unsicherheits-Marge haben [61].

Zu verhindern ist der schnelle Informationsfluß über Agenturen und den Hörfunk praktisch nicht. Denn die Medien verfügen traditionell über ein eng geknüpftes Netz von Informanten. Es liegt aber immer wieder auch die Vermutung nahe, daß der Funkverkehr zwischen den Sicherheits- und Rettungsdiensten abgehört wird. Die dazu notwendigen elektronischen Funk-Scanner waren in der Bundesrepublik Deutschland lange Zeit verboten. Seit 1993 jedoch ist der Verkauf zugelassen, sofern die Geräte auch den normalen Radioempfang zulassen.

Werkfeuerwehr, Berufsfeuerwehr und Polizei bemühen sich, wenn immer möglich, der Funkverkehr einzuschränken und über Telefon-Standleitungen zu kommunizieren. Es kann aber nicht ausgeschlossen werden, daß Funksprüche aufgefangen und Schadensmeldungen voreilig verbreitet werden. Die Zentralabteilung Öffentlichkeitsarbeit hat sich darauf eingestellt.

9.1.9.1 Klare Organisationsstrukturen und schnelle Informationswege

Jeder Mitarbeiter der Zentralabteilung Öffentlichkeitsarbeit, der eine Alarmmeldung entgegennimmt, ist verpflichtet, sofort die Abteilungsleitung zu informieren. Sie bestimmt einen „Chef vom Dienst", der sowohl inhaltlich als auch organisatorisch die Verantwortung in der Zentralabteilung Öffentlichkeitsarbeit übernimmt.

Dieser „Chef vom Dienst" schickt einen Referenten zum Einsatzort, der in enger Abstimmung mit der technischen Einsatzleitung laufend über die Lage vor Ort berichtet. Ein weiterer Mitarbeiter wird, sofern das Schadenereignis in die Einsatzstufe 2 eingeordnet werden muß, in das Lagezentrum des Einsatzstabes delegiert. Dieser Pressereferent formuliert auf der Basis der aktuellen Lageberichte und in enger Abstimmung mit dem Werkseinsatzleiter die Presseinformationen und leitet sie zur aktiven Verbreitung an den „Chef vom Dienst" weiter.

Grundsätzlich werden alle Informationen, die von der Zentralabteilung Öffentlichkeitsarbeit an die Öffentlichkeit gegeben werden, mit den zuständigen Fachabteilungen des Unternehmens abgestimmt.

So ist sichergestellt, daß die Behörden neue Entwicklungen nicht aus den Medien, sondern direkt vom Unternehmen erfahren.

Verantwortlich für die Freigabe sind

- in der Einsatzstufe 1 die Einsatzleitung vor Ort, vertreten durch den Einsatzleiter,
- in der Einsatzstufe 2 der Einsatzstab, vertreten durch den Werkseinsatzleiter,
- in der Einsatzstufe 3 der Lenkungsstab, vertreten durch den Leiter des Lenkungsstabes.

Der internen Information der Mitarbeiter in der Zentralabteilung Öffentlichkeitsarbeit dienen

- die Initialmeldung (in der Regel der Alarmierungs-Text, den die Werkfeuerwehr über einen Notfall erhalten hat oder eine Lagemeldung von der Einsatzstelle),

9.1 Aktive Öffentlichkeitsarbeit in der Krise

- der persönliche Eindruck des Pressereferenten vor Ort und – sobald der Einsatzstab in Aktion tritt –, die Lageberichte, die von Werkfeuerwehr und Werkschutz auch an Behörden weitergegeben werden.

Der externen Information dienen ausschließlich die offiziellen Presse-Informationen der Hoechst AG sowie die darauf abgestimmten Statements der vom Unternehmen für den jeweiligen Krisenfall autorisierten Sprecher in Rundfunk und Fernsehen.

Im Prinzip wurde das Raster für Presse-Informationen, das sich die Zentralabteilung Öffentlichkeitsarbeit bereits Anfang 1990 zur Maxime gemacht hatte, durch die Einführung des „Alarm- und Gefahrenabwehrplanes" in der folgenden Weise institutionalisiert:

- Einsatzstufe 1:
  - Erarbeitung von Presse-Informationen auf Anfrage, die den Pressestellen von Polizei und Feuerwehr, sowie Kommunal- und Landesbehörden vorab zur Kenntnis gegeben werden.
- Einsatzstufe 2:
  - Aktive Information der behördlichen Pressestellen wie in der Einsatzstufe 1,
  - Aktive Information der lokalen Medien, der Landesdienste der Presse-Agenturen sowie der lokalen Hörfunk- und Fernsehsender.
- Einsatzstufe 3:
  - Aktive Information wie in der Einsatzstufe 2,
  - Aktive Information überregionaler Medien, insbesondere der Bundesdienste der Presse-Agenturen, und der bundesweit tätigen Hörfunk- und Fernsehsender.

Intern werden Presse-Informationen in allen Einsatzstufen an den Vorstand, die Sicherheitskommission des Betriebsrates, die Gruppe Belegschafts-Information des Personal- und Sozialwesens und die am Einsatz beteiligten Einheiten des Unternehmens verteilt.

Für aktive Presse-Information nutzt die Zentralabteilung Öffentlichkeitsarbeit alle Kommunikations-Instrumente:

- mündliche Informationen,
- schriftliche Presse-Informationen.
- Presse-Gespräche,
- Presse-Konferenzen,
- Hörfunk-Statements,
- Fernseh-Statements,

Zielgruppen sind in Abhängigkeit vom konkreten Schadensereignis:

- die Lokalpresse für die westlichen Frankfurter Stadtteile,
- die regionalen Medien im Rhein-Main-Gebiet oder
- die überregionalen Medien.

Sonderverteiler gibt es für die Gemeinde Kelsterbach, in der Hoechst eine Betriebsstätte unterhält, sowie für die Städte Offenbach und Wiesbaden, in denen größere Werke des Unternehmens ansässig sind.

Darüber ist ein Bürgertelefon mit 20 Anschlüssen jederzeit einsatzbereit. Es kann in kürzester Zeit mit Experten aus allen Bereichen des Unternehmens besetzt werden.

9.1.9.2 Pressezentrum

Über die Hörfunk-Statements und die Formulierung von Presse-Informationen hinaus gehört die Betreuung von Journalisten auf dem Werksgelände zu den wesentlichen Aufgaben der Zentralabteilung Öffentlichkeitsarbeit. Um Journalisten, insbesondere den Fernsehteams mit ihrer umfangreichen Technik, einen reibungslosen Ablauf ihrer Arbeit zu ermöglichen, hat Hoechst ein Pressezentrum eingerichtet. Es befindet sich in einem Gebäude am Rand des Werksgeländes und ist von außen direkt zugänglich.

Bis zu 50 Journalisten können im Pressezentrum arbeiten und mit aktuellen Informationen versorgt werden: Für Presse-Konferenzen ist die Kommunikationstechnik fest installiert. Hierzu zählen professionelle Licht- und Tontechnik, eine Mikrofonanlage für Diskussionsrunden, Video-Ausstattung und Tonübergabepunkte für Rundfunk und Fernsehen. In einem separaten Raum steht den Journalisten moderne Kommunikationstechnik für die reibungslose Übermittlung ihrer Beiträge an die Redaktionen zur Verfügung. Schließlich können mit einer TV-Satellitenanlage zahlreiche Hörfunk- und Fernsehsender empfangen werden.

Darüber hinaus hält die Zentralabteilung Öffentlichkeitsarbeit ein Informationssystem vor, das auf detaillierten Beschreibungen der Produktionsbetriebe im Stammwerk Höchst, die im Rahmen der Informationspflicht nach §11a der Störfallverordnung auch an interessierte Bürger weitergegeben werden, basiert. Für die Pressereferenten wird dieses Informationssystem wichtige Hintergrundinformationen zur Verfügung stellen, zum Beispiel:

– DIN-Sicherheitsdatenblätter der Einsatzstoffe,
– Toxikologische Zusatzdaten, sofern vorhanden,
– Hinweise auf aktuelle Forschungsvorhaben zu bestimmten Stoffen.

Ein rund um die Uhr verfügbarer Bereitschaftsdienst toxikologisch ausgebildeter Fachleute unterstützt sowohl die Fachabteilungen als auch die Mitarbeiter der Öffentlichkeitsarbeit bei der Interpretation der toxikologischen Daten.

Mit Hilfe des Pressezentrums ist es möglich, den Medien ein Höchstmaß an Informationen bereits während der Schadensbewältigung im Werk zu vermitteln. Die Journalisten können, sobald sie keiner Gefährdung mehr ausgesetzt sind, an den Schadensort geführt werden, etwa für Foto- und Filmaufnahmen. Die Vorbereitungen dazu werden in enger Abstimmung zwischen dem Chef vom Dienst, dem Einsatzstab und den Behörden getroffen.

9.1.9.3 Dokumentation

Im Rahmen eines umfassenden Krisenmanagements werden bei Hoechst sämtliche Aktivitäten der Zentralabteilung Öffentlichkeitsarbeit schriftlich dokumentiert. Dazu gehört auch die Sammlung der Berichte von Presse, Rundfunk und Fernsehen, deren Bewertung die Grundlage für eine stetige, den Informationsbedürfnissen der Medien angemessene Überprüfung und Weiterentwicklung der Krisenkommunikation ist.

9.1.10 Krisenkommunikation geht über den Tag hinaus

Leidtragende des Störfalls im Werk Frankfurt-Griesheim waren vor allem die betroffenen Bürger in Frankfurt-Schwanheim und -Goldstein. In doppelter Hinsicht: Einerseits hatte sich das ausgetretene Produktgemisch als gelber Film über Straßen und Gehwege, Häuser und Gärten gelegt. Bei der Beseitigung des Niederschlages mußten die Bürger nicht nur erhebliche Einschränkungen bei den alltäglichen Dingen hinnehmen, sondern auch massive Eingriffe in die Privatsphäre. Insbesondere die Sanierung der betroffenen Kleingärten und der Grünflächen hinterließ Wunden, die zwar geschlossen sind, deren Narben aber noch deutlich sichtbar sein werden.

Andererseits standen Bürger, Behörden und das Unternehmen unerwartet im Zentrum eines bundesweiten Medieninteresses. Bald schon prägten unterschiedlichste „Expertenurteile" die Berichterstattung, die schließlich bei den Betroffenen mehr Unsicherheit und Ratlosigkeit hervorrief als tatsächlich Hilfe bot [62].

9.1.10.1 Vertrauen wiedergewinnen

Die individuellen Folgen des Griesheimer Störfalls machen deutlich, daß Krisenkommunikation weit mehr ist als reine Pressearbeit. Deshalb hat Hoechst die in einer Auflage von jeweils bis zu 4000 Exemplaren täglch gedruckten Bürgerinformationen persönlich an die Betroffenen weitergegeben. 20 Mitarbeiter aus der Forschung von Hoechst, überwiegend Chemiker und Laboranten, hatten sich bereit erklärt, von Tür zu Tür durch den Stadtteil zu gehen und die Informationsblätter auszutragen. Durch den auf diese Weise aktiv gesuchten, persönlichen Kontakt ergaben sich viele Gespräche, bei denen die individuellen Probleme diskutiert werden konnten. Weitere Ansprechpartner standen über das noch am 22. Februar eingerichtete Bürgertelefon zur Verfügung [63].

Wann immer es erfordelrich war, hat sich Hoechst bemüht, schnell und unbürokratisch zu helfen: Für die Auszahlung von Entschädigungen wurde eine Auszahlungsstelle vor Ort eingerichtet; alle Kleinschäden bis zu einer Höhe von 2000 Mark wurden sofort abgewickelt. Die betroffenen Kleingärtner unterstützte Hoechst, als die zuständigen kommunalen Behörden anstelle der gewachsenen Strukturen eine Kleingartenanlage mit genormten Hütten und streng reglementierter Bepflanzung anlegen wollten [64].

Möglicherweise ist es nicht nur auf die aus potentieller Betroffenheit resultierenden Risikoverdrängung zurückzuführen, daß „elektronische Medien und nicht direkt betroffene Mittelschichtsangehörige in der Frankfurter Innenstadt teilweise hysterisch" reagierten, während „die Bewohner der Frankfurter Chemie-Standorte Griesheim, Nied, Höchst und Sindlingen in ihrer großen Mehrheit auffällig ruhig und gelassen blieben", wie der Umweltjournalist Edgar Gärtner [65] beobachtete.

Natürlich erinnerten am 22. Februar 1994 einige lokale Umweltschutz-Initiativen medienwirksam an den Jahrestag des Griesheimer Unglücks, und selbstverständlich übten sie Kritik an Hoechst. Aber die Kritik war moderater geworden und beschränkte sich auf aktuelle Fragen wie die Finanzierung von Langzeituntersuchungen und neue Warnsysteme sowie allgemeine Aspekte, etwa die Diskussion um Nutzen und Risiken der Chlorchemie.

Der Jahrestag machte aber auch deutlich, daß Krisenkommunikation im Gegensatz zur Schadensbewältigung über den Tag hinaus geht. Was es bedeutet, Vertrauen wiedergewinnen zu wollen, vermag ein Rückblick auf das Jahr 1993 bei Hoechst zu vermitteln:

Die Medien hatten vor einer „Störfallserie" gesprochen. Tatsächlich hatten sich in sechs Wochen neben drei Störfällen sechs Betriebsstörungen mit Emissionen von weniger als zehn Kilogramm Produkt sowie nicht chemietypische Unfälle, zwei Emissionsfälle im Mengenbereich von 10 bis 100 Kilogramm, ein Stoffaustritt über 100 Kilogramm sowie zwei Brände ereignet.

Objektiv gesehen, waren die meisten Ereignisse des Frühjahrs somit weniger bedeutend. Ihre vermeintliche Konzentration jedoch verunsicherte sowohl die Nachbarschaft als auch viele Mitarbeiter.

9.1.10.2 Gesprächskreis Hoechster Nachbarn

Den Fragen stellten sich sowohl der Vorstand als auch die betroffenen Fachabteilungen. In der Öffentlichkeit nutzte Hoechst jede Gelegenheit, um über die Konsequenzen der Störfälle zu berichten, in den Medien, bei Berufsverbänden, Hochschulen und Universitäten, Parteien und Verbänden [66].

Im lokalen Umfeld hat Hoechst den „Gesprächskreis Hoechster Nachbarn" initiiert, der am 14. Juni 1993 erstmals tagte. In diesem Kreis hat sich das Unternehmen mit relevanten Gruppen aus dem Umfeld der Werke Höchst und Griesheim an einen runden Tisch gesetzt: Politiker, Vertreter der Behörden und der Kirchen sowie Mitglieder lokaler Bürgerinitiativen diskutieren inzwischen regelmäßig Fragen der Sicherheit und des Umweltschutzes. Daneben werden werden selbstverständlich auch „Alltagsprobleme" besprochen [67]. Bürgerversammlungen sind ein weiterer Schritt zu einem Klima gegenseitigen Verständnisses und Vertrauens. Auch sie sind inzwischen zu einem festen Bestandteil der Öffentlichkeitsarbeit von Hoechst geworden [68].

9.1.10.3 Information nach §11a Störfallverordnung

Zu einer offenen Informationspolitik gehört es auch, das Restrisiko chemischer Produktionsanlagen zum Gegenstand des aktiven Dialogs mit der Nach-

9.1 Aktive Öffentlichkeitsarbeit in der Krise

barschaft zu machen. Hoechst hat von Juni bis August 1993 an mehr als 130 000 Haushalte im Umfeld der Werke im Rhein-Main-Gebiet die Broschüre „Wie Sie sich und andere bei Chemieunfällen schützen können" verteilt, für ausländische Mitbürger auch in Fremdsprachen.

Die Broschüren geben nach Maßgabe des Paragraphen 11a der Störfallverordnung einen Überblick über alle dieser Verordnung unterliegenden Anlagen in den Werken. Der Bürger kann sich darüber hinaus informieren, mit welchen Stoffen Hoechst in diesen Anlagen arbeitet und welche Eigenschaften diese Stoffe haben. Zusätzlich können zu jedem Betrieb ergänzende Informationen in der Zentralabtailung Öffentlichkeitsarbeit angefordert werden [69].

9.1.1.10.4 Schriftenreihe „Hoechst im Dialog"

Nicht nur dem Dialog im unmittelbaren Umfeld der Produktionsstandorte im Rhein-Main-Gebiet dienen demgegenüber die Broschüren der Schriftenreihe „Hoechst im Dialog". Die Neuerscheinungen der Jahre 1993 und 1994 beschäftigten sich insbesondere mit den Störfällen und Betriebsstörungen im Frühjahr 1993 sowie mit Fragen der Arbeitssicherheit [70].

9.1.1.10.5 Tag der offenen Tür

Die Themen „Arbeitssicherheit", „Sicherheitsvorsorge" und „Umweltschutz" waren auch Schwerpunkte des bundesweiten Tages der offenen Tür am 25. September 1993. Hoechst beteiligte sich mit 16 Werken an dieser Aktion des Verbandes der chemischen Industrie. Schon einmal, 1990, war eine solche Veranstaltung erfolgreich durchgeführt worden. 1993 besuchten erneut über 30 000 Nachbarn trotz widriger Witterungsverhältnisse die Hoechst-Werke im Rhein-Main-Gebiet [71].

9.1.11 Perspektiven der Krisenkommunikation

Wo geht die Entwicklung hin? Wie wird sich der Medienmarkt entwickeln? Welche neuen Anforderungen ergeben sich daraus für die Krisenkommunikation von Unternehmen?

Hier Perspektiven aufzuzeigen ist nicht leicht. Schon heute ist abzusehen, daß die Kommunikationspolitik von Unternehmen künftig in noch weit stärkerem Maße als bisher zu einem Imagefaktor werden wird, der auch über Erfolg und Mißerfolg am Markt entscheidet. Es gibt bereits Anzeichen dafür, daß nicht nur die Produktion, der Transport, die Anstrengungen für den Umweltschutz oder die Arbeitssicherheit einer Zertifizierung nach weltweit akzeptierten Qualitätsstandards unterworfen wird. Auch die Kommunikation von Unternehmen wird sich in absehbarer Zeit vergleichbaren Bewertungen unterziehen müssen, die nach Glaubwürdigkeit und Kontinuität im ethischen Verhalten gemessen werden. Der Gedanke des 1992 in Rio de Janeiro geprägten Begriffes „Sustainable Development" bekommt dabei zunehmend Bedeutung.

Öffentlichkeitsarbeit ist auch und vielleicht gerade in der Krisenkommunikation dann erfolgreich, wenn sie dem Bürger vertraut, wenn sie ihre Mittlerfunktion zwischen dem Tun und Denken des Unternehmens und den Regeln der Gesellschaft ernst nimmt. Sie muß auf die Herausforderungen der Gesellschaft antworten und dabei von einer ganzheitlichen Betrachtung ausgehen. Bezogen auf die Krisenkommunikation heißt das, aus Erfahrungen und Gesprächen zu lernen, Fehler einzugestehen und zu korrigieren.

Wenn Öffentlichkeitsarbeit und insbesondere die Krisenkommunikation diesen Maßstäben gerecht wird, hat das Unternehmen die Chance, nachhaltig die öffentliche Diskussion um Nutzen und Risiken, um Ablehnung oder Akzeptanz ihrer wirtschaftlichen Tätigkeit mitzugestalten.

Frankfurt, März 1994

Literatur

1. Wiedemann PM (1994) Krisenmanagement und Krisenkommunikation, Arbeiten zur Risikokommunikation, Heft 41, Jülich, S 1
2. §11a der 12. Verordnung zur Durchführung des Bundes-Immissionsschutzgesetztes (Störfall-Verordnung) in der Fassung vom 20. September 1991 (BGBl. I, S. 1891, 2044)
3. Luhmann N, Ökologische Kommunikation, Opladen 1990.3, S 24 sowie ders.: Soziale Systeme – Grundriß einer allgemeinen Theorie, Frankfurt 1998.2, S 191 ff, insbes. S 193, 223
4. Luhman (1988) S 221
5. Bäumler E, bis 1986 Leiter der Zentralabteilung Öffentlichkeitsarbeit der Hoechst AG, in Hoechst heute, Nr 77/1981, S 7
6. Hillmann KH (1986) Umweltkrise und Wertwandel – Die Umwertung der Werte als Strategie des Überlebens, Würzburg
7. Renn O (1993) Technik und gesellschaftliche Akzeptanz: Herausforderungen der Technikfolgenabschätzung, in GAIA, Nr 2, S 75
8. Gärtner E, Chemie und Medien in Deutschland, Überarbeitetes Manuskript eines Vortrages auf der Juso-Fachtagung „Zukunft der Chemie" am 31. Oktober 1993 in Wolfen, S 4
9. Jonas H (1979) Das Prinzip Verantwortung – Versuch einer Ethik für die technologische Zivilisation, Frankfurt, S 58 ff
10. Gärtner E (1993) S 4
11. Renn O (1993) S 76
12. Beck U (1986) Risikogesellschaft – Auf dem Weg in einer andere Moderne, Frankfurt
13. Rolke L (1993) Umweltkommunikation – Konturen einer neuen Herausforderung. In: Rolke, Rosema, Avenarius (Hrsg) Unternehmen in der ökologischen Kommunikation – Umweltkommunikation auf dem Prüfstand, Opladen, S 12
14. Kepplinger HM (1989) Künstliche Horizonte – Folgen, Darstellung und Akzeptanz von Technik in der Bundesrepublik, Franfurt, insbes S 67 ff
15. ebd., S 69
16. ebd.
17. Borowsky P (1980) Deutschland 1970–1976, Hannover, S 58
18. Kepplinger HM (1992) Ereignismanagement – Wirklichkeit und Massenmedizin, Zürich, S 60 ff
19. Kepplinger HM, Weissbecker H (1991) Negativität als Nachrichtenideologie, in Publizistik, Vierteljahreshefte für Kommunikationsforschung, Heft 3, S 555
20. Kepplinger HM (1992) S 61

9.1 Aktive Öffentlichkeitsarbeit in der Krise 321

21. Manz U (1993) Krieg mit vertauschten Rollen – Die Ökologie in den Medien. In: Rolke, Rosema, Avenarius, S 48
22. Kepplinger HM, Ehmig S (1992) Ergebnis der Befragung „Historische Ereignisse II", Mainz
23. Wiedemann PM (1994) S 4
24. Geschäftsbericht der Farbwerke Hoechst AG für das Jahr 1970, Frankfurt 1971, S 38/39
25. Manz U (1993) S 46
26. Manz U, S 50
27. Buchwald M (1993) Gesprächswillig? Gesprächsfähig? – Krisen-PR in der Krise. In: Rolke, Rosema, Avenarius, S 71
28. Schönefeld L (1994) Ein Jahr nach Griesheim – Wie Hoechst die Bevölkerung, die Medien und die Mitarbeiter informierte, Frankfurt, S 22
29. Wolf H in einer Verlagsbeilage der Frankfurter Rundschau am 1. August 1970
30. ebd.
31. ebd.
32. aus einem Gespräch mit dem Leiter des Hörfunk-Programms HR 4, Bernd-Peter Arnold, mit dem Autor
33. so der Marketingleiter der Verlagsgruppe Rhein-Main, Bernd Vincent Walbaum, im Gespräch mit dem Autor
34. Klose HG (1990) Im Südwesten viel Neues – Die Rundfunk- und Fernsehlandschaft gerät in Bewegung. In: Blick auf Hoechst, Nr 6, S 2
35. Horstkotte H (1990) Welle frei für das Rhein-Main-Gebiet – In Ludwigshafen wurde mit RPR ein neuer Hörfunksender installiert. In: Blick auf Hoechst, Nr 3, S 2
36. ebd.
37. so FFH-Redakteur Andreas Kohl im Gespräch mit dem Autor
38. Cornils M (1991) Ein Fenster zum Hessenland – Die Tele-F.A.Z. bringt Regionales in RTL plus. In: Blick auf Hoechst, Nr 2, S 2
39. Wygoda H (1994) Fang den Hut am Feierabend – Drei regionale Fernsehprogramme umwerben den Zuschauer. In: Blick auf Hoechst, Nr 2, S 2
40. ebd.
41. in einem Gespräch mit dem Autor
42. Milz A (1994) Der Informatiker – Die Deutsche Presse-Agentur kommt ins 45. Jahr ... In: Medium-Magazin, Nr 2, Februar 1994, S 6
43. Wiedemann PM (1994) S 3
44. ebd.
45. vgl. Schreiben des Polizeipräsidenten in Frankfurt am Main an die Hoechst AG vom 23. Dezember 1975
46. Grundsatz-Vereinbarung zwischen der Werkfeuerwehr Hoechst und der Branddirektion der Stadt Frankfurt am Main vom 18. Dezember 1986
47. Störfälle sind Störungen des bestimmungsgemäßen Betriebes einer Anlage, „bei der ein Stoff ... durch Ereignisse wie größere Emissionen, Brände oder Explosionen sofort oder später eine ernste Gefahr hervorruft", insbesondere „das Leben von Menschen bedroht wird oder schwerwiegende Gesundheitsbeeinträchtigungen von Menschen zu befürchten sind": § 2, Absatz 1 und 2 der Störfall-Verordnung, a.a.O.
48. Gärtner E (1993) S 1f
49. Bäumler A (1991) Von Atlanta ins deutsche Fernsehen – Der unaufhaltsame Aufstieg des US-Senders CNN. In: Blick auf Hoechst, Nr 7, S 2
50. Schönefeld L (1993) Kommunikation in der Krise, Frankfurt, S 15
51. im übrigen kein für Hoechst typischer Vorgang: vgl. Gerhards J (1993) Neue Konfliktlinien in der Mobilisierung öffentlicher Meinung, Opladen
52. Schönefeld L (1993) S 5f
53. Schönefeld L (1994) a.a.O., S 10, 43ff
54. Schönefeld L (1993) S 6f
55. ebd., S 7ff
56. Vennen H, Dr (1993) Störfälle in Serie? – Ursachen, Folgen, Konsequenzen, Frankfurt

57. Arthur D Little International Inc (1993) Überprüfung der Organisation des Sicherheitsmanagements der Hoechst AG, Zusammenfassung, Wiesbaden, S 46
58. Presse-Informationen des Hessischen Umweltministeriums und der Hoechst AG vom 22. September 1993
59. Notiz der Werkfeuerwehr Hoechst vom 24. März 1994
60. Milz A (1994) S 4ff
61. Elitz E (1993) Umweltschutz und Umweltschmutz – Wie glaubwürdig ist die Öko-PR? In: Rolke, Rosema, Avenarius, S 56 f
62. Kugler E, Malve und Feuerbohne verdecken die Narben. In: Frankfurter Rundschau, 14 August 1993
63. Schönefeld L (1994) S 6
64. ebd. S 16 f
65. Gärtner E (1993) S 3
66. Schönefeld L (1994) S 32 ff
67. ebd., S 27 f
68. ebd., S 28
69. ebd., S 29
70. ebd., S 30
71. ebd.

9.2 Krisenmanagementsystem bei Boehringer Mannheim

W. Wäßle

9.2.1 Unternehmensleitlinien Öffentlichkeitsarbeit

Boehringer Mannheim vertritt traditionell eine Politik der offenen und ehrlichen Information insbesondere auf dem sensiblen Gebiet Umweltschutz. In unseren „Grundsätzen zu Arbeitssicherheit und Umweltschutz" [1] heißt es dazu: „Arbeitssicherheit und Umweltschutz werden glaubwürdig und überprüfbar durch den Dialog mit der Bevölkerung und den kooperativen Umgang mit Behörden".

Bohringer Mannheim verfährt auch in der Praxis nach diesem Leitsatz. Dies läßt sich an den folgenden Beispielen verdeutlichen:

9.2.1.1 Information der Nachbarschaft über eine thermische Abluftreinigungsanlage

Nach Fertigstellung und Einreichung der Genehmigungsunterlagen für eine thermische Abluftreinigungsanlage beim Regierungspräsidium Karlsruhe informierte Boehringer Mannheim die Öffentlichkeit am 25.03.1992 in einer Presseerklärung über die geplante Anlage. Am 26.09.1992 erfolgte die öffentliche Bekanntmachung durch die Behörde. Vom 05.10.–04.11.1992 konnten die Unterlagen bei der Stadt Mannheim eingesehen werden. Zwei Einwendern stellte Boehringer Mannheim auf deren Wunsch auch ohne rechtliche Verpflichtung Kopien der Genehmigungsunterlagen zur Verfügung. Am

21.12.1992 fand der gesetzlich vorgeschriebene öffentliche Erörterungstermin statt. Drei Einwender nutzten die Gelegenheit, um ihre Gegenargumente vorzutragen. Die Veranstaltung verlief in sachlicher und konstruktiver Atmosphäre. In der Folge protestierten Bürgerinitiativen schriftlich beim Vorsitzenden des Aufsichtsrats von Boehringer Mannheim. Die Schreiben wurden umgehend beantwortet. Auf einer Informationsveranstaltung der Arbeitsgemeinschaft „Ökopol" am 14.01.1993 wurde in sehr polemischer Form gegen das Projekt Stimmung gemacht. Boehringer Mannheim war zu dieser Veranstaltung nicht eingeladen. Boehringer Mannheim reagierte auf diese Veranstaltung mit einem umfassenden Informations- und Dialogangebot an die Anwohner und die politischen Mandatsträger. In mehreren Veranstaltungen wurde sachlich und umfassend über die geplante thermische Abluftreinigungsanlage informiert. Zusätzlich wurde das Projekt in einer speziellen Anwohnerzeitung vorgestellt. Als Zeichen seines guten Willens verzichtete Boehringer Mannheim freiwillig auf die ursprünglich vorgesehene Verbrennung chlorhaltiger Restlösungsmittel.

Durch diesen aktiven Dialog konnten Ängste und Vorbehalte bei den Anwohnern und den offiziellen Einwendern abgebaut werden. Die Genehmigung für die Anlage ist inzwischen ohne weitere Einsprüche rechtskräftig. Mit dem Bau der Anlage wurde begonnen.

9.2.1.2 Salpetersäure-Ausbruch in einem Chemiebetrieb

Durch eine undicht gewordene Flanschverbindung kam es im Sommer 1992 zum Austritt von ca. 100 l konzentrierter Salpetersäure. Durch die Reaktion der Säure mit einem Stahlblechboden entwickelten sich nitrose Gase. Über dem betroffenen Gebäude stand eine weithin sichtbare braune Gaswolke. Durch den schnellen Einsatz von Werkfeuerwehr und Berufsfeuerwehr konnte die defekte Leitung sofort geschlossen und die ausgetretene Säure neutralisiert werden. Aus Vorsorgegründen wurden die Anwohner über Lautsprecherwagen und durch Rundfunkdurchsagen aufgefordert, Fenster und Türen zu schließen und die Gebäude nicht zu verlassen. Sofort eingeleitete Luftmessungen ergaben keine Anhaltspunkte für eine Gefährdung der Anwohner. Deshalb konnte nach ca. 1 Stunde Entwarnung gegeben werden.

Boehringer Mannheim informierte umgehend, soweit an einem Sonntagabend erreichbar, die zuständigen Behörden und die örtlichen Medien. Am darauffolgenden Montagmorgen wurde in einer Pressekonferenz die Betriebsstörung ausführlich erläutert. Den Medienvertretern wurden spontan Kopien der Werkschutzprotokolle über die Betriebsstörung zur Verfügung gestellt. Die Berichterstattung über diesen Vorfall war in den Medien größtenteils fair und korrekt.

Boehringer Mannheim hat auch bei anderen Gelegenheiten mit einer offenen und ehrlichen Informationspolitik bisher beste Erfahrungen gemacht. Die Medien sind in der Regel bereit, die offene Informationspolitk eines Unternehmens durch eine faire Berichterstattung zu honorieren.

9.2.2 Vorabinformation der Öffentlichkeit und der Nachbarschaft über Störfallrisiken (§ 11a der Störfallverordnung)

Hinweis: Da dieses Thema ausführlich in dem Beitrag „Vorbereitung der Öffentlichkeit und Nachbarschaft auf Störfälle" von Dr. Frank Claus in dieser Monographie abgehandelt wird, soll an dieser Stelle nur auf die firmenspezifischen Details eingegangen werden.

Eine wesentliche Voraussetzung für ein erfolgreiches Krisenmanagement bei Betriebsstörungen oder bei Störfällen ist die rechtzeitige Vorabinformation der Öffentlichkeit und der Nachbarschaft über die allgemeinen Risiken und insbesondere über die Störfallrisiken eines Werkes. Eine solche Information ist, wenn sie in der richtigen Art und Weise erfolgt, in hohem Maße geeignet, die Nachbarn zu richtigem Verhalten im Ernstfall zu veranlassen.

9.2.2.1 Gesetzlicher Rahmen

Aus dieser Erkenntnis heraus hat der Gesetzgeber in Umsetzung der EG-Störfallrichtlinien von 1982, 1987 und 1988 [2, 3, 4] in der dritten Fassung der Störfallverordnung vom 20. Sept. 1991 (12. Durchführungsverordnung zum Bundesimmissionsschutzgesetz) [5] eine Information der Nachbarschaft und der Öffentlichkeit für die Betreiber von Störfallanlagen zwingend vorgeschrieben. Die Informationspflichten für die Betreiber von Anlagen, die der Störfallverordnung unterliegen, ist seit dem 1. September 1991 rechtskräftig. Betroffen sind in Deutschland etwa 1000 Unternehmen mit ca. 3000 genehmigungspflichtigen Anlagen.

Die Informationspflicht ergibt sich aus dem § 11a der Störfallverordnung. Im Anhang VI werden Hinweise gegeben, wer worüber zu informieren ist (vgl. F. Claus: Vorbereitung der Öffentlichkeit und Nachbarschaft auf Störfälle, Kap. 7.4).

9.2.2.2 Forschungsvorhaben des Umweltbundesamtes zu § 11a Störfallverordnung

Obwohl die Informationspflicht nach § 11a der Störfallverordnung zum 1. September 1991 in Kraft trat, gab es bis zu diesem Zeitpunkt keinerlei Informationen oder Empfehlungen vom Verband der Chemischen Industrie (VCI) oder aus Firmenarbeitskreisen für die Umsetzung. Bei Boehringer Mannheim liefen die Vorbereitungen zur Erstellung einer Informationsbroschüre Mitte September 1991 an. Anfang Oktober 1991 erhielten wir eine Anfrage des Instituts Kommunikation und Umweltplanung über die Beteiligung an einem Forschungsvorhaben des Umweltbundesamtes zu § 11a Störfallverordnung [6]. Offensichtlich war dem Gesetzgeber klar geworden, daß eine Interpretation des Verordnungstextes erforderlich ist. Boehringer Mannheim sagte seine Beteiligung aus zwei Gründen zu:

1. Der Verpflichtung zur Information der Öffentlichkeit und der Betroffenen konnte rasch mit kompetenter Unterstützung nachgekommen werden.

2. Durch die aktive Beteiligung eines Unternehmens der pharmazeutischchemischen Industrie konnte eine praxisnahe Empfehlung erarbeitet werden.

Ein entsprechendes Projekt für die neuen Bundesländer wurde von der Berliner Gesellschaft für Umwelttechnik und Unternehmensberatung (GUT) mit Unterstützung durch die Katastrophenforschungsstelle der Universität Kiel (KFS) durchgeführt [7]. Fallbeispiele hier waren die Arzneimittelwerke Dresden GmbH in Radebeul b. Dresden und die Petrochemischen Hydrierwerke Zeitz.

9.2.2.3 Einbindung der Behörden

Der § 11a der Störfallverordnung schreibt vor, die Informationen zum Schutz der Öffentlichkeit mit den für den Katastrophenschutz und die allgemeine Gefahrenabwehr zuständigen Behörden abzustimmen. Die zuständige Behörde kann festlegen, in welcher Weise die Informationen zu geben, zu wiederholen und auf den neuesten Stand zu bringen sind.

Dieser Forderung wurde in dem Forschungsvorhaben durch die direkte Einbindung der Behörden Rechnung getragen. Im einzelnen beteiligten sich folgende Behörden:

- Gewerbeaufsichtsamt Mannheim,
- Hauptamt der Stadt Mannheim (Katastrophenschutzbehörde),
- Bundesministerium für Umweltschutz, Naturschutz und Reaktorsicherheit (zeitweise),
- Umweltbundesamt (zeitweise).

Per Protokoll informiert wurden:

- Regierungspräsidium Karlsruhe,
- Umweltministerium Baden-Württemberg.

Von seiten Boehringer Mannheim waren beteiligt:

- der leitende Umweltschutzbeauftragte des Unternehmens,
- der für die Betriebe zuständige Störfallbeauftragte,
- ein Vertreter der Produktion Chemie,
- der Leiter Umweltschutz Werk Mannheim.

9.2.2.4 Störfallinformation Boehringer Mannheim/Gemeinschaftsbroschüre

Als Teilergebnis des Forschungsvorhabens stand im Juni 1992 eine vorläufige Störfall-Vorsorge-Information Boehringer Mannheim [8] zur Verfügung. Diese Broschüre wurde mit einem persönlichen Anschreiben an 600 Haushalte in der Umgebung des Werkes verteilt. Die Reaktionen von 200 ausgewählten Haushalten wurden telefonisch abgefragt. Die Ergebnisse waren positiv. Die Einzelheiten sind im Beitrag von Dr. Claus nachzulesen.

Aufgrund der lokalen Gegebenheiten bzw. räumlichen Nähe der Mannheimer Betriebe mit Anlagen, die der Störfallverordnung unterliegen, bot es sich an, daß die betroffenen 11 Mannheimer Firmen eine gemeinsame Informationsbroschüre erstellten. Unter Federführung des Hauptamtes der Stadt Mannheim entstand die Gemeinschaftsbroschüre „Im Notfall richtig reagieren" [9]. Sie beinhaltet ein Vorwort des Mannheimer Oberbürgermeisters und des Hauptgeschäftsführers der Industrie- und Handelskammer Rhein-Neckar. Der allgemeine Teil zur „Information über Sicherheitsmaßnahmen nach § 11a Störfallverordnung" wurde in Abstimmung mit den 11 betroffenen Firmen erarbeitet. Die einzelnen Firmen stellen sich mit einem spezifischen Teil zu den Themenkomplexen: Was wird produziert? Wodurch können Störfälle verursacht werden? Welche Sicherheitsvorkehrungen sind getroffen? Welche Gefahrstoffe werden gehandhabt? Art und Zweck der betreffenden Anlagen, Sicherheitskonzepte, Gefahrenabwehr, Werkfeuerwehr und Umweltüberwachung dar. Ein abtrennbares Verhaltensblatt gibt Kurzinformationen über das Verhalten im Störfall und beantwortet die Frage, wie im Notfall richtig zu reagieren ist.

9.2.3 Systematische Bewertung der betrieblichen Risiken

Ein erfolgreiches Krisenmanagement bei Störfällen setzt eine systematische Bewertung der betrieblichen Risiken voraus. Für die den vollen Pflichten der Störfallverordnung unterliegenden Anlagen liegt eine solche Bewertung in der Regel in Form von Sicherheitsanalysen vor. Bei Boehringer Mannheim wurden Sicherheitsanalysen für 5 Betriebe und 2 Läger erstellt. Darin sind in verschiedenen Szenarien die trotz aller Sicherheitsmaßnahmen denkbaren Auswirkungen von Störfällen beschrieben („Dennoch-Störfälle"). Die Sicherheitsanalysen werden nach einem verbindlichen Procedere unter Einbeziehung des Störfallbeauftragten regelmäßig (mindestens jährlich) fortgeschrieben. Die Sicherheitsanalysen waren eine wichtige Grundlage für die Information der Öffentlichkeit nach § 11a der Störfallverordnung. Sie werden auch für die Fortschreibung des betrieblichen Alarm- und Gefahrenabwehrplans herangezogen.

Da Sicherheitsanalysen nicht für alle Betriebe vorliegen, wurden nach den jüngsten Störfällen in der chemischen Industrie bei Boehringer Mannheim alle Batch-Verfahren mit exotherm verlaufenden Reaktionen untersucht und bewertet. Dabei wurden die Reaktionsenthalpien experimentell in einem Spezial-Kalorimeter (ARC = Accelerated Rate Calorimeter) bestimmt. Als wichtiges Ergebnis konnte festgehalten werden, daß die bei Boehringer Mannheim getroffenen Sicherheitsvorkehrungen (Berstscheiben, Sicherheitsventile, Ausblaseleitungen mit Blow-Down-Behältern) ausreichend waren.

Parallel dazu wurde von einer Firmen-Arbeitsgruppe im VCI Baden-Württemberg unter Mitwirkung von Boehringer Mannheim ein Bewertungsschema zur Risiko-Einstufung chemischer Reaktionen erarbeitet und an die

9.2 Krisenmanagementsystem bei Boehringer Mannheim

	0	10	20	30	50	100
Gefährlichkeits- merkmale nach GefStoffV	kein gefährlicher Arbeitsstoff	mindergiftig, reizend,	ätzend		giftig	krebserzeugend sehr giftig
WGK	WGK 0	WGK 1		WGK 2	WGK 3	
Eingruppierung nach VbF	nicht entzündlich	entzündlich	leicht entzündlich		hoch entzündlich	
Eingruppierung nach DruckbehV (sofern für die Reaktion erforderlich)	kein Druckbeh. p < 0,1 bar	Gruppe 1 Gruppe 2 Gruppe 5	Gruppe 3 Gruppe 6	Gruppe 4 Gruppe 7		
Reaktions- enthalpie	endotherm ohne potentiellen Druckaufbau	exotherm ohne potentiellen Druckaufbau			endotherm mit potentiellen Druckaufbau	exotherm mit potentiellen Druckaufbau

Abb. 9.1. Bewertungsschema zur Risiko-Einstufung chemischer Reaktionen

Mitgliedsfirmen verteilt (Abb. 9.1). Das Schema baut auf folgenden Kriterien auf:

- Gefährlichkeitsmerkmale der eingesetzten Stoffe nach Gefahrstoff-Verordnung und/oder Einstufung nach Wassergefährdungsklassen (WGK),
- Eingruppierung der Einsatzstoffe nach der Verordnung für brennbare Flüssigkeiten (VbF),
- Eingruppierung der Reaktionsbehälter nach Druckbehälterverordnung (sofern für die Reaktion erforderlich),
- Reaktionsenthalpie.

Die zu untersuchende chemische Reaktion wird in dem Schema gemäß den vier Kriteriengruppen eingestuft. Jeder Einstufung ist pro Kriterium eine Punktzahl zwischen 0–100 zugeordnet. Die Gesamtpunktzahl wird durch Addition der Einzelpunktzahlen für jedes Kriterium ermittelt. Liegt die Gesamtpunktzahl unter 50, so handelt es sich in der Regel um unkritische Reaktionen, die nicht weiter untersucht werden müssen. Reaktionen, die eine Gesamtpunktzahl zwischen 50 und 99 Punkten erreichen, sollten so zügig wie möglich in der Reihenfolge der Prioritäten geprüft werden. Chemische Reaktionen über 100 Punkte müssen unverzüglich geprüft werden.

Für die Überprüfung der betroffenen Reaktionen/Anlagen liegt ein Fragenkatalog (Anhang 1) vor, der den Prozeß und die technischen und organisatorischen Maßnahmen gegen Betriebsstörungen genau hinterfragt.

Das Bewertungsschema für chemische Reaktionen und der Fragenkatalog sollen die Firmen in die Lage versetzen, besonders kritische Reaktionen schnell zu erkennen und die bereits getroffenen Sicherheitsmaßnahmen ggf. nachzubessern.

Das hier beschriebene Bewertungsschema wurde dem Umweltministerium Baden-Württemberg vorgestellt und erläutert. Das Ministerium begrüßt diese Eigeninitiative der chemischen Industrie. Es hat den Gewerbeaufsichtsämtern des Landes Baden-Württemberg empfohlen, dieses Bewertungsschema bei Betriebsrevisionen einzusetzen. Die Mitgliedsfirmen des VCI Baden-Württemberg haben sich ihrerseits verpflichtet, dem Umweltministerium besonders kritisch zu beurteilende Reaktionen einschließlich der getroffenen Sicherheitsmaßnahmen mitzuteilen.

Bei Boehringer Mannheim wurden nach diesem Bewertungsschema insgesamt 205 Verfahrensstufen in den Chemiebetrieben untersucht. Dabei erreichten 45 Verfahrensstufen eine Gesamtpunktzahl zwischen 50 und 99 Punkten. Die Überprüfung nach Prioritäten steht kurz vor dem Abschluß.

Eine Verfahrensstufe erreichte mehr als 100 Punkte. Hier wurde unverzüglich eine eingehende Prüfung vorgenommen. Eine Dokumentation wurde erstellt und dem Gewerbeaufsichtsamt Mannheim und der Berufsgenossenschaft Chemie zugeleitet. Als Ergebnis konnte festgehalten werden, daß eine sichere Betriebsweise gewährleistet ist. Zur weiteren Verbesserung der Sicherheit wurde eine redundante Auslegung der Drucküberwachung veranlaßt.

Zwischenzeitlich liegen auch Checklisten von der BG Chemie und von diversen Länder-Ministerien zum gleichen Thema vor.

9.2.4 Betrieblicher Alarm- und Gefahrenabwehrplan

Die systematische Bewertung und Beschreibung der betrieblichen Risiken in den Sicherheitsanalysen und den ergänzenden Bewertungen für chemische Reaktionen sind eine wesentliche Voraussetzung für den wichtigsten Baustein unseres Krisenmanagementsystems:

Im betrieblichen *„Alarm- und Gefahrenabwehrplan"* ist dokumentiert, wie auf die betrieblichen Gefahrenpotentiale in angemessener Weise zu reagieren ist. Dieser bereits seit langem existierende Plan wurde 1992 in enger Zusammenarbeit mit dem für den Katastrophenschutz zuständigen Hauptamt der Stadt Mannheim grundlegend überarbeitet. Er liegt nunmehr in einer aktualisierten und ergänzten Ausgabe vom Dezember 1993 vor. Der Alarm- und Gefahrenabwehrplan ist integraler Bestandteil eines Systems von Arbeitsunterlagen, die bei Schadensereignissen zur Schadensbegrenzung/Beseitigung den aktiven Einheiten und Institutionen zur Verfügung stehen (Abb. 9.2):

- Der *Katastrophen-Einsatzplan KEP* der Stadt Mannheim beschreibt alle Regelungen und Maßnahmen bei Großschadensfällen. Er ist allgemein gültig für das gesamte Stadtgebiet. In ihm ist u. a. die Zusammensetzung des Stabes der Stadt Mannheim und dessen Aufgaben beschrieben.
- Der *Alarm- und Gefahrenabwehrplan AGAP* des Werkes Waldhof der Firma Boehringer Mannheim regelt alle für das gesamte Werksgelände gültigen

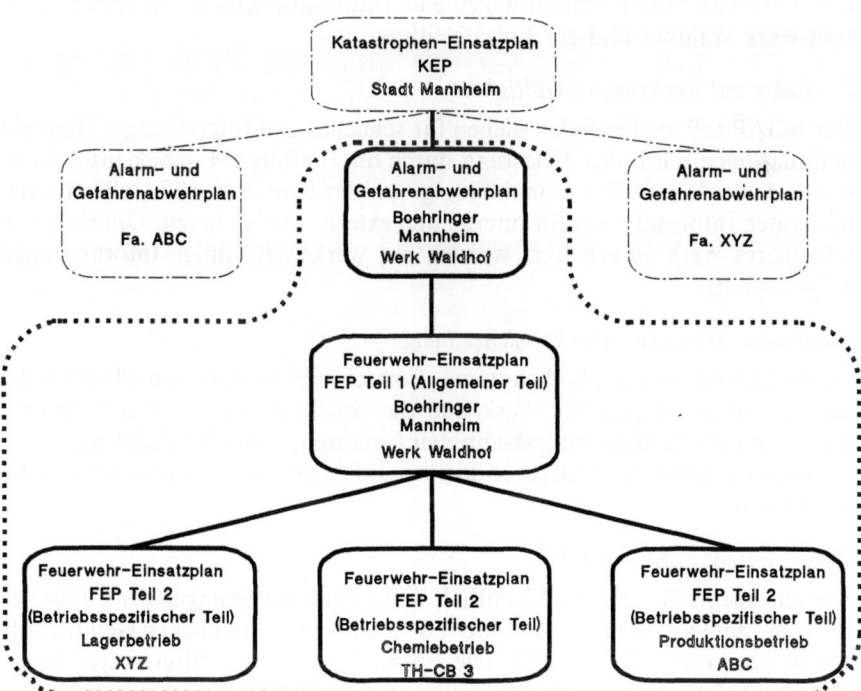

Abb. 9.2. Einsatzpläne zur Bewältigung von Schadensereignissen

Maßnahmen. Er beinhaltet allgemeine Hinweise zur Alarmierung und Verständigung der erforderlichen Hilfskräfte und zuständigen Personen, beschreibt den Aufbau und die Zusammensetzung der Einsatzleitung und listet allgemein gültige Maßnahmen zur Schadensbearbeitung auf.
- Alle Unterlagen, Pläne und Hinweise für die direkte Schadensbekämpfung vor Ort werden in den *Feuerwehreinsatzplänen FEP* zur Verfügung gestellt. Diese sind nochmals unterteilt in einen allgemeinen, werksbezogenen Teil 1 und den betriebs-/gebäudespezifischen Teil 2.
- Die zur Beurteilung des Gefahrenpotentials und zur Auswahl geeigneter Löschmittel notwendigen Informationen über Stoffe und insbesondere Gefahrstoffe sind in einer zentralen *Gefahrstoffdatei GEFA* enthalten und können bei Bedarf abgerufen werden.

9.2.4.1 Katastropheneinsatzplan KEP

Der Katastropheneinsatzplan wird von der Katastrophenschutzbehörde vorgegeben und beinhaltet keine werksspezifischen Angaben. Deshalb wird auf eine nähere Beschreibung verzichtet.

9.2.4.2 Alarm- und Gefahrenabwehrplan AGAP

Der *Teil 1* des AGAP enthält allgemeine Informationen zur Planbenutzung, zum Werk Waldhof und zur Einsatzleitung.

Leitfaden mit werksweiter Gültigkeit

Der AGAP soll als Leitfaden dienen für schnelles und folgerichtiges Handeln in Situationen mit hoher Belastung durch die Einflüsse verschiedenster Notlagen. Außerdem stellt er, unabhängig von der Schadensgröße, alle einsatzrelevanten Informationen für interne und externe Stellen bereit. Um ein überschaubares Werk zu erhalten, wurden nur werksweit gültige Informationen aufgenommen.

Allgemeine Hinweise, Werksbeschreibung

Neben Hinweisen zur Planbenutzung/Fortschreibung und zum Planverteiler sind vor allen Dingen das Werk und die von ihm ausgehenden Gefahren, ergänzt durch die umgebungsbedingten Gefahren, näher beschrieben.
 Dieses Kapitel dient insbesondere zur Information von werksfremden Institutionen.

Einsatzleitung, „Krisenstab"

Der allgemeine Teil des AGAP enthält weiterhin Erläuterungen zur Einsatzleitung und zum internen „Krisenstab", dem Stab der betrieblichen Gefahrenabwehrorganisation (BGO-Stab). Die Einsatzleitung wird differenziert dargestellt nach Feuerwehrgesetz (Abb. 9.3) und nach Katastrophenschutzgesetz (Abb. 9.4).

9.2 Krisenmanagementsystem bei Boehringer Mannheim

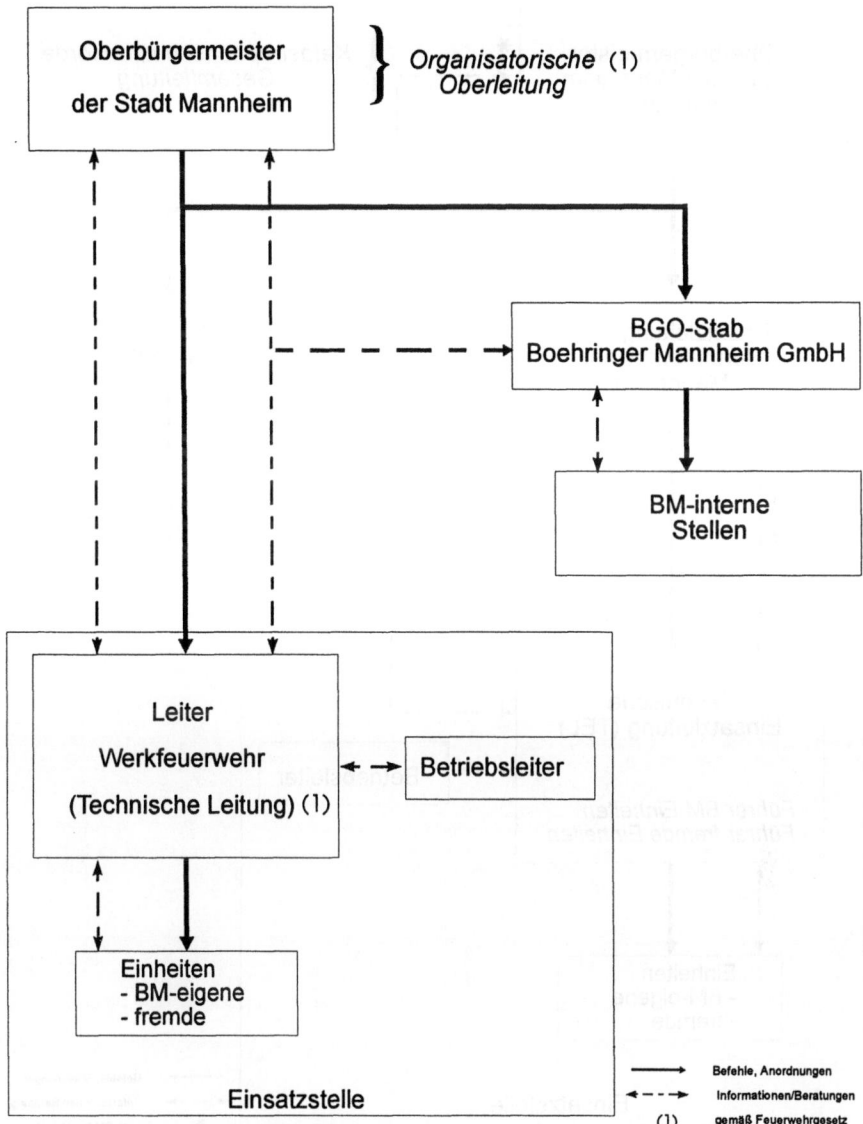

Abb. 9.3. Einsatzleitung nach Feuerwehrgesetz

Besondere Beachtung gilt hier der Stellung des vom Schaden betroffenen Betriebsleiters im Betrieb/in der Anlage. Zur Vermeidung von Kompetenzschwierigkeiten ist im Feuerwehrgesetz Baden-Württemberg klar festgeschrieben, daß der Betriebsleiter der technischen Leitung des Einsatzes weder über- noch untergeordnet ist. Beide stehen gleichrangig nebeneinander und müssen gemeinsam die erforderlichen Einsatzmaßnahmen auf die betrieblichen Gegebenheiten anpassen und festlegen.

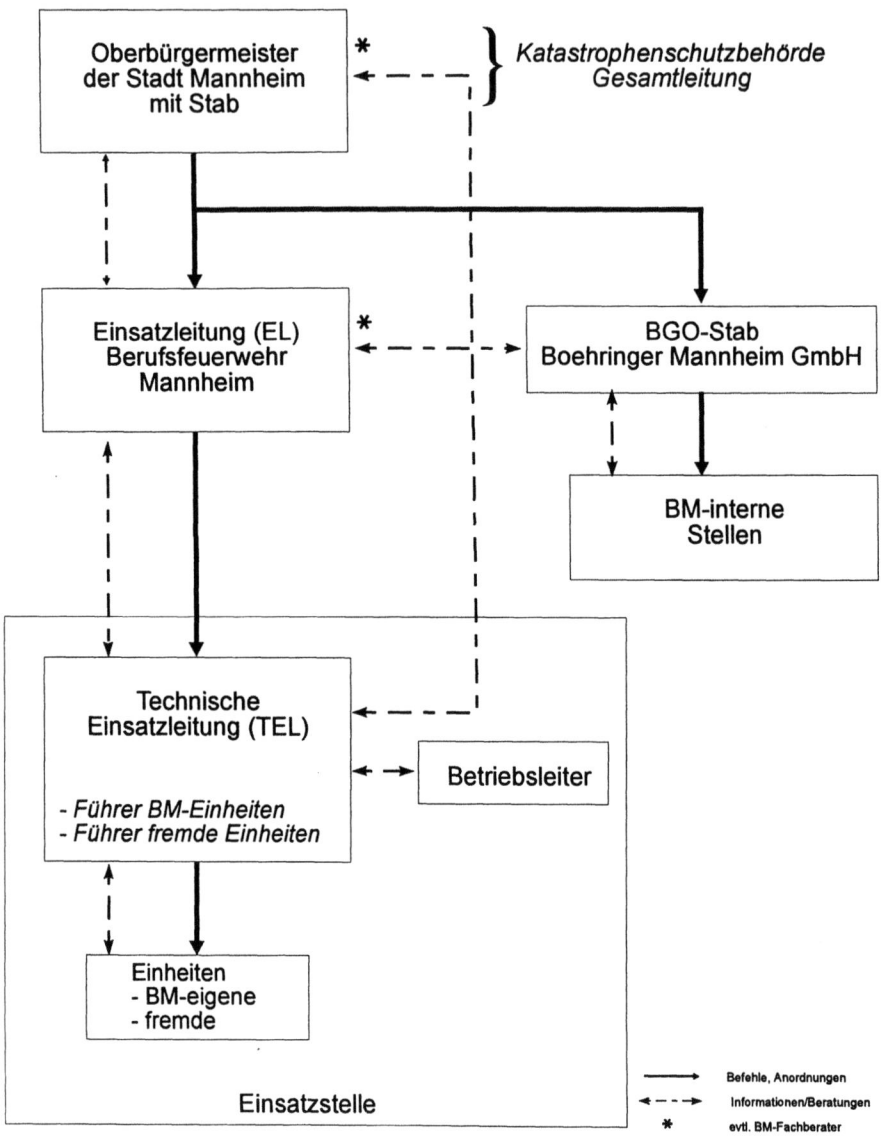

Abb. 9.4. Einsatzleitung nach Katastrophenschutzgesetz

Die Stellung des BGO-Stabes in diesem Einsatzsystem ist ebenfalls klar beschrieben: Der BGO-Stab soll die von der technischen Leitung festgelegten technisch-taktischen Maßnahmen erforderlichenfalls unterstützen und ansonsten alle politisch-administrativen Aufgaben außerhalb der räumlich begrenzten Einsatzstelle übernehmen. An erster Stelle stehen hier die Öffentlichkeitsarbeit und die Schaffung der grundlegenden Voraussetzungen für die

9.2 Krisenmanagementsystem bei Boehringer Mannheim

erfolgreiche Schadenbekämpfung vor Ort. Auf den BGO-Stab wird im nächsten Kapitel ausführlich eingegangen.

Schadenstufen

Je nach Schadenausmaß werden die Ereignisse in vier Schadenstufen eingeordnet. Die Einsatzleitung ist in Abhängigkeit von der Schadenstufe festgelegt. Hierdurch erhält der Gefahrenabwehrplan Gültigkeit für alle Schadenereignisse, unabhängig von der Schadengröße. Von der Schadenstufe abhängig sind ebenfalls die spezifischen Vorgaben zur Alarmierung und Verständigung.

Aufgaben der Einsatzleitung

Eine möglichst vollständige Auflistung der Aufgaben der Einsatzleitung soll als Anregung, Erinnerung bzw. Unterstützung bei der Bewältigung von Schadenereignissen dienen. Im Ernstfall bedarf es der engen Abstimmung zwischen der technischen Einsatzleitung vor Ort, dem BGO-Stab des Unternehmens und dem Katastrophenschutzstab der Behörde über die durchzuführenden Maßnahmen.

BGO-Stab

Bei größeren Schadenereignissen der Schadenstufen 3 und 4 wird grundsätzlich der BGO-Stab alarmiert. Er übernimmt alle Aufgaben des Unternehmens zur Schadenminimierung/-bekämpfung außerhalb der Einsatzstelle.

Maßnahmenlisten

Im *Teil 2* des AGAP, dem *Maßnahmenteil*, sind für alle wichtigen Schadenereignisse Maßnahmen zur Schadenbekämpfung beschrieben. Die Beschreibung erfolgt in Form von fortlaufend nummerierten Maßnahmenlisten. Diese Listen dienen den Benutzern des AGAP als Hilfestellung, zur Kontrolle und zur Dokumentation aller durchgeführten Maßnahmen.

Schadensmeldung

Der erste Abschnitt der Maßnahmenlisten behandelt die Schadensmeldung einschließlich der Alarmierung und Verständigung aller internen und externen Kräfte, Stellen und Behörden. Hiermit soll sichergestellt werden, daß entsprechend der Schadengröße die zuständigen Einheiten und Personen alarmiert werden. Die Einordnung des Schadens in eine der vier Schadenstufen soll einerseits verhindern, daß bei kleineren, „politisch unbedeutenden" Ereignissen – Stufen 1 und 2 – gleich unnötigerweise der ganze Stabs- und Behördenapparat in Marsch gesetzt wird. Zum anderen, und das erscheint wesentlich wichtiger, wird durch die Information der Personen in der nächst höheren Schadenstufe ermöglicht, daß ein zunächst vielleicht zu niedrig eingestufter Schaden sofort eine Stufe höher zugeordnet werden kann, mit den dann ausgelösten zusätzlichen Maßnahmen. So wird z.B. bei Schadenstufe 2 sofort der Leiter des BGO-Stabes informiert und kann aufgrund seiner Informationen evtl. in Schadenstufe 3 erhöhen, wenn ihm dies als notwendig erscheint. Gleichermaßen kann bei einem anfänglich schwer überschaubaren Ereignis später nach entsprechender Klärung der Lage Entwarnung gegeben werden. Die Schadenstufe 3 wird z. B. nach Stufe 2 zurückgenommen.

Erste Lagebeurteilung und Maßnahmen

In Anlehnung an den zeitlichen Ablauf der Ereignisse folgen die weiteren Maßnahmen in der entsprechenden Reihenfolge. Nach den erforderlichen Alarmierungen/Verständigungen und der Bildung einer vorläufigen Einsatzleitung wird weiter nach der für den Schadenfall zutreffenden Maßnahmenliste vorgegangen. Es wird die Notwendigkeit weiterer Alarmierungen/Verständigungen und die personelle Erweiterung der Einsatzleitung geprüft.

„Lagefortschreibung", „Gefahrenbekämpfung" und „abschließende Maßnahmen" werden mit Unterstützung der Maßnahmenlisten abgearbeitet und dokumentiert.

Gefahrstoffdaten

Für die wichtigsten, im Werk vorhandenen Gefahrstoffe werden auf den Einsatzfahrzeugen Ordner mit den aktuellen Sicherheitsdatenblättern mitgeführt. Diese Daten können auch über einen Terminal in der Gefahrstoffdatei GEFA abgefragt und ausgedruckt werden.

Planunterlagen

Im dritten Teil des AGAP, dem Auslöseteil, werden alle Pläne/Unterlagen zur Verfügung gestellt, die zur Festlegung und/oder Durchführung der Maßnahmen erforderlich sind.

Ab einer bestimmten Unternehmensgröße ist es wegen der besseren Überschaubarkeit sinnvoll, sich auf entsprechende Quellenhinweise zu beschränken. Hier sollte auch differenziert werden zwischen Unterlagen für den AGAP, die zur Bewältigung der politisch-administrativen Aufgaben benötigt werden und den Unterlagen zur technisch-taktischen Arbeit am Schadensort, den Feuerwehreinsatzplänen (FEP).

Ein weiteres entscheidendes Kriterium für die Zuordnung der benötigten Unterlagen ist der notwendige Verteiler der Pläne. Es ist weder sinnvoll noch praktikabel, alle Pläne und Unterlagen an alle im Verteiler genannten Stellen und Behörden zu verteilen. In den AGAP wurden deshalb bewußt nicht alle Detail-Unterlagen aufgenommen. Es wird vielmehr darauf verwiesen, wo Telefonverzeichnisse, Einsatzpläne und Gefahrstoffdaten zur Verfügung stehen.

Umgebungsbeschreibung

Die Umgebungsbeschreibung und der ebenfalls im AGAP enthaltene Stadtplanausschnitt soll eine Abschätzung erlauben, welches Gebiet von einem Schaden möglicherweise betroffen ist. Der AGAP enthält für dieses Gebiet alle erforderlichen Angaben, um möglicherweise betroffene Personen zu informieren, zu warnen oder im Extremfall zu evakuieren.

9.2 Krisenmanagementsystem bei Boehringer Mannheim

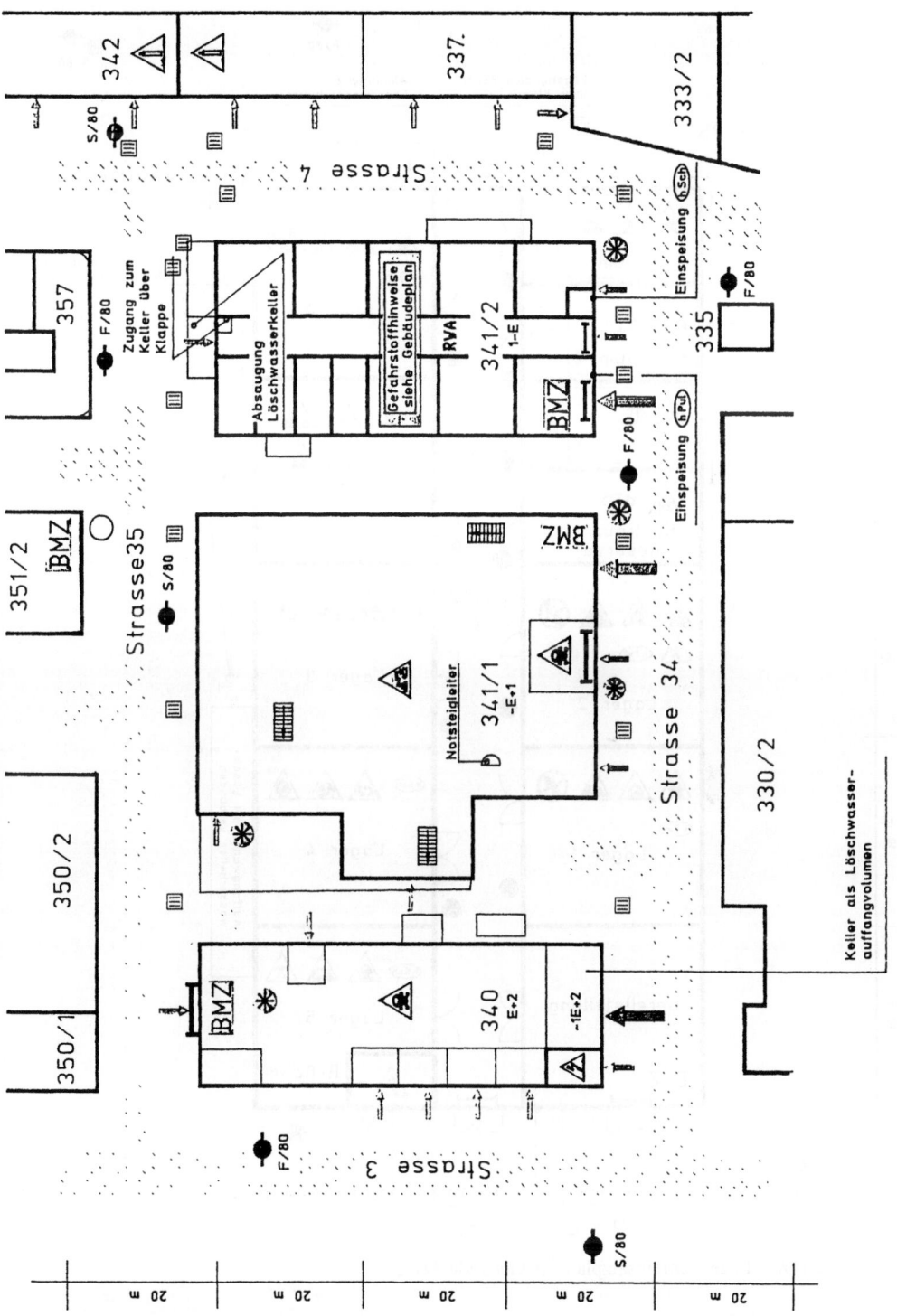

Abb. 9.5. Feuerwehreinsatzplan für Raster 34

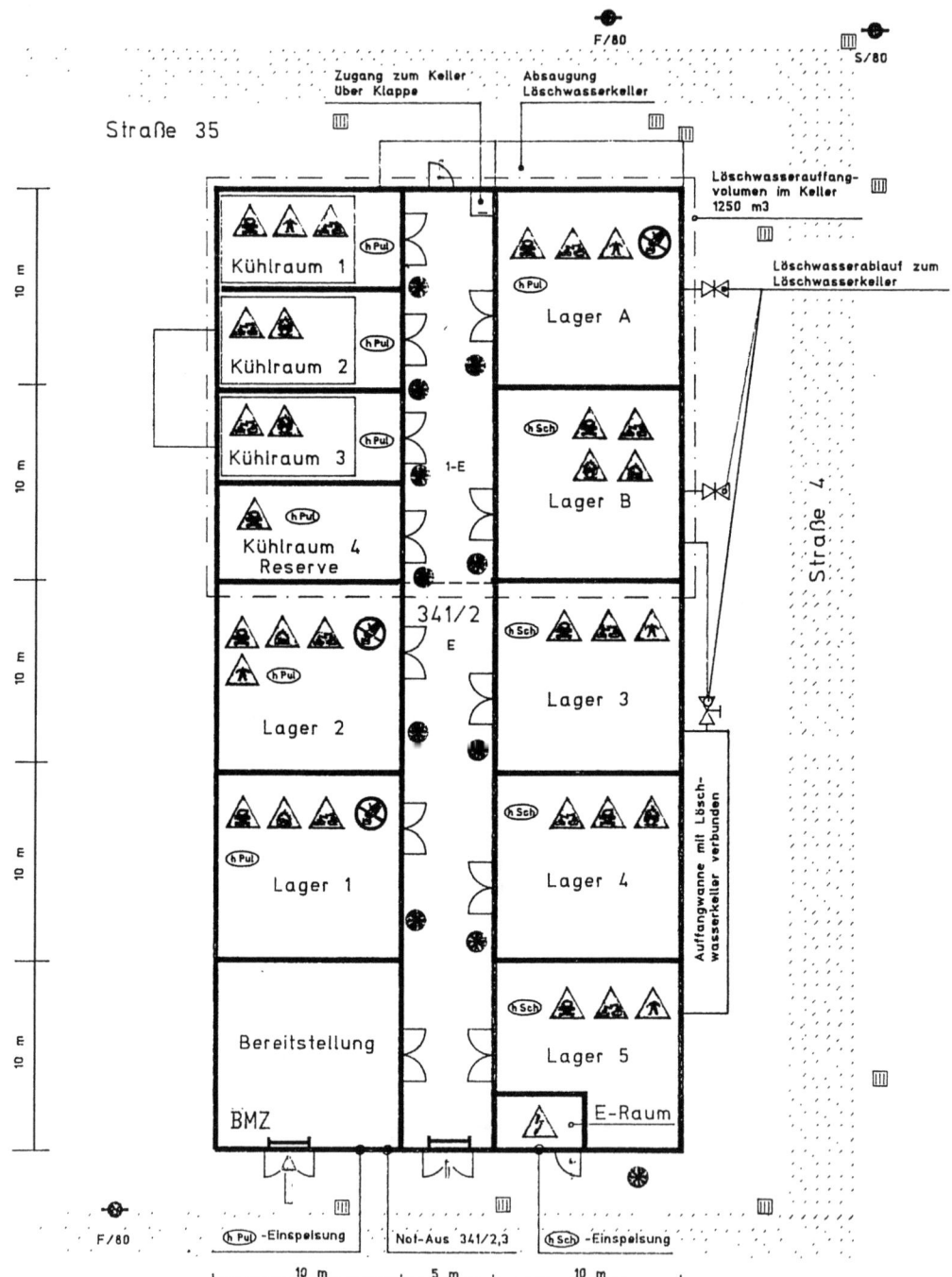

Abb. 9.6. Feuerwehreinsatzplan für Gebäude 341/2

9.2.4.3 Feuerwehreinsatzpläne FEP

Je nach Art der einzelnen Gebäude und Betriebe eines Unternehmens sind mehr oder weniger umfangreiche Feuerwehreinsatzpläne zu erstellen. Für die Größe des Werkes Waldhof der Firma Boehringer Mannheim hat sich eine Aufteilung der Feuerwehreinsatzpläne in einen allgemeinen Teil und in die betriebs-/gebäudespezifischen Teile als sinnvoll erwiesen.

FEP Teil 1 „Allgemeiner Teil"

Der allgemeine Teil des Feuerwehreinsatzplanes beinhaltet alle Pläne und sonstigen Unterlagen, die für das gesamte Werk gültig sind, z. B. die Auflistung aller Sammelstellen oder die Lagepläne für Energieversorgung, Wasser- und Abwassernetze und Medienleitungen.

FEP Teil 2 „gebäude-/betriebsspezifische Unterlagen"

Die detaillierten Angaben und Unterlagen sind nach Planquadraten, Gebäuden/Betrieben und einzelnen Stockwerken geordnet. Bei Bereichen mit geringem Gefahrenpotential (Bürogebäude, unkritische Lagerbereiche etc.) reicht ein Feuerwehreinsatzplan gemäß DIN 14095 als Übersichtsplan, evtl. ergänzt durch gebäudespezifische Ersthinweise aus.

Bei den komplexeren Störfallbetrieben, Gefahrgutlägern, Produktionsbetrieben und größeren Laborbereichen sind umfangreichere Unterlagen erforderlich. In Übersichtsplänen (Abb. 9.5) werden die Angriffswege, die Hauptgefahren und die Brandschutzeinrichtungen dargestellt. Diese Informationen finden sich wieder in detaillierten Stockwerksplänen (Abb. 9.6). Sie werden ergänzt durch Beschreibungen der Anlagen und Verfahren (Aufstellungspläne, Verfahrenstabellen) sowie detaillierte Hinweise zum Schutz der Personen in benachbarten Betrieben/Gebäuden.

Legende zu Abb. 9.5, 9.6

 Warnung vor leichtentzündlichen Stoffen

 Warnung vor brandfördernden Stoffen

 Warnung vor giftigen Stoffen

 Warnung vor explosionsgefähiger Atmosphäre

 Warnung vor gefährlicher elektrischer Spannung

 Warnung vor ätzenden Stoffen

 Warnung vor hautresorptiven Stoffen

 Druckgasflaschen

 Lagerlisten

 Nicht mit Wasser löschen

 Löschwasserbarriere

 Gully, Mischabwasserkanal

 Brandmeldezentrale

 Rauch- und Wärmeabzug

 Hydrant, Unterflur

 Hydrant, Überflur

 Zugänge

 Befahrbare Flächen

 Rohrbrücke

 Schaum-Löschanlage

Pulver-Löschanlage

9.2.4.4 Gefahrstoffdatei GEFA

Die Gefahrstoffdatei GEFA enthält Informationen über alle im Betrieb vorhandenen Stoffe (Roh- und Einsatzstoffe, Zwischen- und Endprodukte). Pro Stoff werden bis zu 150 Einzeldaten abgespeichert. Für die Beurteilung des Gefährdungspotentials sind insbesondere die Datenblöcke Wassergefährdung, Brandschutz, Umweltschutz, Toxizität und Hinweise im Schadensfall wichtig.

9.2.5 Betriebliche Gefahrenabwehr-Organisation (BGO)

Eine zentrale Rolle, speziell im Krisenmanagement bei Störfällen, spielt der Stab der betrieblichen Gefahrenabwehr-Organisation (BGO).

9.2.5.1 Zusammensetzung des BGO-Stabs

Der BGO-Stab wird aus Gründen der Effizienz und Arbeitsfähigkeit bewußt klein gehalten. Neben dem Leiter des Stabs sind immer folgende Funktionen vertreten: Der betroffene Bereich, Technik, Umweltschutz und Sicherheit, Werkssicherheit und Brand- und Katastrophenschutz. Soweit erforderlich werden noch die Funktionen Personal, Recht, Öffentlichkeitsarbeit, Betriebsrat und Werksärztlicher Dienst hinzugezogen. Die Leitung des BGO-Stabs wurde in unserem Stammwerk Mannheim dem Bereichsleiter Technik, in unserem oberbayerischen Werk Penzberg dem Werksleiter übertragen. Der Leiter des BGO-Stabs muß über eine fundierte Orts- und Anlagenkenntnis verfügen. Für besonders kritische Situationen ist vorgesehen, daß die Leitung des BGO-Stabs vom Vorsitzenden oder von einem Mitglied der Geschäftsführung übernommen wird.

9.2.5.2 Aufgaben des BGO-Stabs

Bei großen Schadenereignissen übernimmt der BGO-Stab in enger Abstimmung mit der technischen Einsatzleitung vor Ort die Leitung und Koordination aller Informationen und Maßnahmen zu anderen Stellen und Funktionen innerhalb und außerhalb des Unternehmens. Soweit erforderlich stimmt der BGO-Stab insbesondere Maßnahmen, die nach außen wirken, mit der Geschäftsführung ab.

Die wichtigsten Aufgaben des BGO-Stabs lassen sich folgendermaßen zusammenfassen:

- Entgegennahme der Lagebeschreibung, Beurteilung der Lage, Einleitung von Gegenmaßnahmen,
- Entscheidung über Einschaltung der Katastrophenschutzbehörde,
- Unterstützung der Feuerwehr-Einsatzleitung durch Einleitung von Maßnahmen zur Schadenbegrenzung oder Schadenbeseitigung (evtl. in Verbindung mit Vertretern der Katastrophenschutz-Behörde),

- Erarbeitung von Pressemitteilungen in Abstimmung mit Bereich Kommunikation und
- Information der Geschäftsführung.

Der BGO-Stab ist aktiv eingebunden in die Maßnahmen zur Schadenbekämpfung. Er ergänzt und unterstützt hier die technische Einsatzleitung vor Ort. Der BGO-Stab übernimmt dabei folgende Aufgaben:

- Unterstützung der örtlichen Einsatzleitung durch
  - Bereitstellung von Reserven und Ablösungen,
  - Alarmierung/Information von Ämtern/Behörden,
  - Warnung/Information der Bevölkerung,
- Führung des „rückwärtigen Dienstes" außerhalb der Einsatzstelle,
- Dokumentation der Einsatzmaßnahmen,
- Herbeiführen grundsätzlicher Entscheidungen ggf. unter Einbeziehung der Geschäftsführung,
- Einleiten von Instandsetzungsmaßnahmen,
- Versorgung aller betroffenen Personen sowie Einsatzkräfte und
- Heranziehen umfangreicherer Hilfsmittel zur Schadenbekämpfung vor Ort.

Zu den Aufgaben des BGO-Stabs gehören bei Eintreten des Ernstfalles auch weiterführende Maßnahmen zur Schadenbegrenzung. Der BGO-Stab und die ihm zuarbeitenden Fachabteilungen sollen insbesondere

- eingetretene Schäden feststellen,
- den Geschädigten Unterstützung/Hilfestellung leisten,
- die Schadensereignisse hinsichtlich der Ursachen und des Verlaufs analysieren,
- die Schadensbekämpfung durch eigene und ggf. fremde Kräfte analysieren und
- die gewonnenen Erkenntnisse im Alarm- und Gefahrenabwehrplan berücksichtigen.

Der BGO-Stab muß dafür Sorge tragen, daß aus der Analyse von Schadenereignissen auch die notwendigen Konsequenzen gezogen werden. Dabei kommen z. B. in Frage

- Änderungen von Prozessen, Verfahren, Sicherheitseinrichtungen, Betriebsabläufen und Organisationen,
- bauliche und apparative Änderungen,
- Überarbeitung des Alarm- und Gefahrenabwehrplans und
- Verbesserung der Ausbildung und Ausstattung von Fachdiensten und Einsatzkräften.

Die wichtigsten Aufgaben des BGO-Stabs und der einzelnen Stabsmitglieder sind in Anhang 2 tabellarisch aufgelistet. Die Übersicht ist Bestandteil des BGO-Handbuchs.

9.2.5.3 Alarmierung des BGO-Stabs

Der Leiter des BGO-Stabs wird bereits bei kleineren bis mittleren Schadenereignissen durch den technischen Einsatzleiter informiert. Er entscheidet in Abstimmung mit dem Einsatzleiter, ob der BGO-Stab alarmiert wird. Eine Alarmierung erfolgt in jedem Fall bei größeren Schadenereignissen der Schadenstufen 3 und 4.

Die Information/Alarmierung des Leiters des BGO-Stabs und ggf. der Mitglieder wird durch die Werkschutzzentrale mittels Checklisten durchgeführt. Die Telefonnummern sind gespeichert und können per Knopfdruck abgerufen werden. Kommt keine Verbindung zustande, so wird der zuständige Vertreter angerufen. Alle Mitglieder des BGO-Stabs verfügen über Funktelefone, über die sie auch bei häuslicher Abwesenheit erreichbar sind. Auf die Einrichtung eines Bereitschaftsdienstes konnte bisher verzichtet werden. Bei den Übungen und Einsätzen kam immer ein arbeitsfähiger BGO-Stab zusammen.

Dem BGO-Stab steht für seine Tätigkeit ein spezieller Einsatzraum mit umfangreicher Spezialausstattung zur Verfügung. Neben fest installierten Werks- und Umgebungsplänen, diversen Telefon- und Faxanschlüssen (einschließlich Funktelefon) und einer Funkstation gehören ein rollbarer Schrank mit einem kompletten Satz von Einsatzplänen und diversen Spezialplänen, Flip-Charts, Pinwände, Tageslichtprojektor und diverses Schreibgerät zur Ausstattung des Einsatzraumes. Der Einsatzraum befindet sich in unmittelbarer Nachbarschaft zur Werkschutzzentrale. Damit ist ein schneller Zugriff auf alle ein- und ausgehenden Meldungen sichergestellt. In einem anderen Teil des Werkes befindet sich ein identisch ausgestatteter Ausweichraum für den BGO-Stab.

Ein weiteres wichtiges Arbeitsmittel des BGO-Stabes ist das „Handbuch der betrieblichen Gefahrenabwehr-Organisation". Dieses Handbuch enthält neben einem kompletten Satz der Alarmpläne auch allgemeine Pläne (Werks-, Umgebungs-, Stadtpläne etc.), einen Organisationsplan, die Bereitschaftsdienste, Verzeichnisse der wichtigsten Behörden, Organisationen, Krankenhäuser, Werkfeuerwehren und ein allgemeines Anschriftenverzeichnis.

9.2.6 Warnung und Information

Dem Thema Information und Warnung der Bevölkerung durch Presse, Rundfunk und Fernsehen ist im BGO-Handbuch ein spezielles Kapitel gewidmet. Dieses Kapitel beschäftigt sich mit dem sensibelsten Teil des gesamten Krisenmanagamentsystems: Es beginnt mit einem umfangreichen Anschriften- und Telefon/Telefax-Verzeichnis der Redaktionen und Redakteure aller wichtigen Medien. Bei den Redakteuren sind, soweit zugänglich, auch die privaten Telefon-Nummern angegeben.

9.2.6.1 Warnung der Bevölkerung

Bei mittleren und größeren Schadenereignissen, insbesondere wenn Auswirkungen über die Werksgrenzen hinaus zu befürchten sind, wird grundsätzlich die Berufsfeuerwehr alarmiert. Sie übernimmt dann in der Regel die technische Einsatzleitung vor Ort. Der technische Einsatzleiter der Berufsfeuerwehr ordnet, falls erforderlich, in Abstimmung mit der Werkfeuerwehr und den Fachleuten des Betriebes die Warnung der Bevölkerung an. Dies geschieht durch Lautsprecherwagen der Polizei und durch Rundfunkdurchsagen. Für die wichtigsten Schadenereignisse liegen sowohl bei der Werkfeuerwehr, als auch bei der Berufsfeuerwehr und der Polizei vorformulierte Textbausteine vor, die nach Bedarf kombiniert werden. Die technische Einsatzleitung trifft ebenfalls nach Vorliegen entsprechender Luftmeßdaten die Entscheidung zur Entwarnung der Bevölkerung.

9.2.6.2 Information der Öffentlichkeit

Die Information der Öffentlichkeit erfolgt grundsätzlich durch den BGO-Stab. Dabei gilt der Grundsatz der *frühzeitigen, offenen und umfassenden Information*. Die Information darf auf keinen Fall verharmlosend wirken. Sind Sachverhalte noch ungeklärt, so sollten sie entsprechend beschrieben werden. Es ist in jedem Fall besser, Kenntnislücken offen zuzugeben, als mit Vermutungen zu operieren, die sich später als unrichtig herausstellen.

Der die Öffentlichkeit informierende Unternehmensvertreter muß über ausreichende Fachkompetenz verfügen und jederzeit auf Fachleute des Unternehmens zurückgreifen können. Er sollte in der Unternehmenshierarchie möglichst hoch angesiedelt sein.

Es hat sich in der Praxis von Boehringer Mannheim bewährt, nach Schadenereignissen Medien-Vertreter kurzfristig zu einem Informationsgespräch in das Werk einzuladen. Die dort gestellten Fragen müssen von den Unternehmensvertretern ohne Vorbehalte und umfassend beantwortet werden. Dabei sollten den Medien-Vertretern auch ausführliche schriftliche Unterlagen zur Verfügung gestellt werden.

9.2.6.3 Information der Behörden

Für die Information der Behörden liegen in Abhängigkeit von dem Schadenereignis fest vorgegebene Informations- bzw. Alarmierungslisten vor. Zwischen der Werkschutzzentrale von Boehringer Mannheim und der Feuerwehr-Leitstelle der städtischen Berufsfeuerwehr Mannheim ist eine Telefonstandleitung eingerichtet. Über diese Standleitung und zusätzlich über Funk ist eine Information und ggf. Alarmierung rund um die Uhr sichergestellt.

Für die Schnellinformation von Behörden wurde ein Formular (Abb. 9.7) entwickelt, auf dem die wichtigsten Parameter durch bloßes Ankreuzen markiert werden können. Bei mittleren und großen Schadensereignissen geht dieses Formular umgehend per FAX an die wichtigsten Behörden.

Störung bei: **Boehringer Mannheim GmbH**   **Ansprechpartner:**
               Sandhofer Str. 116   **Werkschutzzentrale**
                                                   Tel.:   759-2211
                                                   Telefax: 759-4146
                                                   Einsatzleiter: Funk Kanal 456

Datum: Einsatzstelle/Bau-Nr.:   Blatt Nr.:

Uhrzeit des Ereignisses: Freigesetzter Stoff:

Wind aus Richtung: Windgeschwindigkeit: sonstige Wetterlage:

                                 Uhrzeit   Uhrzeit
Meldung an: ☐ BF MA   ☐

A. Art der Mitteilung
1. ☐ Vorabmeldung (Situation wird erkundet)
2. ☐ keine Maßnahmen erforderlich
3. ☐ weitere Meldungen über voraussichtliche Maßnahmen erfolgen
4. ☐ Maßnahmen nach Absprache erforderlich
5. ☐ sofortige Maßnahmen erforderlich
6. ☐ Einsatz beendet

B. Art der Störung
1. ☐ Produktfreisetzung
2. ☐ Brand
3. ☐ Explosion
4. ☐ Behälter-Zerknall
5. ☐ Stromausfall

C. Auswirkungsbereich
☐ innerbetriebliche Störung
☐ Störung mit Außenwirkung

D. Wirkung außerhalb des Werkes

                 Geruchsbelästigung   1. ☐ nicht zu erwarten
                                                     2. ☐ zu erwarten, Planquadrate: ____
                 Gesundheitsgefahr   3. ☐ nicht zu erwarten
                                                     4. ☐ zu erwarten, Planquadrate: ____
                 Immission   5. ☐ nicht zu erwarten
                                                     6. ☐ zu erwarten, Planquadrate: ____
                 Gefahr einer Explosion   7. ☐ nicht zu erwarten
                                                     8. ☐ zu erwarten

Abb. 9.7. Formular zur Schnellinformation von Behörden

Für die Behördeninformation (mit Ausnahme der Feuerwehr) ist bei Boehringer Mannheim die Stabsstelle Umweltschutz und Sicherheit zuständig. Die Information erfolgt zunächst mündlich oder über FAX in der oben beschriebenen Kurzform und wird später schriftlich bestätigt.

9.2.7 Erprobung des Krisenmanagementsystems

Ein Krisenmanagementsystem kann im Ernstfall nur funktionieren, wenn es in regelmäßigen Abständen erprobt wird. Die Erprobung findet für die einzelnen Instrumente des Krisenmanagementsystems mit unterschiedlicher Häufigkeit statt.

Die *Werkfeuerwehr* veranstaltet mindestens *wöchentlich* Übungen und Einsatzbesprechungen.

Der *BGO-Stab* tritt *monatlich* zusammen. Auf der Tagesordnung dieses Gremiums stehen neben der Diskussion aktueller Fragen der Gefahrenabwehr in regelmäßigen Abständen die Übung verschiedener Schadensszenarien.

Ca. *zweimal im Jahr* finden gemeinsame Übungen von *Werkfeuerwehr* und *BGO-Stab* statt. An einer dieser Übungen beteiligt sich zusätzlich die städtische Berufsfeuerwehr. Alle *3–4 Jahre* veranstaltet die *Stadt Mannheim* eine großangelegte *Stabsrahmenübung*. Auch hier wirkt Boehringer Mannheim aktiv mit. Die Übungen werden jeweils kritisch analysiert. Erkannte Schwachstellen werden kurzfristig beseitigt.

Einer kritischen Analyse werden auch die wenigen betrieblichen Schadenereignisse und größere Schadens- bzw. Störfälle bei anderen Unternehmen unterzogen.

Das Krisenmanagementsystem Boehringer Mannheim unterliegt somit einem ständigen Lern- und Verbesserungsprozeß.

9.2.8 Zusammenfassung

Boehringer Mannheim hat in den vergangenen Jahren ein betriebliches Krisenmanagementsystem aufgebaut, das sich in der Praxis bewährt hat. Es besteht aus den Elementen

- Vorabinformation der Öffentlichkeit und der Nachbarschaft über Störfallrisiken,
- Systematische Bewertung der betrieblichen Risiken,
- Betrieblicher Alarm- und Gefahrenabwehrplan und der
- Betrieblichen Gefahrenabwehr-Organisation (BGO) als ausführendem Organ.

Durch regelmäßige Übungen und kritische Analysen ist sichergestellt, daß das Krisenmanagementsystem ständig fortentwickelt und verbessert wird.

Literatur

1. Boehringer Mannheim GmbH (1989) „Grundsätze zu Arbeitssicherheit und Umweltschutz"; kann beim Autor angefordert werden
2. Richtlinie des Rates über Unfälle bei bestimmten Industrietätigkeiten Nr. 82/501/EWG vom 24. Juni 1982
3. Richtlinie des Rates zur Änderung der Richtlinie des Rates Nr. 82/501/EWG über Unfälle bei bestimmten Industrietätigkeiten Nr. 87/216/EWG vom 19. März 1987
4. Richtlinie des Rates zur Änderung der Richtlinie des Rates Nr. 87/216/EWG über Unfälle bei bestimmten Industrietätigkeiten Nr. 88/610/EWG vom 24. November 1988
5. 12. Verordnung zur Durchführung des Bundesimmissionsschutzgesetzes (Störfallverordnung) vom 20.9.1991, Bundesgesetzblatt Teil I, S 1891 (1991)
6. Claus F, Wiedemann PM et al. (1993) Anforderungen an Art und Umfang der Information der Bevölkerung in der Nachbarschaft störfallrelevanter Anlagen. UBA-Texte 34, Berlin
7. Gesellschaft für Umwelttechnik und Unternehmensberatung (GUT) (Hrsg) (1992) Abwehr betrieblicher Störfälle durch vorsorgendes Gefahrenmanagement. Fachtagung 18.–20.2.1992, Berlin
8. Boehringer Mannheim GmbH (1992) „Information über die Risiken des Werkes Waldhof der Boehringer Mannheim GmbH"; kann beim Autor angefordert werden
9. Stadt Mannheim (1993) „Im Notfall richtig reagieren!" Information und Handlungsempfehlungen bei industriellen Störfällen in der Umgebung 1. Auflage (1993); kann beim Autor angefordert werden

9.2.9 Anhang 1: Überprüfung der betroffenen Reaktionen/Anlagen

1. Ist der Prozeß genau bekannt (d. h. untersucht)?
   Ist eine exotherme Reaktion mit einem Druckaufbau möglich?

2. Sind die Bedingungen für die Einhaltung des zulässigen Reaktionsbereiches des bestimmungsgemäßen Betriebes überprüft?
   z. B. Temperatur-, Druck- und Konzentrationsverlauf, Zulaufgeschwindigkeit

3. Welche Prozeßbedingungen können bei nicht bestimmungsgemäßem Betrieb auftreten?
   (Wohin verläuft die Reaktion hinsichtlich maximalem Druck und maximaler Temperatur? Wie groß ist die maximale Freisetzungsmenge?)

4. Welche Maßnahmen sind ergriffen worden, um Störungen aufgrund technischer oder organisatorischer Fehler wie

   - Stoffverwechslung,
   - Fehldosierungen,
   - falsche Reihenfolge,
   - verminderte Wärmeabfuhr,
   - Energieausfall

   zu vermeiden?

5. Welche technischen und organisatorischen Maßnahmen gegen Betriebsstörungen sind insgesamt durchgeführt worden?

   a) Veränderung der Prozeßführung zur Erhöhung der Eigensicherheit des Prozesses (z. B. andere Prozeßparameter, Substitution gefährlicher Stoffe durch weniger gefährliche usw.)
   b) MSR-Schutzeinrichtungen
   c) redundante MSR-Einrichtungen bei sicherheitstechnisch bedeutsamen Anlagenteilen
   d) Behälterkonstruktion
      (Ist druckfeste Bauweise möglich?)
   e) Druckentlastung mit gefahrloser Ableitung
   f) Begrenzung von Produktaustritt und Ausbreitung
   g) organisatorische Maßnahmen
      Bei der Überprüfung sind auch zusätzliche technische Maßnahmen zu berücksichtigen, wie z. B. Sicherung gegenüber Überfüllmöglichkeiten und verriegelbares Bodenventil des Reaktors.

6. Besteht aufgrund der Überprüfung Handlungsbedarf?
   Wenn ja, sind entsprechende Maßnahmen zu ergreifen.

9.2.10 Anhang 2: Auszug aus dem BGO-Handbuch (Stand: Januar 1994)

2.0 BGO-Stab

2.1 Übersicht Maßnahmen Alarmierung/Gefahrenabwehr/Aufgabenverteilung/Zuordnung

Maßnahmen Alarmierung/Gefahrenabwehr – Aufgabenverteilung/-Zuordnung –	Beteiligte Stellen			
	TEL E-Stelle	WS-Zentrale	BGO-Stab	Stadt MA
Bereitstellung der Einsatzkräfte				
• Alarmierung von Einsätzkräften		A	A	
Nachalarmierung weiterer Einsatzkräfte	E	A	E	E/A
• Alarmierung und Anforderung von Ämtern und Behörden, Organisation und Fachdiensten und fach-, orts- und betriebskundigen Personen	(E)	A	E	E/A
• Bereitstellung von Reserven und Ablösungen			A	A
Erkundung der Lage	A	(H)	A	A
• Beschaffung von Informationen	A	A	A	
eigene Erkundung	A	H	A	A
Einsetzen von Erkundern			A	A
Anforderungen von Lagemeldungen		A	A	A
• Auswertung von Informationen	A	A	A	A
Darstellung der Lage				
• Führen einer Lagekarte			A	A
• Einsatzübersichten Einsatzabschnitte und -schwerpunkte	A		A	A
Informationen				
• nach innen	A	A	A	A
• nach außen	H	H	A	A
– Unterrichten anderer betroffenen Stellen	H	H	A	A
– Unterrichten der betroffenen Bevölkerung			A	A
Einsatzdokumentation				
• Führen des Einsatztagebuches		H	A	A

E ... Entscheiden
A ... Ausführen
H ... Hilfestellung

Stadt MA = Feuerwehr-Leitstelle EL Wache Mitte und Stab der Stadt Mannheim

9.2 Krisenmanagementsystem bei Boehringer Mannheim

2.1 Übersicht Maßnahmen Alarmierung/Gefahrenabwehr/Aufgabenverteilung/Zuordnung

Maßnahmen Alarmierung/Gefahrenabwehr – Aufgabenverteilung/-Zuordnung –	Beteiligte Stellen			
	TEL E-Stelle	WS-Zentrale	BGO-Stab	Stadt MA
Durchführung des Einsatzes				
• Beurteilung der Lage	A		A	A
• Entschluß zur Durchführung des Einsatzes	E		E	E
Bestimmung erforderlicher Einsatzkräfte und -mittel	E		E	E
Bestimmung und Einweisung von Führungskräften für Einzelaufgaben z. B. Einsatzabschnittsführer	E		E	E
• Zusammenarbeit mit anderen Ämtern und Behörden Organisationen und Fachdiensten fach-, orts- und betriebskundigen Personen	A		A	A
• Befehlsgebung Einsatzbefehle	A		A	A
Aufsicht und Kontrolle der Durchführung des Einsatzes	A		A	A
Informieren der Einsatzkräfte	A	A	A	A
• Ermittlung der Schadensursache, Täterermittlung	H		A	A
Zeugenfeststellung	H		A	A
Beweismittelsicherung	H		A	A
• Versorgung und Betreuung verletzter Personen	A		A	A
• Sofortmaßnahmen für gefährdete Personen				
– Warnung	E/A		E	E
– Räumung	E/A		E	E
– Transport			A/H	A
– Unterbringung			A/H	A
– Versorgung			A/H	A
Versorgung der Einsatzkräfte				
• Nachalarmierung weiterer Einsatzmittel	E	A	E	
• Heranziehung von Hilfsmitteln (Baustoffe, Absturzmaterial, LKW, Tankwagen, Räum- und Hebegerät)	E	A	E	
• Bereitstellung von Verbrauchsgütern und Einsatzmitteln (Wasserversorgung, andere Löschmittel, Atemschutzgerät, Kraftstoff, Verpflegung)	E E	H H	E/A E/A	

E ... Entscheiden
A ... Ausführen
H ... Hilfestellung

Stadt MA = Feuerwehr-Leitstelle EL Wache Mitte und Stab der Stadt Mannheim

2.2 Aufgaben BGO-Stabsmitglieder

Übersicht:

Aufgaben der BGO-Stabsmitglieder im einzelnen

Aufgabe	Stabsleiter	Betroff. Bereich(e)	Bereich Technik	Umweltsch./Sicherheit	Werksicherheit	Brand-/Katastrsch.	Werksärztl. Dienst	Öffentlichkeitsarbeit	Personal	Rechtsabt.
• Heranziehen weiterer Fachberater	×									
• Betriebliches Fachpersonal informieren		×								
• Sicherung des Notabfahrens der Anlagen		×								
• Kontaktperson für BGO-Stab festlegen		×								
• Notpersonal für Betrieb		×								
• Technische Sicherung des Betriebes		×								
• Energieversorgung			×							
• Sicherung der Nachbarbetriebe		×								
• Information der GF	×									
• Information der Behörden – GAA – Amt für Baurecht und Umweltschutz – RP – etc.				×						
• Störungsaufnahme/-beseitigung vor Ort – Meßwerte von Stoffkonzentrationen in Boden, Wasser und Luft – Lärmmessungen – Beweissicherung durch probennahme				×						
• Bewertung der Meßergebnisse	×	×		×						
• Immissionsprognose			×	×						
• Ausbreitungsrechnung				×						
• Lotsen für externe Kräfte					×					
• Freihalten von Verkehrswegen im Werk					×					
• Zusammenarbeit mit der Polizei					×					
• Versorgung der Einsatzkräfte	×						×			
• Unterstützung der TEL	×	×	×	×		×				

2.2 Aufgaben BGO-Stabsmitlgieder

Übersicht:

Aufgaben der BGO-Stabsmitglieder im einzelnen	Stabsleiter	Betroff. Bereich(e)	Bereich Technik	Umweltsch./Sicherheit	Werksicherheit	Brand-/Katastrsch.	Werksärztl. Dienst	Öffentlichkeitsarbeit	Personal	Rechtsabt.
• Sicherstellung der medizinischen Erstversorgung							×			
• Sicherstellung des Transports in Behandlungszentren							×			
• Medizinische Beratung bei der Beurteilung einer Gefährdung für die Bevölkerung				(×)			×			
• Information der Mitarbeiter/innen								×		
• Betreuung der Medienvertreter – Einrichtung gesonderter Sammelstellen – Werksbesichtigung mit Medienvertretern								×		
• Information des BGO-Stabes über Stand der Medienanfragen								×		
• Kontakt zum Betriebsrat									×	
• Erfassung der Geschädigten									×	
• Sicherung ihres Eigentums									×	
• Benachrichtigung der Angehörigen									×	
• Information/Anforderung von Ämtern, Behörden und sonstigen fremden Stellen				×						
• Heranziehen weiterer BM-Hilfskräfte	×									
• Bereitstellen von reserven, Ablösungen							×			
• Lotsen für ortsfremde Kräfte					×					
• Beschaffung von Informationen zur allgemeinen Lage	×	×	×	×	×	×	×	×	×	×
• Lagebeurteilung	*gemeinsam*									
• Führen der Lagekarte, Einsatzdokumentation (Tagebuch, Einsatzbilder, Luftaufnahmen)	×	×	×	×	×	×	×	×	×	×
• Informationen nach innen (BM)	×	×	×	×	×	×	×	×	×	×
• Informationen nach außen								×		

9.3 Krisenmanagement der Stadt Mannheim

H. Feickert

9.3.1 Allgemeines

Der Stadtkreis Mannheim – kreisfreie Stadt mit rund 320000 Einwohnern – ist nach dem Landeskatastrophenschutzgesetz Baden-Württemberg (LKatSG) vom 16. Februar 1987 als „Untere Katastrophenschutzbehörde" für vorbereitende Maßnahmen und für Maßnahmen bei Katastrophen zuständig. Insoweit fallen die Aufgaben der Stadt im Bereich der Gefahrenabwehr als Gemeinde nach dem Polizeigesetz und nach dem Feuerwehrgesetz im gleichen Verantwortungsbereich, nämlich des Oberbürgermeisters an. In den Landkreisen liegt die Verantwortung nach Polizeigesetz und Feuerwehrgesetz bei den Bürgermeistern, ab der im LKatSG festgelegten Schwelle eines Katastrophen-Voralarms geht die Zuständigkeit und Verantwortung auf den Landrat über.

Durch die in einer Hand befindliche Zuständigkeit des Oberbürgermeisters eines Stadtkreises sind alle vorbereitenden Maßnahmen vom alltäglichen Ereignis bis hin zum denkbaren Katastrophenfall zu betrachten und durchgängig einheitlich zu organisieren. Das bedeutet, daß die Zuständigkeit der Ämter und sonstigen Organisationseinheiten nach der Verwaltungsgliederung und dem Aufgabenverteilungsplan im Ereignisfall nicht verändert werden muß. Wesentlich ist, daß sich die Verwaltung bei ihren Entscheidungen und sonstigen Aussagen nach Außen einheitlich präsentiert und dadurch in der schwierigen Phase eines Ereignisses nicht weitere Verunsicherung hervorruft, indem abweichende, auf den Einzelfall bezogen möglicherweise richtige Entscheidungen, verkündet werden.

Neben diesen Kriterien sind im Ereignisfall, mindestens ab einer gewissen Größenordnung, die üblichen Wege zwischen den einzelnen Verwaltungseinheiten (Ämtern) und -ebenen (Oberbürgermeister, Dezernate, Ämter) so abzukürzen, daß der Lageentwicklung angepaßt unverzüglich entschieden werden kann.

Bei alledem sollen alle in der eigenen Verwaltung vorhandenen, in anderen zuständigen Behörden oder sonstigen Stellen erreichbaren Fachkompetenzen zusammengeführt werden, um zum sich ständig entwickelnden Ereignis die notwendigen politischen und verwaltungsmäßigen Entscheidungen durch den Oberbürgermeister vorzubereiten, damit *zeitgerecht* reagiert werden kann. Dieses Verfahren unterscheidet sich wesentlich von den üblichen Verwaltungsverfahren und noch deutlicher von Gerichtsverfahren, bei denen oft erst mehrere Instanzen mit Gutachten, Gegengutachten und Obergutachten die vermeintlich richtige Entscheidung am Ende bringen (sollen).

Damit sind bereits wesentliche Kriterien an ein *Krisenmanagement* formuliert. Zu den angesprochenen Punkten werden in den nachfolgenden Abschnitten weitere Ausführungen gemacht.

Aufgabe des Beratungsorgans für den politisch verantwortlichen Oberbürgermeister ist das Erkennen von Gefahren und notwendigen Maßnahmen für die Zukunft, nicht das Reagieren auf bereits eingetretene Ereignisse (Beispiel: Brand bereits eingetreten: Die Bekämpfung mit allen verfügbaren Kräften ist Aufgabe der Feuerwehr *aber*: aus dem Brand entwickeln sich Giftstoffe – Abschätzung der kurzfristigen und langfristigen Gefahren für die betroffenen Personen [insbesondere Kinder, Kranke, Behinderte, ältere Mitbürger aber auch Ungeborene], für die Umwelt [Luft, Wasser, Erde], Tiere [die selbst oder deren Erzeugnisse zum menschlichen Verzehr bestimmt sind] und Pflanzen [die mittelbar oder über die Versorgungskette zum menschlichen Verzehr gelangen]). Daß damit eine Erörterung vielschichtiger Probleme notwendig ist, versteht sich von selbst. Einige sich daraus ergebende Maßnahmen wie Absperrung, Räumung eines Gebietes, Warnung u.ä. werden sehr schnell erwartet, auch wenn noch nicht alle Daten und Fakten gesichert sind. Selbstverständlich ist, daß die Einsatzleiter vor Ort (Feuerwehr oder Polizei) bei Gefahr im Verzug bereits handeln müssen bzw. gehandelt haben. Bei den erforderlichen Beratungen können oft aus Zeitgründen nicht alle wissenschaftlichen Erkenntnisse eingebracht werden, wie dies bei den oben bereits angesprochenen rechtlichen Auseinandersetzungen üblich ist. Für eine gesicherte Beurteilung von Gefahren und deren Folgen wären Tage, mindestens aber mehrere Stunden dauernde Auswertungen erforderlich (z.B. Laboruntersuchungen), die für Sofortmaßnahmen nicht unbedingt tauglich sind.

Für die geschilderten (Beratungs-)Aufgaben ist ein *Stab*, das LKatSG Baden-Württemberg sagt dazu neutral „eine Führungseinrichtung", zu bilden.

9.3.2 Entwicklung

Zur Entwicklung des Gedankens eines Stabes bei den Katastrophenschutzbehörden in der Bundesrepublik: Der Waldbrand in Niedersachsen im Jahre 1975 hatte wegen der Größenordnung des Schadensereignisses zur Folge, daß neben den örtlichen Feuerwehren des betroffenen Gebietes Feuerwehren aus allen Bundesländern zur Hilfe eilten. Dabei ergaben sich neben den einsatztaktischen Erfordernissen sehr viele logistische Probleme. Die zivilen Behörden waren darauf in einer solchen Größenordnung bis zu diesem Zeitpunkt nicht vorbereitet, so daß die Bundeswehr zur Hilfe gerufen wurde. Der militärische Bereich hat denn auch mit seinem Führungsmittel, dem *Stab*, das Kommando übernommen und damit insbesondere logistische Probleme in den Griff bekommen.

Nach dem Ereignis diskutierte die zivile Seite über die Notwendigkeit eines solchen Führungsinstruments und kam zum Ergebnis, die gleichen Grundstrukturen des Stabes für den Zivil- und Katastrophenschutz zu übernehmen. Danach wurden in allen Stadt- und Landkreisen der Bundesrepublik nach diesem Muster Stäbe gebildet und an den Katastrophenschutzschulen des Bundes und der Länder ausgebildet. In der Folge kamen solche Stäbe bei Ereignissen zum Einsatz, auf jeden Fall wurden in den Kreisen damit Ausbil-

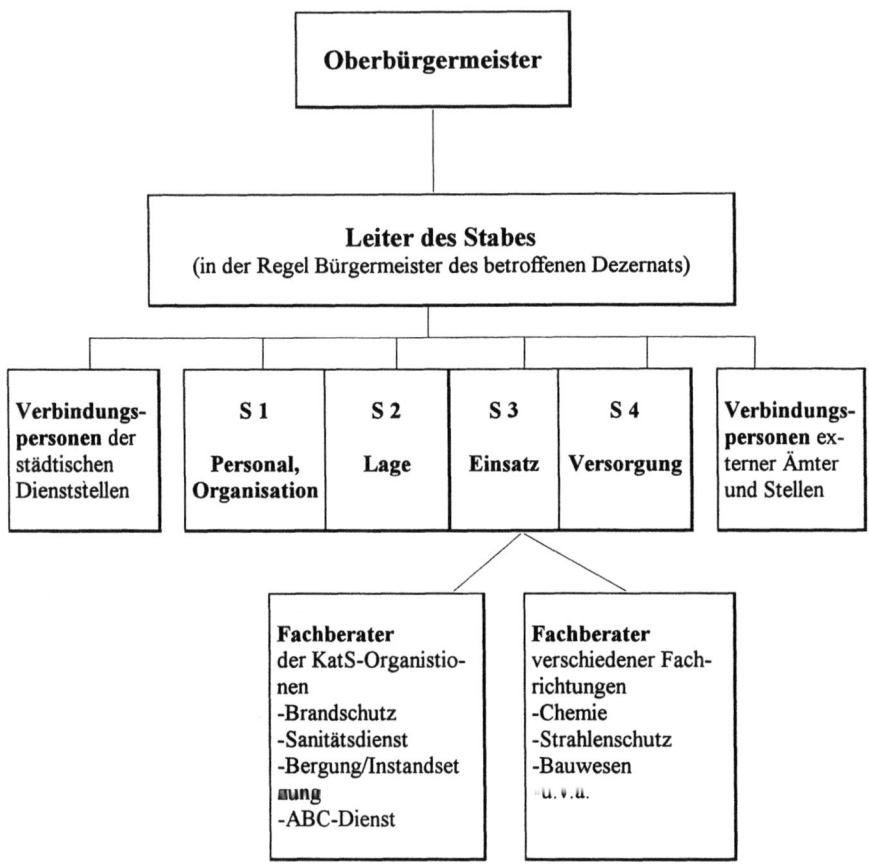

Abb. 9.8. Stab, alte Organisation

dung und Übungen durchgeführt. Nachstehend das früher auch in Mannheim gültige Organigramm, das der Katastrophenschutz-Dienstvorschrift „Führung und Einsatz" (KatS-DV 100) entspricht (Abb. 9.8).

Auch in Mannheim, der Heimatstadt des Verfassers, wurde mit diesem Stab in mehreren Übungen einschließlich der zivilmilitärischen Übungsreihe WINTEX-CIMEX geübt. Bei den seit 1983 halbjährlich stattfindenden Übungen im Bereich der Stadt Mannheim kam der in dieser Form organisierte und an der Katastrophenschutzschule des Landes Baden-Württemberg in Neuhausen/Fildern und der Katastrophenschutzschule des Bundes in Ahrweiler ausgebildete Stab zum Einsatz.

9.3.3 Erfahrungen aus der Sicht der Stadt Mannheim

Aus den Übungserfahrungen, aber auch aus kleineren Ereignissen ergab sich, daß das Instrument des Stabes in dieser Form für Ereignisse in der oben

9.3 Krisenmanagement der Stadt Mannheim

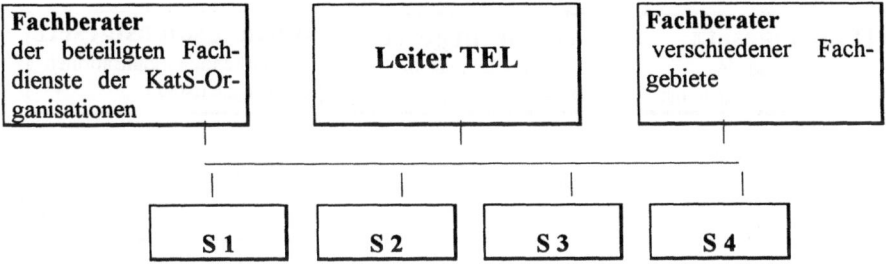

Abb. 9.9. Gliederung der TEL

erwähnten Größenordnung eines Waldbrandes geeignet war. Dieser Stab war jedoch wenig geeignet für die difficile Art der Beratung eines Ereignisses, bei dem nicht der Einsatz vieler Kräfte und des entsprechenden Gerätes im Vordergrund standen, sondern daß die Beratung der Folgen eines Schadensereignisses und deren Problemlösung vorrangig waren. Schadensereignisse wie der Brand bei Sandoz/Basel u. v. a., bei denen nicht die unmittelbare Schadensbekämpfung sondern die Beratung der sich daraus ergebenden vielschichtigen Problemstellungen erforderlich waren, zeigten die Richtigkeit und Dringlichkeit der Forderung nach einem Gremium mit anderem Zuschnitt. Die einsatztaktischen Maßnahmen können mit der Technischen Einsatzleitung (TEL), wie sie bei den Feuerwehren üblich ist, als Führungsinstrument umgesetzt werden. Es ist keinesfalls erforderlich, die Vorschläge der TEL im Stab nochmals – wenn auch aus anderer Sicht– zu beraten.

Das nachstehende Schaubild (Abb. 9.9) zeigt, daß hier die Gliederung des militärischen Stabes nach wie vor Pate stand.

Wesentlicher Grund, Stabsorganisation und Arbeitsabläufe in Frage zu stellen war, daß für den Einsatz von (KatS)einheiten eine Anforderung von der TEL zum Stab gehen mußte. Der Stab mußte sich mit der Einsatztaktik befassen, gewährte die Anforderung, änderte oder lehnte ab. In der weiteren Folge mußten darüber Meldungen zwischen Stab und TEL ausgetauscht werden.

9.3.4 Entwicklung eines Ereignisses

Mit dem nachfolgenden Schaubild (Abb. 9.10) soll die Entwicklung eines Schadensereignisses aus der Sicht des rechtlichen und organisatorischen Rahmens aufgezeigt werden, wobei das Landesrecht Baden-Württembergs maßgebend ist.

Darin ist deutlich zu sehen, daß in Mannheim der Abteilungsleiter Katastrophenschutz oder sein Vertreter sehr frühzeitig in das Geschehen eingebunden ist. Dazu sind verwaltungsinterne Dienstanweisungen für die Alarmierung und Information insbesondere für die arbeitsfreien Zeiten ergangen, die

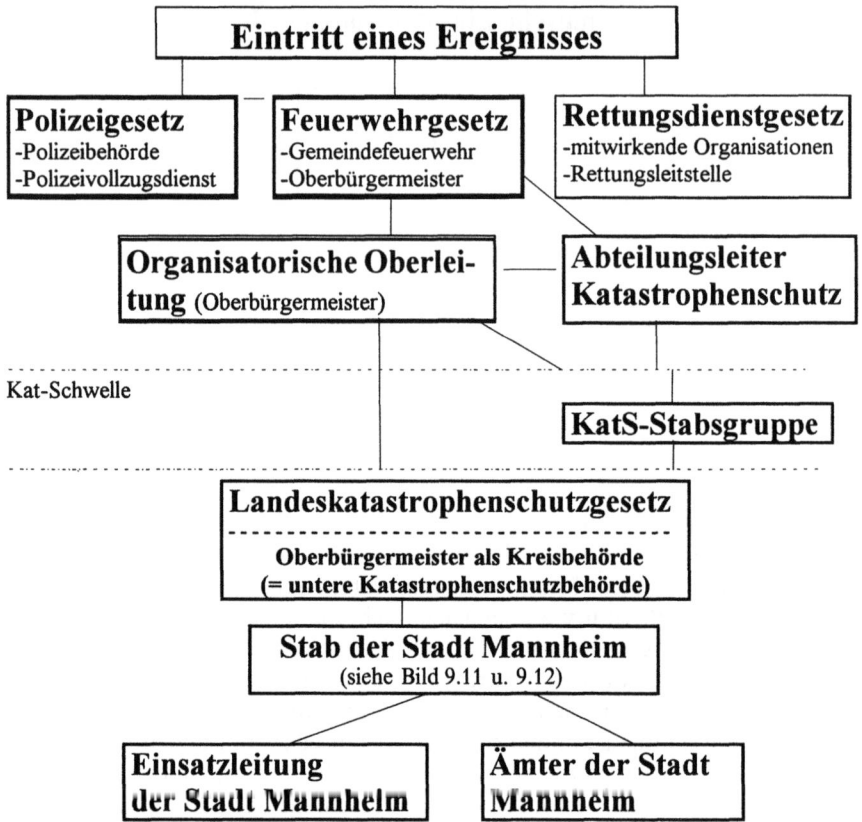

Abb. 9.10. Ereignisablauforganisation am Beispiel Mannheim

die praktischen Erfahrungen bei Einsätzen berücksichtigen. Zur ständigen Erreichbarkeit stehen Euro-Signal und C-Netz-Telefon zur Verfügung.

Mit der sehr frühen Information soll insbesondere erreicht werden, daß die Feuerwehr von Maßnahmen entlastet wird, die dem Bereich „Verwaltung" zuzuordnen sind. Insbesondere sollen vor Erreichen der im vorstehenden Schaubild genannten „Katastrophenschwelle" die zuständigen Stellen der Stadtverwaltung für ihre jeweiligen Fachaufgaben in das Einsatzgeschehen eingebunden werden. Da nur ein Teil dieser Stellen außerhalb der Normalarbeitszeit Rufbereitschaft leisten, ist die frühzeitige Einbindung der Abt. Katastrophenschutz als „Meldekopf" eine wesentliche Voraussetzung, zeitgerecht Hilfe zu leisten.

Weiterhin können bei einem sich entwickelnden Ereignis schon vor dem Tätigwerden des Stabes mit der „Stabsgruppe", die sich aus Mitarbeitern fachlich berührter Stellen zusammensetzt, die Maßnahmen ergriffen oder veranlaßt werden, die „zur Abwendung der Katastrophe oder zur Vorbereitung auf deren Eintritt erforderlich sind" (§ 2 Abs. 3 LKatSG).

9.3.5 Neue Stabsorganisation

Die Forderung nach einer Änderung der Stabsorganisation wurde in mehrere Erfahrungsberichte aufgenommen und in der Folgezeit immer wieder in Erinnerung gebracht, bis sich das Innenministerium Baden-Württemberg im Jahre 1988 entschied, eine Arbeitsgruppe, die sich mit dem Thema Neuorganisation des Stabes befassen sollte, einzusetzen. Vertreter des Innenministeriums, der Katastrophenschutzschule, von Regierungspräsidien und von Stadt- und Landkreisen waren daran beteiligt. Im Verlauf der Diskussionen, bei denen natürlich auch die positiven Seiten der bisherigen Stabsorganisation hervorgehoben wurden, wurde mehr und mehr die bereits angesprochene Grundidee klar, daß der Stab für viele denkbare Szenarien einen anderen Zuschnitt erhalten sollte.

Folgende Ziele sollten aus unserer Sicht erreicht werden:

- Der Einsatzleitung sollten alle Zuständigkeiten beim Einsatz der Kräfte und des Materials aus dem eigenen Zuständigkeitsbereich (Stadt- oder Landkreis) übertragen werden, ohne dabei eine Anforderung an den Stab zu richten.
- Der Stab sollte sich mit den Fachbehörden und Fachberatern vorausschauend um die Bewältigung von Problemen besonderer Bedeutung kümmern. Dazu ist das gesamte Fachwissen der eigenen Verwaltung, anderer Behörden und Stellen und erreichbarer Fachleute im Stab zu bündeln, um zu Vorschlägen für politische Entscheidungen des Oberbürgermeisters (Landrats) in der gebotenen Zeit zu kommen.
- Die Einberufung des Stabes sollte für Ereignisse aller Art möglich sein, bei denen ein hohes Maß an Koordination ggf. auch unterschiedlicher Interessen gefordert ist (Großveranstaltungen, überörtliche Schadenslagen – Beispiel: Tschernobyl –, Schadenereignisse unterhalb der Kat-Schwelle bis hin zum Katastrophenfall). Dabei sind natürlich unterschiedliche Rechtsvorschriften und organisatorische Festlegungen zu beachten.
- Der Stab soll dabei so zusammengesetzt sein, wie dies dem Ereignis angemessen ist (modularer Aufbau). Dabei werden bestimmte Bereiche immer vertreten sein müssen.

Das Ergebnis der Diskussionen der Arbeitsgruppe wurde als „Hinweise des Innenministeriums zur Bildung eines Katastrophenschutzstabes bei den Katastrophenschutzbehörden und zur Bildung von Stäben für besondere Aufgaben" vom 20. 3. 1989 [1] veröffentlicht. Vorausgegangen war die Anhörung der vorgeschriebenen Stellen im Land.

Damit wurde den Stadt- und Landkreisen im Rahmen ihrer Organisationshoheit anheimgestellt, ihre Stabsorganisation auf das „Stabsmodell Baden-Württemberg" umzustellen, um eine möglichst einheitliche Organisation im Land zu erreichen. Gleichzeitig hat die Katastrophenschutzschule des Landes Baden-Württemberg ihr Ausbildungskonzept entsprechend geändert.

Die Empfehlung zur Stabsorganisation berücksichtigt, daß die Verwaltungsorganisation in den Kreisen sehr unterschiedlich ist. Insbesondere die

Personalausstattung und/oder die Bündelung von Fachaufgaben kann bei der örtlichen Stabsorganisation Abweichungen notwendig machen.

Drei Bereiche, nämlich **O**rganisation/Verwaltung, **I**nnere **I**nformation und Öffentlichkeitsarbeit werden bei jeder Stabsorganisation benötigt. So finden sich auch Teile des alten Stabes in der Neuorganisation wieder. Allerdings hat der Bereich Öffentlichkeitsarbeit einen anderen Stellenwert bekommen, als zuvor. Frühzeitige und umfassende Information der Bürger ist wichtiger denn je. Die weiteren, im Schaubild genannten Stabsbereiche werden je nach Ereignis an der Stabsarbeit beteiligt – wobei selbstverständlich auch die nur zeitweise Mitarbeit eines Stabsbereiches erforderlich sein kann. Schon mit der Benennung des Stabes soll kenntlich gemacht werden, daß nur ein einziger und einheitlicher Stab besteht (z.B. Stab der Stadt Mannheim). Zusätze wie sie andernorts und auch in den oben zitierten Hinweisen üblich sind (Krisenstab, Katastrophenschutzstab, Zivilverteidigungsstab, Stab für außergewöhnliche Ereignisse) werden für völlig überflüssig gehalten, weil sie suggerieren, es gäbe innerhalb der Verwaltung mehrere Stäbe.

Klar ist, daß beim Tätigwerden des Stabes die jeweilige Rechtslage und festgelegte Organisation zu beachten ist, erst die Feststellung des KatFalles nach LKatSG bewirkt ein Weisungsrecht des Oberbürgermeisters auch gegenüber den Sonderbehörden des Landes (= einheitliche Leitung).

Wie oben erwähnt, soll der Stab in allen denkbaren Fällen mit hohem Koordinationsbedarf einberufen werden. Daraus folgt u.a., daß die Besetzung der einzelnen Stabsbereiche mit Amts- und Abteilungsleitern bzw. mit Mitarbeitern mit besonderem Fachwissen erfolgen muß. Damit ist zugleich sichergestellt, daß im Stab nicht Zuständigkeiten einzelner Verwaltungsbereiche übernommen werden und außerdem Aufträge zur Durchführung von Aufgaben unmittelbar in diese Fachbereiche gelangen und dabei auftretende Schwierigkeiten wiederum im Stab beraten werden.

In Mannheim sind alle in den nachfolgenden Schaubildern (Abb. 9.11 und 9.12) aufgeführten Stabsbereiche (Funktionen) dreifach besetzt, da außerhalb der Normalarbeitszeit nur in wenigen Fällen bedingt durch die Fachaufgabe Rufbereitschaft besteht. Außerdem muß bei einem längerfristigen Ereignis auch die Ablösung möglich sein. Die Dreifachbesetzung hat bisher ermöglicht, bei Ausbildung und Übungen mit unterschiedlichen Besetzungen zu arbeiten, wie dies in der Praxis wohl auch üblich wäre. Bei mehreren Alarmierungsübungen zu völlig unterschiedlichen Zeiten wurde die Einsatzbereitschaft des Stabes getestet. Daraus ergab sich die Erkenntnis, daß innerhalb angemessener Zeit ein arbeitsfähiger Stab zusammengerufen werden kann.

Die Zuständigkeit der Stabsbereiche muß in einer Stabsdienstordnung eindeutig geregelt werden, um Überschneidungen ebenso wie Leerräume zu vermeiden. Das Land Baden-Württemberg hat dazu „Empfehlungen für eine Dienstordnung der Arbeitsstäbe für besondere Aufgaben und den Katastrophenschutzstab" herausgegeben [2]. Die in Mannheim bestehende Stabsdienstordnung wurde bei Übungen erprobt und aufgrund von Vorschlägen der Beteiligten in Teilen fortgeschrieben. Für einige Stabsbereiche werden nachstehend auszugsweise die Zuständigkeiten aufgezeigt:

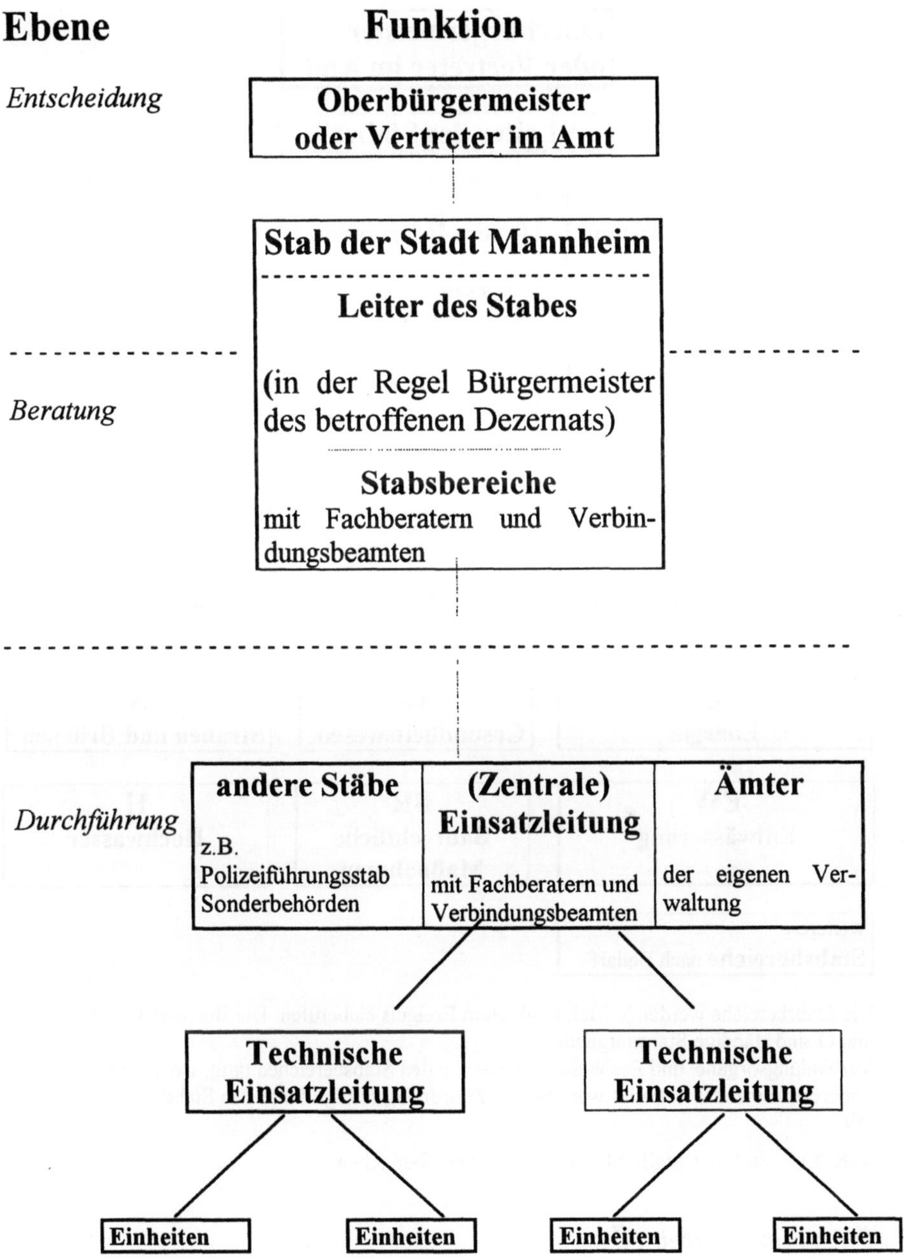

9.3 Krisenmanagement der Stadt Mannheim

Ebene	Funktion
Entscheidung	**Oberbürgermeister oder Vertreter im Amt**
Beratung	**Stab der Stadt Mannheim** — **Leiter des Stabes** (in der Regel Bürgermeister des betroffenen Dezernats) — **Stabsbereiche** mit Fachberatern und Verbindungsbeamten
Durchführung	**andere Stäbe** z.B. Polizeiführungsstab Sonderbehörden | **(Zentrale) Einsatzleitung** mit Fachberatern und Verbindungsbeamten | **Ämter** der eigenen Verwaltung

Untergeordnet der (Zentralen) Einsatzleitung:
- **Technische Einsatzleitung** → Einheiten, Einheiten
- **Technische Einsatzleitung** → Einheiten, Einheiten

Abb. 9.11. Entscheidungsbaum in Mannheim

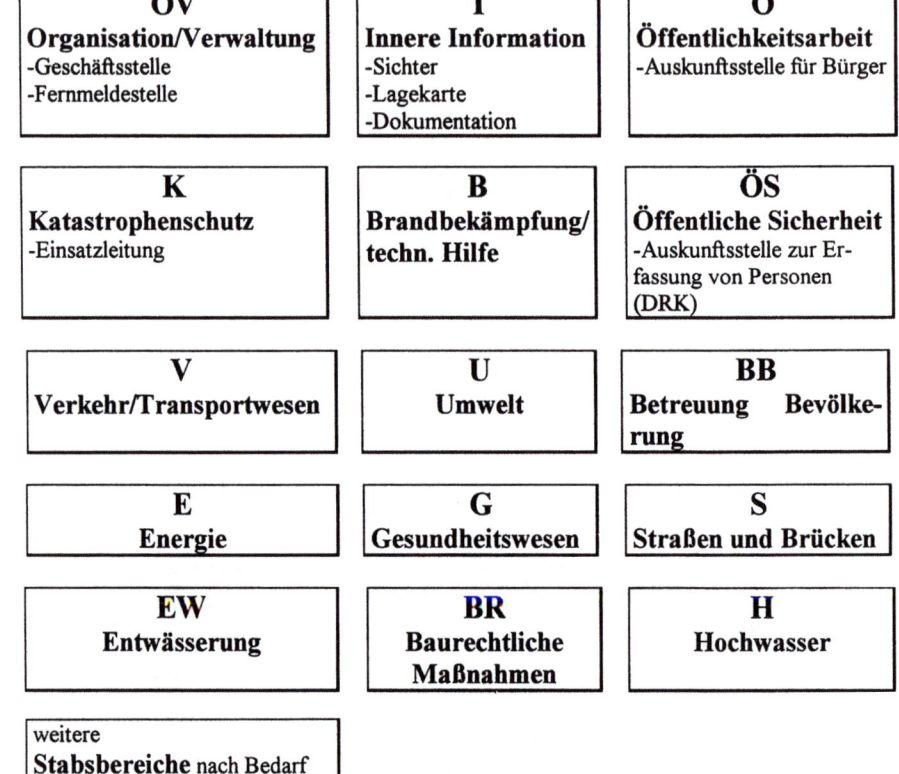

Abb. 9.12. Stab der Stadt Mannheim mit Stabsbereichen

Die Stabsbereiche werden je nach konkretem Ereignis einberufen. Die Bereiche OV, I und Ö sind ständige Stabsmitglieder.
Verbindungsorgane und Fachberater werden in den Stabsbereichen tätig, wo sie im konkreten Einzelfall benötigt werden. Die Zuordnung erfolgt durch den Stabsbereich OV.

Öffentlichkeitsarbeit (Ö):
- Abfassung und Weiterleitung von amtl. Gefahrendurchsagen und Rundfunkmitteilungen, Presseauskünfte und Pressemitteilungen, Pressekonferenzen,
- Auskünfte über Bürgertelefone/Einrichtung von Auskunftsstellen,
- Auswertung der Medien und Unterrichtung des Stabes,
- Organisatorische Hilfen für die Arbeit der Medien.

Katastrophenschutz (K):
- Vorschlag zur Bestellung des Einsatzleiters (ggfs. im Benehmen mit Stabsbereich B),
- Anforderung von Kräften des Katastrophenschutzdienstes außerhalb des Standorts,
- Anordnung der Alarmierung von Einheiten und Einrichtungen des Katastrophenschutzdienstes,
- Nachweis von Fachkräften, Fachberatern und Bezugsquellen (Hilfsmittelverzeichnis),
- Setzen von Prioritäten bei der Schadensbeseitigung,
- Ständige Zusammenarbeit mit der Einsatzleitung,
- Anforderung der Streitkräfte,
- Verpflichtung von Helfern und besonderen Berufsgruppen nach LKatSG,
- Inanspruchnahme von Grundstücken, Bauwerken usw.

Brandbekämpfung/technische Hilfen (B):
- Vorschlag zur Bestellung des Einsatzleiters bei Ereignissen mit überwiegend feuerwehrtechnischer Anforderung (mit Stabsbereich K),
- Beratung bei einsatztaktischen Fragen in Zusammenarbeit mit Fachberatern,
- Verpflichtung von Helfern nach dem Feuerwehrgesetz.

Öffentliche Sicherheit (ÖS):
- Anordnung von Maßnahmen gegen Störer nach dem Polizeigesetz,
- Anordnung der Evakuierung und Unterbringung der Bevölkerung,
- Beschlagnahme von Unterkünften zur vorübergehenden Unterbringung,
- Anordnung besonderer Maßnahmen bei Gefahren für Tiere,
- Anordnung von Maßnahmen bei der Beeinträchtigung von Nahrungsmitteln,
- Anordnung von Maßnahmen im Gesundheitswesen (Seuchenpolizei),
- Veranlassung der Einrichtung einer Auskunftsstelle zur Erfassung von Personen (Einrichtung und Durchführung durch den DRK-Kreisverband Mannheim).

Verkehr/Transportwesen (V):
- Anordnung von Verkehrslenkungsmaßnahmen,
- Festlegung von Verkehrs-Ausnahmeregelungen,
- besondere Maßnahmen des ÖPNV,
- Maßnahmen zur Beschaffung von Transportkapazitäten,
- Verpflichtung von KfZ-Haltern nach LKatSG.

Umwelt (U):
- Ermittlung, Bewertung von Umweltgefahren,
- Vorschläge zur Gefahrenabwehr bei umweltrelevanten Ereignissen,
- Erstellen von Langzeitprognosen.

Betreuung Bevölkerung (BB):
- Versorgung betroffener Bevölkerung mit Gütern des täglichen Bedarfs bei großflächigen und/oder längerfristigen Ausfall der Infrastruktur (insbesondere bei Evakuierungen),
- Unterbringung in Unterkünften,
- Versorgung mit Geldmitteln,
- Zusammenarbeit mit karitativen Verbänden.

Energie (E):
- Festlegung von Maßnahmen bei Ausfall der Energieversorgung,
- Vorschläge zur Notversorgung bei partiellem Ausfall unter Beachtung von Prioritäten,
- Bereitstellung der Trinkwasser-Notbrunnen.

Gesundheitswesen (G):
- Einsatz des Leitenden Notarztes (nach Einführung im Rettungsdienstbereich),
- Grundsätzliche Maßnahmen zur Versorgung der Bevölkerung mit Arznei, Verbandmitteln usw.,
- Besondere Maßnahmen zur Versorgung bei einem Massenanfall von Verletzten bzw. Gesundheitsgefahren, Erweiterung der Kapazitäten,
- Abstimmung der Maßnahmen mit benachbarten Kreisen bzw. Spezialkliniken und Ärzten,
- laufende Abstimmung mit der Rettungsleitstelle,
- Beratung anderer Stabsbereiche über Fragen des Gesundheitswesens,
- Verpflichtung von Ärzten und Angehörigen des Gesundheitswesens nach LKatSG.

Straßen und Brücken (S):
- Beurteilung der Sicherheit von Straßen und Brücken bei Zerstörungen,
- Einholung von Gutachten,
- Abschätzung des Zeitraums zur Schadensbehebung,
- Koordination der Maßnahmen zur Schadensbehebung.

Entwässerung (EW):
- Ermittlung der Auswirkungen von Schäden auf das Kanalnetz und die Kläranlage,
- Erstellen von Prognosen über die Belastung des Kanalnetzes und der Kläranlage,
- Abwasserchemie in Zusammenarbeit mit dem Fachberater ABC.

Baurechtliche Maßnahmen (BR):
- Beurteilung der Standsicherheit von Gebäuden,
- Einholung von Gutachten,
- Koordination der Schadensbehebung am Gebäude,
- Abstimmung behelfsmäßiger Maßnahmen an beschädigten Gebäuden.

9.3.6 Einsatzleitung

Die Verlagerung der Zuständigkeit für einsatztaktische Maßnahmen macht eine (zentrale) Einsatzleitung erforderlich, möglichst in einem vorbestimmten, technisch entsprechend ausgestatteten Raum. Eine räumliche Trennung zum Stab muß auf jeden Fall gegeben sein, um keine Vermischung der Tätigkeiten und Zuständigkeiten zu produzieren. Bei entsprechender Technik und gut organisierten Abläufen muß es möglich sein, daß sich beide Stellen möglichst auf gleichem Stand der Information bei der Lageentwicklung befinden. Hierbei wird auch auf die Weiterentwicklung der Technik im Kommunikationsbereich gebaut, allerdings muß die Beschaffung der Austattung im Rahmen der verfügbaren Haushaltmittel möglich sein.

Stab und Einsatzleitung sind auf laufende gegenseitige Information angewiesen. Deshalb wird aufgrund praktischen Erfahrung künftig eine Verbindungsperson des Stabes in die (zentrale) Einsatzleitung bzw. den Polizeiführungsstab entsandt.

9.3.7 Zusammenfassung

Obwohl auch an anderer Stelle die alte Stabsorganisation kritisch betrachtet wird, sind bisher keine Bestrebungen bekannt, die Umorganisation in ähnlicher Form zu betreiben. Nach wie vor wird an der Katastrophenschutzschule des Bundes die unter Kap. 9.3.2 dargestellte Stabsorganisation gelehrt.

In Baden-Württemberg ist die Umstellung in den Stadt- und Landkreisen auf das Stabsmodell Baden-Württemberg weitgehend abgeschlossen.

Literatur

1. Hinweise des Innenministeriums zur Bildung eines Katastrophenschutzstabes bei den Katastrophenschutzbehörden und zur Bildung von Stäben für besondere Aufgaben, vom 20.3.1989 (GABl. BW 1989, Nr. 26, S. 850ff.)
2. Empfehlungen für eine Dienstordnung der Arbeitsstäbe für besondere Aufgaben und den Katastrophenschutzstab (GABl. BW 1990, Nr. 18, S. 508ff.)

Sachverzeichnis

§11a 273

Ablauforganisation 154, 217ff, 239
Aktives Stellteil 80
Aktives System 56
Akzeptanz 293
Alarm- und Gefahrenabwehrplan 235, 329
–, behördlicher 201-202
–, betrieblicher 194
Alarmblatt 269
Alarmfälle 195
Alarmierung 24
Alarmierungs- und Gefahrenabwehrplan der Hoechst AG 305, 308, 310f
Alarmierungsablauf 196-197
Alarmierungsübungen 357
Alarmorganisation 231
Alarmplan, betrieblicher 195
Alarmstufen 196
Alarmzentrale 196-198, 200
Amtliche Gefahrendurchsagen 359
Anlagenhandbuch 217
Anlagensicherheit 208
Anlagenüberwachung 163
Anti-Atomkraft-Bewegung 313ff
Anweisungspflichten 239
Arbeitsabläufe 257
Arbeitsgedächtnis 60
Arbeitsqualität 252
Arbeitsschutzausschuß 139
Arbeitssicherheit 252
Arbeitssicherheits-Strategie 142ff
–, Anforderungen an Führungskräfte 145
–, Anforderungen an Mitarbeiter 146
–, Leitlinien 144
Arbeitssicherheitsorganisation (speziell) 126ff
–, Stellung und Aufgaben im Überblick 138
Arbeitsstab 205
Audit 159
Aufbauorganisation 154, 212, 239
Aufgabendelegation 133

Aufgabeninhalt 65
Aufmacher 266, 267
Ausbildungsrahmenpläne 242
Ausfalleffektanalyse 152
Auswahlpflichten 239
Auswirkungsbetrachtung 185, 87

Bauleitplanung 85
Beauftragtenorganisation 155, 160, 208, 210ff
Bedienung
–, sequentiell 65, 75
–, simultan 65, 75
Bedienungsanleitung 105
Bereitschaftsdienst 206, 308, 316
Berufsethik 63
Berufsgenossenschaften 162
Betreiber nach 52a 209, 213
Betriebliche Gefahrenabwehr 209, 215f
Betriebliche Gefahrenabwehrorganisation BGO 330, 339ff
Betriebliche Katastrophenschutzorganisation (BKO) 232
Betriebsarzt 136
Betriebsbeauftragte 140ff
–, Stellung und Aufgaben 141ff
–, Vergleich mit Sicherheitsfachkraft 143
Betriebsrat 139
Betriebsstörungen und Störfälle bei Hoechst 295, 304ff, 309f, 318
Betroffene 261, 262, 268
Bevölkerungsinformation 89
Bewertung betrieblicher Risiken 326
BGO-Stab 333, 339ff
BLEVE 12, 13
Briefing 290
Bundes-Immissionsschutzgesetz 160
Bürgerinformation 317
Bürgerinitiativen 304, 318
Bürgertelefon 316f

Chef vom Dienst, Krisenkommunikation 314
Chemieunfall 7

Sachverzeichnis 363

Darstellungsart 68
Delegation 213f
Denkfehler 55
Dennoch-Störfall 265
Dialog 296, 300f, 317, 319
Dimensionalität 66
DIN ISO 9000-9004 151, 156, 159
DIN-Normen 150, 156
Dokumentation 159, 165, 317
Dokumentationspflichten 160
Doppelcheck 219f
Dynamik 67

Einsatzleiter, technischer 200, 205
Einsatzleitstelle 244
Einsatzleitung 330
Einsatzstab 203, 205
Einsatzstufen 310ff, 312, 314
Engagement 256, 258
Entschädigung, Betroffene 317ff
Erfahrung 63
Erfahrungsrückflußsysteme 159
Erfahrungswissen 252, 259
Ethisches Handeln 297
Ethylen 20
Evakuierung 13, 17, 18, 19, 26, 201-202
Expertensysteme 227
Expertenurteil 317

Fail-Safe-Prinzip 79
Fatalistische Einstellung 257, 258
Fehlertolerante Technik 77
Fehlertolerantes System 80
Fehlhandung 55
Fertigungsebene 62
Feuerwehreinsatzplan 330, 337ff
Feuerwehrleitstelle 196-198
Folgeaufgabe 68
Foto- und Filmaufnahmen 316
Freigabe 218ff
Freigabe
–, von Anlagen 219
–, von Verfahren 221f
Freiwillige Vereinbarungen 305, 312
Fremdfirmenorganisation 125
–, Sicherheitskoordination 127
–, Verkehrssicherungsbereiche 126
Friedensbewegung 298
Frühwarnsystem 279
Führungsart 67
Führungseinrichtung 351
Führungspflichten für Arbeitssicherheit 128ff
–, Führung „oben" 126
–, Führung „unten" 127
Funktion 65
Fürsorgepflicht 134

Garantenstellung/-Verantwortung 134, 147
Gefährdungsbereich 194, 202
Gefährdungsbewußtsein 255, 257
Gefahrenabwehrorganisation 155, 165
Gefahrenabwehrplanung 191, 234, 288
–, behördliche 201
–, betriebliche 199
Gefahrenquelle 230
Gefahrenquellen 184
Gefahrenreaktionskonzepte 226
Gefahrenreaktionslisten 241
Gefahrstoffdatei GEFA 330
Genehmigungsverfahren 244
Generationswechsel 296ff, 298
Gerätesicherheitsgesetz 150, 162
Geschwindigkeitssteuerung 68
Gesprächskreis Hoechster Nachbarn 318
Gestaltung 265
Glaubwürdigkeit 279
–, eines Unternehmens 48
Großschadensfall 234

Handbuch (der betrieblichen Gefahrenabwehrorganisation) 346ff
Handbücher 158
Head-Up-Display 68
Human Error Probability (HEP) 55

Identifikation (mit Unternehmen) 280
Imageverlust 279
Informanten 313
Information 322
Informationsabläufe 296
Informationsaufnahme 60
Informationsdefizite 257
Informationsfluß 256
Informationspolitik 296, 308, 318
Informationsumsetzung 60
Informationsverarbeitung 60
Informationsverpflichtung 312
Innere Modelle 60
Instandhaltung 151, 210, 223ff
Integrierte Gefahrenmeldesysteme 229

Katastrophe 203, 232
–, Einsatzplan 329
Katastrophenschutz 191, 233, 312
Katastrophenschutzgesetze 232
Katastrophenschutzpläne 296
Katastrophenschutzplanung 18
Katastrophenschutzstab 200, 203-205
Katastrophenschwelle 354
Kirche 297, 318
Kommunalprofil 270, 271
Kommunikation 260, 272
Kommunikations-Instrumente 315

Kommunikationsablauf 305f, 310, 311, 313, 314
Kommunikationspolitik 319
Kompatibilität 65, 69, 77
Kompensationsaufgabe 68
Konsum- und Freizeitgesellschaft 297
Kontrollorganisation 155, 160
Kooperative Selbstqualifikation 241
Koordinationsbedarf 356
Koordinierungsstelle 200-201
Krisen 30
Krisenabwehr 43
Krisenanalyse 292, 293
Krisenanfälligkeit
–, von Produkten 35
–, von Unternehmen 39
Krisenauslöser 30
Krisenentwicklungen 31
Krisenkommunikation 46
–, operative 284, 286
–, strategische 284, 286
–, taktische 284, 286, 287, 291
–, Hoechst AG 295f, 304ff, 310, 317f, 319f 313, 317
Krisenkosten 30, 279
Krisenmanagement 246
Krisenmanagementsystem 322
Krisenprävention 280
Krisensensibilität von Unternehmen 40
Krisenstab 330
krisenvorbereitete Unternehmen 41
Kurzzeitgedächtnis 60

Lagesteuerung 68
Lautsprecherwagen 198
Leistungsbereitschaft 54
Leistungsfähigkeit 54
Linienorganisation 154
Linienorganisation 208
Lokalfernsehen 302, 305, 308
Lokalpresse 301f, 305
Lokalrundfunk 301f, 305, 308

Management of Change 221ff
Managementinstrumente 151
Maßnahmenlisten 333
Mediengesellschaft 307
Medienmarkt Frankfurt 298ff, 301f, 304, 307, 319
Medienstadt Frankfurt 301ff
Meldepflicht 186
Meldeverfahren 249
Meldeweg 21
Meldewege 305f, 310, 311, 313, 314
Mengenschwellenkonzept 90
Mensch-Maschine-System 56

Mensch-Technik-Natur-Systeme 232
Menschliche Fehlerwahrscheinlichkeit 55
Menschliche Leistung 52, 53
–, Leistungsdisposition 52
–, Leistungsmotivation 52
Menschliche Leistungsvoraussetzungen 54
Menschliche Zuverlässigkeit (Def.) 56
Menschlicher Fehler 98, 101, 102
Mississanga 13
Mistake 60
Mittlerfunktion, Öffentlichkeitsarbeit 296
Mitwirkung 101
Moderatoren 253, 259
Monitives System 57
Moral 63
Motivation 55

Nachbarschaft 295, 296, 306, 317
Nachkriegsgesellschaft 297
Nachrichtenagenturen 304, 309, 313
Natur als moralische Instanz 297ff
Natur- und Umweltschutz 296ff
Neuigkeitswert, Medien 295, 307
Normalbetrieb 208, 210
Normalorganisation 154
Notfall-Organisationen 245
Notfallmanagement 231
Notfallorganisation 155, 165, 209, 215ff

Objektplanung 227
Öffentlichkeit 260, 261, 268
Öffentlichkeitsarbeit 322
–, der Hoechst AG 296, 300, 305f, 311, 318, 320
Öko-Audit 159, 164
Ökologische Bewegung 298f
Ökonomie und Ökologie 298, 299
Organisation, Krisenmanagement 306ff, 309, 313, 317
Organisationsanforderungen 158
Organisationsbereich 159
Organisationspflichten 239
Organisationsstrukturen 238
Organisationsverantwortung 159
ortho-Nitroamisol 25

PAAG-Verfahren 152
Performance shaping-factors 53
Personalausbildung 63
Personalauswahl 63
Pflichtenübertragung 130ff
Planunterlagen 334
Politische Kultur in Frankfurt 301ff
Presse-Informationen 305ff, 315f
Presseeinsatz 18
Presseverteiler 315

Sachverzeichnis

Pressezentrum 316
Problemlösungsgruppe 252
Problemlösungsprozeß 254
Projektabwicklung 220
Projektleiter „Notfall" 246
Propylen 20
Protestgesellschaft 38

Qualitätsmanagement 151
Qualitätsmanagementelemente 157
Qualitätssicherung 95
Qualitätssicherungsnormen 156
Qualitätszirkel 252

Rechtsfolgen 147ff
–, Fahrlässigkeit 147
–, Strafgerichts-Urteil 148
–, Verletzung der Führungsverantwortung 148
Rechtsgrundlagen 115, 117ff
–, für Arbeitssicherheitsorganisation 117f, 120, 127f, 133, 135
–, für Führungsverantwortung 117f, 135
–, für Rechtsfolgen 131, 139f
Redundanz-Prinzip 79
Regelebene 62
Risiko 63
Risikobereitschaft 280
Risikobewußtsein 240
Risikobewußtseinsbildung 226
Risikofaktoren 35
Risikokommunikation 155
Risikomanagement 226
Risikoverdrängung 318
Risikowahrnehmungen 33
Rückmeldung 65, 69, 77
Rundfunkdurchsagen 194

Sachliche Leistungsvoraussetzungen 54
Sachverständigenprüfungen 162
Säkularisierung 297
Schadensmeldung 333
Schadensstufen 333
Schnittstelle Mensch/Technik 152, 153, 158
Schutzpflicht 171
Schutzsysteme 231
Schutzziel 150
Selbstqualifikation 241
Sensation 295, 307f
Serielle Verschaltung 56
Seveso-Richtlinie 172, 190
Sicherheiten, integrierte 81
Sicherheits-Informations- und Managementsysteme 231
Sicherheitsabstände 85
Sicherheitsanalyse 83, 86, 104, 182, 226

Sicherheitsaudits 164
Sicherheitsbeauftragter 137
Sicherheitsdatenblatt 309, 316
Sicherheitsfachkraft 136
Sicherheitskonzept 159
–, integriertes 81
Sicherheitsmanagement 150, 309
Sicherheitsmotivation 257, 258, 259
Sicherheitsorganisation 94, 150, 155, 160, 207ff, 226
Sicherheitspflichten 172
Sicherheitsphilosophie 92, 106
Sicherheitstechnisches Regelwerk 150
Sicherheitszirkel 253, 259
Simulationsrechnung 227
Sinnkrise 297
Sirenen 194, 198
Skepsis gegenüber Großtechnologien 297ff
Slips 60
Sonderschutzplan 23, 236
Stab 351
Stabsarbeit zur Gefahrenabwehr 191
–, behördliche 201, 203
–, betriebliche 194, 200
Stabsgruppe 354/355
Stabsorganisation 356
Stand der Sicherheitstechnik 175
Staubexplosionen 12
Stofffreisetzungen
–, explosionsfähige 10
–, toxische 9
–, trennbare 10
–, zündfähige Gemische 11, 12, 20
Störfall 7
–, Dennoch-Störfall 174
–, exzeptioneller Störfall 175
Störfallablaufanalyse 152
Störfallauswertung 98
Störfallauswertungen 152
Störfallbeauftragter 161
Störfallbegrenzung 174, 179
Störfalleintrittsvoraussetzung 184
Störfallinformation 325
Störfalllinienmanagement 109
Störfallpotentiale 37
Störfallszenarien 87
Störfallverhinderung 173, 175
Störfallverordnung 160, 161, 165, 234, 296, 318f, 324
Störfallvorsorge 191
Störfallvorsorgepolitik 83
Studentenbewegung, Hessen, Frankfurt 301
Symbolwert von Unternehmen 300f
Systemanalytische Methoden 152
Systematischer Arbeitsfehler 64
Szenarien 199

Tag der offenen Tür 319
Technikkritik 299ff
Technische Einsatzleitung 16
Telefon-Service 199
THERP 59, 72
Total Crisis Management 287, 288
Toxikologische Instrumente 309, 316

Überraschungskrise 277, 278
Überwachung 188
–, behördliche Überwachung 189
–, betreibereigene Überwachung 189
Überwachungskonzept 164
Überwachungspflichten 239
Übungen 343/344
Übungsniveau 52, 60
Umwelthaftungsgesetz 178
Umweltschutzhandbuch 108
Umweltverträglichkeitsprüfung (UVP) 86
Unfallanalyse 99
Unfallszenario 7
Unternehmensleitung 159
Unternehmensorganisation (allgemein) 120ff
–, Delegationsbereiche 123
–, Dienstweg 121
–, Funktionelle Gliedordnung 124
–, Hierarchische Bezeichnungen 120
–, Linien-Stabs-Verantwortung 123

–, Organigramm 120

Verantwortlichkeit 258
Verfahrensakte 218
Verfahrensübergabe 217
Verharmlosung 296, 309
Verkehrssicherungspflicht 135
Verkoppelung 67
Vertrauen 271, 296
Vertrauenskrise 279
Vertuschung 296, 309
Videotext-Hinweise 198-199

Wahrscheinlichkeit 88
Warnsysteme 318
Warnung 19, 342
–, Rundfunk 305
–, der Bevölkerung 194, 198
Werkfeuerwehr/Berufsfeuerwehr 305f, 309, 311ff
Werkseinsatzleiter 311
Werksleiter vom Dienst 196-197, 200
Wertewandel 296ff, 298
Wissensebene 62

Zeitbudget 62
ZEMA 187
Zielgruppe 265
Zufälliger Arbeitsfehler 63

MIX
Papier aus verantwortungsvollen Quellen
Paper from responsible sources
FSC® C105338

If you have any concerns about our products,
you can contact us on
ProductSafety@springernature.com

In case Publisher is established outside the EU,
the EU authorized representative is:
**Springer Nature Customer Service Center GmbH
Europaplatz 3, 69115 Heidelberg, Germany**

Printed by Libri Plureos GmbH
in Hamburg, Germany